普通高等教育交通运输类专业系列教材

物联网技术及应用

主编 王 强
参编 李 荣 王国田 李 雯
　　　罗 锐 梁 浩

机械工业出版社

本书结合应用型本科院校人才培养目标,由学校、科研机构、企业合作编写。本书突出"企业实际应用",适当融入课程思政内容;注重内容新、标准新,体现实用性;以案例为主,实践先行,突出新课标。本书在"校-研-企"的基础上,提供仿真教学软件的模拟使用教学,培养学生的实践能力;力争做到使学生学以致用,充分体现应用型本科人才的培养特点。

本书主要内容有物联网技术概述、自动识别技术、定位技术、传感器和无线传感器网络技术、通信网络技术、智能嵌入技术、虚拟化技术、海量数据存储与处理技术、物联网安全技术、物联网技术应用等。

本书适合作为高等院校物联网工程、电子、通信、计算机、自动控制、物流工程、物流管理、交通运输、系统工程及金融等专业物联网课程的教材,也可作为物联网及相关行业从业人员的参考读物。

图书在版编目(CIP)数据

物联网技术及应用/王强主编. -- 北京:机械工业出版社,2025.6. --(普通高等教育交通运输类专业系列教材). -- ISBN 978-7-111-78084-7

Ⅰ. TP393.4;TP18

中国国家版本馆 CIP 数据核字第 2025AM6922 号

机械工业出版社(北京市百万庄大街 22 号　邮政编码 100037)
策划编辑:宋学敏　　　　　责任编辑:宋学敏　王　良
责任校对:贾海霞　张昕妍　封面设计:张　静
责任印制:单爱军
北京中兴印刷有限公司印刷
2025 年 6 月第 1 版第 1 次印刷
184mm×260mm・19.75 印张・490 千字
标准书号:ISBN 978-7-111-78084-7
定价:64.80 元

电话服务　　　　　　　　　网络服务
客服电话:010-88361066　　机　工　官　网:www.cmpbook.com
　　　　　010-88379833　　机　工　官　博:weibo.com/cmp1952
　　　　　010-68326294　　金　书　网:www.golden-book.com
封底无防伪标均为盗版　　　机工教育服务网:www.cmpedu.com

前　言

物联网（Internet of Things，IoT）技术起源于传媒领域，是信息科技产业的第三次革命。物联网是指通过信息传感设备，按约定的协议，将任何物体与网络相连接的虚拟网络化结构。通过信息传播媒介进行信息交换和通信，在物联网中可以实现对物体的智能化识别、定位、跟踪、监管等功能。现今，物联网技术已广泛应用于智慧城市、智能制造、智慧医疗等各个方面。物联网技术的快速发展及其跨学科的融合特性，对人才培养提出了新的要求，为此，我们组织高校教师与行业专家共同编写了本书，旨在打造一本兼具理论深度与实践广度的精品教材。

本书突出"企业实际应用"，适当融入课程思政内容；注重内容新、标准新，体现实用性；以案例为主，实践先行，突出新课标。本书在"校-研-企"的基础上，提供仿真教学软件的模拟使用教学，培养学生的实践能力；力争做到使学生学以致用，充分体现应用型本科人才的培养特点。本书共10章，包括物联网技术概述、自动识别技术、定位技术、传感器和无线传感器网络技术、通信网络技术、智能嵌入技术、虚拟化技术、海量数据存储与处理技术、物联网安全技术、物联网技术应用等内容。本书通过从原理到应用的知识体系，由浅到深、循序渐进地介绍了物联网技术所覆盖的知识背景，讲解了物联网领域的关键技术。

本书适合作为高等院校物联网工程、电子、通信、计算机、自动控制、物流工程、物流管理、交通运输、系统工程及金融等专业物联网课程的教材，也可作为物联网及相关行业从业人员的参考用书。

本书的第1章、第7章由黑龙江工程学院王强编写，第2~4章由黑龙江工程学院李荣编写，第5、6章由黑龙江工程学院王国田编写，第8、9章由黑龙江工程学院李雯编写，第10章由国家智能网联汽车创新中心罗锐、梁浩编写。

由于编者水平有限，书中难免有不当之处，请读者批评指正。

编　者

目 录

前言
第1章 物联网技术概述 …………………… 1
  1.1 物联网概念的形成 ……………………… 1
  1.2 物联网的定义及相关概念 ……………… 1
    1.2.1 物联网概念的提出 ……………… 1
    1.2.2 物联网的定义 …………………… 2
    1.2.3 物联网的特点 …………………… 3
    1.2.4 物联网的相关概念 ……………… 4
  1.3 物联网涉及的关键技术 ………………… 7
    1.3.1 物联网发展的关键技术 ………… 7
    1.3.2 物联网发展的技术需求 ………… 9
  1.4 物联网的效益与面临的问题 …………… 12
    1.4.1 物联网的效益 …………………… 12
    1.4.2 物联网发展面临的问题 ………… 14
  思考题 ………………………………………… 16

第2章 自动识别技术 ……………………… 17
  2.1 条码技术 ………………………………… 17
    2.1.1 一维条码 ………………………… 17
    2.1.2 二维码 …………………………… 23
    2.1.3 彩色二维码 ……………………… 28
    2.1.4 物联网中条码的应用 …………… 30
  2.2 RFID技术 ………………………………… 31
    2.2.1 RFID技术概述 …………………… 31
    2.2.2 RFID系统的组成及工作原理 … 32
    2.2.3 RFID的分类、特点及发展趋势 … 33
    2.2.4 物联网中RFID的应用 ………… 36
  2.3 生物识别技术 …………………………… 37
    2.3.1 指纹识别 ………………………… 39
    2.3.2 人脸识别 ………………………… 40
    2.3.3 虹膜识别 ………………………… 42
    2.3.4 步态识别 ………………………… 43
  2.4 图像识别技术 …………………………… 45
    2.4.1 图像识别技术概述 ……………… 45
    2.4.2 物联网中的图像识别技术 ……… 47
    2.4.3 物联网中的图像识别技术应用 … 48
  2.5 磁卡、IC卡识别技术 …………………… 48
    2.5.1 磁卡和IC卡的工作原理 ……… 49
    2.5.2 磁卡与IC卡的区别 …………… 49
    2.5.3 物联网中的磁卡、IC卡应用 … 50
  【实践】RFID及生物识别技术 …………… 51
  思考题 ………………………………………… 52

第3章 定位技术 …………………………… 53
  3.1 位置服务概述 …………………………… 53
    3.1.1 位置服务发展历史 ……………… 53
    3.1.2 位置服务技术分类 ……………… 54
  3.2 GIS定位技术 …………………………… 56
    3.2.1 GIS的发展历程 ………………… 56
    3.2.2 GIS应用领域 …………………… 57
    3.2.3 GIS的业务功能 ………………… 58
  3.3 卫星定位技术 …………………………… 59
    3.3.1 GPS定位技术 …………………… 59
    3.3.2 北斗定位技术 …………………… 62
  3.4 WiFi定位技术 ………………………… 68
    3.4.1 WiFi定位原理 ………………… 68
    3.4.2 WiFi定位特点 ………………… 70
    3.4.3 WiFi定位技术应用 …………… 70
  3.5 蓝牙定位技术 …………………………… 71
    3.5.1 蓝牙定位技术工作原理 ………… 71
    3.5.2 蓝牙AOA定位技术 …………… 72
    3.5.3 蓝牙AOA定位技术应用 ……… 73
  3.6 视觉定位技术 …………………………… 75
    3.6.1 视觉定位原理 …………………… 75
    3.6.2 视觉定位技术的结构组成 ……… 75
    3.6.3 视觉定位技术的分类 …………… 76
    3.6.4 基于视觉地图的定位框架组成 … 76
    3.6.5 视觉定位技术的特点 …………… 78
    3.6.6 视觉定位技术的应用及发展趋势 … 78
  3.7 RFID室内定位技术 …………………… 80
    3.7.1 RFID系统的组成及工作原理 … 80

目录

3.7.2　RFID 定位算法 …… 81
3.7.3　RFID 定位特点 …… 83
3.7.4　RFID 定位应用 …… 83
【实践】　调研物联网定位技术应用案例 …… 84
思考题 …… 85

第 4 章　传感器和无线传感器网络技术 …… 86

4.1　传感器 …… 86
　4.1.1　概述 …… 86
　4.1.2　传感器节点 …… 88
4.2　常用传感器 …… 89
　4.2.1　电阻式传感器 …… 89
　4.2.2　电容式传感器 …… 91
　4.2.3　电感式传感器 …… 93
　4.2.4　电涡流式传感器 …… 95
　4.2.5　磁电式传感器 …… 97
　4.2.6　霍尔式传感器 …… 99
　4.2.7　气敏传感器 …… 100
　4.2.8　湿敏传感器 …… 101
　4.2.9　超声波传感器 …… 101
4.3　新型传感器 …… 102
　4.3.1　柔性可穿戴传感器 …… 102
　4.3.2　MEMS 传感器 …… 104
　4.3.3　智能传感器 …… 106
4.4　无线传感器网络 …… 108
　4.4.1　概述 …… 108
　4.4.2　无线传感器网络组成 …… 109
　4.4.3　无线传感器网络的拓扑结构和部署 …… 110
　4.4.4　无线传感器网络的特征 …… 112
4.5　无线传感器网络的通信协议 …… 115
　4.5.1　网络架构 …… 115
　4.5.2　MAC 协议 …… 116
　4.5.3　路由协议 …… 119
4.6　无线传感器网络的关键技术 …… 122
　4.6.1　ZigBee 技术 …… 122
　4.6.2　拓扑控制技术 …… 125
　4.6.3　时间同步技术 …… 127
　4.6.4　数据融合技术 …… 130
4.7　无线传感器网络的应用 …… 133
【实践】　调研高铁灾害检测领域物联网技术应用 …… 134
思考题 …… 135

第 5 章　通信网络技术 …… 136

5.1　物联网通信网络技术概述 …… 136
　5.1.1　无线通信及网络技术 …… 136
　5.1.2　物联网网络技术 …… 138
5.2　无线个域网技术 …… 138
　5.2.1　蓝牙技术 …… 139
　5.2.2　ZigBee 技术应用 …… 140
　5.2.3　UWB 技术 …… 143
　5.2.4　Z-wave 技术 …… 144
5.3　无线局域网技术 …… 145
　5.3.1　概述 …… 146
　5.3.2　WiFi 技术 …… 147
　5.3.3　Ad Hoc 网络技术 …… 149
5.4　无线城域网技术 …… 150
　5.4.1　IEEE 802.16 协议 …… 151
　5.4.2　WiMAX 网络技术 …… 152
5.5　物联网的接入技术 …… 153
　5.5.1　物联网网关技术 …… 153
　5.5.2　6LowPAN 技术 …… 154
5.6　物联网其他网络技术 …… 155
　5.6.1　有线通信网络技术 …… 155
　5.6.2　M2M 技术 …… 158
　5.6.3　物联网安全技术 …… 159
　5.6.4　物联网定位技术 …… 160
5.7　近距离无线通信技术 …… 160
　5.7.1　RFID 技术与系统架构 …… 160
　5.7.2　RFID 技术标准与关键技术 …… 161
　5.7.3　RFID 技术的应用与发展 …… 163
　5.7.4　NFC 技术 …… 163
【实践】　亚马逊工业物联网布局案例 …… 165
思考题 …… 166

第 6 章　智能嵌入技术 …… 167

6.1　嵌入式系统概述 …… 167
　6.1.1　嵌入式系统的发展历程 …… 167
　6.1.2　嵌入式系统的特点 …… 168
　6.1.3　嵌入式系统的组成 …… 169
　6.1.4　中间件技术 …… 172
6.2　物联网智能硬件 …… 174
　6.2.1　智能硬件的基本概念 …… 174
　6.2.2　人工智能在物联网智能硬件中的应用 …… 175
　6.2.3　人机交互 …… 178
　6.2.4　物联网智能硬件的人机交互

技术 ……………………………… 179
  6.2.5 柔性显示与柔性电池技术 ……… 185
 6.3 可穿戴计算及其在物联网中的应用 … 186
  6.3.1 可穿戴计算的基本概念 ………… 186
  6.3.2 可穿戴计算设备的分类与应用 … 186
 6.4 智能机器人及其在物联网中的应用 … 190
 【实践】 嵌入式人机交互赋能智慧水务 … 191
 思考题 ……………………………………… 192

第 7 章 虚拟化技术 …………………… 193

 7.1 虚拟化 ……………………………… 193
  7.1.1 虚拟化概述 ……………………… 193
  7.1.2 虚拟化的重要性 ………………… 194
  7.1.3 虚拟化软件的运行原理 ………… 195
 7.2 虚拟机 ……………………………… 198
  7.2.1 虚拟机概述 ……………………… 198
  7.2.2 虚拟机的工作原理 ……………… 201
  7.2.3 虚拟机的使用 …………………… 202
 7.3 虚拟机的网络管理 ………………… 206
  7.3.1 网络虚拟化 ……………………… 206
  7.3.2 虚拟机网络选项的配置 ………… 211
  7.3.3 虚拟机网络调优实践 …………… 213
 7.4 虚拟机的可用性 …………………… 214
  7.4.1 不断提高可用性 ………………… 215
  7.4.2 保护单个虚拟机 ………………… 216
  7.4.3 保护多个虚拟机 ………………… 217
  7.4.4 保护数据中心 …………………… 220
 7.5 虚拟机中的应用程序 ……………… 222
  7.5.1 虚拟化基础架构性能 …………… 222
  7.5.2 在虚拟化环境中部署应用程序 … 225
  7.5.3 虚拟 Appliance 设备和 vApp …… 227
 【实践】 虚拟化网络功能（NFV）在
     物联网中的创新实践 ………… 228
 思考题 ……………………………………… 229

第 8 章 海量数据存储与处理技术 …… 230

 8.1 物联网数据处理技术 ……………… 230
  8.1.1 物联网数据的特点 ……………… 230
  8.1.2 物联网数据处理的关键技术 …… 231
 8.2 海量数据存储技术 ………………… 231
  8.2.1 海量数据存储需求 ……………… 231
  8.2.2 数据存储分类 …………………… 233
 8.3 云计算与物联网 …………………… 236
  8.3.1 云计算的基本概念 ……………… 236
  8.3.2 云计算模式与特征 ……………… 237

  8.3.3 云计算与物联网的关系 ………… 239
  8.3.4 云计算和物联网的结合方式 …… 240
  8.3.5 云计算在物联网中的应用 ……… 241
 8.4 普适计算与物联网 ………………… 242
  8.4.1 普适计算技术的特征 …………… 242
  8.4.2 普适计算的系统组成 …………… 243
  8.4.3 普适计算的体系结构 …………… 244
 8.5 人工智能与物联网 ………………… 245
 【实践】 新疆油田物联网+建设 ………… 246
 思考题 ……………………………………… 249

第 9 章 物联网安全技术 ……………… 250

 9.1 物联网的安全架构 ………………… 250
  9.1.1 物联网面临的安全风险 ………… 251
  9.1.2 物联网系统安全架构的组成 …… 252
 9.2 物联网的安全威胁 ………………… 253
 9.3 物联网安全关键技术 ……………… 260
 【实践】 零信任架构在医疗物联网安全
     建设中的应用 ………………… 266
 思考题 ……………………………………… 271

第 10 章 物联网技术应用 …………… 272

 10.1 物联网产业概述 …………………… 272
  10.1.1 物联网产业链分类 …………… 272
  10.1.2 物联网产业市场规模及发展
      趋势 …………………………… 275
  10.1.3 物联网进入规模应用期 ……… 275
 10.2 物联网应用领域 …………………… 276
  10.2.1 智慧城市 ……………………… 277
  10.2.2 智慧医疗 ……………………… 277
  10.2.3 智慧交通 ……………………… 278
  10.2.4 智慧物流 ……………………… 280
  10.2.5 智慧校园 ……………………… 281
  10.2.6 智能家居 ……………………… 282
  10.2.7 智能电网 ……………………… 284
  10.2.8 智慧工业 ……………………… 285
  10.2.9 智慧农业 ……………………… 286
 10.3 典型应用——智能网联汽车 ……… 287
  10.3.1 智能网联汽车概述 …………… 287
  10.3.2 智能网联汽车关键技术 ……… 288
  10.3.3 智能网联汽车产业典型应用 … 304
 10.4 物联网领域产业发展面临的挑战 …… 306
 思考题 ……………………………………… 308

参考文献 ……………………………………… 309

第 1 章

物联网技术概述

1.1 物联网概念的形成

物联网（Internet of Things，IoT）是一个近年形成并迅速发展的概念，其萌芽可追溯到已故的施乐公司首席科学家马克·维瑟（Mark Weiser），这位全球知名的计算机学者于 1991 年在权威杂志《科学美国》上发表了"The Computer of the 21st Century"一文，对计算机的未来发展进行了大胆的预测。他认为计算机将最终"消失"，演变为在人们没有意识到其存在时，就已融入人们生活的境地——"这些最具深奥含义的技术将隐形消失，变成'宁静技术'（Calm Technology），潜移默化地无缝融合到人们的生活中，直到无法分辨为止"。他认为计算机只有发展到这一阶段才能成为功能完备的工具，即人们不再为使用计算机去学习软件、硬件、网络等专业知识，而是想用时就能直接使用，如同钢笔一样，人们只需拔开笔帽就能书写，不必为了书写而去了解笔的具体结构与原理等。

Mark Weiser 的观点极具革命性，昭示了人类对信息技术发展的总体需求。一是计算机将发展到与普通事物无法分辨为止。具体来说，从形态上计算机将向"普物化"发展，从功能上计算机将发展到"泛在计算"的境地。二是计算机将全面联网，网络将无所不在地融入人们的生活。也就是说，无论何时何地、动态或静态，人们虽已不再意识到网络的存在，却能随时随地通过任何智能设备上网享受各项服务，即网络将变为"泛在网"。

Mark Weiser 预言的计算机"普物化"已成为一种共识。2010 年年初，当《福布斯》杂志邀请知名设计师、未来学家等共同预测人类 10 年后的生活状态时，他们普遍认为计算机仍将是日常生活的主要部分，但将"消失在人类的集体意识中"，人们将忘记计算机的存在，而将注意力转移到科技的人性面，科技本身将在虚拟及现实世界中取得完美平衡，这正是物联网概念的核心内容。

1.2 物联网的定义及相关概念

1.2.1 物联网概念的提出

"物联网"概念首次提出是在 1999 年，其正式提出是 2005 年 11 月 17 日，在突尼斯举行的信息社会峰会（WSIS）上，国际电信联盟（ITU）发布了《ITU 互联网报告 2005：物联网》，引用了"物联网"概念，其范围已超出了射频识别技术范畴。该报告指出无所不在的"物联网"通信时代即将来临，世界上所有的物体（从轮胎到牙刷，从房屋到公路设施等）都可以通过互联网进行数据交换。无线射频识别（Radio-frequency Identification，RFID）技术、传感器技术、纳米技术、智能嵌入技术等将得到更加广泛的应用。

根据国际电信联盟的描述，在物联网时代，通过在各种各样的日常用品上嵌入短距离移动收发器，人类在信息与通信世界里将获得一个新的沟通维度，从任何时间、任何地点的人与人之间的沟通连接扩展到人与物和物与物之间的沟通连接。

2009 年 1 月 28 日，初任美国总统的奥巴马与美国工商界领袖举行了一次圆桌会议。时任 IBM 首席执行官的彭明盛在这次会议上首次提出了"智慧地球"概念，物联网是其主要部分，他还建议新政府投资建设新一代的智慧型基础设施。奥巴马对此给出了积极回应，并将其提升到国家发展战略。2011 年以来，美国政府先后发布了先进制造伙伴计划、总统创新伙伴计划，以物联网技术为基础的信息物理系统（Cyber-Physical System，CPS）被列为扶持重点，并成立了物联网开放产业联盟，以汇聚能给消费者带来价值的最具创新性的物联网企业及产品。

2013 年，欧盟通过了"地平线 2020"科研计划，将物联网的研发重点集中在传感器、架构、标识、安全和隐私等方面。2013 年 4 月，德国正式提出了"工业 4.0"战略。思科、AT&T、GE、IBM 和 Intel 等也于同年成立了工业互联网联盟（Industrial Internet Consortium，IIC），以促进物理世界和数字世界的融合，并推动大数据应用。IIC 计划提出一系列物联网互操作标准，使设备、传感器和网络终端在确保安全的前提下可辨识、可互联、可互操作，未来工业互联网产品和系统可广泛应用于智慧应用的各个领域。日本、韩国等也提出了类似规划。物联网的研发与应用已成全球发展的趋势。因此，物联网被称为下一个万亿级的产业，其市场前景将远远超过计算机、互联网与移动通信等。

1.2.2　物联网的定义

物联网的定义有多种，随着各种感知技术、自动识别技术、宽带无线网技术、人工智能技术、机器人技术以及云计算、大数据与移动通信等关联领域的发展，其内涵也在不断完善与演进，下面列举几种有代表性的定义。

（1）**定义 1**　由具有标识、虚拟个体的物体或对象所组成的网络，这些标识和个体运行在智能空间，使用智慧的接口与用户、社会和环境进行连接和通信。

出处：2008 年 5 月，欧洲智能系统集成技术平台（Eposs）。

（2）**定义 2**　物联网被认为是物的互联网络，这个物可以是家用电器。（The Internet of things refers to a network of objects, such as household appliances.）

出处：英文百科 Wikipedia。

（3）**定义 3**　物联网是未来互联网的整合部分，它是以标准、互通的通信协议为基础，具有自我配置能力的全球性动态网络设施。在这个网络中，所有实质和虚拟的物品都有特定的编码和物理特性，通过智能界面无缝连接，实现信息共享。

出处：2009 年 9 月，欧盟第七框架下 RFID 和物联网研究项目组报告。

（4）**定义 4**　物联网是通过信息传感设备，按照约定的协议，把任何物品与互联网连接起来，进行信息交换和通信，以实现智能化识别、定位、跟踪、监控和管理的一种网络。它是在互联网基础上延伸和扩展的网络。

出处：2010年3月，我国国务院政府工作报告所附注释中物联网的定义。

(5) 定义5　物联网是一个将物体、人、系统和信息资源与智能服务相互连接的基础设施，可以利用它来处理物理世界和虚拟世界的信息并做出反应。

出处：2014年，ISO/IEC JTCIS WG5物联网特别工作组。

这些机构从不同角度、不同维度对物联网给出了定义。相对而言，定义5概括全面、简单明确，包含了物联网的总体范畴与重要特征。从技术上看，业内普遍认为物联网是通过射频识别技术、红外感应器、全球定位系统、激光扫描器等信息传感设备，按约定协议，将任何物品通过有线或无线方式与互联网连接，进行通信和信息交换，以实现智能化识别、定位、跟踪、监控和管理的一种网络。从功效上看，物联网将实现人与物之间、物与物之间、信息资源与智能服务之间的相互连接，并进一步实现现实世界与虚拟世界间的相互融合。因此，随着物联网的迅速发展，其定义内涵与表述仍可能变化。

1.2.3　物联网的特点

1. 物联网的技术特点

"The Internet of Things"可理解为"物物相连的互联网"，但互联网（Internet）是计算机网络，故物联网有以下特点：

1）以互联网为基础。物联网是在计算机互联网的基础上构建的物品间的连接，故可将其视为计算机的延伸和扩展而成的网络。

2）自动识别与通信。彼此间组网互联的物件，必须具备可标识性、自动识别性与物件间通信（Machine to Machine，M2M）的功能。

3）多源数据支持。用户端已扩展到众多物品之间，通过数据交换和通信来实现各项具体业务，故物联网常以大数据为计算与处理环境，以云计算为后端平台。

4）智能化。物联网具有自动化、互操作性与智能控制性等特点。

5）系统化。任何规模的物联网应用，都是一个集成了感知、计算、执行与反馈等的智能系统。

上述特点使物联网在不同场合产生了不同的表述，如物件间通信、无线传感器网络（Wireless Sensor Networks，WSN）、普适计算（Pervasive Computing）、泛在计算（Ubiquitous Computing）、环境感知智能（Ambient Intelligence）等，各自从不同侧面反映物联网的某项特征。

2. 物联网的应用特点

物联网的应用以社会需求为驱动，以一定的技术与产业发展等为条件，其特点如下：

1）感知识别普适化。社会信息化产生了无所不在的感知、识别和执行的需要以及将物理世界和信息世界融合的需求。

2）异构设备互联化。各种异构设备利用通信模块和协议自组成网，异构网络通过网关互通互联。

3）联网终端规模化。物联网是在社会信息化发展到一定水平的基础上产生的，此时，大量不同物品均已具有通信和前端计算与处理功能，成为网络终端，未来5~10年内联网终端规模有望突破百亿数量级。

4）管理调控智能化。在物联网中，物物互联并非只是彼此识别、组网、执行特定任务，它的价值很大部分体现在高效可靠的大规模数据组织、智能运筹、机器学习、数据挖掘、专家系统等决策手段的实现上，并将其广泛应用于各行各业。

5）应用服务集成化。以工业生产为例，物联网技术覆盖了从原材料引进、生产调度、节能减排、仓储物流到产品销售、售后服务等各个环节。

6）经济发展跨越化。物联网技术有望成为国民经济发展从劳动密集型向知识密集型、从资源浪费型向环境友好型转变过程中的重要动力。

3. 物联网的其他特点

从传感信息角度来看，物联网具备以下特点：

1）多信息源。物联网由大量的传感器组成，每个传感器都是一个信息源。

2）多种信息格式。传感器有不同的类别，不同的传感器所捕获、传递的信息内容和格式会存在差异。

3）信息内容实时变化。传感器按一定的频率周期性地采集环境信息，每一次新的采集就会得到新的数据。

从对传感信息的组织管理角度来看，物联网具备以下特点：

1）信息量大。物联网中的每个传感器定时采集信息，不断积累，形成海量信息。

2）信息的完整性。不同应用会使用传感器采集的不同信息，存储时必须保证信息的完整性，以适应不同的应用需求。

3）信息的易用性。信息量规模的扩大导致信息的维护、查找、使用的难度迅速增加，为在海量的信息中方便找出需求的信息，要求信息具有易用性。

从上述角度出发，就要求物联网前端具有对海量的传感信息进行抽取、鉴别与过滤的功能，对后台则应具备分析、比对、判别、多形态呈现、警示与控制执行等智慧型功能。

1.2.4 物联网的相关概念

1. 物联网与传感网

物联网的实现必须有传感网的支持。传感网又称传感器网络，在物联网领域，传感网中有很大一部分是指无线传感器网络。

进入 21 世纪后，微电子、计算机和无线通信等技术的进步，推进了低功耗多功能传感器的快速发展，使其能在微小体积内集成信息采集、数据处理和无线通信等多种功能。传感网由部署在一定范围内的大量的传感器节点组成，通过无线与有线通信方式形成一个自组织的网络系统，彼此协同地进行感知、数据采集和处理网络覆盖区域中感知对象的信息，并将结果发给观察者（或控制器）。传感器、感知对象和观察者（或控制器）构成了传感网的三要素。

如果说互联网构成了逻辑上的信息世界，改变了人与人之间的沟通方式，那么传感网就将逻辑上的信息世界与客观上的物质世界融合在一起，改变了人类与自然界的交互方式；而物联网的一部分就是互联网与传感网集成的产物。

此外，物联网中大量的传感器必须采用标识技术来彼此标志与区分，如一维与二维条形码、RFID 标识等。

2. 物联网与泛在网

（1）泛在网的概念 Mark Weiser 在预测未来计算机发展时，强调了"无所不在的计算"（Ubiquitous Computing）这一概念，指出计算机或终端设备最终将在任何地点均能联网计算，实现任何地方都可连接的信息社会。Ubiquitous 一词源于拉丁文，意指"无所不在"，即"泛在"之意，故 Ubiquitous Computing、Ubiquitous Network 又可称为"泛在计算""泛在网"，相关的技术即 Ubiquitous Technology 也可称为"泛在科技"或"U 化科技"。

图 1-1 所示从联网对象的多样性与协作性角度，描述了泛在网发展的三个历程。图中左下角为传统的计算机网络，联网对象仅为服务器、台式机和便携式计算机。第二阶段仍以 PSP 即"计算机-服务器-计算机"为架构，但主网上的连接终端设备朝小型化发展，并扩展到上网本（Net-book）、移动电话、个人数字助理（PDA）等。同时，大量传感器、无线电子标签和其他智能设备也连接入网，使入网物体呈现高度的多样化。第三阶段代表所有物品均可入网互联、协同运行，实现泛在计算的境地。

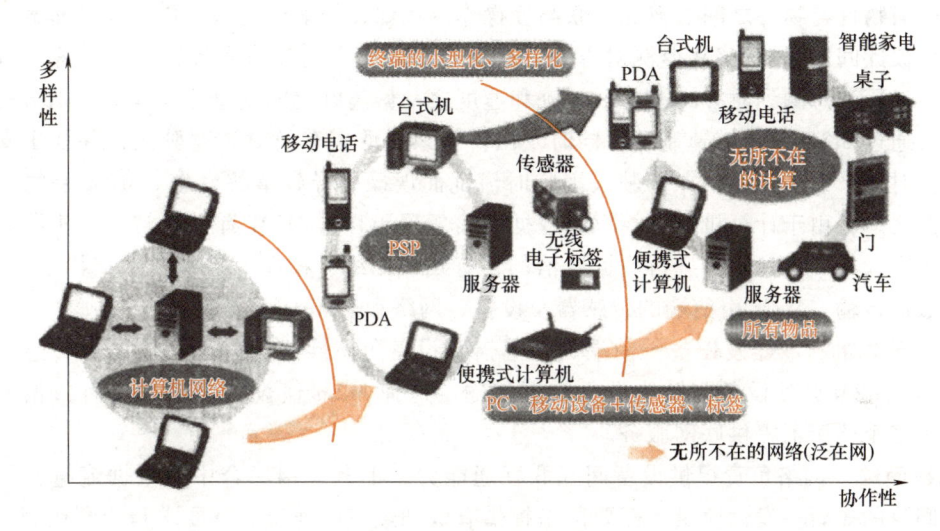

图 1-1 泛在计算示意图

可见，泛在网是从网络范畴与计算角度对物联网的另一种描述；"物联网"则从联网对象角度进行描述，两者实为一体两面。"泛在"强调的是物联网存在的普遍性、功能的广泛性和计算的深入性。因此，在许多国家的"泛在化"战略、U 化战略等内容中，有很大一部分就是其物联网的国家发展战略。

（2）泛在网的全球发展 世界各国对信息化的发展战略均有不同的背景与侧重点，故对泛在网、泛在计算等的称呼与表述各有不同，主要分为欧洲、亚洲与美洲三类。

1) 泛在网在欧洲称为环境感知智能（Ambient Intelligence），由于欧洲国家众多，信息化水平不一，发展重点集中在强调联网对象的整合与资源网的汇聚上，技术重点包括微计算、联网物体的用户界面及泛在通信三个主导领域的创新。

2) 在亚洲，日本、韩国、新加坡等都在建设泛在网（Ubiquitous Network）基础设施，开发各领域的泛在应用，建立各地实验基地和扶持重点技术研发等列为 21 世纪国家或地区信息化发展战略，要将泛在技术广泛用于产业竞争力提升、建立智能社会、改善民生、扩大就业等领域。

3）在北美，IBM 提出了普适计算（Pervasive Computing）概念，其目标是"建立一个充满计算和通信能力的环境，同时使这个环境与人类逐渐融合，以便人们可以'随时随地'和'透明'地通过日常生活中的物体和环境中某一联网的动态设备而不只是计算机进行交流和协作"。该目标中的关键点是"随时随地"和"透明"。"随时随地"是指人们可以在工作、生活场景中就能获得服务，而不需离开现场去坐在计算机面前，即服务像空气一样无所不在；"透明"是指获得服务时不需要花费很多注意力，即服务的获取方式是十分自然的，甚至是用户注意不到的，也就是蕴涵式交互（Implicit Interaction）。

由此可见，尽管各国对有关物联网、泛在网、普适计算等概念的描述不尽相同，但殊途同归，都从不同方面阐述了物联网的相关特征。

3. 物联网与 M2M

M2M 狭义上是指机器设备之间通过相互通信与控制达到彼此间的最佳适配与协同运行，或者当某一设备出现异常时，其他相关设备将自动采取防护措施，以使损失降至最低；广义上则指任何物件与物件之间的彼此互联与互操作。例如在智能交通系统中，装有车载感测系统的车辆彼此间能通过 M2M 监测对方的行车轨迹、瞬时方向和速度等，动态测算出双方的安全距离，一旦感测到对方的方向、轨迹和速度之一偏离既定的安全行车模型，双方的车载系统都会通过 M2M 自动减速制动，同时发出警告以提醒本车及对方驾驶人，并找出安全的自动避让对策，以防任何一方驾驶人因临时慌乱而误操作导致事故发生。M2M 是物联网特有的性能之一，由于计算机对计算机的数据通信发展历程对 M2M 有良好借鉴，机器设备实际是通过嵌入式微型计算机进行数据通信的，有线、无线、移动等多种技术支撑了 M2M 网络中的数据传输。M2M 由前端的传感器及设备、网络和后端 IT 系统三部分构成。

（1）前端的传感器及设备　前端的传感器及设备负责实现感知能力。内置传感器用于获得数据，M2M 则使设备或模块进行数据传输。这种 M2M 使设备或模块具有数据汇聚能力，能为多个传感器提供联网服务。

（2）网络　网络负责提供设备间互联互通能力。很多应用场合中的数据流量特征是固定时间间隔的短暂突发性流量，需要网络提供有效和经济的连接。其要求是能利用固定、移动和短距离低功耗无线技术融合的应用，提供日趋泛在化的覆盖能力和可靠的服务质量。

（3）后端 IT 系统　后端 IT 系统负责提供智能化支持。它可以是相关应用或管理系统，具有较高的安全性要求，可以实时收集、分析传感器数据，并根据各种模型对机器设备的作业、状态和环境等进行动态比对与研判，从而在发现异常时能及时发出警告，进行前端设备的故障排障，或对其他相关设备发出指令，要求其作出响应等。

由此可知，M2M 是从联网对象的功能与运行控制的角度对物联网的一种描述。

4. 物联网与微机电系统

微机电系统（Micro Electromechanical Systems，MEMS）是一种智能微型化系统，其系统或元件为微米至毫米量级大小，通过将光学、机械、电子、生物、通信等功能整合为一体，可用于感测环境、处理信息、探测对象等。例如，采用 MEMS 的胃肠道内窥检查系统，就是将照相机、光源、信号转换器和发射装置等集成在一个形如感冒胶囊的胶囊中，病人吞服后能对胃肠道内部进行检查，可连续拍摄数万至数十万帧照片并将信号发送给接收端，以供医生详细观察，病人也无任何痛苦。

智慧灰尘（Smart Dust）则是 MEMS 技术应用的极致，它是美国加州大学伯克利分校开发的一种无线传感器联网技术。传感器尺寸可小如纽扣，最小仅为米粒大小。智慧灰尘最初用于军事侦察，通过无人机等设备将数以百计伪装过的智慧灰尘大范围地散布在侦察区域或军事重地，侦测数据可以是温度、湿度、声音、光线、压力、二氧化碳浓度等，并通过红外线或无线电波等传回后方，从而能感知区域内动态。智慧灰尘可随机播撒，散布在环境或物体上，各"灰尘"点随后就通过自组织及内建冗余来就地组网、彼此识别、自动路由、自行形成感测集群并向后方发送侦测数据等，这样可以节省大量侦察兵力，得到实时且有效的信息，又因为传感器数量庞大，对手不易清除。

智慧灰尘也在民用领域有广阔的应用空间，如美国已将200个智慧灰尘部署在金门大桥上。这些智慧灰尘联网后就能确定大桥从一边到另一边的摆动距离，从而可以精确测量桥梁在强风中的变形情况。智慧灰尘检测出移动距离后，就将其发送出去，信息最后汇集到功能强大的计算机中进行分析。任何与当前天气情况不吻合的异常读数都可能预示大桥存在隐患。

1.3 物联网涉及的关键技术

1.3.1 物联网发展的关键技术

为了创造人、事、时、地、物都能相互联系与沟通的物联网环境，以下几项技术将发挥关键作用，其发展与成熟程度也将影响物联网的发展。

1. 射频识别技术

射频识别（RFID）技术是利用射频信号及其空间耦合和传输特性进行的非接触式双向通信，实现对静止或移动物体的自动识别并进行数据交换的一种识别技术。RFID系统的数据存储在射频标签（RFID Tag）中，其能量供应及与识读器之间的数据交换不是通过电流而是通过磁场或电磁场进行的。该系统包括射频标签和识读器两部分。射频标签粘贴或安装在产品或物体上，识读器读取存储于标签中的数据。RFID具有识读距离远、识读快、不受环境限制、可读写性好、能同时识读多个物体等优点。随着技术的发展和成本的不断降低，其普及面将变得越来越广。目前日常生活环境中已普遍存在RFID的相关应用，如公交月票卡、电子不停车收费（ETC）系统、各类银行卡、物流与供应链管理、农牧渔产品履历、工业生产控制等。由于RFID技术相对成熟，在物联网的发展中扮演基础性的角色。

2. 无线传感器网络

无线传感器网络（WSN）是一种可监测周围环境变化的技术，它通过传感器和无线网络的结合，自动感知、采集和处理其覆盖区域中被感知对象的各种变化的数据，让远端的观察者通过这些数据判断对象的运行状况或相关环境的变化等，以决定是否采取相应行动，或由系统按相关模型的设定自动进行调整或响应等。无线传感器网有着极其广阔的应用空间，如环境监测、水资源管理、生产安全监控、桥梁倾斜监控、家中或企业内的安全性监控及员工管理等。在物联网中通过与不同类型的传感器搭配，可拓展出不同类型的应用。

3. 嵌入式技术

嵌入式技术（Embedded Intelligence）是一种将硬件和软件结合组成嵌入式系统的技术。嵌入式系统是将微处理器嵌入受控器件内部，为实现特定应用的专用计算机系统。嵌入式系统只针对一些特殊的任务，设计人员能对它进行优化、减小尺寸、降低成本、大量生产。其核心是由一个或几个预先编程的用来执行少数几项任务的微处理器或者微控制器组成。与通用计算机上能运行的用户可选择的软件不同，嵌入式系统中的软件通常是不变的，故常称为"韧件"。

嵌入式系统已有极广泛的应用，如工业控制领域中的过程控制、数字机床、电力系统、电网安全、电网设备监测、石油化工系统等；交通管理领域中的车辆导航、流量控制、信息监测与汽车服务等；信息家电领域中的冰箱、空调等的网络化、智能化等。各种类型的设备皆可通过嵌入式技术获得接收网络信息与处理信息的能力，或是附加强大的软件运算技术成为智能化的装置。在物联网的发展中，所有对象都要具备接收、传递与处理信息的能力，因此嵌入式技术的发展日显重要。

4. 纳米与微机电技术

为了让所有对象都具备联网及数据处理能力，运算芯片的微型化和精准度的重要性与日俱增。在微型化方面，利用纳米技术开发更细微的机器组件，或创造新的结构与材料，以应对各种恶劣的应用环境；在精准度方面，微机电技术已有突破性进展，其在接收自然界的声、光、振动、温度等模拟信号后转换为数字信号并传递给控制器响应的一连串处理的精准度提升了许多。由于纳米及微机电技术（Nanotechnology and MicroElectromechanical Technology）应用的范围覆盖信息、医疗、生物、化学、环境、能源、机械等领域，能发挥电气、电磁、光学、强度、耐热性等全新物质特性，其也将成为物联网发展的关键技术之一。

5. 分布式信息管理技术

在物物相连的环境中，每个传感节点都是数据源和处理点，都有数据库存取、识别、处理通信和响应等作业，需要用分布式信息管理技术进行操纵。在这种环境下，往往采用分布式数据库系统来管理这些节点，使之在网络中连接，每个节点可视为一个独立的微数据系统，均拥有自己的数据表、处理机、终端及局部数据管理系统，形成逻辑上属于同一系统，但物理上彼此分开的架构。目前，支持物联网运行的分布式信息管理系统已成为信息处理领域的重要部分，它能解决以下问题：

1）组织上分散而数据需要相互联系的问题。例如智能交通系统，由于各路段分别位于不同城市及城市中的各个区段，尽管在交通流量监测时各节点需要处理各路段的数据，但更需要彼此之间进行数据交换和处理，动态预测各地的路况并发出拥堵预警信息，为每辆车提供实时优化的行车路线等。显然，这种需求下的各节点的运算量、后台数据中心的运算量都是极其庞大的。

2）如果一个机构单元需要增加新的相对自主的传感单元来扩充功能，则可在对当前系统影响最小的情况下进行扩充。

3）均衡负载。数据传感和处理会使局部数据达到峰值，应使传感处理节点、副节点与数据汇聚节点之间的存储与处理能力达到均衡，并使相互间的干扰降到最低。负载在各处理点之间均衡分担，以避免临界瓶颈。

4）当现有系统中存在多个数据库系统且全局应用的必要性增加时，就可由这些数据库自下而上地结合成分布式信息管理系统。

5）不仅支持传统意义上的分布式计算，还要支持移动计算到普适计算，保证系统具备高可靠性与可用性。

从分布式信息管理系统的发展上看，总体需求应能满足物联网的智能空间的有效运用（Effective Use of Smart Spaces）、不可见性（Invisibility）、本地化可伸缩性（Localized Scalability）和屏蔽非均衡条件（Masking Uneven Conditioning）。通过将计算基础结构嵌入各种固定与移动物体对象中，一个智能空间（Smart Space）就将两个世界（指移动和固定空间）中的信息联系在一起。

1.3.2 物联网发展的技术需求

1. 物联网的技术需求与发展方向

物联网作为战略性新兴产业，涉及一批关键性技术的研发与应用，各国和地区都有相应的计划。例如，美国有"智慧地球"的概念框架，日本与韩国分别有"U-Japan""U-Korea"计划，而欧洲发布的《2020年的物联网》（*Internet of Thingsin 2020*）是目前涵盖周期最长的发展规划。2008年，欧洲智能系统整合技术平台-射频识别工作小组（European Technology Platform on Smart Systems Integration（EpoSS)-RFID Working Group）提出了《2020年的物联网》研究报告，将物联网的发展按每5年一个阶段分为4个阶段：①2010年前将RFID广泛应用于物流、零售和配药等领域；②2011—2015年实现物体互联；③2016—2020年物体进入半智能化；④2020年后物体进入全智能化。每个阶段的社会愿景、人类、政策及管理、标准、技术愿景、使用、设备、能源的发展规划、需求及研究方向等见表1-1与表1-2。

表 1-1　欧洲物联网在研重点及发展趋势

规划内容	2010年左右	2011—2015年	2016—2020年	2020年以后
社会愿景	全社会接受RFID	RFID应用普及	对象相互关联	个性化对象
人类	1. 生活应用(食品安全、防伪、卫生保健) 2. 消费关系(保密性) 3. 改变工作方法	1. 改变商业模式(工艺、模式、方法) 2. 智能应用 3. 泛在识卡器 4. 数据存取权 5. 新型零售及后勤服务	1. 综合应用 2. 智能传输 3. 能源保护	1. 周边环境高度智能 2. 虚拟世界与物理世界相融合 3. 实物世界搜索 4. 虚拟世界
政策及管理	1. 事实管理 2. 保密立法 3. 全社会接受RFID 4. 定位文化范围 5. 出台下一代互联网管理办法	1. 欧盟管理 2. 频谱管理 3. 可接受的能耗方针	1. 鉴定、信用及确认 2. 安全、社会稳定	1. 鉴定、信用及确认 2. 安全、社会稳定
标准	1. RFID安全和隐私 2. 无线频率使用	部分详细标准	交互标准	行为规范标准
技术愿景	连接对象	网络目标	半智能化(对象可执行指令)	全智能化
使用	RFID在后勤保障、零售、配药等领域的实施	互动性增长	1. 分布式代码执行 2. 全球化应用	统一标准的人、物及服务网络产业整合
设备	小型、低成本传感器及有源系统	增加存储及感知容量	超高度	1. 更低廉的材料 2. 新的物理效应
能源	1. 低能耗芯片 2. 减少能源总耗	1. 提高能量管理 2. 更好的电池	1. 可再生能源 2. 多能量来源	能源获取元素

表 1-2 物联网的新需求及强化研究方向

内容	2010 年左右	2011—2015 年	2016—2020 年	2020 年以后
社会愿景	RFID 使用范围的拓展	对象的集成	物联网	完全开放的物联网
人类	社会接受 RFID	1. 辅助生活 2. 生物测定标识 3. 产业化生态系统	1. 智能生活 2. 实时健康管理 3. 安全的生活	1. 人、物体、计算机的统一 2. 自动保健措施
政策及管理	1. 全球导航 2. 相关政策	1. 全球管理 2. 统一的开放互联	鉴定、信用及确认	物联网的范围
标准	1. 网络安全 2. Ad-boc 传感器网络	1. 协同协议和频率 2. 能源和故障协议	智能设备间的协作	公共安全
技术愿景	低能耗、低成本	无所不在的标签、传感网络的集成	标签及对象可执行命令	所有对象智能化
使用	互通性架构（协议和频率）	1. 分布控制与数据库 2. 网络融合 3. 严酷环境耐候性	1. 全球应用 2. 自适应系统 3. 分布式存储	异构系统互联
设备	1. 智能多频带天线 2. 小型与便宜的标签 3. 高频标签 4. 微型嵌入式阅读器	1. 标签、阅读器及高频范围的拓展 2. 传输速率 3. 芯片级天线 4. 与其他材料集成提高速度	1. 执行标签 2. 智能标签 3. 自制标签 4. 合作标签 5. 新材料	1. 可分解的设备 2. 纳米级功能处理器件
能源	1. 低功率芯片组 2. 超薄电阻 3. 电源优化系统（能源管理）	1. 电源优化系统（能源管理） 2. 改善能源管理 3. 提高电池性能 4. 能量捕获（储能、光伏） 5. 印刷电池	1. 超低功率芯片组 2. 可再生能源 3. 多种能量来源 4. 能量捕获（生物、化学、电磁感应）	1. 恶劣环境下发电 2. 能量循环利用 3. 能量获取 4. 生物降解电池 5. 无线电力传输

2. 物联网的技术特性

物联网是一个多种技术集成、向社会各行业迅速融合与渗透的新领域。一些技术即使被使用，但因市场复杂性和社会认知度，许多技术的应用可能已不是其最初的预想，这对于表 1-1、表 1-2 预测的一些内容也是一样。要想满足物联网应用需求，物联网本身的技术需要具备下述一些共同特征。

(1) 易用性 物联网的各种技术与系统要易于使用、易于构建、易于维护、易于组配与调整等，即越是高科技，越应傻瓜化。具体表现如下：

1) 即插即用。即插即用代表接口技术的主要进展，它要求能轻松添加新组件到物联网系统，以满足用户对各类应用的不同需求。

2) 自动服务配置。通过捕获、通信和处理"物"的数据来提供物联网服务，这些数据基于运营商发布或是用户自己订阅。自动服务可依赖于自动数据融合和数据挖掘技术。一些"物"可配备执行器影响周围环境与应用。

(2) 移动互联 移动互联是物联网实现"物-物""物-人""人-物-人"等多种互联模式的技术条件，主要有以下要点：

1）以传感技术为核心。目前，在各类移动互联设备中，设计师越来越注重传感技术，以实现移动互联网向智能化、高端化和复杂化发展。利用传感技术能实现网络由固定模式向移动模式转变，方便广大用户使用。将传感技术应用于移动互联网，推动其朝物联网发展。

2）有效实现人与人的连接。物联网的应用，本质上要实现人与人的多样化与多场景连接。为此，移动互联在应用中要注重与各类移动终端或用户的连接。

3）平台竞争及孤岛问题。随着智能手机在全社会的普及，大量移动互联平台面向公众用户开展竞争。各类平台间的竞争转向了信息内容和众多应用开发方面的竞争，造成了 App 混战的局面，形成众多数据与应用孤岛。

(3) 数据资源管理

1）大数据应用：物联网中越来越多的数据被创建出来。物联网相关用户希望利用大量传感器和其他数据发生器得到数据资源，以供后台系统有效地抽取、挖掘、分析、预测和呈现各种应用。

2）决策建模和信息处理。数据挖掘过程包括数据预处理、数据挖掘及知识的评估和呈现。

3）协同数据处理的通用格式。需要利用通用数据格式和应用编程接口（API）把物联网收集的数据融入已有数据里作为一个整体，以便于数据交换，并根据需求结合使用。重点应放在语义互操作性上，因为句法的互操作性，可以通过简单的翻译实现。

(4) 云服务架构　物联网用户都希望能灵活地部署和使用物联网，主要体现在以下三方面：

1）任何地方都能够连接物联网系统。

2）只为使用的服务支付费用。

3）能快速配置和中止系统。

(5) 安全　物联网用户都希望物联网系统不会被未经授权的实体用于恶意目的。由于采用物联网构建的系统将实现各种目标，需要不同的安全级别，用户都希望自己的个人和商业信息能够保密。

(6) 基础设施　物联网的运行需要基础设施的支持，如各种有线、无线网络，以及封闭的网络或互联的网络等。

(7) 服务感知　物联网提供的服务一般不需人工干预，但这并不意味着物联网的使用者不需要知道那些存在于使用者周围的服务。当物联网提供服务时，能够通过一定的方法使用户知道服务的存在，而这些方法必须符合相关法规。

(8) 标准融合　物联网覆盖的技术领域非常广泛，涉及总体标准、感知技术、通信网络技术、应用技术等方面。物联网标准组织从不同角度对物联网进行研究，如有的从 M2M 的角度研究，有的从泛在网的角度研究；有的关注互联网技术，有的专注传感网技术，有的关注移动网络技术，有的则从总体架构等方面进行研究。在标准方面，与物联网相关的标准化组织较多，物联网技术标准体系如图 1-2 所示。目前介入物联网领域的主要国际标准化组织有 ISO、IEC、ITU-T、ETSI、3GPP、3GPP2[⊖] 等。

[⊖] ISO、IEC、ITU-T、ETSI、3GPP、3GPP2 分别表示国际标准化组织、国际电工委员会、国际电信联盟、欧洲电信标准化协会、第三代合作伙伴计划、第三代合作伙伴计划 2。

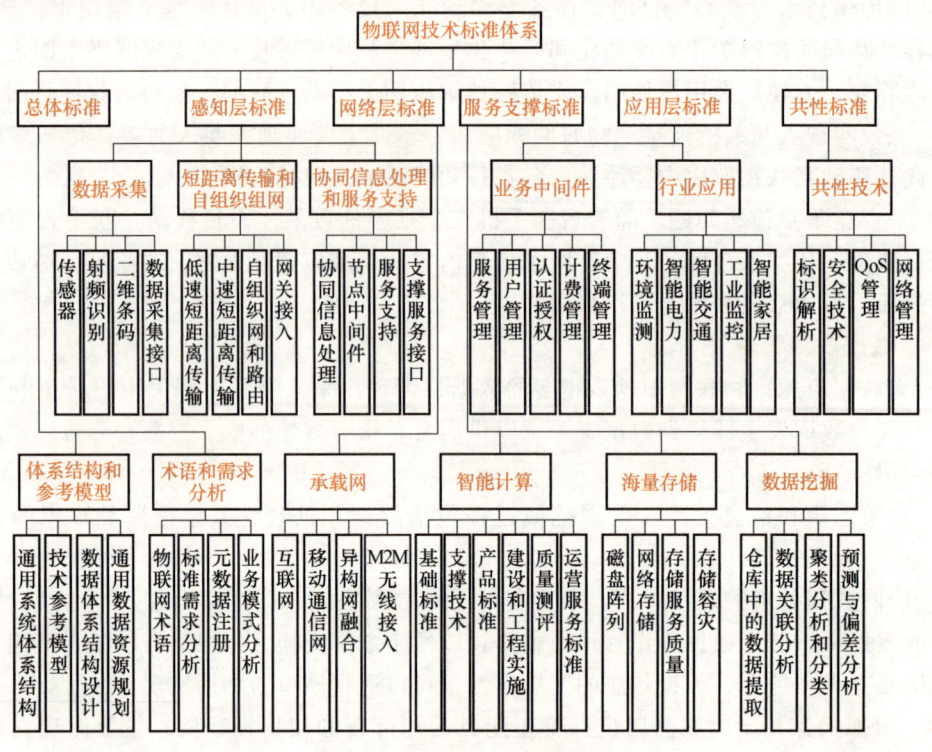

图 1-2　物联网技术标准体系

（9）辅助功能和使用环境　物联网用户希望系统能满足个人的可访问性及相关的应用需求，并能保证不同用户在不同环境下的访问性和可使用性。然而，不仅物联网用户的需求是多样化的，物联网技术也是多样化的，并且会随时间环境的变化而变化。此外，一些需求还可能和另一些需求存在冲突，因此只有能不断适应用户需求的方法、技术和资源才能提供最佳服务。

1.4　物联网的效益与面临的问题

物联网被认为是继互联网之后的又一次重大的产业革命，其发展将推动人类进入智能化时代。人与人、人与物、物与物之间在任何时间、任何地点互联，实现智能互动，将对人类的生产、生活、健康、安全、教育与娱乐等带来不可估量的现实意义与经济效益。同时，物联网的发展也会带来一系列的相关问题。

1.4.1　物联网的效益

物联网应用涉及的软件、硬件与综合性技术遍及智能交通、环境保护、城市安全、精致农业、生产监控、医疗护理、远程教育等领域，衍生出大规模的高科技市场。

据美国研究机构 Forrester 预测，物联网撬动的产值将比互联网大 30 倍，形成下一个万亿元级别的产业。此外，物联网带来的社会效益更是无可估量。对此，美国、欧盟、日本、韩国及我国等纷纷提出相关的发展规划并投入大量资源。近年来，物联网已进入快速发展期，尽管整个产业仍处于孕育和准备发力阶段，离大规模应用普及尚有时日，但未来不论在技术、芯片、产品和解决方案等领域都有相当多的应用与发展机会。埃森哲在2015年进行的一项研究显示，物联网将成为中国经济增长的新动力。基于当前政策和投资趋势分析，到2030年，物联网能给我国带来5000亿美元的GDP累计增长。研究也显示，通过采取进一步措施，提高物联网的技术能力和增加投资，到2030年，物联网对我国GDP的影响累计增长额可达1.8万亿美元，如图1-3所示。

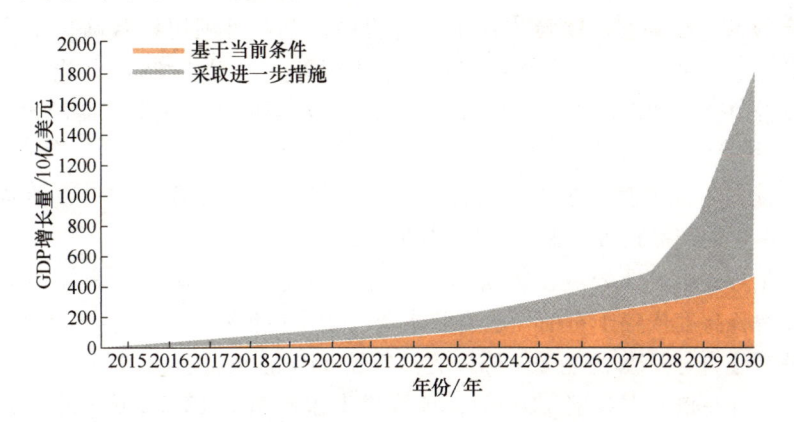

图1-3 物联网对我国GDP的影响

图1-4所示为物联网对我国各行业累计GDP的影响。埃森哲研究报告显示，物联网在我国推动的产业增长位居前列的产业为制造业、公共服务、资源产业等。为了解物联网在我国各产业的具体经济潜力，埃森哲联合Frontier Economics就物联网对我国12个产业的累计GDP影响进行了预估。根据图1-4显示，2015—2030年，仅在制造业，物联网就可创造1960亿美元的累计GDP。若通过定向投资和其他类似支持，各行业还将产生巨大的附加值。以制造业为例，物联网创造的经济价值将从1960亿美元跃升至7360亿美元，增加276%；对于资源产业，物联网创造的经济价值也将从480亿美元增至1890亿美元，比当前高出近3倍。由图1-4可知，制造业在物联网经济效益中的占比最高，其次为政府公共服务支出和

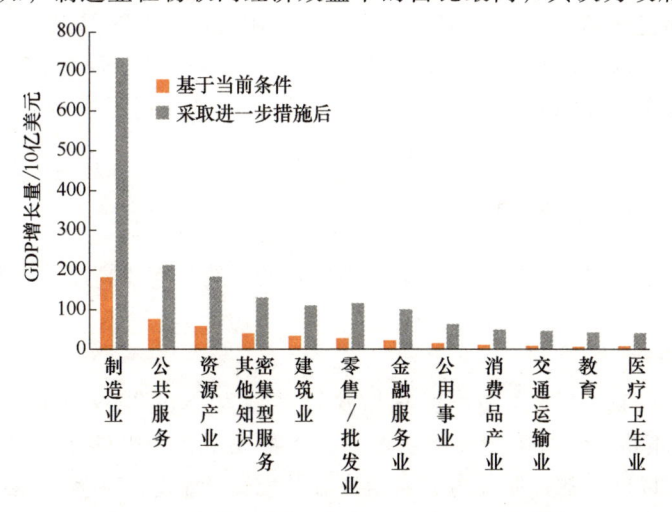

图1-4 物联网对我国各行业累计GDP的影响

资源产业。到 2030 年，这三个领域将占物联网所创造累计 GDP 总额的 60% 以上。

以制造业为例，"中国制造 2025" 行动计划的重点旨在实现制造业的数字化、网络化和智能化突破。物联网可推动制造企业实现三大核心使命，分别如下：

（1）**优化生产流程** 制造商能采用无缝连接，在产品的整个生命周期进行质量控制。此外，物联网技术还可以帮助制造商进行预测性数据分析，以确定可能的设备或零部件故障，从而制订预防型维护计划，实现平稳运营。

（2）**提高效率，改善客户体验** 在生产过程中，企业可利用物联网技术改善工人健康条件，提高安全性。例如，我国的一些工厂为工人配备了"智能腕带"，当工人进入危险区域时，智能腕带便会自动发出警报。此外，物联网还能帮助企业收集产品的售后信息，以改善客户体验。

（3）**提供新的收入来源** 在数字化的"客户到制造商"商业模式下，消费者将得益于更加灵活和个性化的产品设计，制造商则得到更多利润。

在资源产业与公用事业领域，物联网技术可大幅度提高资源效率和能源效率。长期以来，我国经济增长高度依赖于石油、电力和水等大量资源消耗。我国经济占全球经济的份额为 12%，但消耗了全球 21% 的能源、45% 的钢铁及 54% 的水泥。我国的单位 GDP 能耗比世界平均水平高出近一倍。在我国 GDP 中，环境成本占比高达 12.3%。由此可知，要想实现可持续发展，提高资源效率和能源效率势在必行。

根据图 1-4 显示，在当前条件下，到 2030 年，在资源产业和公用事业领域，物联网技术将创造 640 亿美元的累计 GDP。若采取进一步措施，该数据有望增至 2480 亿美元。在这两种情境下，大部分增益主要缘于全要素生产率的提高。应用物联网技术可创造下述诸多效益。

（1）**优化能源消耗** 由于能够捕捉有关设备或外部环境条件变化的精确实时数据，资源产业和公用事业生产者可实现运营流程的能源消耗最小化。例如，石油可在要求的最低温度条件下，通过管道输送。

（2）**提高运营安全性** 物联网技术可提高工作区的安全性，从而确保设备平稳运行。例如，在遭遇任何潜在危险时（如燃气泄漏或潜在爆炸），工人的可穿戴设备可自动报警。

（3）**进行预测型分析** 通过在机器、管道等实体资产上安装传感器，企业能构建主动维护能力，以缩短机器宕机时间，防止设备或环境被破坏（如有毒气体泄漏）。

（4）**降低成本并满足消费者需求** 通过追踪消费者的实时需求变化，资源产业和公用事业企业能提高生产管理水平，降低材料和库存成本。

1.4.2　物联网发展面临的问题

物联网作为一个新兴产业，发展受到许多因素的制约，需要高度关注和亟待解决的问题涉及以下八方面。

1. 国家安全问题

2009 年 2 月 24 日，IBM 大中华区首席执行官钱大群在 2009 IBM 论坛上公布了名为"智慧地球"的新策略。针对中国经济状况，钱大群表示，中国的基础设施建设空间广阔，并且中国政府正在以巨大的控制能力、实施决心及配套资金等对必要的基础设施进行大规模建设，"智慧地球"战略将会产生更大的价值。

对此，工业和信息化部原部长李毅中在 2010 年 4 月表示，要警惕 IBM 的"智慧地球"陷阱。他认为，通过传感网和互联网的应用，"智慧地球"可极大提高效率，产生更大的效益，但对于外国这些新的理念和新的战略，既要有所启迪，也要有所警惕。在 IBM 的宣传中，"智慧地球"所包括的领域极为广泛，有电网、铁路、桥梁、隧道、公路、建筑、供水系统、大坝、油气管道等。这些领域涉及民生基建和国家战略，甚至军事领域的信息。相关专家认为，如果这些信息被国外 IT 巨头获取或被他国操纵，其后果是不可想象的。同时，我国物联网研究与国际同步，我国的物联网研发和应用也有一定的基础，在国际水平线上，我国并不落后。因此，在建设和实施物联网系统时，如何保证企业、政府和国家信息安全，是第一位的战略性问题。

2. 个人隐私问题

在物联网中，人们自身及其使用的各类物品都可能随身携带各类标识性电子标签，因而很容易在其未知的情况下被定位和跟踪，这会使个人行踪及相关隐私受到侵犯。因此，如何确保标签物拥有者的个人隐私不受侵犯就成为物联网推广中的关键问题之一。这不仅是技术问题，还涉及法律、道德与政治等问题。

3. 物联网商业模式问题

物联网既涉及一批高科技产品的销售，还涉及这些产品所提供的服务项目与内容，而这些服务又往往通过电信或移动通信运营商的平台进行。因此，一条完整的产业链将涉及新产品研发、新服务创意、包装营销、上线运行、维护管理、收益分配等。如何建立一条满足各方利益、共赢发展的价值链，是确保该产业蓬勃发展的前提。同时，物联网的产业化必然需要芯片制造商、传感设备生产厂、系统解决方案供应商、移动运营商等上下游厂商的通力配合，而在各方利益机制及商业模式尚未成形的背景下，必然影响到物联网的普及。

4. 物联网相关政策法规

物联网的普及不仅需要各种技术，还牵涉到各个行业、各个产业乃至各家企业间的通力协作与力量的整合。这就需要国家在相关产业政策的立法上走在前面，制定适合行业发展的政策法规，保证其正常发展。

5. 技术标准的统一与协调

互联网的蓬勃发展，归功于其标准化问题解决得非常好，如全球传输与地址协议 TCP/IP、路由器协议、终端的构架与操作系统等。在物联网领域，传感、识别、通信、应用等层面都会有大量的新技术出现，需要尽快统一各项技术标准。例如，目前 IPv4 协议已不能满足互联网的需求，IPv6 的开发已成为行业发展的趋势，但这又涉及大批路由器将被更换。此外，物联网中大量无线设备的使用，又将带来频道拥堵问题，相关管理办法与标准也需要制定。

6. 管理平台的开发

物联网时代，联网对象数量将成百倍地超过互联网，联网后的信息传输与处理量更是数以万倍地超过互联网，相应的管理平台是不可或缺的。因此，建立庞大的综合性业务管理平台，提供从标识层、通信层、业务层、行业层到地域层等方面的信息管理，是确保物联网正常运行的基础。

7. 行业内的安全体系

除国家安全外，基于 RFID 传感技术的各类应用也涉及行业安全问题。例如，植入

RFID芯片的物体中的数据有可能被任何识读器感知识读,这对物主的管理虽然方便,但也可能被其他人进行识读。对于在商业活动中如何防止传输、应用的各种有价值的信息被竞争对手获取和利用,这就涉及行业安全体系的建立问题。

8. 应用的开发

物联网可以创造出许多前所未有的应用,并在人们的生产与生活中普及。一些相关应用已经出现产品,但仅停留在概念阶段,如美国通用汽车公司发布的物联网概念车等,进行实际应用的产品较少,一些应用仍处于运营商的体验厅的概念性产品阶段,相关的创新应用明显不足。如同互联网,物联网的许多应用开发也需要进行大量的投入、尝试、调查、实证与评估。这些应用开发不能仅依靠运营商,也不能仅依靠物联网企业,还需要与大量的传统产业、传统应用、日常生活等相结合,才能研发出既有实际意义,又有经济效益的应用。

思 考 题

1. 简述物联网的定义及其与泛在网的关系。
2. 如何理解物联网的内涵与技术特征?
3. 简述物联网技术标准体系的总体架构。
4. 谈谈物联网发展中面临的诸多问题。

第 2 章

自动识别技术

自动识别技术是应用一定的识别装置，通过被识别物品和识别装置之间的接近活动，自动获取被识别物品的相关信息，并提供给后台的计算机处理系统来完成相关后续处理的一种技术。

2.1 条码技术

条码技术是计算机技术与信息技术融合发展的产物，也是实现 POS（Point of Sale）系统、EDI（Electronic Data Interchange，电子数据交换）、电子商务和供应链管理的技术基础，还是物流管理现代化的重要技术手段。它集编码、印刷、识别、数据采集于一体，是应用最普遍的自动识别技术。条码技术包括条码的编码技术、条码标识符号的设计、快速识别技术和计算机管理技术，它是实现计算机管理和电子数据交换不可缺少的前端采集技术。

2.1.1 一维条码

1. 条码发展历史

随着人们消费水平的不断提高，商品的需求无论是从数量上，还是种类上都有了大幅度提高，尤其是从 19 世纪初到 20 世纪末，商品生产商及供应商更是意识到，不断增加的需求，需要一种更高效、快捷的生产供应体系。在 20 世纪 20 年代的威斯汀豪斯（Westinghouse）实验室里，Kermode 发明了最早的条码标识，即一个"条"表示数字"1"，两个"条"表示数字"2"，以此类推。Douglas Young 在 Kermode 码的基础上做了部分改进。Kermode 码包含的信息量相当低，并且很难编出十个以上的不同代码。而 Young 码使用更少的条，但是利用条之间空的尺寸变化，新的条码符号可在同样大小的空间对一百个不同的地区进行编码，而 Kermode 码只能对十个不同的地区进行编码。

1932 年，哈佛商学院的学生 Wallace Flint 在他的硕士论文中提出可以使用穿孔卡片（punchcard），即顾客在进入超市时会拿到一个穿孔卡片，它相当于一个菜单，顾客选取想要购买的货物，需要在穿孔卡片上打出与商品所对应的孔，并在结账时把卡片给售货员，售货员将其插入一个能够读取穿孔卡片的机器后，与之所对应的产品会从仓库中被调出。这种想法十分美好，但是当时能够读取穿孔卡片的机器造价十分昂贵，体积也非常大，十分笨拙，因而没有被采用。

20 世纪 40 年代，美国乔·德兰德（Joe Woodland，以下简称德兰德）和伯尼·西尔沃（Berny Silver）两位工程师开始研究用代码表示食品项目及相应的自动识别设备，并于 1949 年获得了美国专利。他们的方案是一旦条形码附在每个食品上，收银台上的扫描仪就会读取每个条形码中包含的信息，每个条形码都有一个不同的模式，并且该模式对于商店中的一种特定商品是唯一的，即使该种类商品不止一个。另外，早期的条形码在深色背景上有四条白线，随着时间的推移，可以添加更多的白线来增加项目的分类数量，这一点很重要，因为随着新产品的出现，商品的生产线可以有更多的变化和模式。德兰德最初想使用一种特殊类型的墨水，这种墨水在紫外线下会发光，但它有两个缺点：一是打印代码很贵；二是随着时间的推移代码会褪色。如果条形码要附着在产品上，并随着时间的推移留在商店的货架上，则需要能保存更久的载体，条形码的概念本身就需要在印刷领域进行创新。摩尔斯电码激发了德兰德改进条码的灵感，他将摩尔斯电码中的点和破折号转换为条码中的粗线和细线，并使用二进制代码，这样可以很容易被扫描仪读取，并且可以翻译成任何语言。这个发明和现代条形码类似，即上面是清晰的线条，下面是二进制数字。

以吉拉德·费伊塞尔（Girard Fessel）为代表的几位发明家于 1959 年提请了一项专利，指出 0~9 中的每个数字可由 7 段平行条表示，这一构想促进了条码的产生与发展。不久之后，E.F. 布宁克申请了另一项专利，该专利是将条码标记在有轨电车上。20 世纪 60 年代后期，由西尔沃尼亚（Sylvania）发明的一个系统被北美铁路系统采纳。这两项应用是条码技术初期的应用。

1970 年夏，应国家食物连锁协会要求，洛哥艾肯（Logicon）公司研发出食品工业统一码（Universal Grocery Products Identification Code，UGPIC）。同时，以乔治·劳尔为首的 IBM 团队研发出通用产品代码（Universal Product Code，UPC），该代码沿着条纹方向打印。1973 年，IBM UPC 从 8 种条码方案中脱颖而出，被确定为美国食品连锁协会（National Association of Food Chains，NAFC）标准，成为世界上首个条码标准。1974 年，UPC 条码首次在美国俄亥俄州特洛伊市的马什（Marsh）超市投入使用。1974 年，Intermec 公司的戴维·阿利尔（Davide Allair）博士研制出 39 码，并很快被美国国防部采纳，作为军用条码码制。39 码是第一个字母、数字式条码，后来被广泛应用于工业领域。

1976 年，UPC 条码在美国和加拿大超级市场中的成功应用给予人们很大的鼓舞，尤其是欧洲人对此产生了极大兴趣。1977 年，欧洲共同体在 UPC-A 码的基础上制定了欧洲物品编码 EAN-13 码和 EAN-8 码，并签署了"欧洲物品编码"协议备忘录，正式成立了欧洲物品编码协会（EAN）。1981 年，EAN 已经发展成为一个国际性组织，并改名为国际物品编码协会（IAN）。随着条码技术的发展，条形码码制种类不断增加，标准化问题开始显现。为此相继诞生了军用标准 MIL-STD-1189，交叉 25 码、39 码及 Coda Bar 码等。同时，一些行业也开始建立行业标准，以适应发展需求。此后，戴维·阿利尔又研制出 49 码，它是一种非传统的条码符号，比以往的条形码符号具有更高的密度，也就是二维码的雏形。接着特德·威廉斯（Ted Williams）推出 16K 码，这是一种适用于激光扫描的码制。到 1990 年年底，已有 40 多种条形码码制，相应的自动识别设备和印刷技术也得到了长足的发展。

从 20 世纪 80 年代中期开始，我国一些高等院校、科研部门及出口企业逐步把条形码技术的研究和推广应用提上议事日程，诸如图书、邮电、物资管理部门和外贸部门等已开始使用条形码技术。1988 年 12 月 28 日，经国务院批准，国家技术监督局成立了中国物品编码中心。该中心的任务是研究、推广条码技术；统一组织、开发、协调、管理我国的条码工作。我国在条形码技术方面比西方起步较晚，但由于改革开放的逐渐加深，我国市场逐渐强大，条形码技术在我国发展得比较迅速。在我国，商品条码作为商品流通的"身份证"，目前已经在数亿种商品、100多万家商场超市、95%以上的快速消费品上广泛使用，拥有条码"身份证"的"中国制造"已经走向国际。从对箭牌口香糖的首次扫描，到人们日常生活中的应用，再到宇航员通过条码库存管理系统将物品管理的范围扩大至太空，商品条码的应用与发展助力了世界经济的发展。

2. 条码的构成

商品条码由一组规则排列的条、空及其对应代码组成，它是表示商品特定信息的标识。

常见的条形码是由反射率相差很大的黑条（简称条）和白条（简称空）组成的，包括静区、起始符、数据符、终止符。以生活中常用的EAN-13条码为例，其组成如图2-1所示。

图 2-1　条码组成示例

（1）**左侧空白区**　位于条码符号左端的与空的反射率相同的区域，其最小宽度为11个模块宽。

（2）**起始符**　位于条码符号左侧空白区的右侧，表示信息开始的特殊符号，由3个模块组成。

（3）**左侧数据符**　位于起始符右侧，表示6位数字信息的一组条码字符，由42个模块组成。

（4）**中间分隔符**　位于左侧数据符的右侧，是平分条码字符的特殊符号，由5个模块组成。

（5）**右侧数据符**　位于中间分隔符的右侧，表示5位数字信息的一组条码字符，由35个模块组成。

（6）**校验符**　位于右侧数据符的右侧，表示校验码的条码字符，由7个模块组成。

（7）**终止符**　位于校验符的右侧，表示信息结束的特殊符号，由3个模块组成。

（8）**右侧空白区**　位于条码符号右端的与空的反射率相同的区域，其最小宽度为7个模块宽。为了保证右侧空白区的宽度，可在条码符号右下角加">"符号。

条形码可以标出物品的生产国、制造厂家、商品名称、生产日期、图书分类号、邮件起止地点、类别、日期等信息，因而在商品流通、图书管理、邮政管理、银行系统等领域都有广泛应用。

3. EAN/UCC-13代码及校验码计算方法

1）当前缀码为690、691时，EAN/UCC-13的代码结构如图2-2所示。

X_{13} X_{12} X_{11} X_{10} X_9 X_8 X_7　X_6 X_5 X_4 X_3 X_2　X_1
　　　厂商识别代码　　　　　　商品项目代码　　　校验位

图 2-2　前缀 690、691 的代码结构

2）当前缀码为 692、693 时，EAN/UCC-13 的代码结构如图 2-3 所示。

X_{13} X_{12} X_{11} X_{10} X_9 X_8 X_7 X_6　X_5 X_4 X_3 X_2　X_1
　　　　厂商识别代码　　　　　　商品项目代码　　　校验位

图 2-3　前缀 692、693 的代码结构

厂商识别代码：由中国物品编码中心统一向申请厂商分配。厂商识别代码左起三位是国际物品编码协会分配给中国物品编码中心的前缀码。

商品项目代码：由厂商根据有关规定自行分配。

校验位：用来校验其他代码编码的对错。计算方法如下：

① 从代码位置序号 2 开始，对所有偶数位的数字代码求和。
② 将步骤①求得的和乘以 3。
③ 从代码位置序号 3 开始，对所有奇数位的数字代码求和。
④ 将步骤②与步骤③的结果相加。
⑤ 用大于或等于步骤④所得结果且为 10 最小整数倍的数减去步骤④所得结果，其差即为所求校验码的值。

示例：代码 690123456789X 校验码的计算见表 2-1。

表 2-1　校验码计算表

步骤	举例说明												
1. 自右向左依次编号	位置序号	13	12	11	10	9	8	7	6	5	4	3	2	1
	代码	6	9	0	1	2	3	4	5	6	7	8	9	X
2. 从代码位置序号 2 开始计算偶数位的数字之和①	9+7+5+3+1+9 = 34　①												
3. ①×3 = ②	34×3 = 102　②												
4. 从代码位置序号 3 开始计算奇数位的数字之和③	8+6+4+2+0+6 = 26　③												
5. ②+③ = ④	102+26 = 128　④												
6. 用大于或等于结果④且为 10 最小整数倍的数减去④，其差即为所求校验码的值	130−128 = 2 校验码 X_1 = 2												

4. 条码识别原理

由于不同颜色的物体所反射的可见光的波长不同，白色物体能反射各种波长的可见光，黑色物体则吸收各种波长的可见光，当条形码扫描器光源发出的光经光阑及凸透镜照射在黑白相间的条形码上时，反射光经凸透镜聚焦后照射在光电转换器上，光电转换器接收与白条和黑条相对应的强弱不同的反射光信号，并转换成相应的电信号输出到放大整形电路，整形电路把模拟信号转化成数字电信号后，经译码接口电路译成数字字符信息，如图2-4所示。

5. 条码的主要分类及应用

条码种类有很多，常见的大概有二十多种码制，其中包括Code39码（标准39码）、Codabar（库德巴码）、Code25码（标准25码）、ITF25码（交叉25码）、Matrix25码（矩阵25码）、UPC-A码、UPC-E码、EAN-13码（EAN-13国际商品条码）、EAN-8码（EAN-8国际商品条码）、中国邮政码（矩阵25码的一种变体）、Code-B码、MSI码、Code11码、Code93码、ISBN码、ISSN码、Code128码（Code128码，包括EAN128码）、Code39EMS（EMS专用的39码）等一维条码和PDF417等二维码。

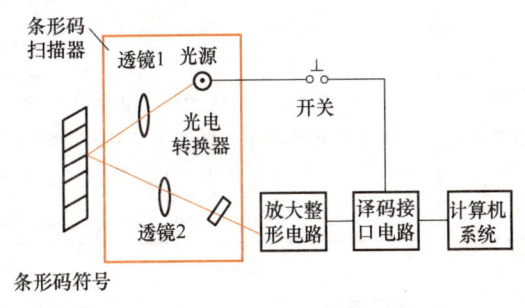

图 2-4 条码识别原理示意图

目前，国际上广泛使用以下条码种类：

1）EAN、UPC码——商品条码，用于在世界范围内唯一标识一种商品，超市中最常见的是EAN码。EAN码是当今世界上广为使用的商品条码，已成为电子数据交换（EDI）的基础。UPC码主要在美国和加拿大使用。

2）Code39码——因其可采用数字与字母共同组成的方式而广泛用于各行业的内部管理。

3）ITF25码——在物流管理中应用较多。

4）Codabar码——多用于血库，图书馆和照相馆的业务。

另外，还有Code93码、Code128码等。具有代表性的5种一维条码见表2-2。

表 2-2 具有代表性的5种一维条码

项目	EAN，UPC码	ITF25码	Code39码	Codabar码	Code128码
符号	912345 123459	123456	ABC123	A123456A	ABab12
字符种类	数值（0~9）	数值（0~9）	数值（0~9）、字母、符号（-．空格 $/+%）、起始/终止符（*：星号）	数值（0~9）、字母、符号（-．空格 $/+%）、起始/终止符（*：星号）	全部为ASCI码、数值（0~9）、字母大写小写、符号、控制符（［CR］、［STX］等）
特征	以分布码为标准	在具有同样位数的情形下，条码的大小可以小于其他类型的条码	可以采用字母和符号来表明品号	可以表明字母和符号	支持各种类型的字符 仅能用数值，允许用超小的条码来表示（大于12位）
可打印位数	13位或8位	仅为偶数位	任意位数	任意位数	任意位数

（续）

条结构	四个条尺寸 无起始/终止符 用两个条和两个空来表明一个字符	两个条尺寸 无起始/终止符 用五个条（或五个空）来表明一个字符	两个条尺寸 用星号＊来代表起始/终止符 用五个条和四个空来表明一个字符	两个条尺寸 用 a～d 来代表起始/终止符 用四个条和三个空来表明一个字符	四个条尺寸三种类型的起始/终止符。每种类型支持自己的字符类型 用三个条和三个空来表明一个字符
应用性能	世界通用码 大多数日常物品都打有此码 图书出版业	以分布码为标准	广泛用作工业用条码。 汽车工业行动集团（AIAG） 美国电子工业协会（EIA）	血库 门到门交货服务单（日本）	开始在各个行业被用作 GS1-128 条码 物流业 食品业 医学

6. 条码的编码原则

物品编码是数字化的"物"信息，也是现代化、信息化的基石。近年来不断出现的物联网、云计算、智慧地球等新概念、新技术、新应用，究其根本，仍是以物品编码为前提。

在对商品进行编码时，应遵守以下基本原则：

（1）唯一性原则　唯一性原则是商品编码的基本原则，它指相同的商品应分配相同的商品代码，基本特征相同的商品视为相同的商品；不同的商品必须分配不同的商品代码，基本特征不同的商品视为不同的商品。

（2）稳定性原则　稳定性原则是指商品标识代码一旦被分配，只要商品的基本特征没有发生变化，就应保持不变。同一商品无论是长期连续生产，还是间断式生产，都必须采用相同的商品代码。即使该商品停止生产，其代码也应至少在 4 年之内不能用于其他商品。

（3）无含义性原则　无含义性原则是指商品代码中的每一位数字不表示任何与商品有关的特定信息。有含义的代码通常会导致编码容量的损失。厂商在编制商品代码时，最好使用无含义的流水号。

对于一些商品，在流通过程中可能需要了解它的附加信息，如生产日期、有效期、批号及数量等，此时可采用应用标识符（AI）来满足附加信息的标注要求。应用标识符由 2~4 位数字组成，一般在括号中注明应用标识符后面的数字具体含义，消费者只要明白了应用标识符的含义就可以通过条码确定商品的生产日期、保质期、数量及批号等信息。

随着信息技术和社会经济的快速发展，各应用系统间信息交换、资源共享的需求日趋迫切。然而，由于数据结构各不相同，导致一个个"信息孤岛"出现，不仅严重阻碍信息的有效利用，也造成社会资源的极大浪费。如何建立统一的物品编码体系，实现各编码系统地有机互连，解决系统间信息的交换与共享，高效、经济、快速整合各应用信息，形成统一的基础性、战略性信息资源，已成为目前信息化建设的当务之急。

中国物品编码中心是负责我国物品编码工作的专门机构，其在深入开展国家重点领域物品编码管理与推广应用工作的同时，一直致力于物品编码的基础性、前瞻性、战略性研究。国家统一物品编码体系的建立，既是对我国物品编码工作的全面统筹规划和统一布局，也是有效整合国内物品信息，建立国家物品基础资源系统，保证各应用系统的互联互通与信息共享的重要保障。通过建立全国统一的物品编码体系，确立各信息化管理系统间物品编码的科学、有机联系，实现对全国物品编码的统一管理和维护；通过建立全国统一的物品编码体系，实现现有物品编码系统的兼容，保证各行业、各领域物品编码系统彼此协同、有序运行，并对新建的物品编码系统提供指导；通过建立全国统一的物品编码体系，统一商品流通与公共服务等公用领域的物品编码，形成统一的、通用的标准，保证贸易、流通等公共应用的高效运转。物品编码体系框架由物品基础编码系统和物品应用编码系统两部分构成，如图 2-5 所示。

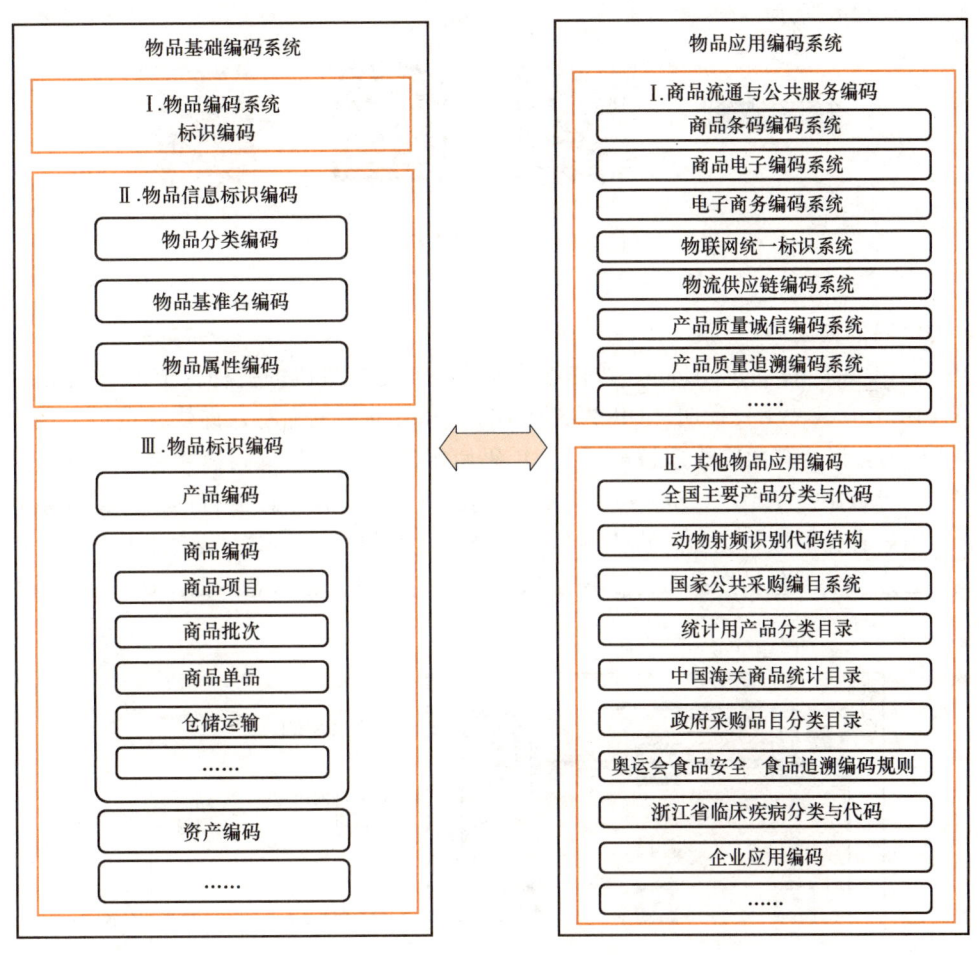

图 2-5 物品编码体系框架

2.1.2 二维码

二维码（2-Dimensional Bar Code）是使用某种特定的几何图形，按一定规律在平面（二维方向上）分布，形成黑白相间的图形来记录数据符号信息的。它是在一维条码的基础上扩展出另一维具有可读性的条码，使用黑白矩形图案表示二进制数据，被设备扫描后可获取其中所包含的信息。一维条码的宽度记载数据，而其长度没有记载数据。二维码的长度、宽度均记载数据。二维码有一维条码没有的"定位点"和"容错机制"。容错机制在没有辨识到全部的条码，或是说条码有污损时，也可以正确还原条码上的信息。

二维码根据不同的组织结构与数据编码风格被分为矩阵式二维码与堆叠式/行排式二维

码。其中，堆叠式二维码的构成是诸多一维条码的堆叠组合，其在编码、校验、识读、译码等方面与一维条码大同小异。常见的堆叠式二维码有 Code 16K、PDF417、Code 49、Micro PDF417 等。矩阵式二维码将黑白像素信息以矩阵形式按一定规律填充，它是目前最常见的二维码。在二维码相应元素的位置上，用黑色像素模块表示二进制编码的"1"，用白色像素模块表示二进制编码的"0"，黑白像素模块的有序排列就对应一串有序的二进制编码数据。常见的矩阵式二维码有 Maxi Code、Data Matrix、Han Xin Code、QR Code 等。常见的二维码样式如图 2-6 所示。

图 2-6 常见的二维码样式

a) PDF417（堆叠式） b) Han Xin Code（矩阵式） c) Data Matrix（矩阵式） d) QR Code（矩阵式）

1. QR 码的构成

QR 码（Quick Response Code，快速响应矩阵码）是二维码的一种，于 1994 年由日本电装公司（DENSO WAVE）发明。QR 为英文 Quick Response 的缩写，即快速反应，因为发明者希望 QR 码可以让其内容快速被解码。QR 码使用四种标准化编码模式来存储数据，分别是数字、字母数字、字节（二进制）和汉字。QR 码为目前日本最流行的二维空间条码，它比较普通条码存储的数据更多，也无须像普通条码般在扫描时需要直线对准扫描仪，因此其应用范围已经扩展到包括产品跟踪、物品识别、文档管理、营销等方面。QR 码结构组成如图 2-7 所示。

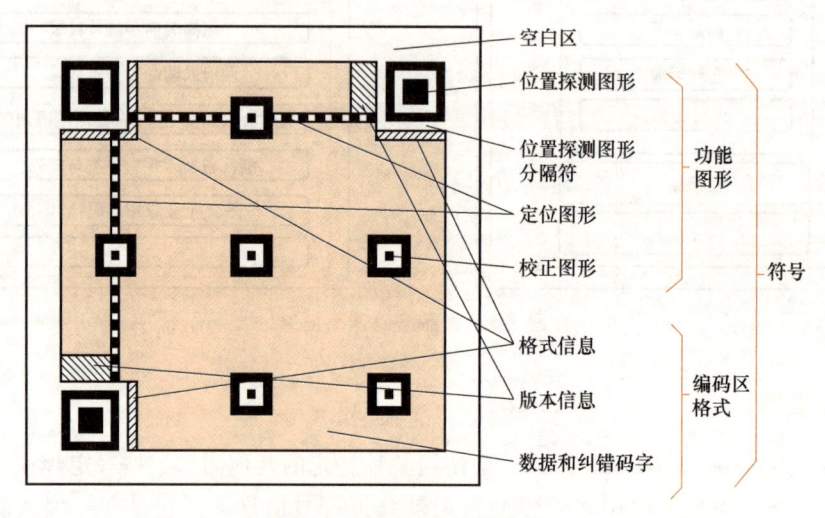

图 2-7 QR 码的结构组成

QR 包括定位信息、版本信息、数据编码信息及存储数据信息等。

（1）**定位信息** 定位信息包括位置探测图形、位置探测图形分隔符、定位图形，其作用是对二维码的定位，对于每个 QR 码来说，位置都是固定存在的，只是大小规格会有所差异。

（2）校正图形　在图像有一定程度损坏的情况下，译码软件可以通过它同步图像模块的坐标映像。不同规格的二维码校正图形的数量和位置是不一样的。只要规格确定，校正图形的数量和位置也就确定了。

（3）格式信息　表示改二维码的纠错级别，分为 L、M、Q、H。

（4）版本信息　二维码共有 40 个尺寸，即 40 种规格矩阵，也叫版本（Version）。其中，Version 1 是 21×21 的矩阵，Version 2 是 25×25 的矩阵，Version 3 是 29×29 的尺寸，依此类推，每增加一个 Version，尺寸就会增加 4，其计算式为（V-1）×4+21（V 是版本号），对于最高 Version 40，有（40-1）×4+21=177，因此最高是 177×177 的正方形。除了面积不同，版本越高，二维码承载和储存的信息也越多。

（5）数据和纠错码字　实际保存的二维码信息和纠错码字，这是二维码的一种容错机制，用于修正二维码损坏带来的错误。假设一个二维码有 30% 以下的面积被遮盖或者去除时，二维码扫描器依然能够从这个残缺的二维码中准确获取信息。QR 码最大数据容量见表 2-3。纠错部分是备份数据的区域，即使二维码被遮挡了一部分，仍然可以用手机识别出来。

表 2-3　QR 码最大数据容量（对于 Version40）

项目	Version40	项目	Version40
数字	7089 字元	日文汉字/片假名	1817 字元（采用 Shift JIS）
字母	4296 字元	中文汉字	984 字元（采用 UTF-8）
二进制数（8bit）	2953 字节		1800 字元（采用 BIG5/GB 2312）

二维码是有容错等级的，它分为 4 个等级，具体如下：

1）L——7%。
2）M——15%。
3）Q——25%。
4）H——30%。

二维码的容错等级越高，即使二维码被遮挡的部分大一点也不会影响扫描，但是提高容错率意味着纠错区域变大，那么二维码存储的数据也就变少了。

2. 矩阵二维码存储信息的基本原理

二维码存储信息原理与计算机识别 0 和 1 是一样的。例如，用一个黑色块代表 1，用一个白色块代表 0，假设"1000101"代表信息"A"，用二维码表示为黑白白白黑白黑，当扫描二维码时，这些黑白块会被转换成 0 和 1，如此就能知道二维码所存储的信息。

QR 码支持数字编码（Numeric Mode）及字符编码（Alphanumeric Mode）两种模式。

1）数字编码。从 0 到 9，如果需要编码的数字的个数不是 3 的倍数，那么最后剩下的 1 或 2 位数会被转成 4bit 或 7bit，其他的每 3 位数字会被编码成 10bit、12bit、14bit，具体还要看二维码的尺寸。

2）字符编码。它包括 0~9、A~Z（没有小写），以及符号 $ % * + - . / : ，空格。这些字符会映射成一个字符索引表（见表 2-4），其中的 SP 是空格，Char 是字符，Value 是其索引值。编码的过程是把字符两两分组，先进行 45 化，再转成 11bit 的二进制，如果最后有一个落单，那就转成 6bit 的二进制。编码模式和字符的个数需要根据不同的 Version 尺寸编成 9、11 或 13 个二进制。

表 2-4　字符索引表

Char	Value	Char	Value	Char	Value	Char	Value	Char	Value	Char	Value	Char	Value
0	0	6	6	C	12	I	18	O	24	U	30	SP	36	.	42
1	1	7	7	D	13	J	19	P	25	V	31	$	37	/	43
2	2	8	8	E	14	K	20	Q	26	W	32	%	38	:	44
3	3	9	9	F	15	L	21	R	27	X	33	*	39		
4	4	A	10	G	16	M	22	S	28	Y	34	+	40		
5	5	B	11	H	17	N	23	T	29	Z	35	-	41		

下面以"HELLO WORLD"为例，说明二维码的生成过程。

(1) 确定编码模式　首先依据源字符串判断应该采用哪种编码方式，然后确定容错级别，最后因为不同版本在此容错级别+编码方式下的数据容量是不同的，所以只需找到最小能容纳所有数据的版本即可，见表 2-5。例如，根据"HELLO WORLD"有 11 个字符，选定 Alphanumeric Mode，容错级别选择 M，即可确定 Version 1。

表 2-5　容错级别选择表

Version	Error Correction Level	Numeric Mode	Alphanumeric Mode	Byte Mode	Kanji Mode
1	L	41	25	17	10
1	M	34	20	14	8
1	Q	27	16	11	7
1	H	17	10	7	4
2	L	77	47	32	20
2	M	63	38	26	16
2	Q	48	29	20	12
2	H	34	20	14	8

(2) 确定模式指示符　根据表 2-6 所示，若编码模式选择字母数字，则编码模式指示符为 0010。

表 2-6　模式指示符

模式	指示符	模式	指示符
ECI	0111	中国汉字	1101
数字	0001	结构链接	0011
字母数字	0010	FNC1（第一位置）	0101
8 位字节（Byte）	0100	FNC1（第二位置）	1001

(3) 确定字符计数指示符　字符计数指示符表示源字符串的字符个数，须放在模式指示符之后。此外，字符计数指示符有特定的位长，具体取决于二维码的版本和编码模式。本例字符个数为 11 个，版本号为 1，根据表 2-7，计数指示符需要 9bit。HELLO WORLD 共 11 个字符，转为二进制 1011（即十进制的 11 换算为二进制），不够 9 位，需要补上 5 个 0，最终结果是 000001011。

表 2-7　字符计数指示符选择参考表

单位 bit	Version 1~9	Version 10~26	Version 27~40
Numeric Mode	10	12	14
Alphanumeric Mode	9	11	13
Byte Mode	8	16	16
Kanji Mode	8	10	12

（4）字符串编码　由于本例为字符编码，采用字符编码规则。

1）将字符两两分组，得到（H，E）、（L，L）、（O， ）、（W，O）、（R，L）、（D）

2）在表 2-4 中找到对应的 Value，得到（17，14）、（21，21）、（24，36）、（32，24）、（27，21）、（13）

3）对于每组数字，将第一个数字乘以 45 加上第二个数字（最大结果 2024），得到的结果转为长度为 11 的二进制串，长度不足的前面补 0。例如，（17，14）→17×45+14 = 779→1100001011→01100001011。如果最后一组是单个字符，则用 6 位表示。最终得到结果：

01100001011 01111000110 10001011100 10110111000 10011010100 001101

4）追加模式指示符和字符计数指示符之后，得到结果：

0010 000001011 01100001011 01111000110 10001011100 10110111000 10011010100 001101

5）后续补齐。根据 QR 码规范和表 2-7 所示，Version 1~40 的二维码需要 16×8 = 128 位长度的数据来填充，目前有 4 位模式指示符（0100）、9 位字符计数指示符（000001011）和 61 位的字符编码，共计 74 位，还差 54 位。

由于差 54 位，明显大于 4，需要添加一个 4 位的终止符 0000。这样长度增加为 78 位，继续补 0 使得长度恰好为 8 的整数倍，这里要继续补 2 个 0 得到 80 位。换言之，在本段中相当于在之前的 74 位字符后加了 6 位的 0：000000，目前长度已达 80 位：

0010 000001011 01100001011 01111000110 10001011100 10110111000 10011010100 001101 000000

接下来的规则是在其后交替添加 11101100 和 00010001，直到字符长度达到 128 位，即在上述结果之后添加 11101100 00010001 11101100 11101100 00010001 11101100。

最终可以得到 QR 码所需的 128 位数据编码：

0010 000001011 01100001011 01111000110 10001011100 10110111000 10011010100 001101 000000 11101100 00010001 11101100 11101100 00010001 11101100

6）纠错码。将之前产生的 128 位数据编码按每 8 位一组分组，并将每组转化为十进制数，由此得到 16 个数字，见表 2-8。

表 2-8　128 位数据编码对应十进制数

00100000	01011011	00001011	01111000	11010001	01110010	11011100	01001101
32	91	11	120	209	114	220	77
01000011	01000000	11101100	00010001	11101100	11101100	00010001	11101100
67	64	236	17	236	236	17	236

之后，使用 Reed-Solomon 纠错算法可得 10 个纠错码：
196　35　39　119　235　215　231　226　93　23
转化为 10 个 8 位二进制：
11000100　00100011　00100111　01110111　11101011　11010111　11100111　11100010　01011101　00010111

至此，得到 128 位数据编码和 80 位纠错码。

以上标注的黑、白、蓝色区域在 Version 1 的 QR 码中是固定的，如图 2-8 所示，蓝色区域等待之后填充格式信息，中间白色区域即之前得到的 128 位数据编码和 80 位纠错码需要填充的区域。可以计算出在 21×21 = 441 个格子里，目前黑、白、蓝色已占据 233 个，恰好剩余 208 个位置填充数据相关信息。按照图中箭头指示路线从右下角开始填充这 208 位二进制，如图 2-9 所示，最终生成二维码，如图 2-10 所示。

7）掩码。目前只剩蓝色区域的预留格式信息尚未填充，这里的预留格式信息需要选择二维码的掩码模式，选定掩码模式后，需要按照掩码规则对该二维码特定位置的单元格进行修改变换。根据 QR 码的格式版本信息表查得，纠错级别 M、掩码模式 0 情况对应的格式信息 15 位二进制为 101010000010010。

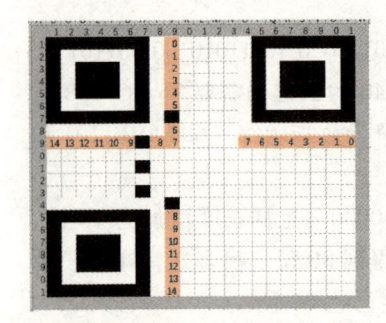

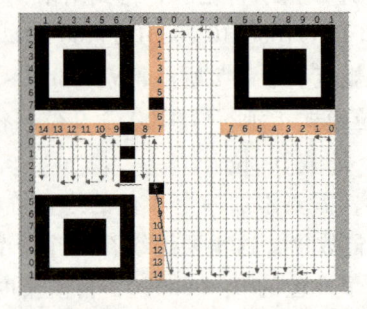

图 2-8　Version 1 QR 码格式　　　图 2-9　数据填充路线　　　图 2-10　"HELLO WORLD"二维码

2.1.3　彩色二维码

对于彩色二维码的研究，国外早于国内，微软研究院就于 2007 年研发了 HCCB 码（High Capacity Color Barcode，高容量彩色条形码）。HCCB 码的基本单元是三角形，通过添加 4 种或 8 种颜色，表示 2 位或 3 位二进制数，数据密度大约是黑白二维码的 2~3 倍。微软使用 HCCB 码存储微软的产品 ID，方便消费者在线识别产品真伪，实时了解公司相关新闻。HCCB 码如图 2-11 所示。

彩码技术由韩国延世大学的韩教授发明，其基本单元是矩形，在传统二维码基础上通过红、绿、蓝、黑四种颜色的填充，生成彩色二维码。日本 Colorzip 公司率先获得专利，并在 2000 年推出相关产品，成为全球第一家开发出运用于智能手机的 5×5 四色矩阵彩码。在日本得到了快速发展。在 2011 年初，伴随着易清互动（北京）信息技术有限公司的成立，彩色条码正式登陆中国市场。彩色条码的工作原理是：将索引信息嵌入彩色二维码中，通过读取器和手机将索引信息发送到服务器，转换成 URL 地址，最后跳转到相应的网页。Colormobi 码如图 2-12 所示。

图 2-11　HCCB 码

图 2-12　Colormobi 码

彩色二维码本质上是从二维平面延伸到三维立体，从而实现数据信息的多维化承载。目前市面上见到的彩色二维码都是在黑白 QR 码的基础上，仅对其进行颜色的填充，从外观上使 QR 码更加好看，但是彩色部分没有存储信息。

1. 彩色 QR 码设计思想

QR 码将存储的信息转换为二进制数据流，一个单元模块代表一位二进制数，常用黑色模块代表二进制数 "1"，用白色模块代表二进制数 "0"，即每个模块有 2 种可能性，则 k 个模块的信息容量为 2^k。彩色 QR 码保留原有的功能图形，数据区的黑色模块使用多种颜色表示信息，假设颜色总数为 n，数据区域的黑色模块数为 x，将普通的 QR 码扩展成 n 种颜色的模块，一种颜色表示一个模块，则 n 种颜色对应 n 进制。通过 QR 码颜色的扩展，增大了信息的存储容量，若其他条件不变，则 2^k 个条码的容量变为 2^k+n^x。在 Version1-L 的情况下，计算 QR 码、4 色和 8 色 QR 码的信息存储容量，见表 2-9。

表 2-9　信息存储容量

颜色数	进制数	信息存储容量
2	2	2^{216}
4	4	$2^{216}+4^{129}$
8	8	$2^{216}+8^{129}$

由此可以看出，颜色数越多，信息存储容量越大，但是从彩色 QR 码识读设备的精度及外界环境因素考虑，颜色必须为深色，也就是说要具有最大的对比度和差异性，防止不能识别。

2. 彩色 QR 码编码流程

彩色 QR 码只是在 QR 码的基础上增加了附加信息，因此附加信息编码流程与 QR 码编码流程类似。首先判断输入附加信息的编码模式，并采用栅栏加密算法进行加密，得到加密后的附加信息；然后根据选定的编码模式，将加密后的附加信息转换成四进制的数据位流，如果转换的四进制小于 4 位，则在最高位前填入 0 以弥补位数，接着按每 4 位分为一组，形成新的数据码字，并采用 RS 纠错算法进行纠错，生成纠错码字，将纠错码字添加到数据码字之后形成总的数据码字；最后根据颜色数值表 2-10 在 QR 码数据区黑色模块中填充对应的颜色，生成彩色 QR 码。

表 2-10　颜色数值

颜色	红色	绿色	蓝色	紫红色
RGB 值	(255,0,0)	(0,255,0)	(0,0,255)	(255,0,255)
四进制	0	1	2	3

2.1.4　物联网中条码的应用

物联网中"万物互联"的物，即物品，也可以称为物联网终端设备。通过对应用中的产品进行编码，实现物品的数字化。物品编码是物联网的基础，建立我国物联网编码体系对于保障各个行业、领域、部门的应用，实现协同工作具有重要的意义。条形码在物联网的很多应用中起着重要的作用，可以用于识别物联网应用中不同的产品。

条形码技术已在许多领域得到了广泛的应用，其中比较典型的应用包括下述五个领域。

1. 零售业

零售业是条形码应用最为成熟的领域之一。EAN 商品条形码为零售业应用条形码进行销售奠定了基础。目前，大多数在超市中出售的商品都使用了 EAN 条形码，在销售商品时，用扫描器扫描 EAN 条形码，POS 系统即可从数据库中找到相应的名称、价格等信息，并对客户所购买的商品进行统计，这大大加快了收银的速度和准确性，各种销售数据也可作为商场和供应商进货、供货的参考数据。由于销售信息能够得到及时且准确的统计，商家在经营过程中可以准确地掌握各种商品的流通信息，大大减少了库存，最大限度地利用资金，从而提高商家的效益和竞争能力。

2. 图书馆

条形码也被广泛用于图书馆中的图书流通环节。图书和借书证上都贴有条形码，借书时只要扫描借书证上的条形码和借出图书上的条形码，相关信息就被自动录入数据库中。还书时只要扫描图书上的条形码，系统就会根据原先记录的信息进行核对，如足期就将该书还入库中。与传统方式相比，这种做法大大提高了工作效率。

3. 仓储管理与物流跟踪

对于大批物品流动的场合，用传统的手工记录方式记录物品的流动状况，既费时费力，准确度又低，在一些特殊场合，手工记录是不现实的，况且这些手工记录的数据在统计、查询过程中的应用效率也相当低。应用条形码技术，可以实现快速、准确地记录每一件物品，采集的各种数据可实时地由计算机系统进行处理，使得各种统计数据能够准确、及时地反映物品的状态。

4. 质量跟踪管理

ISO 9000 质量保证体系强调质量管理的可追溯性，也就是说，对于出现质量问题的产品，应当可以追溯它的生产时间、操作者等信息。在过去，这些信息很难被记录，即使有一些工厂（如一些家用电器生产厂）采用加工单的形式进行记录，但随着时间的积累，加工单会越来越多，有的工厂甚至要用几间房子来存放这些单据，而从这么多的单据中查找一张单据的难度也是可想而知的。采用条形码技术，在生产过程的主要环节中对生产者及产品的数据进行记录，并利用计算机系统进行处理和存储，当产品质量出现问题时，可利用计算机系统快速查到该产品生产时的数据，从而为工厂查找事故原因、改进工作质量提供依据。

5. 数据自动录入（二维条形码）

大量格式化单据的录入是一件很烦琐的事，不仅浪费大量的人力，正确率也难以保障。用二维条形码技术，可以把上千个字母或几百个汉字放入名片大小的一个二维条形码中，并可用专用扫描器在几秒内正确输入这些内容。目前，计算机和打印机作为一种必备的办公用品，已相当普及，因而可以开发一些软件，将格式化报表的内容同时打印在一个二维条形码中。在需要输入这些报表内容的地方扫描二维条形码，报表的内容就能自动录入。此外，这种做法还可以对数据进行加密，确保报表数据的真实性。

条形码技术在我国的邮电、图书情报、生产过程控制、医疗卫生、交通运输等领域都得到了较为广泛的应用，随着商业信息化程度的不断提高，条形码技术逐步普及，并反过来推动商业 POS 系统的发展。

2.2 RFID 技术

2.2.1 RFID 技术概述

RFID（Radio Frequency Identification，射频识别）技术是一种非接触式的自动识别技术，通过无线射频方式进行非接触双向数据通信，利用无线射频方式对记录媒体（电子标签或射频卡）进行读写，从而达到识别目标和数据交换的目的，其被认为是 21 世纪最具发展潜力的信息技术之一。

RFID 技术被应用于物流管理、仓储管理、生产管理、上下游管理及产品的装配等方面。应用 RFID 技术构建物联网能够迅速提升企业的效率，降低企业的生产成本，对于企业的发展具有巨大的推动作用。随着 RFID 技术的发展，人们不再满足于识别物品的能力，多数时候，如在高速公路上，在交通管理中，在包裹跟踪中，在货物记录中，在航空行李管理中，在车辆防盗系统中，人们需要标签，以获得更多的信息。也就是说，如果将物联网与人体相比较，RFID 可以被当作"眼睛"，而无线传感器网络（Wireless Sensor Network，WSN）可以被当作"皮肤"，前者用读卡器识别物体，后者用传感器跟踪物体的状态，通过追踪标签的位置，实现对整个物体的监控。

下面大致介绍 RFID 技术的发展历程。

1941—1950 年：雷达的改进和应用催生了 RFID 技术，同时奠定了 RFID 技术的理论基础。

1951—1960 年：早期 RFID 技术的探索阶段，主要是实验室的研究。

1961—1970 年：RFID 技术的理论得到了发展，开始有一些应用尝试。

1971—1980 年：RFID 技术与产品研发处于一个大发展时期，各种 RFID 技术测试开始提速，出现了一些早期的 RFID 应用。

1981—1990 年：RFID 技术及产品进入商业应用阶段，各种规模应用开始出现。

1991—2000 年：RFID 技术标准化问题逐渐得到重视，相关产品得到广泛使用，逐渐成为人们生活中的一部分。

2001 年至今：标准化问题逐渐为人们所重视，RFID 产品种类更加丰富，有源、无源及半无源电子标签均得到发展，电子标签成本不断降低，规模应用行业扩大。

2.2.2 RFID系统的组成及工作原理

RFID系统的基本组成如图2-13所示。根据不同的应用目的和应用环境，该系统的组成会有所不同，但从其工作原理来看，该系统一般都由信号发射机、信号接收机、天线等部分组成。其中，标签又称为射频标签、应答器、数据载体；阅读器又称为读出装置、扫描器、通信器、读写器（取决于电子标签是否可以无线改写数据）。电子标签与阅读器之间通过耦合元件实现射频信号的空间（无接触）耦合，在耦合通道内，根据时序关系，实现能量的传递、数据的交换。

1. 信号发射机

在RFID系统中，信号发射机根据不同的应用目的，会以不同的形式存在，典型的形式是标签（TAG）。标签相当于条码技术中的条码符号，用来存储需要识别传输的信息，但与条码不同的是，标签必

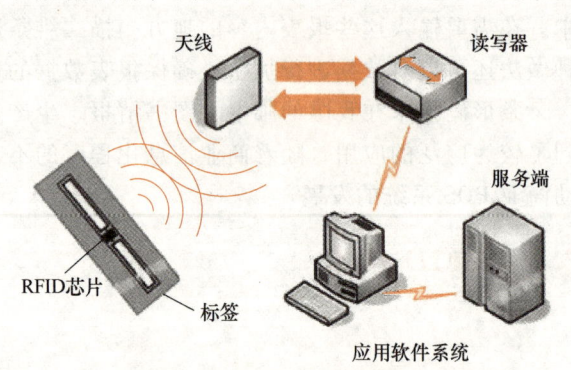

图2-13 RFID系统的基本组成

须能够自动或在外力的作用下，把存储的信息主动发射出去。标签一般是带有线圈、天线、存储器与控制系统的低电压集成电路，典型的标签结构如图2-13所示。按照不同的分类标准，标签有许多不同的分类。在实际应用中，必须给标签供电，才能使其工作，虽然它的电能消耗是非常低的（一般是百万分之一毫瓦级别）。按照标签获取电能的方式不同，可以把标签分成主动式标签与被动式标签。主动式标签内部自带电池进行供电，它的电能充足，工作可靠性高，信号传送的距离远。另外，主动式标签可以通过设计电池的不同使用寿命对标签的使用时间或使用次数进行限制，它可以用在需要限制数据传输量或对使用数据有限制的地方，如一年内，标签只允许读写有限次。主动式标签的缺点主要是标签的使用寿命受到限制，并且随着标签内电池电力的消耗，数据传输距离会越来越短，影响系统的正常工作。被动式标签内部不带电池，要靠外界提供能量才能正常工作。被动式标签典型的电能产生装置是天线与线圈，当标签进入系统的工作区域，天线接收特定的电磁波，线圈就会产生感应电流，并经过整流电路给标签供电。被动式标签具有永久的使用期，常用在标签信息需要每天读写或频繁读写多次的地方，并且被动式标签支持长时间的数据传输和永久性的数据存储。被动式标签的缺点主要是数据传输距离比主动式标签短，因为被动式标签依靠外部的电磁感应供电，它的电能比较低，数据传输距离和信号强度会受到限制，需要敏感性较高的信号接收机（阅读器）才能可靠识读。

2. 信号接收机

在RFID系统中，信号接收机一般叫作阅读器。根据支持的标签类型与完成的功能不同，阅读器的复杂程度显著不同。阅读器基本的功能是提供与标签进行数据传输的途径。另外，阅读器还提供相当复杂的信号状态控制、奇偶错误校验与更正等功能。标签中除了存储需要传输的信息，还必须含有一定的附加信息，如错误校验信息等。识别数据信息和附加信息按照一定的结构编制在一起，并按照特定的顺序向外发送。阅读器通过收到的附加信息来控制数据流的发送。一旦到达阅读器的信息被正确地接收和译解，阅读器便通过特定的算法

决定是否需要发射机对已发送的信号重发一次，或者知道发射机已停止发信号，这就是"命令响应协议"。使用这种协议，即便在很短的时间、很小的空间内阅读多个标签，也可以有效防止"欺骗问题"产生。

3. 编程器

只有可读可写标签系统才需要编程器，它是向标签写入数据的装置。编程器写入数据一般是离线完成的，也就是预先在标签中写入数据，等到开始应用时直接把标签黏附在被标识项目上。也有一些 RFID 应用系统，写入数据是在线完成的，尤其是在生产环境中作为交互式便携数据文件来处理时。

4. 天线

天线是标签与阅读器之间传输数据的发射、接收装置。在实际应用中，除了系统功率，天线的形状和相对位置也会影响数据的发射和接收，需要专业人员对系统的天线进行设计、安装。

2.2.3　RFID 的分类、特点及发展趋势

1. RFID 的分类

RFID 的广泛应用推动 RFID 技术的不断完善。根据不同应用，需要选择合适的 RFID，常用的 RFID 从频率、供电方式、耦合方式、技术方式等角度进行了不同的分类。

（1）**按照频率分类**　目前定义的 RFID 产品的工作频率有低频、高频和超高频（甚高频）、微波等范围。不同频段的 RFID 产品有不同的特性，其中 125～134kHz 属于低频；13.56MHz 为高频；860～915MHz 为超高频（甚高频）；2.4～5.0GHz 为微波。

1）低频 RFID。它主要用于畜牧业管理系统、汽车防盗和无钥匙开门系统、马拉松赛跑系统、自动停车场收费和车辆管理系统、自动加油系统、酒店门锁系统、门禁和安全管理系统，相关产品有不同的封装形式。好的封装形式价格昂贵，但是有 10 年以上的使用寿命。虽然低频的磁场区域下降很快，但是能够产生相对均匀的读写区域。相较于其他频段的 RFID，低频 RFID 的数据传输速率较低，感应器的价格更高。

2）高频 RFID。它主要用于图书管理系统、燃气钢瓶的管理、服装生产线和物流系统的管理、三表预收费系统、酒店门锁的管理、大型会议人员通道系统、固定资产的管理系统、医药物流系统的管理、智能货架的管理，工作频率为 13.56MHz，波长约为 22m，除了金属材料，该波长可以穿过大多数的材料，但是会降低读取距离，因而需要感应器离开金属一段距离。该频段在全球都得到认可，并没有特殊的限制。感应器一般以电子标签的形式存在。虽然高频的磁场区域下降很快，但是能够产生相对均匀的读写区域。高频 RFID 具有防冲撞特性，可以同时读取多个电子标签，也可以把某些数据信息写入标签中。它的数据传输速率比低频高，价格也不是很贵。

3）超高频 RFID。它主要用于供应链的管理、生产线自动化管理、航空包裹的管理、集装箱的管理、铁路包裹的管理、后勤管理系统。对于该频段，全球的定义有差别。例如，欧洲和部分亚洲国家定义的频率为 868MHz，北美洲定义的频段为 902～905MHz，日本建议的频段则为 950～956MHz。该频段的波长约为 30cm，功率输出暂时没有统一的定义（美国定义为 4W，欧洲定义为 500mW），未来欧洲限制可能会上升到 2W EIRP。超高频的电波不能通过许多材料，特别是水、灰尘、雾等悬浮颗粒物。相对于高频的电子标签来说，超高频的

电子标签不需要和金属分开。电子标签的天线一般是长条和标签状。天线有线性和圆极化两种设计,以满足不同应用的需求。超高频有良好的读取距离,但是对读取区域很难进行定义。它也有很高的数据传输速率,可在很短的时间读取大量的电子标签。

4)微波RFID。2.4GHz工作频率主要用于船舶管理系统、煤矿人员定位系统、动态车辆识别系统、微型胶囊内窥镜系统,它是一个全球性频率,开发的产品具有全球通用性,其整体的频宽胜于其他ISM(Industry Science Medicine,工业、科学和医疗)频段,从而提高了整体数据传输速率,允许系统共存。2.4GHz无线电天线的体积相当小,产品体积更小。

(2) 按照供电方式分类 电子标签按供电方式分为有源电子标签、无源电子标签和半有源电子标签三种,对应的RFID系统称为无源供电系统、有源供电系统和半有源供电系统。

1)无源供电系统。电子标签内没有电池,电子标签利用读写器发出的电磁波束供电。无源电子标签作用距离相对较短,但使用寿命长且对工作环境要求不高,可以满足大部分实际应用系统的需求。

2)有源供电系统。电子标签内有电池,电池可以为电子标签提供全部能量。有源电子标签电能充足、工作可靠性高、信号传送距离较远,读写器需要的射频功率也较小,但有源电子标签使用寿命有限、体积较大、成本较高,不适合在恶劣环境下工作。

3)半有源供电系统。半有源电子标签内有电池,但电池仅对维持数据的电路及维持芯片工作的电路提供支持。电子标签未进入工作状态前,一直处于休眠状态,相当于无源标签;电子标签进入读写器的工作区域后,受到读写器发出射频信号的激励,进入工作状态。电子标签的能量主要来源于读写器的射频能量,其电池主要用于弥补射频场强不足。

(3) 按照耦合方式分类 根据读写器与电子标签耦合方式、工作频率和作用距离的不同,无线信号传输分为电感耦合方式和电磁反向散射方式两种。

1)电感耦合方式。在电感耦合方式中,读写器与电子标签之间的射频信号传送采用变压器模型,电磁能量通过空间高频交变磁场实现耦合。电感耦合方式分密耦合和遥耦合两种,其中密耦合的读写器与电子标签的作用距离较近,典型范围为0~1cm,通常用于安全性要求较高的系统中;遥耦合的读写器与电子标签的作用距离为15cm~1m,一般用于只读电子标签。

2)电磁反向散射方式。在电磁反向散射方式中,读写器与电子标签之间的射频信号传送采用雷达模型。读写器发射的电磁波碰到电子标签后被反射,同时带回电子标签的信息。电磁反向散射方式适用于微波系统,典型的工作频率为433MHz、860/960MHz、2.45GHz、58GHz,典型的作用距离为1~10m,甚至更远。

(4) 按照技术方式分类 按照读写器读取电子标签数据的技术方式,RFID系统可以分为主动广播式、被动倍频式和被动反射调制式三种。

1)主动广播式。主动广播式是指电子标签主动向外发射信息,读写器相当于只收不发的接收机。在这种方式中,电子标签采用有源工作方式,利用自身的射频能量主动发送数据,优点是电能充足、可靠性高、信号传送距离远,缺点是标签的使用寿命受到限制,保密性差。

2)被动倍频式。被动倍频式是指读写器发射查询信号,电子标签被动接收。在这种方式中,电子标签内部不带电池,要靠外界提供能量才能正常工作,但是电子标签具有长久的使用期，常用于标签信息需要频繁读写的地方，并且支持长时间数据传输和永久性数据存储。被动倍频式的电子标签返回读写器的频率是读写器发射频率的两倍。

3）被动反射调制式。被动反射调制式依旧是读写器发射查询信号，电子标签被动接收，但电子标签返回读写器的频率与读写器发射频率相同。

（5）按照信息存储方式分类 电子标签保存信息的方式有只读式和读写式两种。

1）只读电子标签。它是一种非常简单的电子标签，内部只有只读存储器（Read Only Memory，ROM）。在集成电路生产时，标签内的信息以只读内存工艺模式注入，此后信息不能更改。

2）一次写入只读电子标签。其内部只有随机存储器（Random Access Memory，RAM）。这种电子标签与只读电子标签相比，可以写入一次数据，标签的标识信息可以在标签制造过程中由制造商写入，也可以由用户自己写入，一旦写入，就不能更改了。

3）现场有线可改写式电子标签。这种电子标签应用比较灵活，用户可以通过访问电子标签的存储器进行读写操作。电子标签一般将需要保存的信息写入内部存储区，改写时需要采用编程器或写入器，改写过程中必须为电子标签供电。

4）现场无线可改写式电子标签。这种电子标签类似于一个小的发射接收系统，电子标签内保存的信息也位于其内部存储区，电子标签一般为有源类型，通过特定的改写指令用无线方式改写信息。在一般情况下，改写电子标签数据所需的时间为秒级，读取电子标签数据所需的时间为毫秒级。

（6）按照系统档次分类 按照存储能力、读取速度、读取距离、供电方式和密码功能等的不同，RFID 系统分为低档系统、中档系统和高档系统。

1）低档系统。一位系统和只读电子标签属于低档系统。一位系统的数据量为 1bit，其读写器只能发出两种状态，分别是"在读写器工作区有电子标签"和"在读写器工作区没有电子标签"。一位系统主要应用于商店的防盗系统。只读电子标签内的数据通常只由唯一的串行多字节数据组成，适用于只需读出一个确定数字的情况，只要将只读电子标签放入读写器的工作范围内，电子标签就开始连续发送自身序列号，并且只有电子标签到读写器的单向数据流在传输。

2）中档系统。中档系统电子标签的数据存储容量较大，数据既可以读取，也可以写入，它是带有可写数据存储器的 RFID 系统。

3）高档系统。高档系统一般带有密码功能，电子标签带有微处理器，可以实现密码的复杂验证，并在合理时间内完成。

2. RFID 的特点及发展趋势

（1）RFID 特点 由于 RFID 有着非常多的优点，自推出以来就受到各行各业的欢迎，很快便普及开来，下面简单介绍它的特点。

1）体积小型化、形状多样化。RFID 在读取上并不受尺寸大小与形状限制，不需为了读取精确度而配合纸张的固定尺寸和印刷品质。此外，RFID 标签可向小型化与多样化形态发展，以应用于不同产品。

2）抗污染能力和耐久性。传统条形码的载体是纸张，因此容易受到污染，但 RFID 对水、油和化学药品等物质具有很强的抵抗性。此外，由于条形码是附于塑料袋或外包装纸箱上的，特别容易受到折损，而 RFID 卷标是将数据存在芯片中，因此可以免受污损。

3) 可重复使用。现有的条形码印刷后无法更改，RFID 标签则可以重复地新增、修改、删除 RFID 卷标内储存的数据，方便信息更新。

4) 快速扫描。对于条形码而言，一次只能扫描一个条形码；RFID 采用非接触方式，无方向性要求，标签一进入磁场，解读器就可以读取其中的信息，通常在几毫秒内就能完成一次读写，由于采用防冲撞机制，又可同时处理多个标签，实现批量识别，最多同时可识别 50 个，并能在运动中进行识别。

5) 穿透性和无屏障阅读。在被覆盖的情况下，RFID 能够穿透纸张、木材和塑料等非金属或非透明的材质，并能够进行穿透性通信。而条形码扫描机必须在近距离且没有物体阻挡的情况下，才可以辨读条形码。

6) 安全性。RFID 是按照国际统一的电子产品代码的编码制在出厂前就固化在芯片中的，不重复 40 位的唯一识别内码，不可复制和更改。数据可以加密，扇区可以独立一次锁定，并能根据用户锁定重要信息。该技术很难被仿冒、侵入，可使国产芯片更安全。

7) 数据的记忆容量大。一维条形码的容量是 50B，二维条形码最大的容量可达 2~3000B，RFID 最大的容量则有 2kB 以上。随着记忆载体的发展，数据容量也有不断扩大的趋势。未来物品所需携带的信息量会越来越大，对卷标所能扩充容量的需求也相应增加。

(2) RFID 发展趋势　随着经济快速发展，各行各业运用信息化技术手段提高效益的需求也越来越强劲。RFID 技术开始进入各行各业，成为未来发展的主流。未来 RFID 技术发展主要呈现以下三个方向：

1) 更好的加密能力。随着 RFID 技术的快速发展和 RFID 标签生产成本的不断降低，RFID 标签防伪技术的应用得到了极大的普及，在交通出行、票务安全、商品防伪等领域显现需求。与其他防伪技术相比，RFID 技术的优点在于其每个标签都有一个全球唯一的 UID 号码，另外其还拥有带加密功能的存储空间，可携带更多加密信息或存放与实际应用相关的数据信息。从安全性或应用灵活性的角度来看，RFID 标签防伪技术都有较为明显的优势。

2) 系统向集成化、小型化方向发展。随着 RFID 技术被越来越多的行业使用，RFID 开始与印刷、造纸、包装技术相互融合，进一步丰富了产品的类型，应用场景也越来越多。随着 RFID 系统应用不断走向成熟，RFID 读写器设计与制造的发展趋势向多功能、多接口、多制式，以及模块化、小型化、便携式、嵌入式方向发展。同时，多读写器协调与组网技术将成为未来发展方向之一。

3) 与传感器集成在一起。近年来，越来越多的厂商开始将 RFID 技术与传感技术相结合。新型 RFID 传感标签在标签原有的功能特性中融入了传感能力，使标签在功能和应用灵活性方面都有了更大提升。

2.2.4　物联网中 RFID 的应用

1. 物流系统的应用

在物流系统中，仓储是一个比较重要的部分，但是由于生产制造能力的大幅度发展及运输系统更为发达等原因，仓储作业相较于以前已经有了质与量的变化。现代仓储不仅要实现对货品的存放功能，还要对货品的种类、数量、所有者及存储位置给出明确的标记，并有相应的数据支持以方便上下游衔接工作。RFID 技术可以对货品的入库、出库、移动、盘点等操作实现全自动的控制和管理，对货品进行全程跟踪管理，以及有效利用仓库的存储空间，提高仓库的存储能力，从而降低企业的库存成本，提升企业的市场竞争力。

2. 智能交通领域的应用

物联网技术的发展为智能交通带来了更大的发展空间，它能够有效获取来自基础设施和车辆中的传感信息，为智能交通提供更透彻的感知信息；通过随时随地提供路况信息和周边环境信息，为用户提供泛在的网络服务；通过交通管理和调度机制，最大化交通网络流量并提高安全性，使得交通更加智能化；通过对车辆进出、经过的识别，实现管理系统对车辆的精细管理。为了体现 RFID 系统的优势，一般需要系统在车辆较高的速度下可以正确识别 RFID 标签。例如，不停车收费系统一般要求在 60km/h 速度下可以正确识别；对于铁路车号识别系统的设计性能，最高识别速度可以达到 120km/h。目前，越来越多的交通运输行业开始引入基于 RFID 的智能管理系统，以提升其工作效能及准确性。

3. 信息集成与检索的应用

标签识别为 RFID 应用提供了最为关键的信息提取功能，然而，即使 RFID 的可存储信息容量相较于其他识别技术已经有了很大改进，但其存储信息相较于整个互联网，还是极为有限的。因此，基于标签有限的关键字信息，通过在互联网端进行信息抽取，使 RFID 标签成为接入广阔数字媒体世界的窗口。通过这种信息检索与集成方式，提供更多维度的感知体验，实现快速高效的信息管理。

以电影海报为例，传统的电影海报只能提供简单的电影简介及一些发行商的信息，但互联网上关于一部电影，有着大量的影评及与电影相关的影视片段等，在海报上贴一个包含电影基本信息的 RFID 标签，待用户使用移动终端扫描该标签后，即可激活相关应用，首先展现标签内的相关信息，若用户感兴趣，还可以通过电影的标识号，从互联网上获取电影简介、演员表、影评等更丰富、具体的信息。

在电子名片内预先载入使用者的商业信息、联络资料及社交网络详情，与会者只需用手机或其他移动终端设备，即可轻易获得感应器内存储的数码文件及多媒体档案，无须拿取任何小册子也可得到参展商的资料。

4. 目标定位与跟踪

基于 RFID 技术的目标定位与追踪具有广泛的应用领域，在许多应用场景下都有着巨大的应用需求。该技术可用于对物体的定位，如仓储货品定位、医院医疗设备管理等，也可以用于人员的定位，如煤矿井下人员定位、博物馆游客导览等。

2.3 生物识别技术

生物识别技术是利用人体生物特征进行身份认证的一种技术。通过计算机与光学、声学、生物传感器和生物统计学原理等高科技手段的密切结合，将人体固有的生理特征或行为特征收集起来，进行取样，运用图像处理和模式识别的方法提取特征进行数字化处理，转换成数字代码，并将代码组成特征模板存于数据库中。在人们同识别系统交互进行身份认证时，识别系统获取其特征并与数据库中的特征模板进行比对，以确定是否匹配，从而决定并确定身份。其关键技术在于如何获取生物特征，并将其转换为数字信息存储于计算机中，利用可靠的匹配算法来完成验证与识别个人身份。与传统的身份鉴定手段相比，基于生物特征识别的身份鉴定技术具有以下优点：不易遗忘或丢失；防伪性好，不易伪造或被盗；"随身携带",随时随地可用。

在当前的研究与应用领域中,生物识别主要涉及计算机视觉、图像处理与模式识别、计算机听觉、语音处理、多传感器技术、虚拟现实、计算机图形学、可视化技术、计算机辅助设计、智能机器人感知系统等其他相关的研究。已被用于生物识别的生理特征有手形、指纹、人脸、虹膜、视网膜、脉搏、耳廓等,行为特征有签字、步态、声音、按键力度等。基于这些特征,生物识别技术已经在过去的几年中取得了长足的进展,见表2-11。

表 2-11 常用生物识别技术对比

生物特征种类	指纹	掌形	人脸	虹膜	误识率
准确性(误识率)	0.001%	0.01%	1.0%	0.00001%	指纹 0.001% 掌形 0.01% 人脸 1.0% 虹膜 0.00001%
防伪性	中等	中等	中等	非常高	
稳定性	易磨损	中等	低	终身不变	
特征多样性	高	中等	高	非常高	

生物识别技术的工作模式有两种:识别(Identification, Recognition)和认证(Verification, Authentication)。识别指的是从数据库中找到与某人最匹配的身份,解决"他是谁"的问题。识别的基础是预先建立一个庞大的数据库,这需要前期投入较大的工作量。典型的生物识别系统包括传感器、特征提取、匹配器和系统数据库四个模块。识别的过程是给定一个测试对象,先提取其特征,然后通过分析比对,从预先建立的数据库中找出最接近的目标,如果两者之间达到一定的相似度(大于某一阈值),则认为从数据库中找到的目标与测试对象是同一人。由此可知,识别要完成测试对象与数据库中每一个人的比对,是"对多"的匹配过程。此过程的工作量庞大,通常借助计算机通过自动识别系统来完成,因为它是人力所不及的。认证指的是验证某人是否为某个特定的身份,解决"他是否为某人"的问题。认证的过程是在知道测试对象身份的前提下,直接将测试对象与特定目标进行比对,若两者达到一定的相似度(大于某一阈值),则认定他们是同一人,否则得出否定的结论。由此可知,认证不需要与数据库中的每一个人进行比对,而是在有怀疑目标的前提下进行"一对一"的匹配。此过程相对简单,在确定了比对指标的前提下,可以由有经验的技术人员通过手工完成,直接得出是或否的结论。从生物识别技术的发展过程来看,早期的技术模式均为认证,如指纹识别、签名识别等,都是通过人工比对的方式,由有经验的技术人员对检材和样本进行分析比较,得出肯定或否定的结论。随着计算机技术的发展,新出现的一些技术,如人脸识别、虹膜识别等都是基于识别的目的,通过建立计算机自动识别系统进行的。应用较早的技术也开发建立了自动识别系统,如指纹自动识别系统已经得到了广泛的应用。为了确保识别结果的准确性,司法领域在进行案件处理时,往往将识别和认证结合起来,先由计算机自动识别系统找出怀疑目标,再通过人工一对一比对,得出是或否的结论,这种方式的典型代表是指纹识别在案件侦破中的应用。

2.3.1 指纹识别

指纹是人类手指末端由凹凸的皮肤所形成的纹路，在人类出生之前就已经形成，随着个体的成长，指纹的形状也不会发生改变，只有明显程度的变化，并且每个人的指纹都是不同的，在众多细节描述中能进行良好的区分。指纹纹路有三种基本形状：斗形（whorl）、弓形（arch）和箕形（loop）。指纹中有许多特征点，提供了指纹唯一性的确认信息，这是进行指纹识别的基础，分为总体特征和局部特征。总体特征包括核心点（位于指纹纹路的渐进中心）、三角点（位于从核心点开始的第一个分叉点或者断点，或者两条纹路会聚处、孤立点、折转处，或者指向这些奇异点）、纹数（指纹纹路的数量）；局部特征是指纹的细节特征，在特征点处的方向、曲率、节点的位置，都是区分不同指纹的重要指标。

1. 指纹识别过程

指纹识别过程分为两个次要过程，分别是指纹记录过程和交叉核对过程。指纹记录过程由四部分组成：指纹采集、指纹预处理、指纹检查和指纹模板采集。指纹交叉核对过程也包括四部分：指纹采集、指纹预处理、指纹特征比对和匹配。

指纹识别的第一步是指纹图像的获取，目前已经有多种指纹图像的获取方式，主要有光学指纹采集技术、电容式传感器指纹采集技术、温度传感指纹获取技术、超声波指纹采集技术、电磁波指纹采集技术，获得图像后进行预处理加工，要实现图像的灰度变换、分割、均衡化、增强、细化等预处理步骤。首先要把指纹从整个图案中分割出来，背景图和指纹分布图的灰度是不同的，这就确定了两者强度的区别，利用梯度这个概念就能将指纹从背景图中很好地分离；均衡化是预处理中的重要一步，在提取时根据环境的不同得到的指纹图像不同区域的像素分布点是不同的，均衡化就是将不同区域分布的像素进行均值划分得到亮度分布均衡的图像；为了便于特征的提取，对经过几步加工后的图像还要智能化增强，剑桥大学Daugmann博士利用Gabor小波逼近的方法使指纹图像的纹路线条更加清晰，即白的部分更白，黑的部分更黑，线条的边缘分布更加平滑。然后将识别的指纹分类操作。指纹的分类是用采集的指纹特征与数据库中保存的指纹特征相比较，判断是否属于同一指纹。首先根据指纹的纹形进行粗匹配，再利用指纹形态和细节特征进行精确匹配，最后给出比较方的相似性程度。根据应用的不同，对指纹的相似性得分进行排序或给出是否为同一指纹的判决结果。指纹对比有两种方式：一对一比对即根据用户从数据库中检索出待对比的用户指纹后，与新采集的指纹比对；一对多比对是将新采集的指纹和数据库中的所有指纹逐一比对。

2. 指纹识别特点

（1）主要优点

1）指纹是人体独一无二的特征，并且其复杂度足以提供用于鉴别的足够特征。

2）如果要增加可靠性，只需登记更多的指纹、鉴别更多的手指，最多可以为十个，而每一个指纹都是独一无二的。

3）扫描指纹很快，使用也非常方便。

4）读取指纹时，用户必须将手指与指纹采集头相互接触，这是读取人体生物特征非常可靠的方法。

5）指纹采集头可以更加小型化，价格也会更加低廉。

（2）主要缺点

1）某些人或群体的指纹特征少，难以成像。

2）过去因为在犯罪记录中使用指纹，使得某些人害怕"将指纹记录在案"。

3）实际上指纹鉴别技术可以不存储任何含有指纹图像的数据，只是存储从指纹中得到的加密的指纹特征数据。

4）每一次使用指纹时都会在指纹采集头上留下用户的指纹印痕，可能导致其被复制的风险。

5）指纹是用户的重要个人信息，用户担心某些应用场合可能存在信息泄漏的问题。

3. 指纹识别应用

近年来指纹识别技术得到快速发展，在众多生物体识别技术中成为比较成熟的一种。随着智能手机的兴起，指纹识别已经广泛应用于智能手机领域，如手机解锁、支付信息、消息确认等。

（1）门禁技术 将指纹提前录入数据库中，在对使用者进行指纹认定时，首先提取使用者的指纹，门禁系统进行指纹识别过程处理，得到分类信息后，进行已录入指纹的对比验证，符合数据库中的指纹信息时，系统将执行开门操作。指纹门禁系统以手指取代传统的钥匙，使用时只需将手指平放在指纹采集仪的采集窗口上，即可完成开锁任务，操作十分简便，避免了其他门禁系统（传统机械锁、密码锁、识别卡等）可能被伪造、盗用、遗忘、破译等弊端。

（2）银行技术 如今在自助银行取钱时，只进行密码验证容易被不法分子识别，因此在部分地区已经开始使用银行卡密码与指纹信息双重确认的方法，即在取钱验证密码和银行卡的同时要对指纹信息进行比较。首先获取用户指纹信息，再由取款机自动将指纹信息传递给后台，后台进行录入指纹与验证指纹的比对识别，若符合要求，则成功取钱，多一步的验证环节能为用户的安全给予更多的保障。指纹 UKEY 是网上银行业务用于进行身份验证的终端，它比当前的账号密码验证及普通 UKEY 验证更加安全。

（3）指纹支付 通过把指纹与银行卡绑定的方式，用指纹轻轻一点就能完成消费支付。

（4）汽车指纹防盗 通过指纹控制车门开关或者发动机点火是指纹技术在汽车指纹防盗方面的典型应用。

（5）指纹考勤 指纹考勤可以帮助企业、高校等提高人事管理部门及相关人员的考勤工作效率，实现人事管理工作的自动化、规范化及系统化。

（6）指纹锁 指纹可用于高端楼宇、别墅的门禁管制，或是政府机要部门等所用计算机的开机设置，以保证个人以及国家的安全。

（7）指纹鉴定 指纹鉴定作为司法部门有效的身份鉴定手段，有助于进行罪犯和嫌疑人身份的识别。

2.3.2 人脸识别

人脸识别是基于人的脸部特征信息进行身份识别的一种生物识别技术。它用摄像机或摄像头采集含有人脸的图像或视频流，并自动在图像中检测和跟踪人脸，进而对检测到的人脸进行脸部识别，通常也叫做人像识别、面部识别。

1. 人脸识别过程

（1）**建立人脸的面像档案** 用摄像机采集单位人员的人脸的面像文件或取单位人员的照片形成面像文件，并将这些面像文件生成面纹（Faceprint）编码储存起来。

（2）**获取当前的人体面像** 用摄像机捕捉当前出入人员的面像或取照片输入，并将当前的面像文件生成面纹编码。

（3）**用当前的面纹编码与档案库存比对** 将当前的面像的面纹编码与档案库存中的面纹编码进行检索比对。上述"面纹编码"方式是根据人脸的本质特征和开头形状来工作的。这种面纹编码可以抵抗光线、皮肤色调、面部毛发、发型、眼镜、表情和姿态的变化，具有强大的可靠性，从而可以从百万人中精确地辨认出某人。对于人脸识别过程，利用普通的图像处理设备就能自动、连续、实时地完成。

2. 人脸识别特点

（1）**主要优点** 相较于其他生物识别技术而言，人脸识别是非接触的，即用户不需要和设备直接接触；具有非强制性，即被识别的人脸图像信息可以主动获取；具有并发性，即实际应用场景下可以进行多个人脸的分拣、判断及识别。

（2）**主要弱点** 人脸识别对周围的光线环境敏感，可能影响识别的准确性。

人体面部的头发、饰物等遮挡物，以及衰老等因素，需要进行人工智能补偿，如可通过识别人脸的部分关键特性做修正。

3. 人脸识别应用

（1）**考勤系统** 通过人脸识别的便捷性替代点名的传统考勤方式，提高考勤的工作效率，并从这些考勤数据中挖掘更多课堂潜在信息。

（2）**门禁系统** 将人脸识别与云服务结合起来，开发出能够实时通信的基于 AI 多模态融合的智能门禁系统。借助摄像头模块抓拍人脸信息，上传云端进行人脸比对、活体检测、人脸识别，判断人脸信息是否与前期录入信息符合。符合则驱动门锁打开，不符合就将照片上传到云端，并进行软件示警。

（3）**轨道交通** 在城市轨道交通自动售检票系统中，乘客可通过多渠道进行人脸识别开通注册（以地铁官方 App 为例，先注册并登录个人账户，然后在账户设置中单击"开启刷脸乘车"选项，按照要求进行人脸识别等。），绑定互联网支付方式后，可在全线网任意车站通过人脸识别的方式进出闸机。采用信用消费模式，先乘车后付费，由轨道交通既有的智能支付系统完成行程匹配和扣费。

（4）**电子护照及身份证** 这或许是未来规模最大的一项应用。国际民航组织（ICAO）规定，从 2010 年 4 月 1 日起，在其 118 个成员国家和地区，人脸识别技术是首推识别模式。美国要求和它有出入免签证协议的国家在 2006 年 10 月 26 日之前必须使用结合人脸、指纹等生物特征的电子护照系统。美国运输安全管理局（Transportation Security Administration）在全美推广一项基于生物特征的国内通旅行证件。欧洲很多国家也在实施类似的计划，用包含生物特征的证件对旅客进行识别和管理。

（5）**公安、司法和刑侦** 利用人脸识别系统和网络，可在全国范围内搜捕逃犯。

（6）**信息安全** 信息安全方面的应用包括计算机登录、电子商务和电子政务等。在电子商务中，交易全部在网上完成，而电子政务中的很多审批流程也都搬到了网上。然而，当前交易或者审批的授权都是靠密码来实现的，如果密码被盗，就无法保证安全。通过使用生物特征，就可以确保当事人在网上的数字身份和真实身份统一，从而大大增加了电子商务和电子政务系统的可靠性。

2.3.3 虹膜识别

1. 虹膜识别过程

（1）**虹膜图像获取** 使用特定的数字摄像器材对人的整个眼部进行拍摄，并将拍摄到的图像通过图像采集卡传输到计算机中存储。

（2）**图像预处理** 由于拍摄到的眼部图像包括很多多余的信息，并且在清晰度等方面不能满足要求，需要对其进行图像平滑、边缘检测、图像分离等预处理操作。

（3）**特征提取** 通过一定的算法从分离出的虹膜图像中提取独有的特征点，并对其进行编码。

（4）**特征匹配** 根据特征编码与数据库中预先存储的虹膜图像特征编码进行比对、验证，达到识别的目的。

在虹膜识别过程之前，技术实现上要求通过对人类的虹膜进行标志性特征的定位，并利用这些特征和具体形状对虹膜进行成像、特征分离和提取，如图 2-14 所示。基于虹膜成像，二维 Gabor 波将其筛选和绘制为相量，相量的信息包括方向和空间频率（图像内容）及图像位置，利用这些相量信息绘制"虹膜码"，最终使用虹膜码进行认证。

2. 虹膜识别特点

（1）**优点**

1）虹膜识别更安全，便于客户使用。人的眼睛由巩膜、虹膜、瞳孔三部分构成。巩膜即眼球外围，俗称白眼球的部分，眼睛中心为瞳孔部分，虹膜位于巩膜和瞳孔之间，其中包含了丰富的纹理信息，从外观上看，它由许多腺窝、皱褶、色素斑等构成，也是人体中最独特的结构之一。

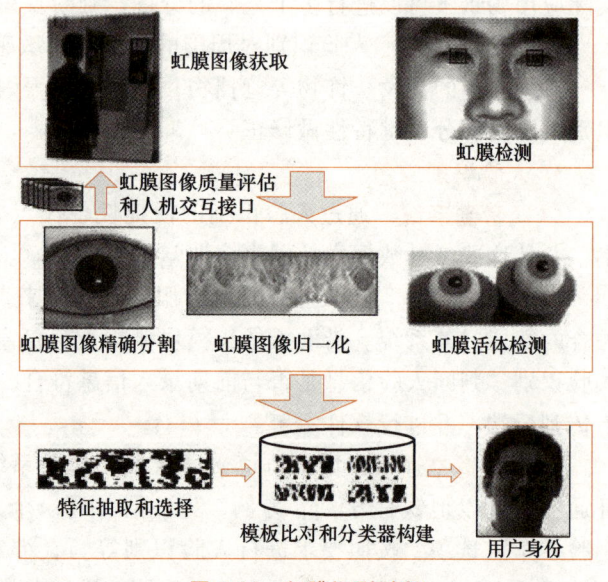

图 2-14 虹膜识别过程

2）虹膜的独特性非常之高，识别时不需要物理接触，因此，对于虹膜来说，基本在人们出生后八个月左右的时间就已经发育到足够的尺寸，之后进入稳定期，不再发生改变。也就是说，随着年龄的增长、环境或疾病所带来的影响，人们的胖瘦、声音等都会有所改变，而虹膜不会发生任何改变，一旦形成，便成为这个人独一无二不可更改的身份标识。虹膜的高度独特性、稳定性及不可更改的特点，是虹膜可用作身份鉴别的物质基础。

3）虹膜识别技术为最安全的生物识别技术之一，对于指纹识别，虽然已经发展得非常智能和高效，也能达到非常高的安全级别，但指纹可通过生物膜的模拟等方式被窃取，导致用户安全受到威胁，而虹膜识别在一定程度上具有比较有利的优势。

（2）缺点

1）很难将图像获取设备的尺寸小型化。

2）设备造价高，无法大范围推广。

3）镜头可能产生图像畸变而使可靠性降低。

（3）虹膜识别应用

1）公安领域应用。虹膜身份核查系统在身份信息录入与核实、大型活动安保、处理旧案积案、串并案件、寻找无名尸源等方面有广泛用途。

2）解锁电子产品。人脸识别技术也有短板，如用户戴口罩后，就难以实现人脸解锁。苹果公司 iOS 操作系统的更新版推出了一个重要功能，就是"戴口罩也可使用人脸识别"。对此，国内也有科技厂商表示，虹膜识别可作为替代方案，解决口罩影响手机解锁的问题。

3）高效身份确认。通过对人眼虹膜生物特征的识别，可以快速准确地判断出通行人员是否为已授权通过人员；与指纹及人脸等生物识别身份认证系统相比，虹膜识别具有远距离、高吞吐、抗干扰性强、可集成度高和需要用户配合程度低等显著优势，成为预防犯罪和加强个人身份快速安全认证的最具发展潜力和市场规模的高科技产品之一，也是信息安全领域下一代个人身份认证技术的发展趋势。

4）门禁系统。虹膜识别门禁系统由虹膜图像采集器、虹膜处理器等部件组成，后台还有进行虹膜和人员权限管理的数据库服务器，以及前端使用的人员出入管理终端、电控锁、联动控制器、备用电源、门禁考勤管理软件和网络等。虹膜识别门禁系统利用虹膜图像采集器进行测试者信息的采集，对所采用的虹膜进行数据分析，并将信息传递给存储器，与系统录入信息进行比较，若符合要求，则通过门禁系统。门禁系统在人类生活领域中的作用十分重要，基于虹膜识别技术的门禁系统将更加安全可靠地应用于宿舍楼层、看守所、会议厅、办公室等区域，防范其他非相关者的进出，单门双向认证的应用的示例就是门禁系统。

5）考勤系统。当前人类生活中主要利用刷卡、人工登记的形式进行人员信息的记录，在门禁系统的基础上，结合机器双向认证操作即可进行考勤操作。出入门口时都对走动人群的虹膜进行登记，利用操作门系统判断人员是否到齐或者有无中途退出。基于此系统，可利用自动控制的原理自动进行人员登记，对于逃课、会议不到等现象可很好地掌控管理，如果进行大量应用，各方面的考勤工作将会有极大的提升。

6）护照检测。虹膜识别首先对出入境人员进行虹膜身份信息的登记，然后与护照记录信息进行比对，进而确定出入境人员的身份，确保做到个人身份信息的"人证合一"。虹膜识别技术准确、唯一、安全，能很好地对于机场出入境人员进行检测，提高了机场工作的效率，在一定程度上减少了安全隐患发生的概率。

2.3.4 步态识别

步态识别是一种新兴的生物特征识别技术，旨在通过人们走路的姿态进行身份识别，与其他生物识别技术相比，步态识别具有非接触、远距离和不容易伪装的优点。在智能视频监控领域，步态识别比图像识别更具优势。

1. 步态识别过程

首先由监控摄像机采集人的步态，通过检测与跟踪获得步态的视频序列，经过预处理分析提取该人的步态特征，即对图像序列中的步态运动进行运动检测、运动分割、特征提取等步态识别前期的关键处理。

再经过进一步处理,使采集的步态成为与已存储在数据库中的步态同样的模式。

最后将新采集的步态特征与步态数据库中的步态特征进行比对识别,有匹配的即进行预/报警;无匹配的则由监控摄像机继续进行步态采集。

由此可知,一个智能视频监控的自动步态识别系统,实际上主要由监控摄像机、一台计算机与一套好的步态视频序列的处理与识别软件组成,如图2-15所示。其中最关键的是步态识别的软件算法,也就是说,对于智能视频监控系统的自动步态识别的研究,主要是对步态识别软件算法的研究。

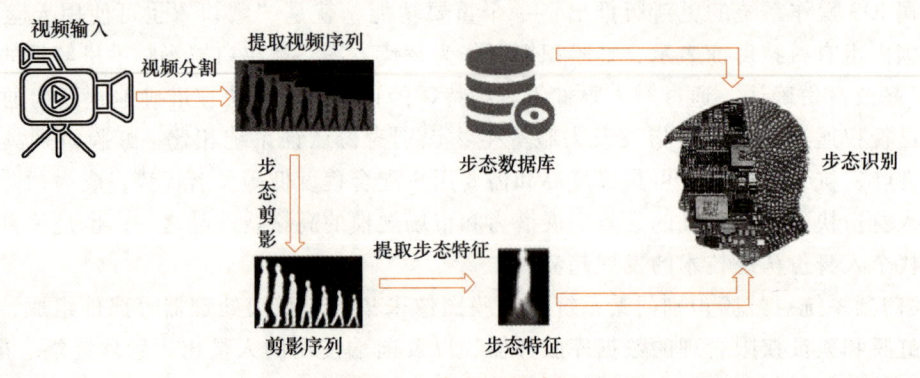

图 2-15 步态识别过程

2. 步态识别特点

1)采集装置的成本比面像识别低。步态识别采集只需使用较普通的摄像机,因而其采集图像的成本比面像识别低。

2)采集的距离比面像识别远。步态识别在50m以内都可以识别目标,只要能看清走路的姿态就行,甚至可以背离摄像机,这是面像识别难以达到的,面像识别需要目标在3m以内,而虹膜识别更是需要目标在60cm以内。

3)步态不易伪装。面像可伪装,步态却不易,因为在人们看到摄像头想伪装时,其步态早已被采集。

4)全视角,360°均可识别。步态识别的内容是全身信息,可以实现360°全视角识别,即使光照有变化,或者说穿的衣服有变化,甚至面部完全被遮挡也没有关系,依旧可以被识别。

5)抗干扰,不受面部遮挡影响,对光照变化鲁棒性较高。基于这些特点,步态识别可实现基于普通摄像机的人员识别和追踪,从而在现有大量已建成监控摄像机不变的情况下被广泛应用。

3. 步态识别应用

(1)**防盗** 防止用户的贵重物品被人偷走。研究人员在便携式计算机、手机等物品中安装传感器,并把传感器的频率调整到物主步行时的典型频率上,这样物主的便携式计算机就认识物主了,当有人偷了物主的计算机又不能模仿物主的步态时,传感器就会报警。

(2)**安防监测** 可将具有步态识别功能的摄像机安装于工厂、医院、居民楼、户外等环境中,使其像人脸识别一样发挥防盗、防窃等功能,通过全面有效的安防布控,保证人民生命财产安全。比如,石油行业的野外设施此前主要依靠人力安防力量进行巡检、防护,虽然有摄像头等监控设备，但是受限于客观原因，识别有效性不足。而步态识别技术可加强、完善油田的防控网络，及时发现隐患，保护处于野外露天环境中的石油设施。

（3）**刑侦监测**　在大多数情况下，罪犯视频往往不会露脸，或者清晰度不高，导致办案警员很难从中获取有效信息，而步态识别技术投入使用后，上述问题将得到明显改善，有利于降低办案难度，节约办案时间和成本。

（4）**公共领域**　步态识别可用于公交车、旅游景区等公共领域。在这些领域，步态识别能实现对安防的布控、无卡出行，以及对人群密度的预测或进行超流量预警，从而达到有效的公共安全防护。

（5）**家居领域**　在家居领域，步态识别可以很好地应用于智能家居系统中，赋予家电系统智能化感知，提供更加个性化的服务。

2.4　图像识别技术

2.4.1　图像识别技术概述

图像识别技术利用计算机对图像进行处理、分析和理解，以识别不同模式的目标和对象，它是深度学习算法的一种实践应用。

1. 图像识别技术发展历程

图像识别技术的发展经历了三个阶段：文字识别、数字图像处理与识别、物体识别。文字识别的研究始于1950年，一般是识别字母、数字和符号，从印刷文字识别到手写文字识别，应用非常广泛。

数字图像处理与识别的研究始于1965年。数字图像与模拟图像相比具有存储及传输方便、可压缩、传输过程中不易失真、处理方便等显著优势，这些都为图像识别技术的发展提供了强劲的动力。

物体识别主要是对三维世界的客体及环境的感知和认识，属于高级的计算机视觉范畴。物体识别以数字图像处理与识别为基础，同时结合人工智能、系统学等学科的研究方向，其研究成果被广泛应用在各种工业及探测机器人上。现代图像识别技术的一个不足就是自适应性能差，一旦目标图像被较强的噪声污染或是目标图像有较大残缺，就难以得出理想的结果。

图像识别问题的数学本质属于模式空间到类别空间的映射问题。目前，在图像识别技术的发展中，主要有三种识别方法：统计模式识别、结构模式识别和模糊模式识别。图像分割是图像处理中的一项关键技术，从20世纪70年代起，其研究已经有几十年的历史，一直都受到人们的高度重视，借助于各种理论已经提出了数以千计的分割算法，相关方面的研究仍然在积极推进中。

2. 图像识别原理

计算机的图像识别技术和人类的图像识别在原理上并没有本质区别，只是机器缺少人类在感觉与视觉差上的影响。人类的图像识别并不只是凭借整个图像存储在脑海中的记忆来实现的，而是依靠图像所具有的本身特征先将这些图像分类，然后通过各个类别所具有的特征将图像识别出来，但是人们往往不容易意识到这一点。当看到一张图片时，人们的大脑会迅速感应到是否见过此图片或与其相似的图片。其实在"看到"与"感应到"的中间经历了一个迅速识别过程，这个识别过程和搜索有些类似。在这个过程中，人们的大脑会根据存储记忆中已经分好的类别进行识别，查看是否有与该图像具有相同或类似特征的存储记忆，从而判断出是否见过该图像。机器的图像识别技术也是如此，即通过分类并提取重要特征而排除多余的信息来识别图像。机器所提取的特征有时会非常明显，有时又很普通，这在很大程度上影响了机器识别的速率。总之，在计算机的视觉识别中，图像的内容通常是用图像特征进行描述的。

模式识别作为人工智能和信息科学的重要组成部分，通过对表示事物或现象的不同形式的信息做分析和处理，得到一个对事物或现象做出描述、辨认和分类等的过程。计算机的图像识别技术就是模拟人类的图像识别过程，在图像识别过程中进行模式识别是必不可少的。模式识别原本是人类的一项基本智能，但随着计算机的发展和人工智能的兴起，人类本身的模式识别已经满足不了生活需求，于是人类就希望用计算机来代替或扩展人类的部分脑力劳动。

3. 图像识别过程

图像识别过程包括图像信息获取、预处理、特征提取和选择、分类器设计和分类识别，如图 2-16 所示。

（1）图像信息获取 图像信息获取是指通过传感器，将光或声音等信息转化为电信息，也就是获取研究对象的基本信息并通过某种方法将其转变为机器能够认识的信息。

（2）预处理 为了降低图像中部分因素对人们视觉接受的影响，需要利用滤波技术对图像实施预处理，其中常用的滤波技术有频域滤波、空间滤波和统计学滤波。图像增强技术也被广泛用于图像预处理中，它通过某种方式对原始图像添加信息或者变换数据，使得图像更加符合人们的视觉系统，常用的增强方法包含图像锐化和图像平滑。

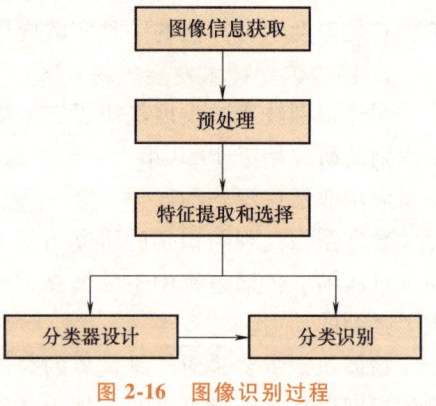

图 2-16 图像识别过程

（3）特征提取和选择 特征提取和选择是指在模式识别中需要进行特征的提取和选择。简单的理解就是所研究的图像是各式各样的，如果要利用某种方法将它们区分开，就要通过这些图像所具有的本身特征来识别，而获取这些特征的过程就是特征抽取。通过特征提取得到的特征也许对此次识别并不是都有用，这个时候就要提取有用的特征，也就是特征选择。特征提取和选择在图像识别过程中是非常关键的技术之一，因此对这一步的理解是图像识别的重点。

（4）分类识别 图像识别的核心在于研究目标对象的分类或描述。为了能够更快捷地解决目前图像处理中存在的问题，人们也在不断研究新的技术和理论，目前常用的方法有统计识别、模糊识别和人工神经网络等。分类器设计是指通过训练得到一种识别规则，通过此识别规则可以得到一种特征分类，使图像识别技术能够得到高识别率。分类识别是指在特征空间中对被识别对象进行分类，从而更好地识别所研究的对象具体属于哪一类。

2.4.2 物联网中的图像识别技术

随着物联网技术的发展，有越来越多的使用相机收集图像数据的应用场景出现。然而，为了提高数据传输效率，大多数图像被压缩和处理，这会造成低清晰度和一定量的噪声问题，给图像识别工作带来了极大挑战。随着图像识别技术和计算机技术的发展，人工智能在人们的生产生活中的应用越来越多。

目前，物联网中的图像识别分为两种结构，其中一种是本地识别，另一种是云端识别。本地识别与云端识别的区别在于图像识别算法模型的位置。如图 2-17 所示，本地识别的图像识别算法模型是在本地的 MCU（Micro Controller Unit，微控制器，又称单片机）中运行的，经过图像识别算法模型计算后获取相关数据，并通过物联网信号上传至云端进行保存；图 2-18 所示的云端识别的图像识别算法模型位于云端，本地的 MCU 通过物联网信号将本地获取的图像上传至云端，在云端使用模型进行图像识别后，获取相关信息并保存在云端中。虽然本地识别的上传数据量小，但对本地 MCU 的计算能力要求高，成本高，后期维护成本高，算法模型同步升级困难，而云端识别对本地 MCU 的计算能力要求低，成本较低，不存在多处模型同步升级的问题，仅需要保证图像能够正确上传至云端即可。

图 2-17　本地识别　　　　　　　图 2-18　云端识别

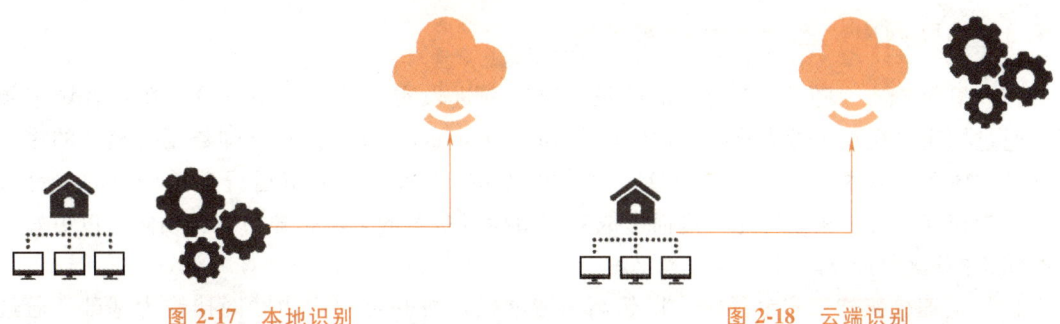

随着计算机技术的迅速发展和科技的不断进步，图像识别技术已经在众多领域得到了应用。微软研究小组公布显示：人类在归类数据库 Image Net 中的图像识别错误率为 5.1%，而微软研究小组的深度学习系统可以达到 4.94% 的错误率。由此可以看出，图像识别技术在图像识别方面已经有要超越人类的图像识别能力的趋势。这也说明未来图像识别技术会有更大的研究意义与潜力。由于计算机在很多方面具有人类难以超越的优势，图像识别技术才能为人类社会带来更多的应用。

1. 神经网络图像识别技术

神经网络图像识别技术是一种比较新的图像识别技术，它以传统图像识别方法为基础，同时融合了神经网络算法。这里的神经网络是指人工神经网络，也就是说这种神经网络并不是动物本身所具有的真正的神经网络，而是通过模仿动物神经网络人工生成的。在神经网络图像识别技术中，遗传算法与 BP 网络（Back Propagation Neural Network，神经网络）相融合的神经网络图像识别模型是非常经典的，应用于很多领域。在图像识别系统中利用神经网络系统，一般会先提取图像的特征，再利用图像所具有的特征映射到神经网络进行图像识别分类。以汽车拍照自动识别技术为例，它包括车辆检测和拍照识别两个过程。当汽车通过时，汽车自身具有的检测设备会有所感应，此时检测设备就会启用图像采集装置来获取汽车正反面的图像，获取的图像必须上传到计算机进行保存以便于识别。之后，车牌定位模块会提取车牌信息，在对车牌上的字符进行识别后显示最终结果，此识别过程涉及模板匹配算法和人工神经网络算法。

2. 非线性降维图像识别技术

计算机的图像识别技术是一种异常高维的识别技术。不管图像本身的分辨率如何，其产生的数据经常是多维性的，这给计算机的识别带来了非常大的困难。想让计算机具有高效的识别能力，降维是最佳选择。降维分为线性降维和非线性降维两种方法。诸如主成分分析（PCA）和线性奇异分析（LDA）等就是常见的线性降维方法，它们的特点是简单、易于理解。但是线性降维处理的是整体的数据集合，所求是整个数据集合的最优低维投影。经过验证，这种线性降维策略的计算复杂度高且占用相对较多的时间和空间，因此就产生了基于非线性降维的图像识别技术。作为一种极其有效的非线性特征提取方法，此技术可以发现图像的非线性结构，并在不破坏其本征结构的基础上对其进行降维，使计算机的图像识别在尽量低的维度上进行，从而提高了识别速率。例如，人脸图像识别系统所需的维数通常很高，其复杂度之高对于计算机来说无疑是巨大的"灾难"。由于人脸图像在高维度空间中的不均匀分布，人类可以通过非线性降维技术来得到分布紧凑的人脸图像，从而提高人脸识别技术的高效性。

2.4.3 物联网中的图像识别技术应用

（1）智慧城市 随着 5G 网络的建设，物联网进入实质性的应用阶段。在智慧城市领域，通过构建以视频图像为核心，以物联网 IoT（Internet of Things）感知数据为辅助的多维数据感知体系，以视频记录图像信息，以物联网 IoT 设备采集城市运行各类场景的关键数据，两者相互融合、相互补充，进而形成对城市运行状态的全域感知与全息刻画，以更好地支撑城市的运行与治理。

（2）高速公路施工安全管理 以超高清智能摄像机和定制化物联网挂钩为基础，通过高性能图像传感器结合物联网技术及人脸识别等视频智能化分析技术实现对施工人员违规作业状态的智能判别，同时进行现场广播自动报警，并且报送远程管理人员预警。基于摄像机自带嵌入式处理器的神经网络内核实现对安全帽、安全绳、临边防护围栏的智能分析和报警，以对施工现场人员的不安全行为进行及时报警和预警。

（3）智能交通 基于物联网、5G、大数据、人工智能等技术优势打造的智慧斑马线实时监测斑马线与红绿灯状态，依据智能算法能力定位车辆、行人的相位坐标，以监测交通参与者的数量和一定轨迹，通过数字化方式创建虚拟实体来实现数字孪生，以及预判危险系数，联动 AI 智能硬件产品及时发出预警。

（4）仪表读数检测 随着物联网时代的到来，在信息技术背景下，将物理对象的状态信息通过摄像头拍照等方式传输到互联网，并通过网络来识别图像，从而实现将数字字符仪表表盘图像转换为计算机可以识别的有效数据。这样不仅为仪表读数的存储和分析带来了方便，也节省了人工成本，降低了数据错误率，从而实现高效的自动仪表读数。

2.5 磁卡、IC 卡识别技术

磁卡是一种磁记录介质卡片，由高强度、耐高温的塑料或纸质涂覆塑料制成，能防潮、耐磨并有一定的柔韧性，携带方便，使用较为稳定可靠。磁卡记录信息的方法是变化磁的极性，在磁性氧化的地方具有相反的极性，识别器才能在磁卡内分辨这种磁性变化，这个过程称作磁变。一部解码器可以识读到磁性变化，并将其转换回字母或数字的形式，以便由一台计算机来处理。磁卡技术能够在小范围内存储较大数量的信息，磁卡上的信息也可以被重写或更改。

按读取界面不同，IC 卡可分为以下两种：

1）接触式 IC 卡。此类 IC 卡通过 IC 卡读写设备的触点与 IC 卡的触点接触进行数据读写。ISO 7816 对此类 IC 卡的机械特性、电器特性等进行了严格的规定。

2）非接触式 IC 卡。此类 IC 卡与 IC 卡读取设备无电路接触，而是通过非接触式的读写技术进行读写（如光或无线技术）。卡内所嵌芯片除了 CPU、逻辑单元、存储单元，新增了射频收发电路。ISO 10536 系列标准对非接触式 IC 卡有具体的规定。此类 IC 卡一般用在使用频繁、信息量相对较少、可靠性要求较高的场合。

2.5.1 磁卡和 IC 卡的工作原理

1. 磁卡的工作原理

磁卡上剩余的磁感应强度 B_r 在磁卡工作过程中起着决定性的作用。磁卡以一定的速度通过装有线圈的工作磁头，磁卡的外部磁力线切割线圈，在线圈中产生感应电动势，从而传输了被记录的信号。

如果电流信号（或者说磁场强度）按正弦规律变化，那么磁卡上的剩余磁通也同样按正弦规律变化。当电流为正（即从下往上）时，就会产生一个从左到右（从 N 极到 S 极）的磁极性。

当电流反向时，磁极性也跟着反向。其最后结果可以看作磁卡上从 N 极到 S 极再返回 N 极的一个波长，也可以看作同极性相接的两块磁棒。

这是在某种程度上简化的结果，但要记住剩余磁感应强度 B_r 是按正弦规律变化的。当信号电流达到最大时，纵向磁通密度也达到最大，记录信号就以正弦变化的剩余磁感应强度形式记录，储存在磁卡上。

2. IC 卡工作原理

IC 卡是指集成电路卡，一般用的公交车卡就是 IC 卡的一种，一般常见的 IC 卡采用射频技术与支持 IC 卡的读卡器进行通信。

射频读写器向 IC 卡发一组固定频率的电磁波，卡片内有一个 LC 串联谐振电路，其频率与读写器发射的频率相同，这样在电磁波激励下，LC 谐振电路产生共振，从而使电容内有了电荷；在这个电容的另一端，接有一个单向导通的电子泵，将电容内的电荷送到另一个电容内存储，当所积累的电荷达到 2V 时，此电容可作为电源为其他电路提供工作电压，将卡内数据发射出去或接收读写器的数据。

2.5.2 磁卡与 IC 卡的区别

磁卡和 IC 卡是当前信息化社会中最常使用的两种卡，以我国为例，每年的磁卡和 IC 卡的发卡量超过两亿张。磁卡和 IC 卡的区别见表 2-12。

表 2-12 磁卡和 IC 卡的区别

种类	说明	优点	缺点
磁卡	磁卡的核心部分是卡片上粘贴的磁条，典型代表是广泛使用的银行卡	读写方便，成本低廉，容易推广	容易磨损和被其他磁场干扰，若作为银行卡，安全性相对较差
IC 卡	IC 卡是将集成电路芯片先封装在小铜片中，再嵌入塑料卡片中，典型代表是社会保险卡	由于信息存储在芯片中，不易受到干扰和损坏，安全性高，使用寿命长；信息容量大，远高于磁卡，更利于存储个人资料和信息	相较于磁卡，IC 卡的成本高，损坏和丢失后也不易补办

2.5.3 物联网中的磁卡、IC 卡应用

（1）磁卡应用范围

银行、证券、保险：贷记卡、准贷记卡、ATM 卡、提款卡、借记卡、转账卡、专用卡、储值卡、联名卡、商务卡、个人卡、公司卡、社会保险卡、社会保障卡、证券交易卡等。

零售服务：购物卡、现金卡、会员卡、礼品卡、订购卡、折扣卡、积分卡等。

社会安全：人寿和意外保险卡、健康卡。

交通旅游：汽车保险卡、旅游卡、房间锁卡、护照卡、停车卡、付费 TV 卡、高速公路付费卡、检查卡等。

医疗：门诊卡、健康检查卡、捐血卡、诊断图卡、血型卡、健康记录卡、妇产卡、病历卡、保险卡、药方卡等。

特种证件：身份识别证卡、暂住证卡、印鉴登记卡、免税卡等。

教育：点读学习卡、图书卡、学生证、报告卡、辅导卡、成绩卡等。

娱乐：电玩卡、娱乐卡、戏院卡等。

（2）IC 卡应用范围 常用的 IC 卡有接触式 IC 卡、非接触式 IC 卡（感应式）和 CPU 卡，安全性按顺序由低到高。接触式 IC 卡的安全性很低，几乎相关专业技术人员都有破解它的能力；非接触式 IC 卡较接触式 IC 长的安全性更高，但有相关机构已具备破解技术及能力，因此我国的住房和城乡建设部开始大力推广使用 CPU 卡。

IC 卡在商业、医疗、保险、交通、能源、通信、安全管理、身份识别等非金融领域得到了广泛应用，如今在金融领域的应用也日趋广泛。

1）IC 卡电子钱包。由银行与各企事业单位合作发行联名卡，并用这种联名卡形成银行 IC 卡的专用钱包账户。例如，医疗保险专用钱包不得消费，不得提取现金，只能在指定医院等场所使用。

2）IC 卡收费系统。此类 IC 卡系统主要负责电费、水费、煤气费、通信费、停车费等各种消费资源费用的收取，可以提高管理效率和可靠性，常见的有燃气卡、水电卡等。

3）停车管理。专业车场管理系统大都采用 IC 卡作为车辆出入凭证，以管理车辆进出。

4）公共交通。常见的有公交卡、地铁卡，乘客持此类卡搭乘公交车或地铁时，只需在收费机前刷一下卡，收费机就能自动完成收费。

除了以上应用，IC 卡在交警管理系统、工商管理系统、电子门锁、税务管理系统、高速公路收费等方面也有广泛应用。

【实践】

RFID 及生物识别技术

1. RFID 技术实践应用

深圳智荟物联技术有限公司与江苏京东货运航空有限公司达成合作，为京东货运航空定制了基于物联网的强大后台管理系统，利用该系统对各种设备状态及工器具的使用 KPI（Key Performance Indicator，关键绩效指标）、全生命周期过程的实时化、可视化、可追溯管理，最终达到安全与效率并重的精细化管理目标。在试运行阶段，该系统的应用实现了航空运维对工器具资产的精细化管理，提高了资产利用率，规范了京东航空工器具资产的采购、领用、归还、维修、报废、盘点、查找等全过程，实现了资产的全周期管控、可视化与安全监管，使整体维修工作变得高效、快捷，有效地解决了当前航空资产运维管理中存在的问题。

整体系统的主要功能如下：

1）专门研发定制适用于航空安全与技术性能的特种无源 RFID 电子标签。无源 RFID 电子标签是实现资产数字化的第一步，让航空工器具拥有唯一可识别身份。在数字身份构造中，通过采用特殊方案来确保 RFID 电子标签的黏性，使其不易掉落，同时利用技术调整来确保 RFID 电子标签在不同金属工具表面识读频率的一致性。

2）采用自助借还一体机设备，实现机务工具的快速借还，减少人工核验时间，提升资产的管理效率，同时确保工具如数安全归还。

3）采用智能门禁多次复核方案，确保工具的借还信息无遗漏，保证数据安全。

4）采用 RFID 手持式设备实现工具三清点，使批量盘点时间缩减为之前的 1/10，极大提升了清点效率，最大限度地降低工具遗落在机舱或机坪的事故发生率。此外，设备屏幕的可视化操作有助于提醒工器具的异常状态，并可实现工具的查找与定位，方便快捷。

5）采用工器具柜管理，能够满足工具随地借还的需求，不受场地限制，进一步降低了工具借还管理难度，提高了日常运维管理效率。

6）强大的后台管理系统，可以对各种设备状态及工器具的使用 KPI、全生命周期过程的实时化、可视化、可追溯进行管理，最终达到安全与效率并重的精细化管理目标。

2. 生物识别技术实践应用

目前，我国的生物识别技术已经相对成熟，并被广泛应用于智能安防、智能门锁、智能小区、医疗信息、智能考勤、金融等领域。尤其是智能考勤，它是我国生物特征识别技术的主要应用领域。受外界因素影响，许多企事业单位的考勤对身份验证等提出了新的要求，生物识别考勤产品开始受到很多公司的青睐。与此同时，为了适应未来发展需求，我国对于生物识别技术的研发与投资力度正在不断加大，从事生物特征识别技术研究的机构越来越多，诸如指纹识别、虹膜识别等技术已达到国际先进水平，尤其是在人脸识别和虹膜识别两方面不断出现新的突破。在人脸识别方面，国内已有众多厂商做到了超过 99% 的准确率。根据人脸识别数据库 LFW 新的排名，国内的人脸识别厂商大华股份的准确率高达 99.78%，腾讯和平安科技均达到 99% 以上的准确率，技术上的进步有望推动生物识别技术应用的进一步普及。

　　我国生物识别技术经过十几年的发展和演变，水平不断提升，核心技术开始普及，产品生产商的门槛逐渐降低，这些因素都使得生物识别产业将以一种较高的速度增长。未来，生物特征识别技术在以下四方面的应用有待进一步研究：一是将生物识别与量子密码技术相结合，构建二元身份认证体系；二是保证生物识别系统的安全性；三是进行活体检测研究，即研究出有效区分真人声音与录音、真人面部与照片及仿造的生物特征的方法，加强系统防骗性；四是探索生物特征识别技术在保障国家安全与侵犯公民隐私和自由之间的平衡，并规定在使用生物特征识别技术时必需的国内或国际的限制。

思 考 题

1. 什么是自动识别技术？
2. 简述商品的编码原则。
3. RFID 系统构成包括哪几部分？简述其工作原理。
4. 简述生物识别技术的概念及分类，并列举生物识别技术在物联网中的应用。
5. 简述图像识别基本原理及过程。

第 3 章

定 位 技 术

3.1 位置服务概述

位置服务（Location Based Services，LBS）又称定位服务，是无线运营公司为用户提供的一种与位置有关的服务。1994 年，美国学者 Schilit 首先提出了位置服务的三大目标：你在哪里（空间信息）、你和谁在一起（社会信息）、附近有什么资源（信息查询），这也成了 LBS 最基础的内容。

定位服务对于物联网系统应用是不可或缺的，它通过对接收的无线电波的一些参数进行测量，根据特定的算法判断被测物体的位置。测量参数一般包括传输时间、幅度、相位和到达角等，而定位精度取决于测量方法。

从技术的角度看，位置服务实际上是多种技术融合的产物，其组成有移动设备、定位、通信网络、服务与内容提供商。

3.1.1 位置服务发展历史

美国 Sprint PCS 公司和 Verizon 公司分别在 2001 年的 10 月和 12 月推出了基于 GPSONE 技术的定位业务，并通过该技术来满足 FCC（美国联邦通信委员会）对 E911（北美无线增强 911 系统）第二阶段的要求。第一阶段要求可以根据用户的粗略位置将呼叫路由到正确的 PSAP 并携带用户号码；第二阶段要求 PSAP 可以获取用户较精确的位置。2001 年 12 月，日本 KDDI 公司推出了第一个商业化位置服务。在这之前，日本知名安保公司 SECOM 在 2001 年 4 月成功推出了第一个具备 GPSONE 技术，能实现追踪功能的设备，该设备也在 KDDI 的网络中运行。这一高精度安保服务能在任何情况下准确定位呼叫个人、物体或车辆的位置。韩国 KTF 公司于 2002 年 2 月利用 GPSONE 技术成为韩国首家在全国范围内通过移动通信网络向用户提供商用移动定位业务的公司。

加拿大的 Bell 移动公司可以算作 LBS 业务的市场领袖，它率先推出了基于位置的娱乐、信息、求助等服务，到 2003 年 12 月，其 MyFinder 业务已占尽市场先机。该公司不断推陈出新，于 2004 年 9 月发布了全球首款基于 GPS 的移动游戏 Swordfish，该游戏利用移动定位技术，把地球微缩成一个可测量的鱼塘。

相比之下，美国移动运营商对 LBS 商用业务的关注略逊一筹，由于需要满足 E911 的要求，这些运营商起初在 LBS 的商业化上并没有投入太多精力。但是随着市场的逐渐扩展，在 E911 方面处于领先地位的 Sprint PCS 公司推出了 LBS 商用服务，这项针对企业用户的服务选用微软的地图定位服务器。Nextel 公司则努力将 LBS 业务融入其数据服务中，并将 A-GPS 技术应用于其网络，但大部分用户仍然需要使用支持该技术的终端来享受 LBS 提供的便利。

欧洲运营商在应用 LBS 的技术方面已经有相当丰富的经验，其服务主要是定位与导航业务，但市场表现平平，究其原因，一方面是欧洲运营商的业务内容比较单调，缺乏变化，另一方面是欧洲用户对 3G 数据业务的冷淡抑制了 LBS 业务的发展。

在日本，NTTDoCoMo 公司在 i-mode 套餐中提供了 i-Area 业务（能够使用户查看当地信息，如天气、餐饮、便利店、车站等），但仅限于日常信息服务。KDDI 公司则采用 GPSOne 技术提供高精度的定位服务，基于高通 MS-GPS 系统开发的 EZNaviWalk 步行导航应用在日本市场大获成功，成为 KDDI 公司与 NTTDoCoMo 公司竞争的杀手锏。除此之外，日本也有 Secom 等虚拟运营商来提供高精度的移动定位服务。

在 LBS 业务创新竞争方面，一是北美地区，以美国为代表，该地区是全球 LBS 行业的发源地和领导者，拥有先进的卫星导航系统和定位技术，以及成熟的在线地图服务平台和 LBS 应用市场；二是欧洲地区，以德国、法国、英国等为代表，该地区是全球 LBS 行业的创新者和跟随者，拥有自主卫星导航系统和定位技术，以及较为完善的在线地图服务平台和 LBS 应用市场；三是亚太地区，以中国、日本、韩国等为代表，该地区是全球 LBS 行业的后起之秀和挑战者，拥有快速发展的卫星导航系统和定位技术，以及颇具活力的在线地图服务平台和 LBS 应用市场。

到 2008 年年初，支持 GPS 的手机已经占到手机总销售量的 25% 以上，而相关应用更是五花八门。中国移动在 2002 年 11 月首次开通位置服务，如移动梦网品牌旗下的业务"我在哪里""你在哪里""找朋友"等；2003 年，中国联通在其 CDMA 网上推出"定位之星"业务，用户可以较快地体验下载地图和导航类的复杂服务；而中国电信和中国网通似乎也看到了位置服务的诱人前景，开启 PHS（小灵通）平台上的位置服务业务。但是由于当时移动通信的带宽很窄、GPS 的普及率较低，加上市场需求并不旺盛，几家大的运营商虽然热情很高，但是整个市场并没有像预期的那样顺利启动，甚至较长时间都无人问津。

虽然 LBS 在消费市场没有得到认可，但是随着人们对交通安全认识的提高，它在一些专业领域逐渐得到了认可。从 2004 年开始，交通安全管理与应急联动领域逐渐引入了 GPS 与移动通信相结合的 LBS 业务，民营资本、交通管理部门都参与其中，在公共运营车辆，包括公交、出租、货运、长途客运、危险品运输等交通运输工具开发相关的运输监控管理系统，其中用到的基础技术就是 LBS。

3.1.2 位置服务技术分类

位置服务的分类方式有多种，可以按照应用特征、请求发起方、接入方式对定位服务进行分类。

1. 应用特征分类

按照应用特征的不同，位置服务分为增值服务类、社会公益类、移动网络运营管理类。

（1）**增值服务类** 此类服务包括大众应用和行业应用。

针对大众用户的定位应用有很多，可以分为以下两类：

1) 信息导航类。基于位置的信息类应用可以为用户提供其所需的特定信息，如附近的银行、宾馆或加油站等。导航应用可以指引终端用户找到其目的地，如前往某医院的方法等。这些信息既可以以文本方式提供，也可用图形方式提供给终端用户。AR 导航（Augmented Reality，AR）将虚拟信息与现实世界结合起来，为用户提供更加直观准确的导航指引的方式。AR 技术是一种创新的交互方式，可实时地计算摄影机影像位置和角度，并加上相对应图像、视频、3D 模型等内容，最终目标是在屏幕上把虚拟世界放置到现实世界中，进行交互互动。

2) 跟踪类。跟踪类的典型应用包括父母能知道孩子的位置、子女能知道走失老人的位置等。一般用于公安消防、交通、地理、企业、新闻媒体等系统或领域。此类移动定位应用包括随时获取员工和动物的位置信息。例如，分派工作的监管者需要了解雇员的位置和状态，以及物流管理、资产跟踪、动物跟踪等信息。

（2）社会公益类 此服务可以提供基于位置的公共安全业务，如 110、119、120 等紧急联系业务。

（3）移动网络运营管理类 此类服务分为网络规划应用和网络业务质量改进应用。

1) 网络规划应用。网络服务商（Network Provider，NP）可以使用定位服务来协助进行网络规划。例如，网络服务商可以通过在指定区域内定位手机来估计用户的分布情况及移动用户的流动性，并将其用于网络规划的目的。这种应用可以用于热区检测和用户行为建模。

2) 网络业务质量改进应用。网络运营商可以利用定位业务来提高网络质量。例如，定位系统可通过跟踪掉线电话来确认出现问题的区域，以识别低质量区域。

2. 请求发起方分类

按照请求发起方的不同，位置服务分为移动终端发起、移动终端终止和移动网络发起三类。

（1）移动终端发起 移动终端发起的请求是指移动终端作为位置信息的请求方，主动发起定位请求，并在移动通信网络的配合下，将自身的位置信息提供给定位系统，定位系统经过 GIS（地理信息系统）的处理后，将终端用户所需的位置信息返回给用户，一般用于大众应用。

（2）移动终端终止 移动终端终止的请求是指移动终端通过代理服务器向定位系统发出定位请求，但不包括自身的位置信息，定位平台通过移动通信网络得到用户的位置信息，并反馈给代理服务器，移动终端再通过代理服务器获取所需的位置信息，一般用于行业应用。

（3）移动网络发起 移动网络发起的请求是指定位系统本身触发定位请求，在查询到终端用户的位置信息后，将信息返回给用户，一般用于社会公益类的紧急定位。

3. 接入方式分类

按照接入方式的不同，位置服务分为消息类接入、语音接入、代理服务器接入三类。

（1）消息类接入 移动终端用户通过短信（Short Message Service，SMS）或多媒体短信（Multimedia Message Service，MMS）的方式向定位系统发起定位请求，定位系统在得到位置信息后也以相同的方式返回给用户。此类接入方式可以利用现有移动通信网络的基本功能，从而快速实现业务的接入，但缺是消息传输依赖于移动通信网络，容易造成信息丢失，一般用于大众应用。

（2）**语音接入**　移动终端用户通过拨打人工或自动热线电话，将定位请求提交给定位系统，定位系统在得到位置信息后，通过回拨方式将位置信息返回给移动终端用户。此类接入方式不容易丢失信息，但是需要组建呼叫中心，并且信息的安全性依赖于呼叫中心人员的保密意识。

（3）**代理服务器接入**　由代理服务器代替移动终端用户来发起定位请求，定位系统在查询到位置信息后，将所需的位置信息返回给代理服务器。此类接入方式的优点在于代理服务器可以与定位系统采用专线连接，信息的安全性和可靠性比上述两类接入方式更高，但是需要更多的成本投入，一般用于社会公益类服务和行业应用。

3.2　GIS 定位技术

地理信息系统（Geographical Information System，GIS）是获取、处理、管理和分析地理空间数据的重要工具和技术。从技术和应用的角度看，GIS 是解决空间问题的工具、方法和技术；从功能上看，GIS 具有空间数据的获取、存储、显示、编辑、处理、分析、输出和应用等功能，和空间位置有关的应用都可以采用 GIS 技术。GIS 是 LBS 的一个关键部分。从无线运营商管理和开通位置信息服务的角度来看，能够使无线运营商提供较为全面的位置信息服务，同时集中管理并维护了地图数据库，可使进入位置信息服务行业的门槛大大降低，从而促使位置信息服务的发展。

3.2.1　GIS 的发展历程

目前，地理信息已经渗透到各行各业的信息系统中。随着计算机信息技术的发展，尤其是近年来移动计算领域和空间数据库领域技术的不断更新，地理信息系统（GIS）也在很多方面融入了新的特征。在我国，地理信息系统的建设越发得到政府的重视，尤其是在一些特殊情况下。随着科学技术的发展，地理信息技术逐渐完善，地理信息系统能够优化物流，提供及时精确的地理信息，完善物流分配，优化资源布局、资源管理等。

（1）**从 GIS 到 Web-GIS**　早期的地理信息系统专业性色彩较强，需要引入复杂的数学模型，对最终使用者的要求较高，系统独立设计，不对外开放接口。这类系统比较常见于地质、气象、水利、交通等行业的专业分析中。在这种需求的驱动下，按照客户端/服务器（Client/Server，C/S）模式设计的应用系统居多，其最大优点是开发模型相对简单，开发成本较低。但随着 C/S 模式信息系统的投入使用，其缺点也逐渐显现。C/S 模式下的应用系统由于其专业性，只有少量的专业用户才可以使用，导致大量信息孤岛存在，并且其大规模部署及后期维护的成本相当高昂，使得应用系统的用户数量和覆盖范围都受到很大的限制，在一定程度上制约了地理信息系统的继续发展。此外，由于多数系统采用独立的设计，不同系统之间无法共享数据和功能，功能类似的模块被重复建设的问题越发突出，造成投资的极大浪费。

随着 Internet 的逐渐普及，广大用户对浏览器这种通用类型、无须培训的客户端应用程序越来越认同，因此奠定了 Web-GIS 发展的基础。另外，在技术层面，用户要求地理信息系统采用开放式设计，对其他信息系统开放可调用的接口以便于集成。只有这样，地理信息系统的应用面才有可能从有限的传统应用领域扩展开来，同时覆盖更多的用户群。与 C/S 模式相比，Browser/Server（B/S）模式在处理这些问题上有明显的技术优势。因此在一些特定的领域，B/S 模式已经取代了 C/S 模式成为地理信息系统的首选开发模式。

（2）从 Web-GIS 到网络地理信息系统　进入 21 世纪后，人们已经不再满足于坐在办公室或家中的计算机桌前获得信息，而是提出了"随时随地获取信息"（Anytime, Anywhere, Anything）的更高要求。强劲的需求推动了移动计算领域技术的飞速发展，信息系统的客户端从传统的 PC、工作站等桌面型设备扩展到 PDA、无线手机上网协议 WAP（Wireless Application Protocol）/短信服务 SMS（Short Message Service）/无线下载 BREW（Binary Runtime Environment for Wireless）手机等移动终端上。由于所有的移动终端首先强调的是易于携带的特征，在硬件设计上受到体积、重量、功耗等方面的限制，因而采用完全不同于 PC 的操作系统和不同于 IP 网络的通信协议。此外，地理信息系统的底层开始与数据库技术结合发展为空间数据库。空间数据库技术在管理海量数据、分布式数据存储、解决属性与空间数据一致性等问题上比传统的文件存储方式有很大的优势，因而受到人们的关注。近年来，一些新建的地理信息系统开始逐渐引入上述两方面的技术。这些系统要求应用层满足对各类终端设备的兼容，数据层提供对异构或分布数据的良好支持，人们把所有基于网络的地理信息系统通称为网络地理信息系统。由于网络地理信息系统的复杂性远远超出了传统的 C/S 或 B/S 体系结构所能描述的范畴，开发工作量也变得越来越庞大，因而需要找到一种有别于 C/S 或 B/S 的多层模型来描述这些系统的共性。同时，在此基础上提供产品级的解决方案，尽可能地为应用开发人员提供良好的底层支持，以减少开发系统的难度，提高系统的质量。

从 GIS 到 Web-GIS，再到网络地理信息系统，应用上是从传统领域向所有领域的发展，用户群上是从少数专业用户向大量普通用户的发展，技术上是从简单架构向多层模型的发展。

3.2.2　GIS 应用领域

GIS 的应用领域非常广泛，下面介绍一些比较典型的应用实例。

1. 数字城市

以 GIS 为核心的空间信息技术是数字城市的核心应用技术，它与无线通信、宽带网络和无线网络日趋融合，为城市生活和商务提供了一种立体的、多层面的信息服务体系。数字城市建设包括四部分内容，即基础设施、电子政务、电子商务及公众信息服务，GIS 应用贯穿于所有部分和各个层面，从城市基础地理信息数据库到政府空间数据共享、电子商务物流配送、基于网络的公众地理信息服务，GIS 都发挥出不可缺少的作用。从具体的应用来说，GIS 已经广泛应用于构成数字城市的众多行业，如城市规划、城市地下管网、电力、电信、公安、消防、急救等方面。GIS 在各行各业中的广泛应用，产生了各具特色的行业专题 GIS，这些正是建设数字城市的基础。数字城市只能在这些专题 GIS 的基础上，进行综合、共享和扩充。

2. LBS

通过 LBS 业务，移动用户可以方便地获知自己目前所处的位置，并用终端查询或收取附近各种场所的信息。此外，它还可以对特定用户或组织进行定位，根据用户的位置进行实时监测、跟踪，同时结合共享的电子地图，实现监控与调度。LBS 业务和目前国际上比较受关注的 Telematics（远程信息处理）和 ITS（智能交通系统）有着非常密切的关系，由于篇幅有限，此处不再赘述。

3. 行业应用

石油行业应用 GIS 由来已久。在选择钻孔位置、跟踪一条管线进行故障分析、新建一个炼油厂等方面都十分依赖于对地理的理解，以做出明智的商业决策。GIS 在石油行业的应用非常广泛，根据应用类别及业务范围，GIS 的应用大致可以归纳为石油勘探、生产开发、设备管理、管道管理、运输管理、销售规划、地面建设、附属设施等方面。GIS 对电信行业提高地图和其他数据综合分析能力有着举足轻重的作用。通过对基于空间位置的数据进行分析，为电信网络的规划和施工、移动信号的覆盖区域分析、市场经营决策分析、管理当前用户信息，甚至是发现新用户等提供了最佳方案。通过地图方式展示数据将比传统的列表方式更直观，并能更迅速地做出决策。公安现代化建设需要 GIS 及计算机网络技术的支持。GIS 在公安方面的应用有很多，如消防指挥系统、安防指挥管理系统、110 指挥管理系统、户籍管理系统、公安交通指挥系统、紧急情况下公安指挥管理系统、安全保卫系统、治安情况汇报系统等。GIS 在水利方面的应用已经扩展到了水资源、水环境、水土保持、农田水利、水利工程规划与管理等方面，具有广泛的生长点和良好的成长性，为我国的水利建设发挥了重大作用。GIS 在交通方面可以应用于公路规划设计及管理、运输调度、公共交通管理、铁路规划设计及管理、港口和水运管理、ITS 等。

3.2.3　GIS 的业务功能

在移动网络中使用 GIS，可以向外提供下述主要服务。

（1）地图绘制（Mapping）　地图绘制是 GIS 可以提供的最基本的服务。GIS 根据客户端的请求（地图范围、图层和绘制样式等），返回地图数据。地图数据可以是栅格形式的地图，也可以是特定格式的矢量数据。地图栅格化支持多种图片输出格式，如 GIF、JPEG、PNG、WMP、BMP 等。地图图片可以通过 BASE-64 编码文档的方式在 XML 文档里返回，也可以只返回 URL。此外，地图绘制还可以在"原始"的地图上"绘制"各种几何元素或地理对象。矢量地图与栅格地图相比，具有较大的优势。首先，对于同样一幅地图，矢量格式的文件大小是栅格格式文件的 1/7 左右，大大节约了无线网络中使用的资源。其次，终端通过矢量地图浏览器操作矢量地图的灵活度比栅格地图高很多，地图多比例尺的放大、缩小等在终端本地即可完成，并且在导航应用方面也具有优势。但是各个厂家的矢量地图数据格式不统一，如果网络中存在多个 GIS，就要考虑兼容问题。由于终端的能力有限，目前还没有一个较好的解决方法。此外，向外发布矢量地图还需要考虑地图的安全性和加密问题。

（2）目录服务（Directory）　此服务主要指 POI（兴趣点）的查找，包括距离最近查找、一定范围内查找和根据属性（如名称、电话号码等）查找，查找的内容可以是商场、酒店、加油站等。

（3）路径搜索（Route）　此服务主要提供两点之间的各种方式（自驾车、公交车、步行）的行驶路线，是 LBS 业务中非常重要的一种服务，也是体现移动网络优势和特点的业务，还是实现导航服务的基础。路径搜索对地图数据的要求较高，如要求地图数据提供商提供完全和准确的路网数据，包括各种规则，如单行、禁左、车道数量等。路径搜索可以支持以下操作：①全路径——依据请求指定的信息（自驾车、步行、公交车方式，最短、最快，以及不走高速公路、途经多点等方式），返回整个路径的信息；②途经多点方式——依据请求指定的点序列（缺省情况下的首末点为起止点），搜索经过所有指定点的路径；③排除条件——基于不同的道路类型、地域类型，可以指定是否走高速公路、城区，也可以指定不走的道路；④时间与距离信息——服务将返回多个基于起点、终点和分段路线的时间和距离计算结果。

（4）**地理编码（GeoCode）**　此服务把一个街道地址或邮编号码编码成一个地理位置。

（5）**逆地理编码（Reverse Geocode）**　此服务把一个地理位置反编码成一个街道地址或邮编号码。

（6）**测算（Cogo）**　此服务主要进行几何要素的测算，目前支持的操作包括计算两点之间的直线距离和判定点是否在某个指定的区域内。测算可以通过一次请求完成多种测算操作。

（7）**导航（Navigation）**　此服务也可以视作路径搜索中的一种，但由于有其自身的特点，在 OGC（Open GIS Consortium，开放地理信息系统协会与开放地理空间协会）制订的位置业务规范中将其独立出来。导航可以分成静态导航和动态导航两种。静态导航是指用户在出发前获取出发地和目的地的最佳路径信息，出发后不再收到提示信息。动态导航是指用户在行驶过程中由 GIS（网络侧或用户本地）根据当前所在位置动态地提示用户前进的方向（如提前通知用户左转，地图上动态显示当前用户所在位置，以及与目的地在行驶路线上的距离等），它对系统的处理能力、定位的准确度和时延、地图的准确度等要求较高。

3.3　卫星定位技术

卫星定位是指通过接收卫星提供的经纬度坐标信号进行定位，卫星定位系统主要有美国全球定位系统（GPS）、俄罗斯格洛纳斯（GLONASS）系统、欧洲伽利略（GALILEO）系统、中国北斗卫星导航系统，其中 GPS 是现阶段应用最广泛、技术最成熟的一种卫星定位系统。

3.3.1　GPS 定位技术

全球定位系统（Global Positioning System，GPS）是一个由覆盖全球的 24 颗卫星组成的卫星系统。它可以保证在任意时刻、地球上的任意一点同时观测到 4 颗卫星，以保证卫星可以采集到该观测点的经纬度和高度，从而实现导航、定位、授时等功能。GPS 定位技术可以用来引导飞机、船舶、车辆及个人安全、准确地沿着选定的路线，准时到达目的地。GPS 是 20 世纪 70 年代由美国陆海空三军联合研制的新一代空间卫星导航定位系统，其主要目的是为陆、海、空三大领域提供实时、全天候和全球性的导航服务，并用于情报收集、核爆监测和应急通信等一些军事目的。经过 20 余年的研究实验，耗资 300 亿美元，到 1994 年 3 月，全球覆盖率高达 98% 的 24 颗 GPS 卫星已布设完成。GPS 由三部分组成：①空间部分——GPS 座；②控制部分——地面监控系统；③用户部分——GPS 信号接收机，如图 3-1 所示。

1. 空间部分

空间部分是由 24 颗 GPS 卫星组成（21 颗工作卫星和 3 颗备用卫星），位于距地表

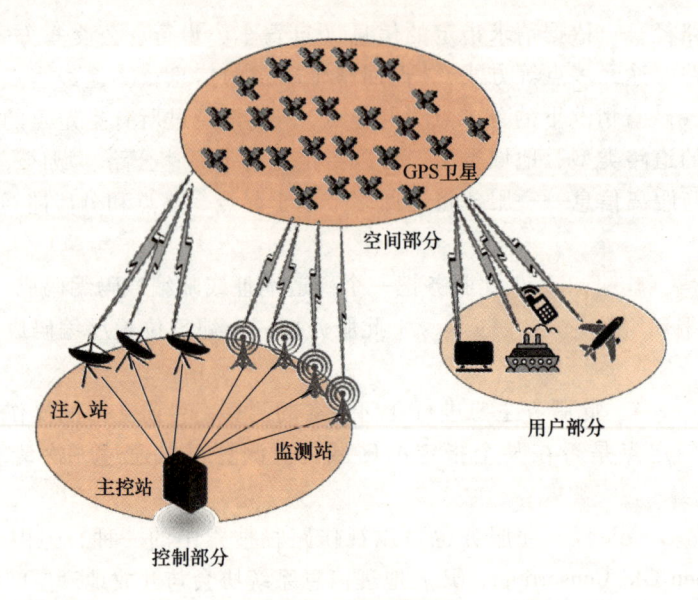

图 3-1 GPS 构成

20200km 的上空,运行周期为 12h。GPS 卫星均匀分布在 6 个轨道面上(每个轨道面有 4 颗),轨道倾角为 55°。这种分布方式使得在全球任何地方、任何时间都可观测到 4 颗以上的卫星,并能保持良好定位解算精度的几何图像。从而提供了时间上连续的全球导航能力。

  GPS 通过发送伪随机码到接收机的时间来测定某颗卫星到接收机的距离(伪距)。从二维平面看,距离确定后即可以伪距为半径、以卫星位置为圆点画一个圆,接收机必然在圆弧上,而在三维空间至少需要 3 颗卫星画出 3 个球体,3 个球面两两相交,监测站位于其中任意一点,它们的焦点便是接收机的位置。在实际操作中,由于接收机的石英钟准确度低于 GPS 上的原子钟,两者存在钟差。为了消除此误差,还需要 1 颗卫星加入观测方程,因此对于单点定位,至少需要 4 颗卫星。三星距离确定原理如图 3-2 所示。

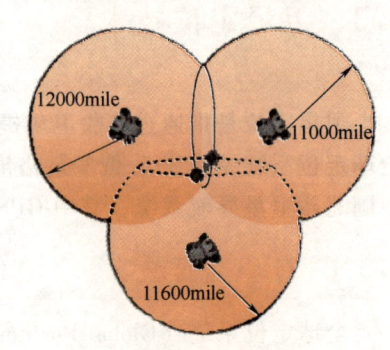

图 3-2 三星距离确定原理
(1mile = 1609.344m)

  四个卫星的坐标($X_1 \sim X_4$,$Y_1 \sim Y_4$,$Z_1 \sim Z_4$)和时间戳 $T_1 \sim T_4$ 都是已知的,因为卫星会时刻广播自己的位置信息并带上时间戳,接收机很容易得到这些位置信息,接收机得到卫星位置信息的时间戳就是 t,那么卫星到接收机的距离 $R = (T-t) \times c$(c 是光速)。因此,利用以下空间方程就可以计算出被测点的坐标位置(x,y,z):

$$(T_1-t)c = \sqrt{(X_1-x)^2+(Y_1-y)^2+(Z_1-z)^2}$$
$$(T_2-t)c = \sqrt{(X_2-x)^2+(Y_2-y)^2+(Z_2-z)^2}$$
$$(T_3-t)c = \sqrt{(X_3-x)^2+(Y_3-y)^2+(Z_3-z)^2}$$
$$(T_4-t)c = \sqrt{(X_4-x)^2+(Y_4-y)^2+(Z_4-z)^2} \tag{3-1}$$

四星位置确定原理如图 3-3 所示。

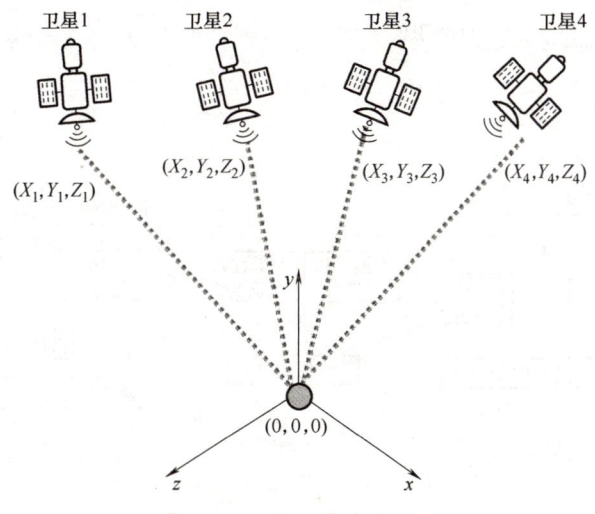

图 3-3 四星位置确定原理

2. 控制部分

控制部分主要由监测站、主控站、备用主控站、注入站构成，用于 GPS 卫星阵的管理控制。

GPS 控制部分由 1 个主控站、5 个监测站和 3 个注入站组成，用于监测和控制卫星运行、编算卫星星历（导航电文）及保持系统时间。

（1）主控站　从各个监测站收集卫星数据，计算卫星的星历和时钟修正参数等，并通过注入站注入卫星；向卫星发布指令，控制卫星，当卫星出现故障时，调度备用卫星。

（2）监测站　接收卫星信号，检测卫星运行状态，收集天气数据，并将这些信息发送给主控站。

（3）注入站　将主控站计算的卫星星历及时钟修正参数等注入卫星。

控制系统示意图如图 3-4 所示，地面监控系统组成如图 3-5 所示。

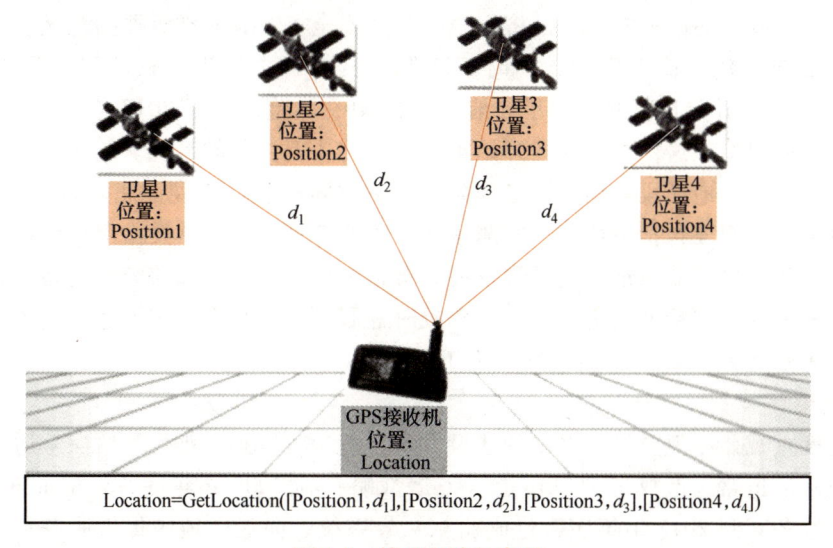

Location=GetLocation([Position1,d_1],[Position2,d_2],[Position3,d_3],[Position4,d_4])

图 3-4　控制系统示意图

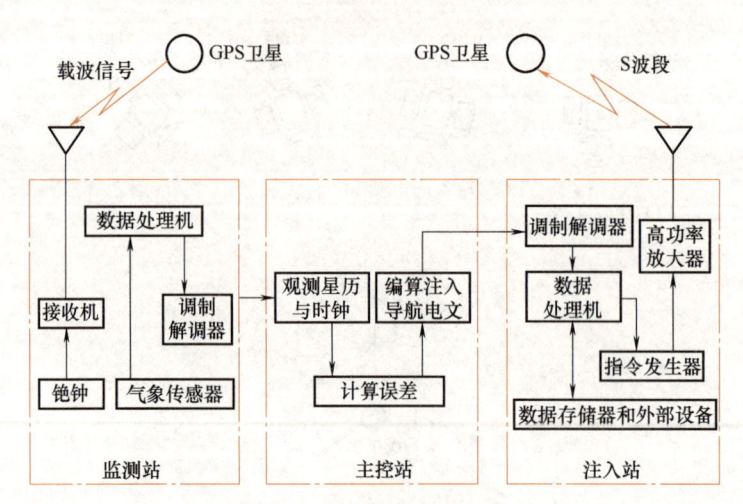

图 3-5 地面监控系统组成

3. 用户部分

GPS 用户部分包括用户设备部分和数据处理部分。

（1）用户设备部分 此部分包含 GPS 接收机及相关设备，GPS 接收机主要由 GPS 芯片构成。

诸如车载/船载 GPS 导航仪、内置 GPS 功能的移动设备及 GPS 测绘设备等都属于 GPS 用户设备，作用是接收、跟踪、变换和测量 GPS 信号，属于 GPS 的消费者。

（2）数据处理部分 数据处理部分主要负责接收卫星信号，并通过信号处理获得用户的位置、速度等信息，最终通过数据处理完成导航和定位。

3.3.2 北斗定位技术

北斗卫星导航系统是由我国研究机构独立研制的卫星通信定位系统，也是继美国 GPS、俄罗斯格洛纳斯系统之后的第三个较为成熟的卫星导航系统。卫星导航系统是重要的空间信息基础设施，对我国的国家安全、经济安全、公共安全等有着非常重要的意义，因此我国对于卫星导航系统的建设高度重视，同时不断发展具有自主知识产权的卫星导航系统。自 2000 年起，我国就开始进行北斗卫星导航系统的相关试验，并于 2017 年 11 月 5 日发射了中国第三代导航卫星，这标志着我国开始正式建造北斗卫星导航系统。北斗卫星导航系统主要可以分为空间段、地面段及用户段三部分，其中空间段包括 5 颗静止轨道卫星和 30 颗非静止轨道卫星；地面段包括主控站、监测站及注入站等；用户段主要由用户终端及其他兼容终端组成。北斗卫星导航系统的建设和发展具有自主性、开放性和兼容性的特点，能够为全球用户提供全天候、高精度的定位、导航、授时等服务，并具有一定的通信能力，定位精度为 10m，测速精度为 0.2m/s，授时精度为 10ns。

1. 发展历程

我国高度重视北斗卫星导航系统的建设发展，从 20 世纪 80 年代开始探索适合国情的卫星导航系统发展道路，形成了"三步走"发展战略：到 2000 年年底，建成北斗一号系统，向中国提供服务；到 2012 年年底，建成北斗二号系统，向亚太地区提供服务；到 2020 年，建成北斗三号系统，向全球提供服务。

第一步：建设北斗一号系统。1994年，启动北斗一号系统工程建设；2000年，发射2颗地球静止轨道卫星，建成系统并投入使用，采用有源定位体制，为我国用户提供定位、授时、广域差分和短报文通信服务；2003年，发射第3颗地球静止轨道卫星，进一步增强系统性能。

第二步：建设北斗二号系统。2004年，启动北斗二号系统工程建设；2012年年底，完成14颗卫星（5颗地球静止轨道卫星、5颗倾斜地球同步轨道卫星和4颗中圆地球轨道卫星）发射组网。北斗二号系统在兼容北斗一号系统技术体制的基础上，增加了无源定位体制，为亚太地区用户提供定位、测速、授时和短报文通信服务。

第三步：建设北斗三号系统。2009年，启动北斗三号系统建设；2018年年底，完成19颗卫星发射组网，实现基本系统建设，向全球提供服务；2020年6月，完成30颗卫星发射组网，北斗三号全球卫星导航系统星座部署全面完成。北斗三号系统继承北斗有源服务和无源服务两种技术体制，能够为全球用户提供基本导航（定位、测速、授时）、全球短报文通信、国际搜救服务，我国及周边地区用户还可享用区域短报文通信、星基增强、精密单点定位等服务。

2022年1月，西安卫星测控中心圆满完成52颗在轨运行的北斗导航卫星健康状态评估工作。"体检"结果显示，所有北斗导航卫星的关键技术指标均满足正常提供各类服务的要求。2022年8月，随着第一个北斗导航探空仪在广东清远探空站施放，我国探空业务改革试点工作正式拉开帷幕。2022年9月，工业和信息化部表示，在北斗应用方面，国内北斗高精度共享单车投放量突破500万辆，货车前装北斗系统超过百万辆。2022年上半年，新进网手机中有128款支持北斗系统，出货量合计1.32亿部，占比达98.5%。2022年11月16日至29日，国际搜救卫星组织第67届公开理事会召开，大会开幕式上正式宣布中国政府与该组织的四个理事国完成《北斗系统加入国际中轨道卫星搜救系统合作意向声明》的签署，标志着北斗系统正式加入国际中轨道卫星搜救系统。

预计到2035年，我国将建设完善更加泛在、更加融合、更加智能的综合时空体系，进一步提升时空信息服务能力，为人类走得更深更远做出贡献。

2. 基本组成

北斗卫星导航系统（以下简称北斗系统）由空间段、地面段、用户段及时间系统组成。

(1) 空间段　北斗系统空间段由若干地球静止轨道卫星、倾斜地球同步轨道卫星和中圆地球轨道卫星等组成。

北斗系统现阶段在轨工作卫星星座由5颗GEO（Geostationary Earth Orbitsatellite）地球同步轨道卫星、7颗IGSO（Inclined Geosynchronous Orbit）倾斜地球轨道卫星和21颗MEO（Medium Earth Orbit）中圆地球轨道卫星组成，其中5颗GEO卫星（BDS-2G）、7颗IGSO卫星（BDS-2I）和3颗MEO卫星（BDS-2M）是北斗二号卫星，18颗MEO卫星（BDS-3M）是北斗三号卫星。BDS-3M在提供BII和B3I信号的基础上，增加了BIC和B2a两个信号。

(2) 地面段　北斗系统地面段包括主控站、时间同步/注入站和监测站等若干地面站（共同组成地面控制段），以及星间链路运行管理设施。

地面控制段负责系统导航任务的运行控制，其中主控站是北斗系统的运行控制中心，主要包括以下任务：

1）收集各时间同步/注入站、监测站的导航信号监测数据，进行数据处理，生成导航电文等。

2）负责任务规划与调度和系统运行管理与控制。

3）负责星地时间观测比对，向卫星注入导航电文参数。

4）实施卫星有效载荷监测和异常情况分析等。

时间同步/注入站主要负责完成星地时间同步测量，向卫星注入导航电文参数。监测站对卫星导航信号进行连续观测，为主控站提供实时观测数据。

（3）用户段 北斗系统用户段包括北斗兼容其他卫星导航系统的芯片、模块、天线等基础产品，以及终端产品、应用系统与应用服务等。

（4）时间系统 北斗系统的时间基准为北斗时（BDT）。

BDT 采用国际单位制（SI）秒（s）为基本单位连续累计，不闰秒，起始历元为2006年1月1日协调世界时（UTC）00时00分00秒。BDT 通过 UTC（NTSC）[⊖]与国际 UTC 建立联系，BDT 与 UTC 的偏差保持在 50ns 以内（模 1s）。BDT 与 UTC 之间的闰秒信息在导航电文中播报。

3. 工作原理

（1）"北斗一号"的工作原理 北斗一号卫星导航系统（北斗一号系统）由两颗地球静止卫星（800E 和 1400E）、一颗在轨备份卫星（110.50E）、地面站（包括中心控制系统、标校系统等）和各类用户机等部分组成。

首先由地面站向卫星Ⅰ和卫星Ⅱ同时发送询问信号，经卫星转发器向服务区内的用户机广播。用户机响应其中一颗卫星的询问信号，并同时向两颗卫星发送响应信号，经卫星转发回地面站。地面站接收并解调用户机发来的信号后，根据其申请服务内容进行相应的数据处理。

对定位申请，地面站测出两个时间延迟：①从地面站发出询问信号，经某一颗卫星转发到达用户机，用户机发出定位响应信号，经同一颗卫星转发回地面站的延迟；②从地面站发出询问信号，经上述同一卫星到达用户机，用户机发出响应信号，经另一颗卫星转发回地面站的延迟。由于地面站和两颗卫星的位置均是已知的，由上述两个延迟量可以计算出用户机到第一颗卫星的距离，以及用户机到两颗卫星的距离之和，从而知道用户机处于一个以第一颗卫星为球心的球面和以两颗卫星为焦点的椭球面之间的交线上。地面站从存储于计算机内的数字化地形图中查寻用户高程值，又可知道用户处于某一与地球基准椭球面平行的椭球面上，从而计算出用户所在点的三维坐标，这个坐标经加密后，通过出站信号发送给用户。

北斗一号系统的覆盖范围是北纬 5°~55°，东经 70°~140° 之间的区域范围，上大下小，最宽处在北纬 35°左右。其定位精度为水平精度 100m（1σ），设立标校站之后为 20m（类似差分状态），工作频率为 2491.75MHz，能容纳的用户数为每小时 540000 户。

北斗一号系统采用有源定位，GPS 和格洛纳斯系统等都使用无源定位。所谓有源定位，就是用户需要通过地面中心站联系导航定位卫星，而无源定位是用户直接与卫星联络确定自

⊖ UTC（NTSC），即 NTSC 保持的中国协调世界时。NTSC 是指 National Time Service Center Chinese Academy Of Sciences，中国科学院国家授时中心。

己的位置。我国采用有源定位是因为单靠双星定位只能确定用户所在的两维位置，不能同时得到用户所在地的海拔高度。而地面中心站在获得卫星返回的用户两维位置后，可以根据计算机里的数据对应确定用户所在地的海拔高度。

北斗卫星导航系统采用主动式双向测距二维导航，由地面中心控制系统解算，提供用户三维定位数据。GPS 采用被动式伪码单向测距三维导航，由用户设备独立解算自己的三维定位数据。北斗一号系统的工作原理会带来两方面的问题：一是在用户定位的同时失去了无线电隐蔽性，这在军事上相当不利；二是由于设备必须包含发射机，在体积、重量、价格和功耗方面处于不利的地位。

用户利用北斗一号系统定位的方法如下：首先由用户向地面中心站发出请求，地面中心站再发出信号，分别经两颗卫星反射回传至用户，地面中心站通过计算两种途径所需时间，即可完成定位。北斗一号系统与 GPS 不同，对所有用户位置的计算不是在卫星上进行的，而是由地面中心站完成。因此，地面中心站可以保留全部北斗系统用户的位置及时间信息，并负责整个系统的监控管理。

（2）"北斗二号"的工作原理　北斗二号卫星导航系统（北斗二号系统）的定位原理和 GPS/格洛纳斯/伽利略完全一样，即无线电伪距定位。在太空中建立一个由多颗卫星组成的卫星网络，通过对卫星轨道分布的合理化设计，用户在地球上任何一个位置都可以观测到至少三颗卫星，由于在某个具体时刻，某颗卫星的位置是确定的，因此用户只要测得与它们的距离，就可以解算出自身的坐标。

关于用户如何测量与卫星的距离，GPS 采用的方法是在卫星和用户机上各安装一个时钟，并在卫星发送的测距信号中包含发送时的时间信息。这样用户机在收到测距信号后，只要与自身时钟的时间对比，就可以获得发送时间与接收时间的时差，乘以光速后，即可得到与卫星的距离。但在实际应用中，这个方法仍有缺陷。由于用户机受空间和能源的限制，只能采用精度较差的石英钟，难以做到与卫星时钟完全同步，这样测量出来的时间差和由此计算得出的距离必然会有较大的误差。为了消除这一误差，GPS 测距时同时接收 4 颗卫星的信号，从而把钟差也作为一个未知数，与坐标共同组成一个四元方程组，与坐标一齐解算出来，从而保证了相当高的定位精度。

由上述的定位原理和过程可知，在 GPS 中，卫星只起到广播测距信号的作用，用户机根据收到的测距信号自主解算坐标。因此该系统是一个开放系统，可容纳的用户机数量不受限制。同时，由于用户机只接收信号，不需要发射信号，它的定位保密性强。这两点对于军事上的应用尤其有价值。

北斗二号系统的空间段由 5 颗静止轨道卫星和 30 颗非静止轨道卫星组成，提供两种服务方式，即开发服务和授权服务。开发服务是在服务区免费提供定位、测速和授时服务，定位精度为 10m，授时精度为 50ns，测速精度达到 0.2m/s。授权服务是向授权用户提供更安全的定位、测速、授时和通信服务，以及系统完好性信息。

4. 实际应用

（1）车辆智能导航　基于北斗卫星导航系统能够实现车辆的智能化导航。通过在车上安装北斗车载终端系统，利用北斗卫星定位服务对车辆的实际位置进行定位，并将位置信息与终端系统所存储的电子地图进行匹配，实时显示车辆的实际运行位置。通过导航系统，也可以根据驾驶人设定的行驶目的地，通过智能计算对行驶路径进行优化，为驾驶人提供路程最短或者用时最少的路径信息。此外，借助导航系统中集成的电子罗盘及车速传感器等装置，还可以对车辆的运行方向及运行速度进行测量，并通过相应算法实现对车辆的智能导航，使车辆定位系统更加完善。北斗卫星导航系统在车辆智能导航中的应用主要体现在以下几方面：对车辆进行定位及跟踪、对车辆行车路线进行设计和引导、提供综合的信息服务以及信息交流。

（2）**车辆运营管理**　在道路交通管理系统中，对车辆的运营进行管理是一个非常重要的环节。利用北斗卫星导航系统，结合无线通信技术的后端服务运用，建立完善的道路交通管理系统，能够对整个交通运输过程进行全面的管理和控制。通过将车辆监控和调度系统及北斗卫星导航系统相结合，能够将车辆的状况在电子地图中进行清晰的显示，从而帮助管理者对车辆进行及时、有效的调度和调整。此外，以北斗卫星导航系统为基础，优化设计管理系统中的方案，并对系统的软件和硬件进行合理的配置，将城市医疗交通急救系统与道路交通管理系统相结合，能够使城市医疗急救事业得到更加良好的发展。

由于北斗卫星导航系统具有覆盖面广、不受国际政治因素影响的优势，对于跨境车辆、特征车辆的监管具有更好的效果，能够大大提高政府的行政管理水平。在货运、客运的管理上，通过此系统能够使车辆的空载率得到有效降低，使运输企业的经济收益提高，并防止出现盗窃、抢劫的现象。此外，随着我国卫星定位系统服务平台的逐渐完善，公众的出行、物流、娱乐等服务也能够逐渐实现一体化的发展。车辆定位应用如图3-6所示。

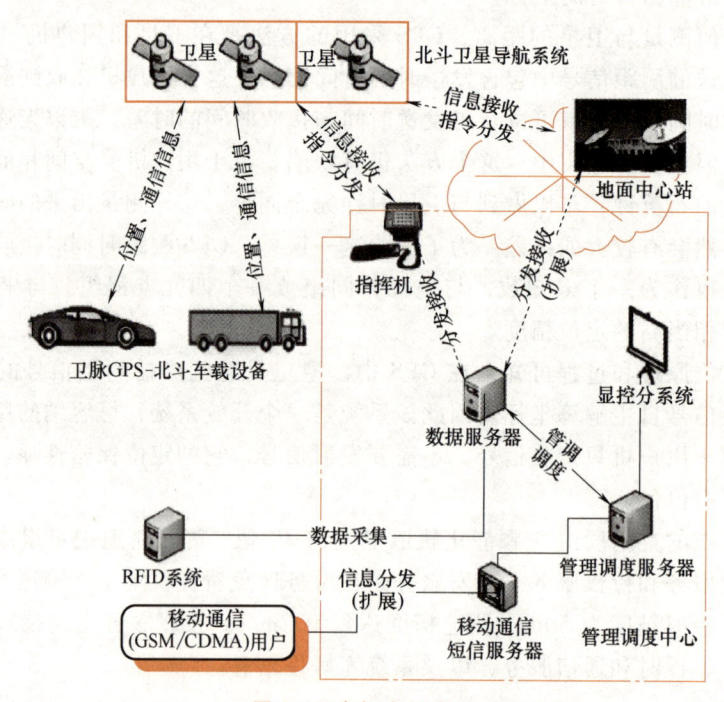

图3-6　车辆定位应用

（3）**道路交通监测**　通过结合北斗卫星导航系统与计算机网络技术、移动通信技术等，实现道路交通管理与监控系统的智能化发展；通过实时获取道路交通的相关数据，有效调度和监控道路交通，同时为我国道路交通的规划和建设提供有效的参考信息；通过开发北斗卫星导航系统的定位和无线通信功能，实现政府、企业对车辆实时的监控和调度，改善车辆监控和调度中效率低下的问题，使车辆管理的效率得到提高；通过利用北斗卫星导航系统建立的车辆管理系统，能够使道路管理部门实时监控和确定车辆的运行位置，以便于指挥和调度道路交通，并可以通过广播、网络等渠道向公众及时传播道路交通信息，加强公共部门对交通紧急事件的应急处理，实现快速救援，确保道路交通的安全和顺畅得到有效保障。交通设施设备应用如图3-7所示。

图3-7 交通设施设备应用

（4）货物运输　在货物运输过程中，常遇到一些比较贵重的货物，过去由于运输过程中不能有效监控，易发生货物损坏及丢失的情况。而利用北斗卫星导航系统，能够实现对于货物的跟踪和管理。同时，用户也可以在货物运输过程中了解货物的相关信息。车辆在安装北斗卫星导航终端设备后，客户能够实时查询货物的所在位置，并配合其他设备软件的使用，了解货物在运输过程中是否发生了盗抢、交通事故或走错路线等信息，实现货物运输过程的全面监管。

（5）铁路交通运输　近些年，我国社会经济和科学技术迅速发展，各地区之间的联系越来越频繁，人们通过某种交通方式流动在不同城市之间，其中以铁路运输面临的压力最高。事实上，大量的人口流动及不断增加的货物流通都给铁路部门带来了非常严峻的考验，运输的安全也受到了影响。在这种背景下，北斗卫星导航运输系统应运而生，利用该系统使铁路交通运输控制更加有效，出行的安全性也得到了大大提升。在北斗卫星导航系统的帮助下，铁路运输系统进一步实现了智能化发展，具备良好的管理环境，铁路运输部门的管理控制工作和精准化统筹也变得更加有效。同时，利用导航系统的定位功能，能够快速获取车辆的行驶信息，方便对铁路车辆进行高效的管理。除此之外，由于北斗卫星导航系统也具备通信方面的功能，铁路部门还可以利用该系统建立独立的通信平台，将相关环节的技术体系进行有效融合，实现各个运输环节的有效管理。例如，铁路部门可以将冷藏运输和监控中心进行结合，实现双方的数据传输，并利用北斗卫星导航系统的通信功能，及时将运输信息传送给管理部门，为管理部门确定相应的管理方式和发送指令提供有效的参考依据。一般来说，北斗导航芯片的跟踪定位灵敏度可达155～159dBm，失锁重定位时间通常为0.5～3s，精准度可达310m。

3.4　WiFi 定位技术

　　WiFi 是一种基于 IEEE802.11 系列通信协议标准的无线电通信技术，它实现了将电子设备连接到无线局域网进行数据通信的功能。IEEE802.11 协议自提出以来，经历了不断的优化与发展，目前主要形成了 IEEE802.11a、b、g、n、ac、ax 系列协议，分别对应 WiFi 的 1~6 代。不同协议的 WiFi 主要运行在 2.4GHz 和 5GHz 两个频段。运行在 2.4GHz 频段的 WiFi 具有穿透能力强、传播距离远的优点，但数据吞吐量较低。运行在 5GHz 频段的 WiFi 具有传输数据快的优点，但穿墙能力较差，传播距离相较于 2.4GHz 频段的 WiFi 有限。WiFi 定位方法是基于信号强度的三角定位算法和指纹识别法。

3.4.1　WiFi 定位原理

　　WiFi 的设置至少需要一个接入点（Access Point，AP）和一个或一个以上的客户端（client），如图 3-8 所示。信号强度的传播模型法是使用当前环境下假设的某种信道衰落模型，根据其数学关系估计终端与已知位置 AP 间的距离，如果用户听到多个 AP 信号，就可以通过三边定位算法来获得用户的位置信息；指纹识别法则是基于 WiFi 信号的传播特点，将多个 AP 的检测数据组合成指纹信息，通过与参考数据对比来估计移动物体可能的位置。每个 AP 都有一个 BSSID（Basic Service Set Identifier，基本服务集标识符），即 MAC 地址，用于区分不同的无线网络。设备在开启 WiFi 的情况下，即可扫描并收集周围的 AP 信号，无论是否加密或已连接，甚至信号强度不足以显示在无线信号列表中，都可以获取 AP 广播出来的 MAC 地址。设备将这些能够标示 AP 的数据发送给位置服务器，服务器检索出每一个 AP 的地理位置，并结合每个信号的强弱程度，计算出设备的地理位置并返回给用户设备。位置服务商要不断更新、补充自己的数据库，以保证数据的准确性，因为无线 AP 不会像基站塔那样几乎不移动。

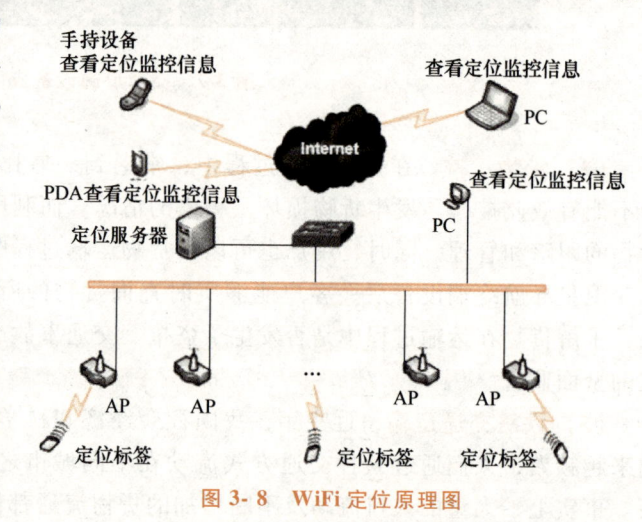

图 3-8　WiFi 定位原理图

1. 三角定位算法

　　如果已知 AP 的位置，就可以先利用信号衰减模型估算出移动设备距离各个 AP 的距离，然后根据智能机到周围 AP 的距离画圆，其交点就是该设备的位置，如图 3-9a 所示。很容易发现，三角定位算法需要提前知道 AP 的位置，因此不适用于环境变化较快的场合。在实际测量中，往往由于测量的误差，三个圆并不交于一点，而相交于一块区域，如图 3-9b 所示。在这种情况下，需用其他算法进行估计，如最小二乘法。

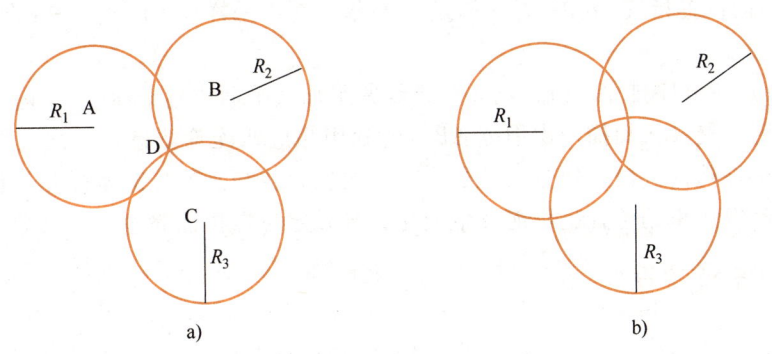

图 3-9　三角定位算法原理

a）无误差三角定位　b）测量误差定位

2. 基于传播模型的定位

利用 WiFi 信号强度指示 RSSI（Received Signal Strength Indication，接收信号强度指示）作为距离测量的信息量，因为信号强度 RSSI 与距离紧密相关。WiFi 作为一种电磁波，其传播符合电磁波的传播规律，而其信号强度 RSSI 与距离符合一定的传播模型。电磁波传播与距离理论上符合自由空间传播模型，但是理论模型过于理想化，在实际环境中，传播环境复杂，传播规律与理论模型存在偏差，因此通常以理论模型为基础，依据实际测量，研究信号强度 RSSI 与距离的关系，并建立相应的经验模型。根据经验模型，将信号强度 RSSI 的测量值代入模型中计算，就能得到测量位置与无线 AP 发射点的距离。在已知距离的情况下，使用相应的定位算法，就可以估计移动终端的位置。

3. WiFi 指纹定位过程

虽然 WiFi 信号传播受到环境影响，但是 WiFi 信号强度在空间中的分布相对稳定。因此，同一位置的 RSSI 值相对稳定且与其他位置的 RSS 值有所区别。将多个 AP 的 RSSI 值构成一个向量，在不考虑误差等因素的影响下，这个向量值可以唯一确定空间中的一个位置，这种 WiFi 信号强度值与位置之间的对应关系被形象地称为位置指纹。

WiFi 指纹定位过程包括离线阶段和在线阶段。离线阶段为前期部署阶段，需要确定定位区域的所有采样点，通过多次采样建立完备的室内信号强度指标（RSSI）指纹库。服务器对指纹库中相同采样点的指纹进行平均形成指纹图（Radio Map），并使得指纹图尽可能准确地表达每个采样点的信号特征。在线阶段为定位阶段，终端首先从服务器下载指纹图，并测量终端当前位置的 RSSI，然后利用合适的匹配算法确定终端位置。

1）离线阶段。定位区域内的指纹采样点记为 RP，$i \in \{1, 2, \cdots, N\}$，遍历此 N 个采样点，将每个 AP 对应的 RSSI 及 MAC 址存为一个指纹，记为 FP =（MAC，RSSIT），其中 MAC 示当前采样点搜索到的第 m 个 AP 的 MAC 址。对每个采样点的 RSSI 进行多次采样，并与其位置坐标（x，y）存为一组，形成指纹图。

2）在线阶段。终端先从服务器下载指纹图，并扫描当前位置指纹，然后利用匹配算法确定位置。现有的指纹匹配算法可分为确定性匹配算法（如 K-最近邻算法，KNN）和概率性匹配算法（如最大后验估计 MAP 法、最小均方根误差 MMSE 法）。KNN 法由于计算简单且时间复杂度低而被普遍采用，其基本原理是通过比较终端与指纹图中所有指纹的欧氏距离确定终端位置，具体步骤如下：

1）计算当前位置指纹 FP 的 RSSI 向量 ϕ 与指纹图中采样点 RPi 的 RSSI 向量 ϕ_i 的欧氏距离。

2）对 DM 进行升序排序，选出前 k 个指纹并平均其平面位置坐标 (x, y)，得到当前位置坐标。定位时，终端每扫描一次周围 AP，就利用相应匹配算法进行一次位置计算，并将位置显示在终端。然而，由于信号波动的影响，每次计算得到的位置坐标并不相同，即使用户并未移动，计算所得的位置也可能发生变化，导致定位鲁棒性略差。

3.4.2　WiFi 定位特点

1. 优势

利用安卓手机的导航导览功能和 WiFi 定位相结合，如商场、机场、停车场、商铺的定位与导航指示。

基于行业的服务，如工业上对设备、工具、人员的追踪；医疗上对医用资产的跟踪等。

将热点和商铺绑定，通过用户端侦听到的 MAC 地址来判定终端的距离，从而对终端进行商品营销信息推送。

2. 劣势

指纹定位方式需要定期更新数据库信息，对准确度要求也高。

虽然 WiFi 具备大规模覆盖的能力，但对定位精度要求较高，因此现有 AP 部署的密集程度不够。

WiFi 定位的缺点在于定位不准，会产生漂移，导致定位结果不准确，用户体验效果太差。

3.4.3　WiFi 定位技术应用

目前，WiFi 定位技术的覆盖范围有限，只适用于小空间范围内的室内定位。

随着我国经济的高速发展，我国的汽车保有量稳步增长，露天停车位已经无法满足日益增加的停车需求，地下停车场数量逐渐增多。然而，地下停车场有立柱、墙体等结构，空间狭窄、视线受限、结构复杂，造成寻车困难、车位浪费等问题。借助于定位技术，可以帮助人们进行路径规划，找到空闲车位。卫星定位系统是目前使用最为广泛的定位技术之一，而在室内环境中，卫星信号容易受到建筑物的阻碍，GPS 定位误差较大，此时就需要借助其他技术来实现室内定位。由于大部分移动设备都具有接收 WiFi 信号的功能，并且 WiFi 接入点（AP）在室内部署广泛，基于 WiFi 信号的室内定位技术成为室内定位研究的热点，研究成果用于室内停车场定位。

近年来，"互联网+医疗健康"服务新模式不断涌现，提高医疗服务、改善就医体验作为医疗改革的重要方面，医院通过各种互联网信息服务技术，落实便民、惠民的国家政策。智能导医系统采用无线宽带（WiFi）定位技术、门诊三维室内定位导航，模拟医院环境，为用户展示更加直观的医院楼宇及科室布局，为患者迅速、准确就医提供便利。

城市轨道交通车站，尤其是大型多路径换乘车站日益增多，由出入口、闸机、站台等节点设施和节点之间的通道设施（边）构成的车站服务网络日益复杂，使乘客站内路径跟踪和辨识变得越来越困难。对于网络环境中乘客站内走行行为的问题研究，传统方法由于缺乏时空维度的详细数据，所得结果与实际情况易存在偏差。定位服务中应用最广泛的卫星定位系统，由于地下环境信号易受遮拦、容易被干扰等因素，在地铁车站内的定位应用受到了较大的限制，无法获得准确的位置信息，难以满足人们的需求。因此，选用 WiFi 探针作为客流数据采集手段，深入研究基于 WiFi 探针数据的地铁站内乘客路径辨识方法。运用 WiFi 探针室内定位算法，确认乘客不同时间的实际位置，以优选或更正乘客路径误差，提高站内乘客路径识别的精度。

3.5 蓝牙定位技术

蓝牙（Bluetooth）是一种短距离的无线通信技术，可以通过一个短距离的通信网络，让计算机或移动设备与另一台计算机或智能设备建立通信连接。该技术凭借其普遍性与简洁性改变了设备之间的无线通信。由于功耗与成本较低，蓝牙在从高速汽车设备到复杂医疗设备等应用领域的发展过程中起到至关重要的作用。

3.5.1 蓝牙定位技术工作原理

蓝牙定位技术（beacon）基于信号场强指示（RSSI）定位原理。根据定位端的不同，蓝牙定位方式分为网络侧定位和终端侧定位。

网络侧定位系统由终端（手机等带低功耗蓝牙的终端）、蓝牙信标（beacon）节点、蓝牙网关、无线局域网及后端数据服务器构成，其定位过程如下：

1）在区域内铺设 beacon 和蓝牙网关。

2）当终端进入 beacon 信号覆盖范围后，终端就能感应到 beacon 的广播信号，并测算出在某 beacon 下的 RSSI 值，通过蓝牙网关经过 WiFi 网络传送到后端数据服务器，由服务器内置的定位算法测算出终端的具体位置。网络侧定位原理如图 3-10 所示。

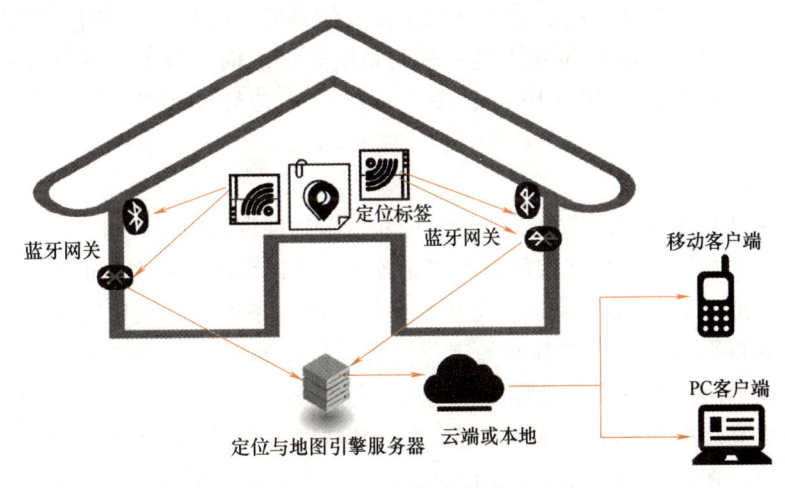

图 3-10 网络侧定位原理

终端侧定位系统由终端设备（如嵌入 SDK 软件包的手机）和 beacon 组成，其定位过程如下：

1）在区域内铺设蓝牙信标。

2）beacon 不断地向周围广播信号和数据包。

3）当终端设备进入 beacon 信号覆盖范围后，测出其在不同基站下的 RSSI 值，并通过内置的定位算法测算出具体位置。终端侧定位原理如图 3-11 所示。

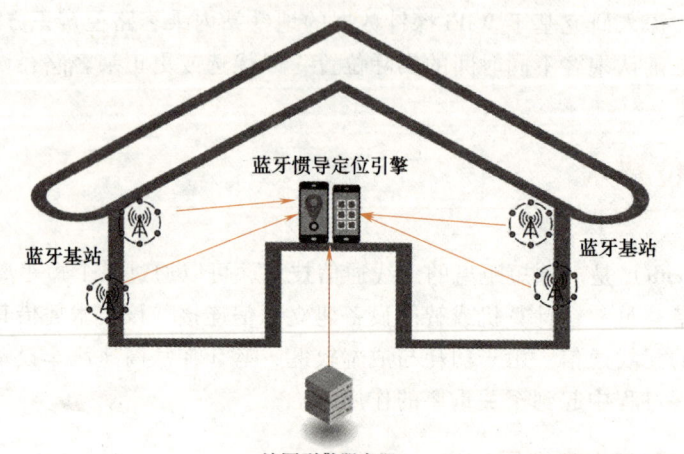

图 3-11　终端侧定位原理

终端侧定位一般用于室内定位导航、精准位置营销等用户终端；而网络侧定位主要用于人员跟踪定位、资产定位及客流分析等情境。蓝牙定位技术的优势在于实现简单，定位精度和蓝牙信标的铺设密度及发射功率有密切关系，并且非常省电，可通过深度睡眠、免连接、协议简单等方式达到省电目的。

3.5.2　蓝牙 AOA 定位技术

到达角度（Angle Of Arrival，AOA）定位利用单一天线发射寻向信号，由于接收端的装置内建天线阵列，当信号通过时，会因阵列中接收信号的不同距离而产生相位差异，进而计算出相对的信号方向。AOA 定位技术是一种高精度定位测向角技术，不只利用蓝牙可实现高精度定位，利用超宽带 UWB（Ultra Wide Band）、5G 信号作为载波同样可以实现高精度定位。

1. AOA 定位原理

基础定位原理包含单基站定位、二维定位和多基站定位三种。

单基站定位：如果被定位终端的高度变化较小，可以采用固定高度的单基站。

二维定位：通过 AOA 估计可以获得从基站发出的一条射线，该射线和定位终端的高度平面相交便可获得平面坐标。单基站的定位覆盖是以基站为中心的锥形区域，距离基站越远，相同角度误差所带来的平面坐标变化越大，位置误差也就越大；反之，定位精度越好。可以通过适当提高终端到基站的高度差 H，提高高精度定位区域的覆盖范围。

多基站定位：在单基站、二维定位的基础上，进行各定位基站的大规模组网，通过多基站航向角联合解算，实现更大范围的高精度定位的全覆盖。AOA 定位原理如图 3-12 所示。

2. 实现高精度蓝牙 AOA 定位的条件

1）基站的安装高度必须尽可能高。

2）蓝牙 AOA 覆盖范围内影响视距的设备要尽可能少，如装备、墙体等，定位精度会受到影响。

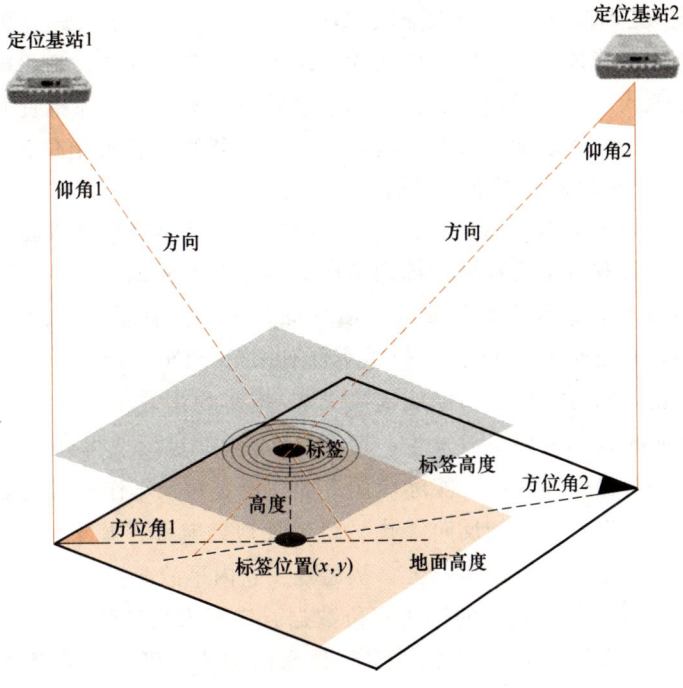

图 3-12　AOA 定位原理

3）基站附近不能出现太多强干扰设备，如金属、液体、墙体、大型设备等，否则就要相应地增加基站，以保证精度。

4）蓝牙 AOA 定位的地图制作必须精准，需要等比例还原现场图景，不能只采用一个平面图进行布置，以保证地图上显示的精度有意义。

5）天线阵列设计要求。为了节省成本，商用的天线阵列常采用射频开关切换方式，切换过程本身会带来一些测量误差。此外，天线阵列还会带来相位中心误差和取向误差等问题，因此用于测向的天线阵列设计非常重要。

6）各移动端设备因放置位置的不同而呈现不同的天线方向性，进而影响角度检测结果，这就要求蓝牙 AOA 高精度测量系统能够适应不同的设备摆放状态。

3. 蓝牙 AOA 定位技术优势

与 UWB（Ultra Wide Band，无线载波通信）技术相比，高精度蓝牙 AOA 定位技术在精度、功耗、覆盖、兼容性等方面的优势如下：

1）相同部署密度下的精度相当或更高，典型精度为 30~50cm，可满足现场环境需求。

2）功耗非常低，信标使用时间可达 1 年以上（纽扣电池供电），而 UWB 技术通常只有 1 周~1 月。

3）蓝牙 AOA 单个基站可进行精确二维定位，单个 UWB 基站只能做存在性检测。

4）面向普通手机亚米级定位，支持微信小程序定位，蓝牙 AOA 定位可兼容现有手机，而现有手机基本不支持 UWB。

3.5.3　蓝牙 AOA 定位技术应用

1. 仓储物流应用

蓝牙 AOA 定位技术在仓储物流中起到重要作用，主要体现在下述四方面。

（1）**货物实时动态有序管理**　通过蓝牙 AOA 定位技术对仓储物流中数量及品种众多的物资进行实时动态有序管理，实现物资的入库、出库、移动、盘点、查找等流程的智能化管理，最大限度地避免入库验收时间长、在库盘点乱且数量不准、出库拣货时间长且经常拣错货，以及货物损坏、丢失或过期等索赔问题。基于每个货物的精准定位，结合 CV（计算机视觉），可以快速定位破损或者滑落滑道的异常货品，并对滑道口堵塞、运输不通畅等作业进行预警。同时，对于上架作业的布局合理性、拣货的最佳路径结合方面做优化管理，并在流转到分拣中心时，有效防止货物被分拣到错误的网点或者分拣中心。

（2）**车辆设备智能调度与安全管理**　针对存储量大、流转量大、占地面积较大的物流仓库、港口码头等，通过蓝牙 AOA 定位技术实现对叉车/拖车的统筹管理，通过智能调配及合理路径规划来防止走错位等情况，以此提高叉车/拖车利用效率；通过设置安全距离及电子围栏，最大限度防止人车碰撞事故发生。蓝牙 AOA 精准定位使得仓库内叉车、地牛、笼车的管理更加简单，可操作性更高。实际应用方面，通过对叉车作业时托盘货物的装卸、码垛、短距离运输管理，以及车辆的反向寻找、路径规划导航等，基于蓝牙 AOA 实时位置精准追踪，可以作用于人车安全、车车安全，从而减少仓内事故。

（3）**高效人员管理**　基于人员的实时定位数据，进行人员考勤、工时统计、到岗/离岗等工作状态的管理等。有了蓝牙 AOA 精准定位技术的加持，可以帮助提升仓库工作人员的实时调度、作业区域管理、安全通道聚集预警的准确率。例如库内常见的复核、拣货操作，可以根据人员和包裹的位置提前做好拣选路径优化，实现货物拣选的成本最佳目标。同时，不断记录人员的轨迹信息，对货物拣选行为做数据分析，通过无监督学习，持续优化拣货路径推荐结果。通过人员热力的呈现，也能辅助仓储内管理人员实施更加合理的人力布局和考勤等业务管理。

（4）**载具管理与自动化**　通过对承载货物的可移动货架、托盘、料箱等载具进行定位，实施对载具的有效管理，间接实现对其承载货物的有序化管理。另外，面对 AGV 等自动化设备应用越来越广泛的当下，可通过定位技术实现 AGV 与载具的高效协作，从而实现自动化取货等功能，进一步释放自动化设备的价值。

2. 室内定位应用

在室内环境无法使用 GPS 等卫星定位系统时，需要更精确的室内定位技术。使用室内定位技术作为卫星定位的辅助定位，可以有效解决卫星信号到达地面时穿越建筑物困难的问题，最终确定物体当前所处的位置。

蓝牙 5.0 标准发布以来，出现了越来越多基于蓝牙 5.0 的应用。例如，室内定位技术 AOA/AOD 建立了室内定位新框架，利用蓝牙寻向算法，使室内定位更加精准简单。

蓝牙室内定位功能在市面上已有很多成熟的案例。例如，在零售领域，将传统的灯具切换成具备蓝牙 beacon 能力的智能灯后，可以在商场里为客户和员工导航，帮助他们更快、更容易地找到商品。商家也可以利用蓝牙信标进行个性化促销，以创造更好的购物体验，增加销售额。蓝牙室内定位功能还能给用户带来更有趣的体验。在博物馆里，当参观者靠近特定展品时，系统会自动识别其位置并触发语音解说，无须手动操作，使参观者更加专注于展品本身，增强游客体验。另外，具备蓝牙功能的 LED 模组和传感器可以检测温度和湿度水平，帮助保护展品，同时减少维护和日常开销。

3.6 视觉定位技术

3.6.1 视觉定位原理

视觉定位系统的一般工作原理：首先使用图像获取设备（通常为CCD，Charge Coupled Device 电荷耦合器件）来捕获图像，将捕获目标转换成图像信号，传送给专用的图像处理系统（图像采集卡及图像处理软件）。图像处理软件根据像素分布和亮度、颜色等信息，转变成数字信号，图像处理系统根据这些数字信号提取出关键特征点（如角点、边缘、纹理等），然后将所提取的特征在不同图像之间进行匹配，找出相似区域。根据匹配的特征点和相机的内部参数，通过几何算法（如三角测量等）估算出相机或物体在世界坐标系中的位置与姿态。视觉定位的实际应用中，根据视频来源不同，分为传统多目视觉系统和单目视觉系统。

3.6.2 视觉定位技术的结构组成

视觉定位系统的结构组成主要包括硬件设备和软件开发两部分。

1. 硬件设备

视觉定位系统的硬件设备主要包括光源、镜头、摄像机及其与计算机连接的接口。其中，光源的作用是确保被探测物体的基本特征能够被识别；镜头负责呈现物体清晰的图像；摄像机主要负责把图像信息转化为数字信号，以供传输、存储和显示，其与计算机连接的接口则是为了把已获取的视频或数字信息存储起来，以供后续研究。视觉定位系统中的接口一般采用采集卡或USB接口。

2. 软件开发

视觉定位系统的软件开发主要由图像获取、摄像机标定及获取和发送目标点的坐标三部分组成。

（1）**图像获取** 视觉定位系统采用千兆网接口的CCD相机，与硬件设备连接后，只要对参数进行相应的设置，既可获得图像。

（2）**摄像机标定** 计算机视觉的任务是从摄像机获取的图像信息中计算出三维空间物体的信息，以重建和识别物体。标定则是指物体表面的三维信息和由摄像机成像的几何模型。

（3）**获取和发送目标点的坐标** 获取目标点坐标是为了找出目标物在其所应用系统的基础坐标系上的坐标（如应用于工业机器人时，即确定目标物在工业机器人基础坐标系中的坐标），并把摄像机获得的坐标与图像在应用系统（如工业机器人）基础坐标系中的坐标联系起来，因此只要知道目标物，就可以知道其位置。将获取的目标点坐标发送给应用系统，应用系统的控制部分按照接收的坐标数据，便可完成相应的任务（如驱动机器人移动到目标点）。

如图3-13所示，当识别出靶标位置，即目标点后，便可计算其与基准位置的偏差，从而获取目标点坐标，将结果发送给对位平台控制系统，即可控制对位平台运动，从而使得目标和基准重合。

3.6.3 视觉定位技术的分类

根据是否使用先验的视觉地图，可将视觉定位技术分为基于视觉地图的定位与无先验地图的定位。

基于视觉地图的定位假定能够先构建先验的视觉地图，然后基于它进行视觉定位，由此得到的定位结果与先验的视觉地图处于相同的坐标系，属于绝对定位，能较好地保证全局一致性。此类视觉定位基本会涉及视觉地图构建、重定位、图像检索、特征点提取及匹配、多传感器融合等技术。

无先验地图的定位无法依赖先验的视觉地图，需要估计本体位姿与周围环境结构，属于相对定位，尤其是在没有绝对位置信息（如 GNSS，Global Navigation Satellite System，全球导航卫星系统）的情况下，定位结果不具有全局一致性，这也是在室内相同场景多次运行 SLAM（Simultaneous Localization and Mapping，同时定位与地图构建）系统而坐标系不一致的原因。根据视觉定位问题是否需要在线实时运行，无先验地图的定位通常又可以分为 SLAM 与 SfM（Structure from Motion，运动恢复结构）两种。SLAM 概念起源于机器人社区，比建图更加注重定位，也更注重实时性，根据应用需求会采用滤波或优化算法作为后端，在实际使用中通常会融合 IMU（Inertial Measurement Unit，惯性测量单元）等传感器；而 SfM 概念起源于计算机视觉社区，更加注重场景结构的恢复，同时更关注结构的精准度，通常采用优化方法，非实时运行。视觉定位技术的分类可归纳为图 3-14 所示的。随着深度学习的崛起，基于数据驱动的视觉定位方法也吸引了诸多研究。

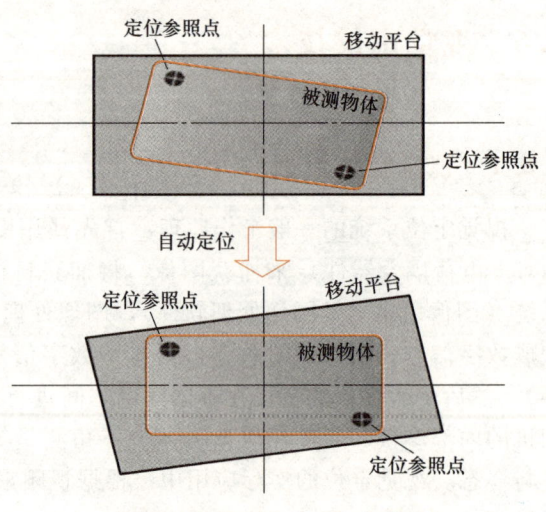

图 3-13 获取和发送目标点的坐标

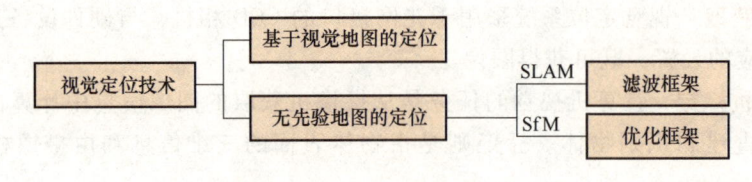

图 3-14 视觉定位技术的分类

3.6.4 基于视觉地图的定位框架组成

图 3-15 所示为一个基于视觉地图的定位框架，相较于一般意义上的基于视觉地图的定位方案，该框架还添加了融合步骤，尝试融合 IMU、GPS、轮式里程计等传感器信息。基于视觉地图的定位方案通常包括视觉地图构建与更新、图像检索、精确定位等步骤，其中视觉地图是核心。在构建视觉地图的过程中，根据图像帧是否具有精确先验位姿信息，可将构建视觉地图的过程分为基于先验位姿的视觉地图构建与无先验位姿的视觉地图构建。在基于先验位姿的视觉地图构建方案中，图像帧的先验位姿可来源于与相机同步且标定的高精激光雷

达数据，该类型数据在自动驾驶领域的高精采集车上很常见；在小范围场景，尤其是在室内，先验位姿还可从视觉运动捕捉系统，如 Vicon、OptiTrack 中获取。对于无先验位姿的视觉地图构建，则采用与 SfM 类似的离线提取特征点、离线优化位姿与场景结构的方式进行处理。另外，在视觉地图构建过程中，还需要关注视觉地图到底由哪些元素构成。例如，除了通常提取的特征点与描述子，以及构建 3D 点云，还要判断是否进行物体识别、语义分割来提取语义信息，并构建语义地图。若不考虑语义信息，构建的几何视觉地图一般包括图像帧、特征点与描述子、3D 点、图像帧之间的关联关系、2D 点与 3D 点的关联关系等。在实际使用过程中，由于现实场景的改变，构建完成的视觉地图还需要同步更新，该过程的核心为及时发现新增、过期等变化，并将对应改变更新至视觉地图。当拥有先验的视觉地图后，面对新增的图像帧，通常可进行图像检索与精确定位步骤，完成对该图像帧的定位。

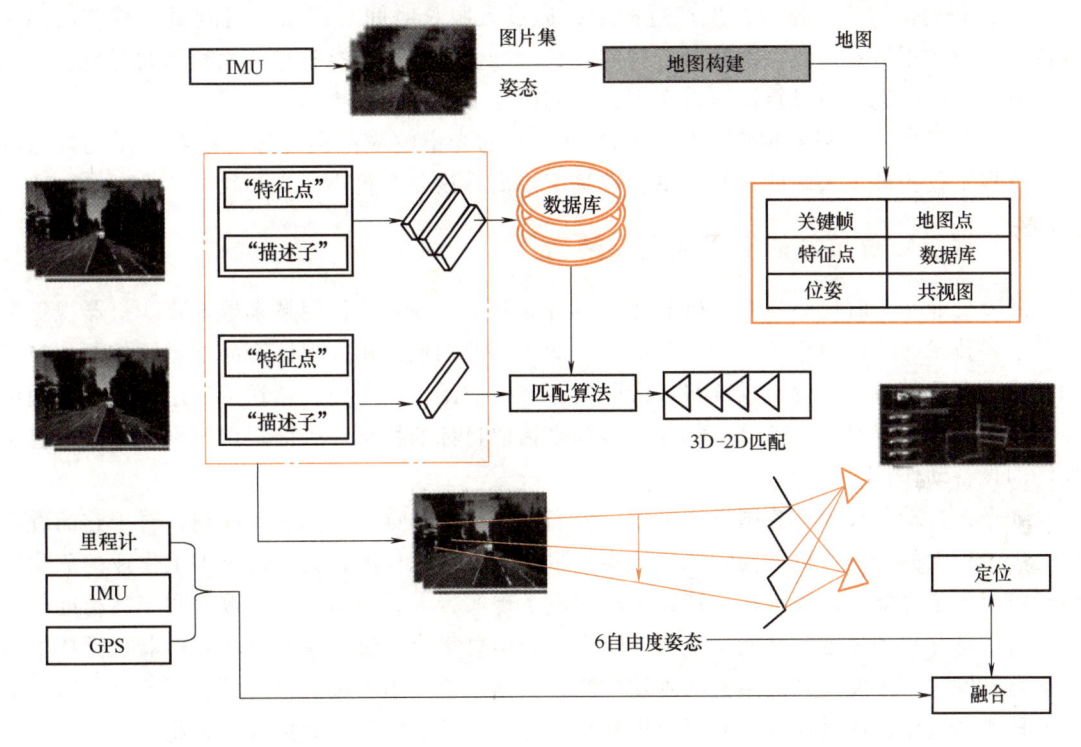

图 3-15 基于视觉地图的定位框架

图像检索可以简单理解为从视觉地图中，根据二维图像信息判断最相似的场景，试图寻找当前帧与历史帧最像的候选帧，但由于视角、光照、天气、场景等因素变化的影响，该数据关联过程通常具有较大的挑战性。当没有位置先验信息时，图像检索过程类似于 SLAM 的回环检测过程，可利用传统的词袋模型来求解，也可采用基于数据驱动的深度学习方法来解决。当利用 GNSS 先验位置或融合其他传感器进行航位推算后，可利用该位置信息作为先验，在邻近图像帧进行局部搜索。精确定位也就是 SfM 领域常说的图像注册或图像配准过程。在完成图像检索，得到当前帧的历史候选帧后，进行相应的特征匹配。以特征点匹配为例，可根据视觉地图中 2D 点与 3D 点的关联关系得到视觉地图中 3D 点与当前图像帧中 2D 点的关联关系，该视觉定位问题就转变成经典的 PnP（Perspective-n-Point）问题，可利用

P3P（Perspective-three-Point，3个点的几何关系）、EPnP（Efficient PnP）、DLT（Direct Linear Transform，直接线性变换）等方法求取初值，并利用 BA（Bundle Adjustment，捆绑调整）进行优化求解。基于视觉地图的定位与自动驾驶领域常采用的基于高精地图定位有很多相似之处，二者虽然在数据源（摄像头与激光雷达）、处理对象（二维图像与三维点云）、配准方法（3D-2D、3D-3D）等细节方面存在差异，但在整体方案、处理流程等方面存在不少可以相互借鉴之处。

3.6.5 视觉定位技术的特点

（1）非接触测量 机器视觉定位系统对物品进行测量，不需要接触，通过扫描即可完成，从而消除了接触测量可能造成的二次损伤隐患，提高了系统的可靠性。

（2）长时间稳定工作 在生产过程中，通过人眼长时间对产品进行测量、分辨缺陷及分拣等作业，很容易造成眼部疲劳，时间一长，准确性也会大打折扣。而机器视觉定位系统就没有这样的问题，通过算法可以实现长时间的作业，准确性更高。

（3）准确性高 机器视觉定位系统具有较宽的光谱响应范围，如人眼看不见的红外测量，这样不仅扩展了人眼的视觉范围，准确度更高，误差率更小。

3.6.6 视觉定位技术的应用及发展趋势

随着工业4.0时代的到来，机器视觉在智能制造业领域的作用越来越重要。机器视觉是一门学科技术，广泛应用于生产、制造、检测等工业领域，用来保证产品质量、控制生产流程及感知环境等。机器视觉系统将被摄取目标转换成图像信号后，传送给专用的图像处理系统，图像处理系统对这些信号进行各种运算来抽取目标的特征，进而根据判别的结果来控制现场的设备动作。

如今，自动化技术在我国发展迅猛，人们对于机器视觉的认识更加深刻，对于它的看法也发生了很大的转变。机器视觉系统提高了生产的自动化程度，让不适合人工作业的危险工作环境变成了可能，让大批量、持续生产变成了现实，大大提高了生产效率和产品精度。快速获取信息并自动处理的性能，也为工业生产的信息集成提供了便利。随着机器视觉技术的成熟与发展，不难发现其应用范围越发广泛，根据这些应用领域，大致可以概括出机器视觉的五种典型应用，通过这五种典型应用基本也可以概括出机器视觉技术在工业生产中所能起到的作用。

1. 机器视觉定位的五种典型应用

（1）图像识别 利用机器视觉对图像进行处理、分析和理解，以识别不同模式的目标和对象。图像识别在机器视觉工业领域中最典型的应用就是二维码的识别，二维码是日常所见条形码中最为普遍的一种。将大量的数据信息存储在小小的二维码中，即可通过条码对产品进行跟踪管理。通过机器视觉系统，可以方便地对各种材质表面的条码进行识别读取，大大提高了现代化生产的效率。

（2）图像检测 图像检测是机器视觉工业领域最主要的应用之一，几乎所有产品都需要检测，而人工检测存在较多的弊端，准确性也低，长时间工作后，准确性更是无法保证，并且检测慢，容易影响整个生产过程的效率。因此，机器视觉在图像检测的应用方面也是非常广泛的。机器视觉也涉及医药领域，其主要检测包括尺寸检测、瓶身外观缺陷检测、瓶肩部缺陷检测及瓶口检测等。

（3）**视觉定位**　视觉定位要求机器视觉系统能够快速准确地找到被测零件并确认其位置。在半导体封装领域，设备需要根据机器视觉收集的芯片位置信息来调整拾取头，准确拾取芯片并进行绑定，这也是视觉定位在机器视觉工业领域最基本的应用。

（4）**物体测量**　机器视觉工业应用最大的特点就是其非接触测量技术，它同样具有高精度和高速度的性能，但非接触无磨损，消除了接触测量可能造成的二次损伤隐患。常见的测量应用包括齿轮、插接件、汽车零部件、IC 元件管脚、麻花钻及螺纹检测等。

（5）**物品分拣**　物品分拣是继物品识别、检测之后的一个环节，它的实现依靠机器视觉系统对图像进行处理，在机器视觉工业中的应用包括食品分拣、零件表面瑕疵自动分拣、棉花纤维分拣等。

2. 视觉定位技术的发展趋势

当前自主移动机器人有关视觉定位的研究具有以下发展趋势：

（1）**高速、准确地识别目标**　机器人图像在采集、生成、传输和解码等过程中都会产生噪声，这会严重降低图像的清晰度，从而影响图像的质量。由于噪声的类型并不单一，需要采用一种较好的滤波方法将其滤除，保证图像不失真。

（2）**实时、稳定、精确的视觉定位方法**　如何充分利用外部环境信息，合理融合视觉传感器、地图信息，以及高效地执行特征匹配和定位算法，对机器人视觉的研究具有极大的意义。当前部分视觉定位技术对视觉数据进行简单处理后就令机器人参与定位任务，有限的位置信息容易导致定位任务失败。因此，研究人员在升级硬件设备的同时，可以尝试使用并行处理技术，综合各种智能性算法，同时应用于机器人的具体定位任务，以获得更好的效果。

（3）**综合应用多种定位技术**　目前，大部分机器人采用的定位技术比较单一，而单一定位方法往往存在很大的局限性。例如，卡尔曼定位的局限性是会使系统在测量时产生高斯白噪声；蒙特卡洛方法也存在计算量较大等问题；各种用梯度优化算法解决自定位的应用，在求解位置姿态参数时容易在局部收敛到极小值。因此，在不断完善单一的定位技术的同时，将各种技术的优点综合起来利用或许可以带来不同的效果。

（4）**视觉计算与信息融合技术**　在视觉计算中，信息融合技术受到了广泛的关注，尤其是多传感器信息的融合在机器人系统中的应用。单一视觉传感器的使用范围很有限，若能充分结合其他可靠传感器，利用它们之间的优势互补，则可以消除不确定性，提高鲁棒性，获得更可靠的结果。

（5）**基于团队信息共享的定位技术**　移动机器人协同完成任务是分布式人工智能理论的发展平台。在网络的基础上实现信息共享与团队协作，可以从很大程度上弥补单一机器人依靠自身条件对环境进行感知的缺点。

（6）**智能化定位技术**　可以将感知和行动智能化结合起来，使其具有识别、规划、推理、学习等智能机制。从人工智能发展的角度来看，机器人的视觉定位技术往往侧重于解决一个具体的问题，缺乏对普遍问题的解决方法。如果机器人可以学习和借鉴人的认知过程并培养出逻辑分析解决问题的能力，则其行为可以得到很好的完善，借此又能提升机器人的学习的能力、对未知情况的适应能力及更高层次的智能性反应机制，这是视觉定位控制未来的发展趋势。

3.7 RFID 室内定位技术

射频识别（Radio Frequency Identification，RFID）技术是一种操控简易、适用于自动控制领域的技术。当它应用于识别和定位时，主要通过射频方式进行非接触式的双向通信。

3.7.1 RFID 系统的组成及工作原理

1. 组成

RFID 系统的结构如图 3-16 所示。应用端通过中间服务器向读写器发送获取信号指令后，读写器天线发射信号，当无源电子标签感应到发出的信号时，将内置天线获取的感应电流通过升压电路变成标签内置芯片的电源，从而激活标签。电子标签使用内置天线传输自己所带的数据信息后，读写器获取标签信息后，对数据信息进行解码，并交由计算机终端进行处理，计算机端依据获取的数据操控读写器结束读写操作。

（1）**电子标签**（Electronic Tag） 它由通信天线、调节器、解调器、逻辑控制单元等构成，根据电源能量供电形式的不同，又可分成有源、无源、半无源三种。电子标签内置射频天线，方便用户在定位过程中对电子标签和读写器之间的信息进行写入读出等操作。

（2）**读写器** RFID 技术是电子标签与中间服务器之间进行信息交换的桥梁。采集所得的电子标签信息通过信息网络传送至服务终端进行使用，或者根据上级服务器的命令修改电子标签信息。

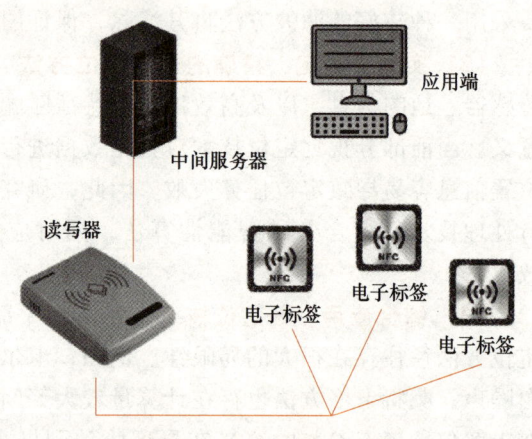

图 3-16 RFID 系统的结构

（3）**中间服务器** 中间服务器的主要作用分为下级协调控制和上级信息预处理。下级协调控制主要根据终端决策指令向下协调控制读写器，以修改相应的电子标签。中间服务器还要对射频读写器所采集的电子标签中的数据进行预处理，其中包括过滤和降噪处理，以满足终端服务器对数据精度的要求。

（4）**应用端** 基于射频技术、定位技术应用的核心内容，可以将获取的定位信息应用于多个相关领域。例如，跟踪人员等被定位对象的运动轨迹，以及为其他需要定位信息的服务平台提供查询访问服务等。

2. 工作原理

室内采用的 RFID 定位系统的工作原理框架如图 3-17 所示，该系统采用有源电子标签。

RFID 定位系统的工作过程：用户携带有源电子标签进入室内待定位区域，读写器提前覆盖在室内需要定位的区域，用户携带的电子标签发送某一特定频率的射频信号，读写器根据接收的射频信号强度值（RSSI）传送给上位机，上位机根据读写器接收的 RSSI 传播特征及定位算法进行用户定位。

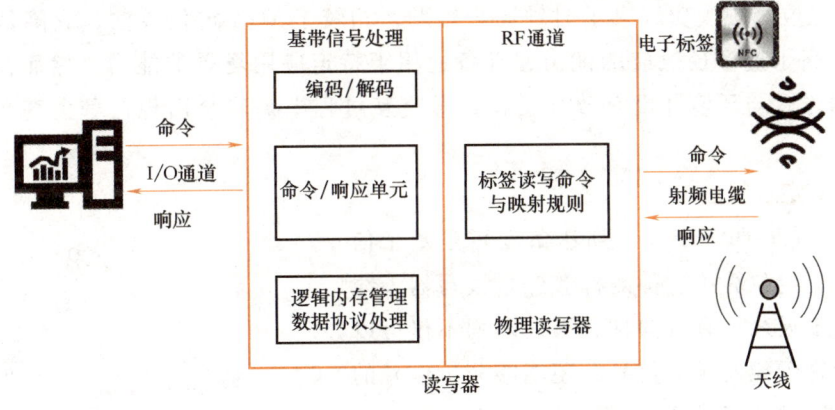

图 3-17　RFID 定位系统的工作原理框架

3.7.2　RFID 定位算法

RFID 定位算法根据原理可分为两类：一类是基于测量距离的定位算法，如 TOA、TDOA、AOA、RSSI 等；另一类是基于非测距的定位算法，主要有场景分析法和临近法。

1. TOA 定位算法

TOA（Time Of Arrival）是基于信号抵达时间的定位算法，即通过信号发射装置发射信号到达目标的时间计算距离，依据相关算法推算后获得目标的具体位置数据，进而实现定位。TOA 定位算法的原理如图 3-18 所示。

TOA 定位算法至少需要三个及以上的读写器，如图 3-18 所示的 A、B、C。当标签 Q 移动到读写器信号辐射的范围内后，读写器成功发送信号即可立刻收到标签返回的信号。尽管该算法可以很快计算出坐标，但是鉴于默认接收端与发送端的时钟相同，而在实际工程应用中难以做到，因此会造成一定的定位数据误差，并且射频信号的传播很快，细微的时间误差也会对定位计算数值产生很大的影响，室内存在的非视线传输噪声和多径效应还会对最后的定位数据结果产生干扰，因此目前应用此方法的场景较少。

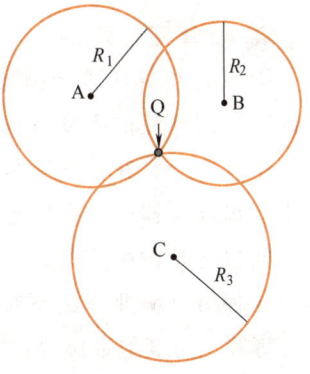

图 3-18　TOA 定位算法的原理

2. TDOA 定位算法

TDOA（Time Difference Of Arrival，到达时间差）是基于信号抵达时间差的定位算法，它由 TOA 定位算法改进所得，因此这两种算法有许多共同点。通过测量读写器获取标签信号的时间，能够确切知道天线与标签二者之间的距离，这是通过计算信号传播时间差实现的。绘制以电子标签为焦点，以距离差值为长轴的双曲线，曲线的另一个焦点即为待测标签的位置。TDOA 定位算法的原理如图 3-19 所示。

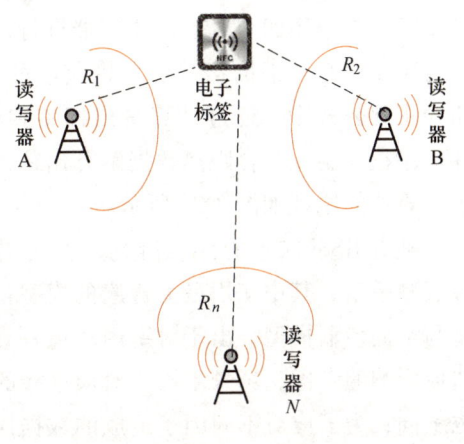

图 3-19　TDOA 定位算法的原理

TDOA 定位算法成功解决了时钟同步难题，相较于 TOA 定位算法，它降低了设备成本，同时提高了抗多径效应的能力，具备适用于特定应用场景的能力。然而，由于射频信号的传输方式与环境并没有改变，在信号交互过程中仍然会出现信号失真和测量误差的问题。

3. AOA 定位算法

AOA（Angle Of Arrival，到达角度）是基于信号接收角度的定位算法。待测标签经过读写器天线阵列时，由于天线具有方向性，天线阵列不仅可以获取待测标签天线发送的信号，还能够分析信号的到达角度，通过计算待测标签间的方位角，可以得到待测标签的坐标信息。AOA 定位算法的数据结果精度较高，但其昂贵的设备成本限制了该算法的应用推广。AOA 定位算法的原理如图 3-20 所示。

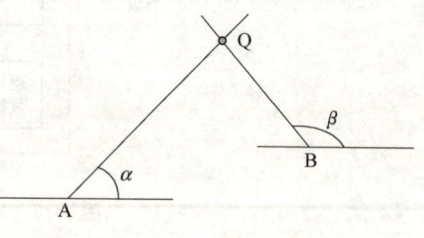

图 3-20　AOA 定位算法的原理

在工程应用中，往往需要多个天线阵列来参与定位。

4. RSSI 定位算法

RSSI 定位算法基于读写器获取的待测标签 RSSI 值来计算其与待测点的距离，通过多个读写器到标签的距离方程组，联立求解得到待测标签的位置信息。读写器信号在发射过程中，由于存在信号能量衰减的原因，RSSI 值会随着标签天线接收距离的增加而逐渐减小。离读写器收发天线越远，RSSI 值越小；离读写器收发天线越近，RSSI 值越大，二者之间包含某种函数关系。通过计算可求得待测标签与各个读写器之间的距离，从而推算出坐标信息。此算法不要求读写器具有特殊功能，通过读取待测标签反馈的 RSSI 值即可进行计算，与其他定位算法相比，不需要增添额外的辅助设施，具有方便计算、造价低等优势。

基于测距式 RSSI 技术的定位过程：通过多个读写器测距后，由中枢控制端计算出待测点的坐标数据。首先在应用场景中安置一定数量的读写器，虽然实现定位至少需要三个读写器，但由于信号容易受到场景中物体遮挡、空间噪声等环境因素的干扰，为了达到定位的精度要求，常采用四个以上的读写器进行定位。当读写器获得电子标签反馈的信号后，将获取的 RSSI 值添加到路径损耗公式中，通过计算得出标签到读写器的距离，并由中枢控制端整合距离数据解算出待测点坐标。RSSI 定位算法的原理如图 3-21 所示。

随着 RSSI 技术的深入研究，业内提出了大量的信号衰减模型，其中使用最为普遍的模型包括路径损耗模型与空间传输模型。出于对室内环境差异会对信号传播造成影响的考虑，场景不同，对应选择的路径损耗因子也不同，为了应对不同因子造成的数据误差，通常将高斯噪声加入路径损耗模型中。

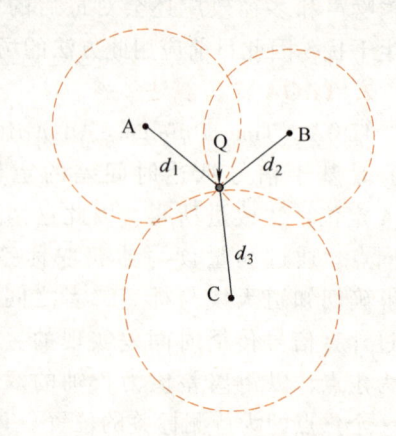

图 3-21　RSSI 定位算法的原理

3.7.3 RFID 定位特点

1. 优点

基于 RFID 技术的定位方法成本低廉,有源 RFID 标签成本通常为几十元,无源 RFID 标签成本则可以达到几元钱,并且标签体积很小,通常制成薄片形状,加上 RFID 射频信号穿透性较强,可进行非视距通信。RFID 系统的通信效率很高,相比 WiFi 和 ZigBee 等需要网络接入的系统,一个 RFID 读写器可以在 1s 内完成上百个标签的读写。相较于 ZigBee、蓝牙和 WiFi 无线定位技术,RFID 定位技术的节点成本更低,定位更快,但是通信能力较弱,因而适用于需要简单的标识对象,但不需要进行大量数据通信的场合。

2. 缺点

现有利用 RFID 技术的定位系统有许多缺点,如定位误差大、系统部署复杂,以及容易受到环境影响等。例如,基于 RSSI 的定位方法受限于 RSSI 自身波动较大和对环境干扰敏感的特点,精度难以进一步提升;基于 TOA 和 TDOA 的定位方法,对时间测量的精确性要求较高,但是由于无源 RFID 系统的通信速率低,很难观测到精准的时间。总体来说,RFID 定位技术适用范围窄,定位精度差,实际应用较少。

3.7.4 RFID 定位应用

RFID 读写设备相对稳定,因此在定位领域应用很广泛。例如,RFID 定位在仓储管理、安全监控、车联网等方面均有成熟的应用和良好的发展前景。

1. 仓储管理

RFID 作为物联网系统主要采用的一种数据采集方式,国内许多厂商通过将该技术引入生产与仓储系统来提高监管与物流工作效率。RFID 技术的收发端设备为读写器与电子标签,它们不需要接触就能够完成两者之间的数据交互,其有效识别距离比条形码技术更远,标签读写速度也更高。更重要的是 RFID 读写器能够批量获取电子标签的 EPC(Electronic Product Code,产品电子代码)、RSSI 等信息,并在非视距环境下进行有效的数据读写,相比于其他仓储技术,这些优势颇具吸引力。RFID 定位技术可有效解决仓储环境中货品的位置需求,因此一些国家已将该技术引入仓储管理、人员身份识别等场景中,特别是在美国、欧洲等发达国家与地区,仓储系统发展逐步成熟,形成了比较成熟的仓储与物流运输方案。意大利 Siam Avandero、法国 Dubious 与荷兰两家公司为了抢占生产与仓储系统在欧洲的消费市场,甚至还联合成立了相关公司以适应市场需求。

2. 安全监控

各个领域、行业中的设备纷繁多杂,其中有不少设备包含大量敏感、涉密的信息,涉及个人隐私、行业机密、商业秘密、国家秘密等,对于各类设备的安全化管理已不容小觑。一旦存储信息的设备丢失或被窃,其中包含的信息会有泄露的可能,不但会造成企业或个人机密信息的丢失,严重的还会对国家安全造成威胁。而当前大多数场景中对设备的管理功能仍旧依赖于手工化操作,需要人工实地巡查,按照设备的型号、名称等详细信息针对设备进行逐一对比记录,费时费力,加上运维巡查人员的责任心、实操水平等参差不齐,误记、漏记等问题接踵而来,无法做到全方位有效的智能监管。基于无源 RFID 定位技术,可实现对设备的安全监管,具有实时定位跟踪、设备信息自动采集、设备状况全流程审批等功能,能够满足各个行业对设备日常监管的各项要求。

3. 车联网

RFID 定位技术目前已广泛应用于智能交通领域，尤其车联网，对其有强烈的依赖，因而成为车联网体系的基础性技术。RFID 技术一般与服务器、数据库、云计算、近距离无线通信等技术结合使用，由大量的 RFID 通过物联网组成庞大的物体识别体系。

车联网利用车辆上装载的 RFID 电子标签，获取车辆的行驶属性和车辆运行状态信息，通过 GPS、北斗等定位技术获取车辆行驶位置等参数，通过 3G 等无线传输技术实现信息传输和共享，通过 RFID、传感器获取道路、桥梁等交通基础设施的使用状况，最后通过互联网信息平台，实现对车辆运行的监控，并提供各种交通综合服务。RFID 技术凭借其实时、准确地对高速移动目标的快速识别特性，相较于传统的交通信息采集技术有着无可比拟的优势，作为未来交通信息采集与监管的主要手段，它在交通管理中的广泛应用有望成为未来智能交通的发展趋势。

【实践】

调研物联网定位技术应用案例

用于室内定位的实时定位系统（Real Time Location System，RTLS）主要利用传感器、无线通信和云计算技术来锁定被标记"物品"的位置，在诸如货物、车辆、人员、宠物和各类工业追踪应用中，获得授权的用户可通过本地计算机或云平台来获取标记物的位置数据。RTLS 应用于医疗行业可有效进行跟踪、管理和监控数据，帮助医疗机构优化工作流程，打理资产，保证员工安全并改善病患护理。

医院 RTLS 利用无线网络、可穿戴便携设备、物联网、5G 等新兴技术，对院内设备、物资及人员进行实时定位和跟踪，并为卫生专业人员提供高效、准确的医疗数据访问。院内物资或人员可通过粘贴 RTLS 电子标签、佩戴智能手环等无线设备实现实时定位，电子标签和无线设备会定期向已安装 RTLS 的定位激励器及无线接入点发出信号，或当一个标签通过定位激励器时，标签将接收低频信号并传送给后端定位服务器，定位服务器根据精准定位算法破译信号，在全球广域网界面的电子地图上实时确定 RTLS 电子标签或者无线设备的确切位置。同时，定位服务器也可向 RTLS 电子标签发出指令，实现与定位服务器间的双向通信。

近年来有关患者安全的问题成为全球医疗安全主要关注的焦点，引起了社会的普遍关注。相关研究显示，每年约有 20 万住院患者死于院内安全管理问题。目前，RTLS 正在超越仅作为一种资产追踪器的认知，逐渐被视为一种可以通过追踪患者来提高医疗安全的新技术。为了保护婴幼儿和阿尔茨海默病患者，加拿大的一家公司试验性地开展了基于 RFID 的 RTLS，其设计了一种新的腕带，当患者离开医院时，读写器会自动向安保人员和医院护士发送警报信息，以确定患者的确切位置，防止不安全事件发生。有学者探索性地将 RFID 与现有医院信息系统集成，在患者就诊过程中，获取患者的信息，捕捉门诊行为，帮助医生做出快速诊断和决策，并通过监测及感知患者的突发情况，及时启动紧急救治措施。身份核查错误是医疗差错的主要来源之一，使用 RTLS 可以减少误认的发生。有学者将智能腕带应用于患者身份识别过程中,入院时给患者佩戴装有 RFID 标签的智能腕带,当 RFID 读写器扫描患者的智能腕带时,腕带会显示患者的各种信息,包括患者的姓名、相关健康信息等,并识别患者和医疗设备的位置,实现高精度的人和物体的定位。此外,患者的电子图像被发送到医院的计算机系统,在扫描腕带读取信息后,医院系统会对患者信息进行识别,防止患者信息被重新登记。使用该技术,工作人员可以在地图上观察到患者的位置及活动路线,按照路径可以找到该患者。有学者还对视力障碍患者的室内导航系统进行了探索,如基于 RFID 设计的室内定位系统,不需要任何等待时间,通过语音导航就能帮助视力障碍患者在医疗中心内找到其首选目的地。

在医疗保健中使用 RTLS 的好处包括但不限于定位可移动资产、设备管理、实时或接近实时地监控患者和员工的位置、增强患者安全性、提高人员利用率和减少信息传递中的错误以降低成本、提高护理质量和患者满意度。目前,国内医院迫切需要建立一个医疗动态管理平台,以实现对医疗设备、病房、患者、药品、医疗垃圾、医疗用品等医疗资源的自动实时追踪,并基于此建立新一代的医疗急救系统和社会应急医疗防御系统,以期更好地在国内推广 RTLS,助力医院管理。

思 考 题

1. 什么是位置服务?
2. 简述 GIS 的功能。
3. 简述北斗卫星导航系统的发展历程。
4. 简述蓝牙定位的原理及特点。
5. 简述基于 RFID 技术的定位系统的构成及特点。

第4章

传感器和无线传感器网络技术

4.1 传感器

在物联网中,计算机技术是大脑,通信技术是血管,GPS是细胞,RFID技术是眼睛,传感器是神经系统。外界的一切信息,传感器都可以感觉到,并将感觉到的信息传递给大脑。物联网传感器早已渗透到诸如工业生产、智能家居、宇宙开发、海洋探测、环境保护、资源调查、医学诊断、生物工程,甚至文物保护等极其广泛的领域。可以毫不夸张地说,从茫茫的太空到浩瀚的海洋,以至各种复杂的工程系统,几乎每一个现代化项目,都离不开各种各样的传感器。

4.1.1 概述

1. 传感器的定义

传感器是一种能探测、感受外界特定信号、物理条件或化学组成与变化并能通过节点将所探知信息传递出去的器件。传感器的典型定义有以下几种:

1) GB/T 7665—2005《传感器通用术语》中定义传感器(Transducer/Sensor)是能感受被测量并按一定规律转换成可用输出信号的器件或装置。

传感器一般由敏感元件、转换元件、信号调理转换电路三部分组成(图4-1),有时还需要外加辅助电源以提供转换能量。

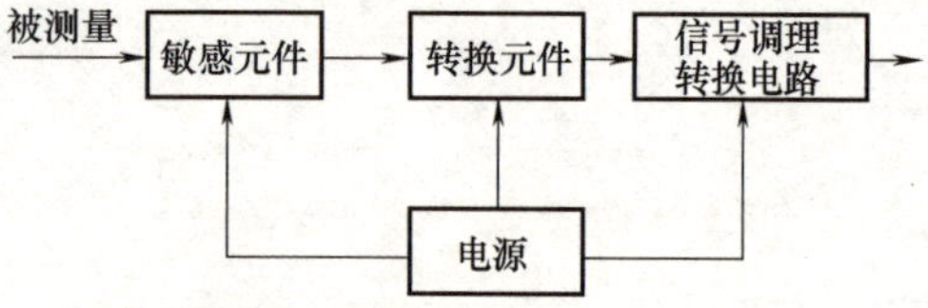

敏感元件是传感器中能直接感受或响应被测量的部分。

转换元件是传感器中能将敏感元件感受或响应的被测量转换为适于传输或测量的电信号的部分。

图4-1 传感器的组成示意图

由于传感器的输出信号一般都很微弱,需要进行信号的调理与转换、放大、运算与调制,方能显示和参与控制,因此需要信号调理转换电路参与其中。

2) 国际电工委员会IEC(Internation Electrotechnical Commission)定义传感器是测量系统中的一种前置部件,它将输入变量转换成可供测量的信号。

英文单词 transducer 有"换能器""转换器"之意，说明传感器的作用是将一种能量转换成另一种形式的能量，据此，传感器又称为换能器，故新韦氏词典第 2 版中定义传感器为"从一个系统接收功率，通常以另一种形式将功率送到第二个系统中的器件"。总之，传感器是一种具有探测功能，能将被探测到的物理、化学、生理量等按一定规律变换成电信号或其他所需形式的信息并发送出去，以满足后续的信息处理、存储、显示、记录和控制等要求的装置。众多功能各异的传感器是传感器网的基础，也是物联网的末端器件，还是被感测信号输入系统的首道关口。物联网采用的传感器要求具备微型化、数字化、智能化、多功能化、系统化和网络化等特点。

2. 传感器的特性

传感器的特性是指输入 x（被测量）与输出 y 之间的关系。传感器所测量的非电量处于不断变动之中，传感器能否将这些非电量的变化不失真地变换成相应的电量，取决于传感器的输出、输入特性。

传感器的静态特性是指被测量的值处于稳定状态时的输出与输入关系。衡量静态特性的重要指标是线性度、灵敏度、迟滞和重复性等。

传感器的动态特性是指传感器对随时间变化的输入量的响应特性。被测量可能以各种形式随时间变化，只要输入量是时间的函数，其输出量也将是时间的函数，它们的关系用动态特性方程描述。

3. 传感器的分类

传感器一般是根据物理学、化学、生物学等特性、规律和效应设计而成的，同一种被测量可以用不同类型的传感器来测量，而同一原理的传感器又可以测量多种物理量，因此传感器有多种分类方法。

（1）按被测物理量分类　常见的被测物理量包括以下五种。

1）机械量。长度、厚度、位移、速度、加速度、旋转角、转速、质量、力、压力、真空度、力矩、风速、流速、流量等。

2）声。声压、噪声。

3）磁。磁通、磁场。

4）温度。温度、热量、比热容。

5）光。亮度、色彩。

传感器可以按照被测物理量进行分类，见表 4-1。

表 4-1　按照物理量分类的传感器

基本物理量		派生物理量
位移	线位移	长度、厚度、应变、振动、磨损、平面度等
	角位移	旋转角、偏转角、角振动等
速度	线速度	运动速度、振动、流量、动量等
	角速度	转速、角振动等
加速度	线加速度	振动、冲击、质量等
	角加速度	角振动、转矩、转动惯量等
力	压力	重力、应力、力矩等

（续）

基本物理量		派生物理量
时间	频率	周期、记数、统计分布等
温度		热容量、气体速度、涡流等
光		光通量与密度、光谱分布等

（2）按工作原理分类

1）物性型传感器。利用某些功能材料本身所具有的内在特性及效应把被测量直接转换为电量，如压电晶体传感器。

2）结构型传感器。以结构（如形状）、尺寸为基础，利用某些物理规律把被测量转换为电参量，如电容式传感器。

3）化学型传感器。利用化学反应的原理把无机和有机化学物质的成分、浓度等转换为电信号，如气体传感器。

4）生物传感器。对生物物质敏感并将其浓度转换为电信号进行检测，如各种酶传感器。

（3）按信号变换特征分类

1）能量转换型传感器。直接由被测对象输入能量使其工作，又称为无源传感器，自身不起能量转换作用，只是将被测非电量转换为电参量，如光电式、电磁感应式传感器等。

2）能量控制型传感器。从被测对象中获取能量用于控制激励源，又称为有源传感器，如电阻式、电感式、电容式、霍尔式传感器等。

（4）按用途分类　　传感器按用途可分为压敏和力敏传感器、位置传感器、液面传感器、能耗传感器、速度传感器、加速度传感器、射线辐射传感器、湿敏传感器、热敏传感器、磁敏传感器、气敏传感器、真空度传感器、生物传感器等，其中常见的有热敏传感器、湿敏传感器、磁敏传感器、气敏传感器、速度传感器等。

（5）按制造工艺分类　　传感器按制造工艺可分为集成传感器、薄膜传感器、厚膜传感器、陶瓷传感器，其中常见的有集成传感器、陶瓷传感器和厚膜传感器。

4.1.2　传感器节点

传感器节点是无线传感器网的基本功能单元。节点间可采用自组织方式组网，通过无线或有线通信进行数据转发。节点都具有数据采集与数据融合转发的双重功能，在对自身采集的信息和其他节点转发的数据做初步处理和融合之后，以相邻节点接力传送的方式传送到基站，并通过基站以互联网、卫星等方式传送给最终用户。

传感器节点的基本组成模块有传感单元、处理单元、通信单元、电源部分、定位系统及移动系统，如图4-2所示。

1）传感单元。由传感器和模数转换功能模块组成；

2）处理单元。由嵌入式系统构成，包括CPU、存储器、嵌入式操作系统等；

3）通信单元。由无线通信模块组成；

4）电源部分。主要是电源管理模块，用以提供各节点的能量；

5）定位系统。方便观察者对传感器的位置进行实时跟踪；

6）移动系统。用于在系统运行时负责移动传感器节点。

处理单元是传感器节点的核心，负责整个节点的设备控制、任务分配与调度、数据整合与传输等。

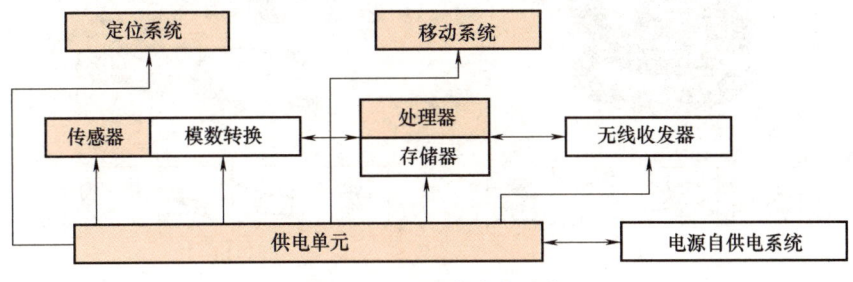

图 4-2 传感器节点的结构

4.2 常用传感器

4.2.1 电阻式传感器

1. 电阻应变式传感器

电阻应变式传感器是目前应用最广泛的传感器之一，其工作原理是将电阻应变片粘贴在各种弹性敏感元件上，通过电阻应变片将应变转换为电阻变化（图 4-3）。所谓电阻应变就是由金属丝、箔、薄膜制成的电阻应变片在外界应力作用下的电阻值发生变化。

当被测物理量作用在弹性元件上时，弹性元件的变形会引起敏感元件电阻值的变化，这种变化通过转换电路转变成电参量，输出电量值的大小反映了被测物理量的大小。电阻应变式传感器可用来测量位移、加速度、力、力矩等物理量。

图 4-3 电阻应变式传感器的工作原理

（1）应变式力传感器　被测物理量为荷重或力的应变传感器统称为应变式力传感器，主要用于各种电子秤与材料试验机的测力元件及发动机的推力测试、水坝承载测试等。它要求具有较高的灵敏度和稳定性，常见的有柱式力传感器、梁式力传感器等（图 4-4）。

（2）应变式压力传感器　应变式压力传感器主要用来测量流动介质的动态或静态压力，如动力管道设备的进出口气体或液体压力、发动机内部的压力变化、枪管及炮管内的压力、内燃机的管道压力等。该传感器大都采用膜片式或筒式弹性元件。

（3）应变式容器内液体重量传感器　如图 4-5 所示，该传感器利用感压膜感受上方液体的压力。当容器中的溶液增多时，感压膜感受的压力会增大，通过将其上两个传感器 R_1 的电桥接成正向串接的双电桥电路，电桥输出电压与柱式容器内感压膜上方溶液的重量呈线性关系，因此可以测量容器内储存溶液的重量。

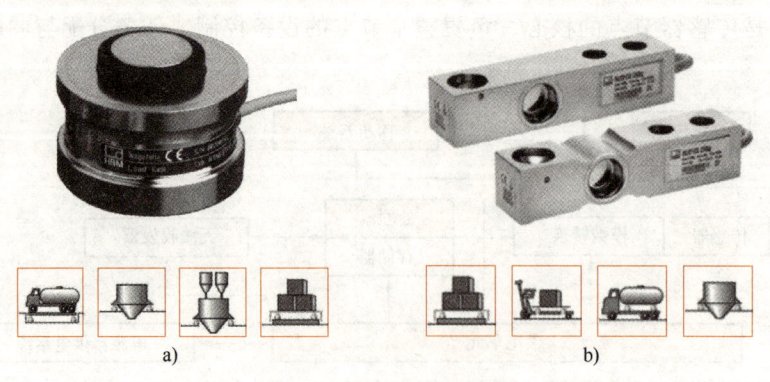

图 4-4 应变式力传感器
a）柱式力传感器　b）梁式力传感器

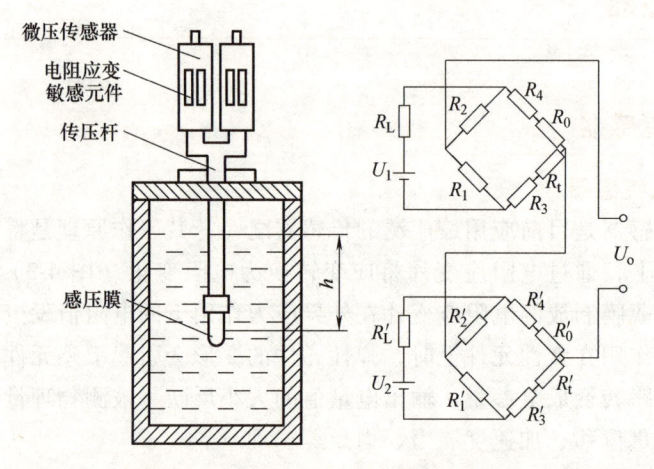

图 4-5 应变式容器内液体重量传感器

（4）应变式加速度传感器　应变式加速度传感器用于测量物体加速度，如图 4-6 所示。其测量原理是将传感器壳体与被测对象刚性连接，当被测物体以加速度 a 运动时，质量块受到一个与加速度方向相反的惯性力作用，使悬臂梁变形，该变形被粘贴在悬臂梁上的应变片感受到产生应变，从而使应变片的电阻值发生变化，电阻值的变化又引起应变片组成的桥路出现不平衡，从而输出电压，最终可得出加速度 a 的大小。

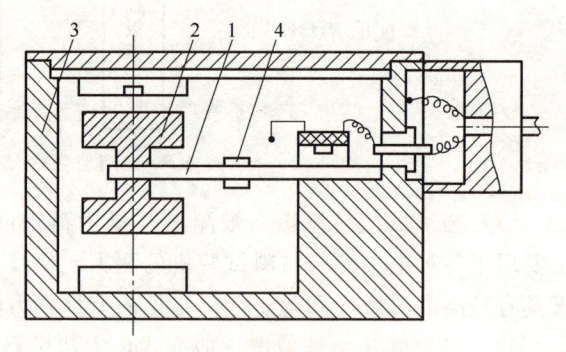

图 4-6 应变式加速度传感器
1—悬壁梁　2—质量块　3—壳体
4—电阻应变敏感元件

2. 热敏电阻式传感器

热敏电阻是利用半导体的载流子数目随温度变化而变化的特性所制成的一种温度敏感元件。

半导体中参加导电的是载流子，由于载流子的数目随温度按指数规律增加，半导体的电阻率也就随温度按指数规律降低。热敏电阻的工作原理正是利用此特性。目前使用较为广泛的热电阻材料为铂、铜、镍等，它们具有电阻温度系数大、灵敏度高、反应快、线性好、体积小、结构简单、性能稳定、使用温度范围宽、加工容易等特点，利用上述原理与材料特性制成的传感器就是热敏电阻式传感器，主要用于测量-200~500℃范围内的温度。目前应用较为广泛的有热敏电阻体温表，以及手机、便携式计算机等充电设备中的温度控制，在电池电路中使用热敏电阻，可以检测过大的电流或电流过热，从而调整充电速率。

3. 光敏电阻式传感器

光敏电阻是采用半导体材料制作，利用光电效应工作的光电元件（图4-7），其在光线作用下阻值变小，这种现象称为光导效应，因此光敏电阻又称为光导管。光敏电阻的材料主要是金属硫化物、硒化物和碲化物等半导体。通常采用涂敷、喷涂、烧结等方法在绝缘衬底上制作很薄的光敏电阻体及梳状欧姆电极，接出引线，封装在具有透光镜的密封壳体内。黑暗中，材料的阻值很高，光照时，只要光子能量大于半导体材料的价带宽度，价带中的电子吸收一个光子的能量后即可跃迁到导带，并在价带中产生一个带正电荷的空穴，这种由光照产生的电子-空穴对增加了半导体材料中载流子的数目，其电阻率变小，阻值下降。光照越强，阻值越低。入射光消失后，由光子激发产生的电子-空穴对将逐渐复合，光敏电阻的阻值恢复。

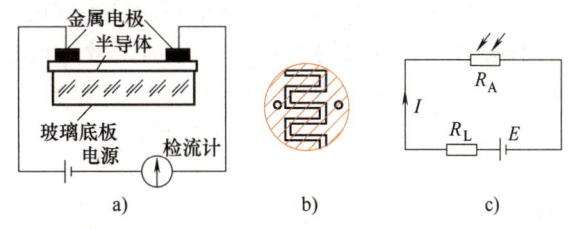

图4-7 光敏电阻的结构及原理

a）光敏电阻结构 b）光敏电阻电极 c）光敏电阻接线图

4.2.2 电容式传感器

电容式传感器以各种类型的电容器作为敏感元件，先将被测物理量的变化转换为电容的变化，再由转换电路及测量电路转换为电压、电流或频率，以达到检测的目的。常见的电容式传感器的应用有电容式位移传感器、电容式指纹传感器等。

电容式传感器的核心部分是具有可变参数的电容器。若忽略边缘效应，平板电容器的电容（C）为

$$C = \varepsilon S / d$$

式中，ε 为极间介质的介电常数；S 为两电极互相覆盖的有效面积；d 为两电极之间的距离。

上述三个参数中任一个的变化都将引起电容的变化，如果保持其中两个不变，仅改变另一个参数，就可以把该参数的变化转换为电容的变化。电容式传感器不仅能测量荷重、位移、振动、角度、加速度等机械量，还能测量压力、液面、料面、成分含量等热工量。据此，电容式传感器可分为极距变化型、面积变化型和介质变化型三种。

1. 极距变化型

极距变化型电容式传感器的一个极板是固定不动的，另一个极板是可动的，一般称为动片，如图4-8所示。当动片受被测量变化引起移动时，两极板间的距离 d 会改变，从而使电

容发生变化。设动片未动时的电容为 C_0，当动片移动 Δd 值后，其电容为 C_1，则有

$$C_0 = \frac{\varepsilon S}{d_0}$$

$$C_1 = \frac{\varepsilon S}{d_0 - \Delta d} = \frac{\varepsilon S / d_0}{1 - \frac{\Delta d}{d_0}} = C_0 \frac{1 + \frac{\Delta d}{d_0}}{1 - \frac{\Delta d^2}{d_0^2}}$$

在实际应用中，为了提高传感器的灵敏度、增大线性工作范围和克服外界条件（如电源电压、环境温度等）的变化对测量精度的影响，常采用差动式结构。图 4-9 所示为极距变化型差动平板式电容传感器的结构。该传感器的中间一片为动片，两边的两片为定片，当动片移动距离为 Δd 时，电容 C_1 的间隙 d_1 变为 $d_0 - \Delta d$，电容 C_2 的间隙 d_2 变为 $d_0 + \Delta d$，于是可得：

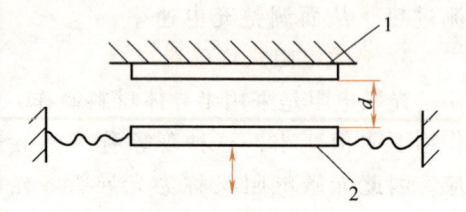

图 4-8 极距变化型电容式传感器的工作原理
1—定极板 2—动极板

$$C_1 = C_0 \frac{1}{1 - \frac{\Delta d}{d_0}}, \quad C_2 = C_0 \frac{1}{1 + \frac{\Delta d}{d_0}}$$

当 $\Delta d / d_0 \ll 1$ 时，可按级数展开：

$$C_1 = C_0 \left[1 + \frac{\Delta d}{d_0} + \left(\frac{\Delta d}{d_0}\right)^2 + \left(\frac{\Delta d}{d_0}\right)^3 + \cdots \right], \quad C_2 = C_0 \left[1 - \frac{\Delta d}{d_0} + \left(\frac{\Delta d}{d_0}\right)^2 - \left(\frac{\Delta d}{d_0}\right)^3 + \cdots \right]$$

电容相对变化量为

$$\frac{\Delta C}{C_0} = 2 \frac{\Delta d}{d_0} \left[1 + \left(\frac{\Delta d}{d_0}\right)^2 + \left(\frac{\Delta d}{d_0}\right)^4 + \cdots \right]$$

略去高次项，则得灵敏度为

$$K = \frac{\Delta C}{\Delta d} = \frac{2 C_0}{d_0}$$

非线性误差 δ 近似为

$$\delta = \frac{|(\Delta d / d_0)^3|}{|(\Delta d / d_0)|} \times 100\% = \left|\frac{\Delta d}{d_0}\right|^2 \times 100\%$$

由以上分析可知，极距变化型电容式传感器采用差动平板式结构后，其非线性大大降低，灵敏度则提高了一倍。同时，差动式结构还能减小静电引力给测量带来的影响，并能有效改善因温度等环境影响所造成的误差。

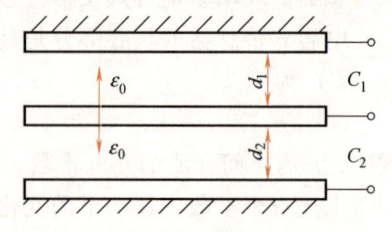

图 4-9 极距变化型差动平板式电容传感器的结构

2. 面积变化型

改变两平行板电极间的有效面积 S 通常有两种方式，如图 4-10 所示，分别为角位移式和直线位移式，下面分别介绍其工作原理及特性。

图 4-10a 所示为角位移式面积变化型电容式传感器，当动片 1 相对于定片 2 有一定角位

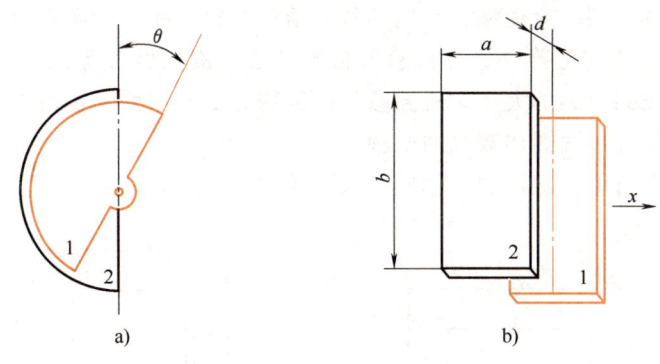

图 4-10　面积变化型电容式传感器
a）角位移式　b）直线位移式

移时，两极板之间的有效面积发生相应变化。

图 4-10b 所示为直线位移式面积变化型电容传感器，当动片 1 相对于定片 2 有一定直线位移时，两极板之间的有效面积发生相应变化。

电容式传感器中的电容值及其变化值都十分微小，这样微小的量还不能直接显在当前的显示仪表上，也很难被记录仪接受，不便于传输。对此，需要借助于测量电路检出这一微小电容增量，并将其转换成具有单值函数关系的电压、电流或者频率。常用的测量电路有电桥电路、调频电路等。

3. 介质变化型

两平行极板固定，极距为 d_0，相对介电常数为 ε_1、ε_2 的电介质以不同深度插入电容器中（图 4-11），从而改变两种介质的极板覆盖面积。传感器的总电容量 C 为两电容 C_1、C_2 的并联结果。即

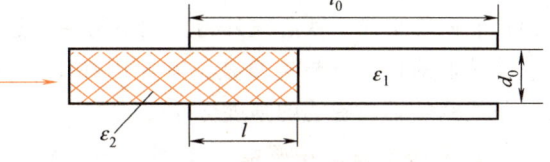

图 4-11　变介质电容式传感器

$$C = C_1 + C_2 = \varepsilon_0 \varepsilon_1 \frac{b(l_0 - l)}{d_0} + \varepsilon_0 \varepsilon_2 \frac{bl}{d_0}$$

式中，l_0、b 分别为极板的长度和宽度；l 为第 2 种介质进入极间的长度。

4.2.3　电感式传感器

利用电磁感应原理将被测非电量，如位移、压力、流量、振动等转换成线圈自感系数 L 或互感系数 M 的变化后，由测量电路转换为电压或电流的变化量输出，这种装置称为电感式传感器。

电感式传感器具有结构简单、工作可靠、测量精度高、零点稳定及输出功率较大等优点，缺点是灵敏度、线性度和测量范围相互制约，传感器自身响应频率低，不适用于快速动态测量。这种传感器能实现信息的远距离传输、记录、显示和控制，被广泛用于工业自动控制系统中。电感式传感器的种类繁多，主要分为自感式和互感式两类。

1. 自感式传感器

自感式传感器利用线圈自身电感的改变来实现非电量与电量的转换，目前常用的有三种

类型：变气隙型、螺管型和差动型，它们的基本结构都包括线圈、铁心和活动衔铁三部分。

(1) **变气隙型自感传感器** 这种传感器根据铁心线圈磁路气隙的改变，引起磁路磁阻的改变，从而改变线圈自感的大小。气隙参数的改变分变气隙长度 δ 和变气隙截面积 S 两种方式，传感器线圈又分单线圈和双线圈两种。

单线圈变气隙型自感传感器的工作原理如图 4-12 所示。

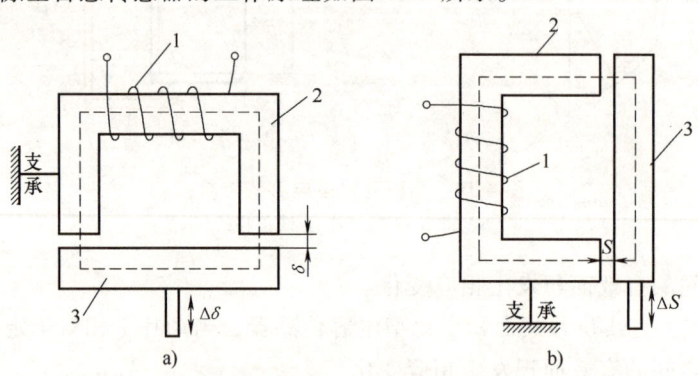

图 4-12 单线圈变气隙型自感传感器的工作原理
a) 变气隙长度式 b) 变气隙截面积式
1—线圈 2—铁心 3—活动衔铁

(2) **螺管型自感传感器** 图 4-13 所示为螺管型自感传感器的结构，它由螺线管、铁心及磁性套筒等组成，铁心在外力作用下可左右运动。这种传感器的精确理论分析较变气隙型自感传感器的理论分析更复杂，其原因在于沿着有限长线圈的轴向磁场的强度分布不均匀。

(3) **差动型自感传感器** 上述两种传感器，在使用单线圈时，由于线圈中流向负载的电流不可能等于零，存在初始电流，不适于精密测量，并且变气隙型和螺管型自感传感器都存在不同程度的非线性问题。此外，外界的干扰也会引起传感器输出产生误差。对此，常用差动技术来改善其性能，即由两个相同的传感器线圈共用一个活动衔铁，构成差动型自感传感器，以提高传感器的灵敏度，减小测试误差。变气隙型和螺管型均可差动使用，对差动型自感传感器的结构要求是两个导磁体的几何尺寸完全相同，材料性能完全相同，两个线圈的电气参数（如电感、匝数、铜电阻等）和几何尺寸也完全相同。

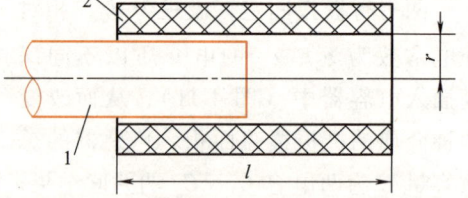

图 4-13 螺管型自感传感器的结构
1—铁心 2—线圈

2. 互感式传感器

互感式传感器与自感式传感器不同，互感式传感器是先把被测非电量的变化转换成线圈互感量的变化，然后经过变换，形成电压信号并输出。这种传感器是根据变压器的基本原理制成的，并且次级线圈都用差动形式连接，故称为差动变压器式传感器，又称差动变压器。

差动变压器的结构型式较多，有变隙式、变面积式和螺管式等，但其工作原理基本一样。在非电量测量中，应用最多的是螺管式差动变压器，它可以测量 1～100mm 范围内的机械位移，并具有测量精度高、灵敏度高、结构简单及性能可靠等优点。螺管式差动变压器按绕组排列形式分为二段式（段又称节，如二段式又称二节式）、三段式、四段式和五段式，其中二段式灵敏度高，三段式零点残余电压较小，通常采用这两类。不管绕组排列方式如何，其主要结构都包括线圈（分初级线圈和次级线圈）、可移动衔铁和导磁外壳三部分。线圈由初、次级线圈和骨架组成，初级线圈上加激励电压，次级线圈输出电压信号。可移动衔铁采用高导磁材料做成，输入位移量加于衔铁导杆上，用以改变初、次级线圈之间的互感量。导磁外壳的作用是提供磁回路、磁屏蔽和机械保护，一般与可移动衔铁的所用材料相同。

三段式螺管型差动变压器的结构如图 4-14a 所示，它由初级线圈 1、两个次级线圈 21 和 22、线圈绝缘框架 3 和插入线圈中央的活动衔铁 4 等组成，ΔX 表示衔铁的位移变化量。

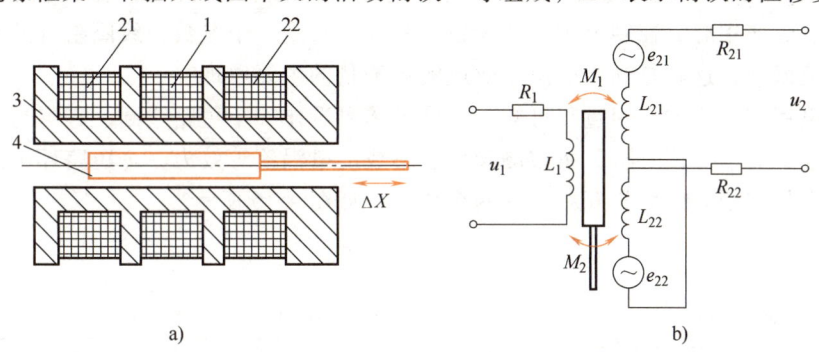

图 4-14 三段式螺管型差动变压器的结构和等效电路
a) 结构　b) 等效电路

螺管式差动变压器中的两个次级线圈反向串联，在忽略铁损、导磁体磁阻和线圈分布电容的理想条件下，其等效电路如图 4-14b 所示。当一次绕组加以激励电压 u_1 时，根据变压器的工作原理，两个次级绕组中会产生感应电动势 e_{21} 和 e_{22}。如果工艺上保证变压器结构完全对称，当活动衔铁处于初始平衡位置即中心位置时，两互感系数 $M_1 = M_2$。根据电磁感应原理，则有 $e_{21} = e_{22}$。由于这种传感器中的两个次级线圈反向串联，输出电压 $u_2 = e_{21} - e_{22} = 0$，即传感器输出电压为零。

当活动衔铁向上移动时，由于磁阻的影响，线圈 22 中的磁通将大于线圈 21 中的磁通，使 $M_1 = M_2$，因而 e_{22} 增加，e_{21} 减小；反之，e_{22} 减小，e_{21} 增加。因为 $u_2 = e_{21} - e_{22} = 0$，所以当 e_{22}、e_{21} 随着衔铁位移 ΔX 变化时，互感式传感器的输出电压 u_2 也将随 ΔX 变化。

4.2.4　电涡流式传感器

电涡流式传感器是一种建立在电涡流效应原理上的传感器，它具有结构简单、频率响应宽、灵敏度高、测量线性范围大、抗干扰能力强及体积较小等优点。电涡流式传感器可以对物体表面为金属导体的多种物理量实现非接触测量，如测量振动、位移、厚度、转速、温度和硬度等参数，也可以进行无损探伤。

电涡流式传感器的工作原理：置于交变磁场中的金属导体，当交变磁场穿过该导体时，将在导体内产生感应电流，这种电流像水中旋涡那样在导体内转圈，故称为电涡流或涡流，这种现象称为涡流效应。电涡流式传感器正是基于这种涡流效应研发的。要形成涡流，必须具备下列两个条件：①存在交变磁场；②导电体处于交变磁场之中。因此，电涡流式传感器主要由产生交变磁场的通电线圈和置于交变磁场中的金属导体两部分组成，金属导体也可以是被测对象本身。

金属导体中产生的涡流，其渗透深度与传感器线圈的励磁电流频率有关，因此电涡流式传感器主要分为高频反射和低频透射两类,其中前者应用较广泛。

1. 高频反射式电涡流传感器

如图 4-15 所示,一块金属导体放置于一个扁平线圈附近,相互不接触,当线圈中通有高频交变电流 i_1 时,线圈周围产生交变磁场 ϕ_1;交变磁场 ϕ_1 通过附近的金属导体产生电涡流 i_2,同时产生交变磁场 ϕ_2,并且 ϕ_2 与 ϕ_1 的方向相反。ϕ_2 对 ϕ_1 有反作用,从而使线圈中电流 i_1 的大小和相位均发生变化,即线圈中的等效阻抗发生了变化。涡流的大小与金属导体的电阻率 ρ、磁导率 μ、厚度 t 及线圈与金属导体的距离 x、线圈的励磁电流角频率 ω 等参数有关。实际应用时,控制上述可变参数,只改变其中一个参数,线圈阻抗的变化就成为此参数的单值函数,这就是利用电涡流效应实现测量的主要原理。

由上述电涡流效应的作用过程可知,金属导体可看作一个短路线圈,它与高频通电扁平线圈磁性相连。为了方便分析,将被测导体上形成的电涡流等效为一个短路环中的电流。这样线圈与被测导体便等效为相互耦合的两个线圈,如图 4-16 所示。

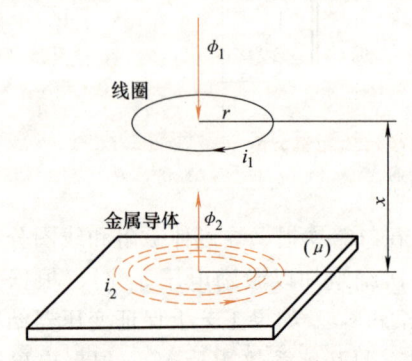

图 4-15 电涡流效应示意图

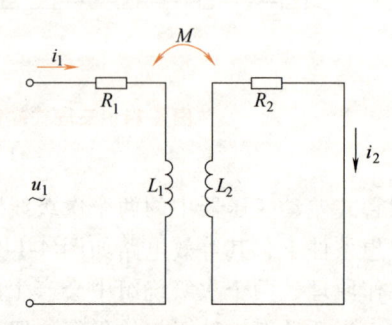

图 4-16 电涡流传感器等效电路

设线圈的电阻为 R_1,电感为 L_1,阻抗 $Z_1 = R_1 + j\omega L_1$;短路环的电阻为 R_2,电感为 L_2;线圈与短路环之间的互感系数为 M,M 随它们间距 x 的减小而增大。

2. 低频透射式电涡流传感器

若将激励频率降低,涡流的贯穿深度将增加,可做成低频透射传感器。如图 4-17 所示,传感器由两个绕在胶木棒上的线圈组成,一个为发射线圈,另一个为接收线圈,分别位于被测金属材料的两侧。由振荡器产生的低频电压 $\dot{U}_1$ 加到发射线圈 L_1 的两端后,线圈中流过一个同频率的交流电流,并在其周围产生一个交变磁场,如果两线圈间不存在被测物体,那么 L_1 的磁力线就能直接贯穿 L_2,于是 L_2 的两端就会感应出一交变电动势 $\dot{U}_2$,它的大小与 $\dot{U}_1$ 的幅值、频率及 L_1、L_2 的匝数、结构和两者间的相对位置有关。如果这些参数是确定的,$\dot{U}_2$ 就是定值。

当 L_1 和 L_2 之间放入金属板 M 后,金属板内会产生涡流 I,涡流 I 损耗了部分磁场能量,使到达 L_2 上的磁力线减少,从而引起 $\dot{U}_2$ 下降。金属板 M 越厚,损耗的磁场能量越大,$\dot{U}_2$ 就越小。

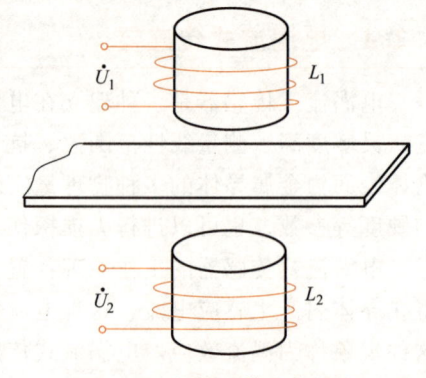

图 4-17 低频透射式电涡流传感器的工作原理

4.2.5 磁电式传感器

磁电式传感器又称为感应式传感器或电动式传感器，它利用导体和磁场发生相对运动而在导体两端输出感应电动势的原理进行工作。这种传感器不需要辅助电源就能把被测对象的机械量转换成易于测量的电信号，属于有源传感器。磁电式传感器的电路简单，输出功率大且性能稳定，并具有一定的频率响应范围（一般为 10~1000Hz），适用于振动、转速、转矩等的测量。

磁电式传感器以电磁感应原理为基础进行工作。根据法拉第电磁感应定律可知，当 N 匝线圈在均恒磁场内运动切割磁力线或线圈导致所在磁场的磁通变化时，线圈中产生的感应电动势 E 的大小取决于穿过线圈的磁通 Φ 的变化率，即

$$E = -N \frac{\mathrm{d}\Phi}{\mathrm{d}t}$$

据此可将磁电式传感器分为变磁通式和恒磁通式两类。

(1) 变磁通式　变磁通式磁电传感器又称为变磁阻磁电式传感器或变气隙磁电式传感器。图 4-18 所示为变磁通式磁电传感器，用来测量旋转物体的角速度，它又分为开磁路和闭磁路两种形式。如图 4-18a 所示，开磁路形式保持感应线圈、永久磁铁静止不动，将测量齿轮安装在被测旋转体上，随之一起转动。每转动一个齿，齿的凹凸引起磁路磁阻变化一次，磁通也就变化一次，线圈中产生感应电动势，其变化频率等于被测转速与测量齿轮齿数的乘积。这种形式的传感器结构简单，但输出信号较小，又因高速轴上加装齿轮较危险，不宜用于测量高转速。

如图 4-18b 所示，闭磁路形式利用被测旋转体带动椭圆形测量轮在磁场气隙中等速转动，使气隙平均长度周期性地变化，因而磁路磁阻也周期性地变化，磁通同样周期性地变化，从而在感应线圈中产生感应电动势，其频率与测量轮的转速成正比。此外，也可以用齿轮代替椭圆形测量轮，如将软铁制成内齿轮形式，确保内外齿轮齿数相同。当转轴连接到被测轴上时，外齿轮不动，内齿轮随被测轴一起转动，内、外齿轮的相对转动使气隙磁阻产生周期性变化，从而引起磁路中磁通的变化，使线圈内产生周期性变化的感生电动势，感应电动势的频率与被测转速成正比。

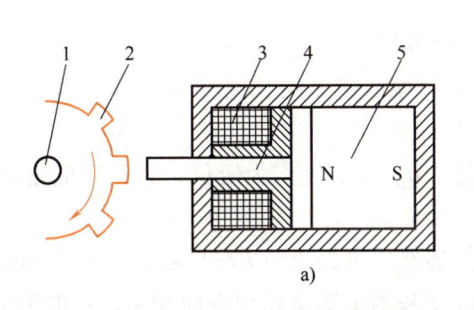

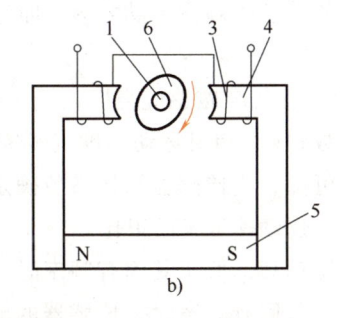

图 4-18　变磁通式磁电传感器的结构型式
a) 开磁路　b) 闭磁路
1—转轴　2—测量齿轮　3—感应线圈　4—软铁　5—永久磁铁　6—测量轮

变磁通式磁电传感器对环境条件要求不高，能在 -150~90℃ 的温度下工作，不影响测量

精度，也能在油、水雾、灰尘等条件下工作，但它的工作频率下限较高，约为50Hz，上限可达100kHz。

（2）恒磁通式 如图4-19所示，恒磁通式磁电传感器的典型结构包括永久磁铁5、线圈2、弹簧3、金属骨架1和壳体4等。磁路系统产生恒定的直流磁场，磁路中的工作气隙固定不变，因而气隙中的磁通也恒定不变。运动部件可以是线圈，也可以是磁铁，因此又分为动圈式和动铁式两种结构。动圈式的永久磁铁5与壳体4固定，线圈2和金属骨架1用柔软的弹簧3支撑，如图4-19a所示。动铁式的线圈2和金属骨架1与壳体4固定，永久磁铁5用柔软的弹簧3支撑。两者的阻尼都是由金属骨架1和磁场发生相对运动而产生的电磁阻尼，所谓动圈、动铁都是相对于传感器壳体而言。

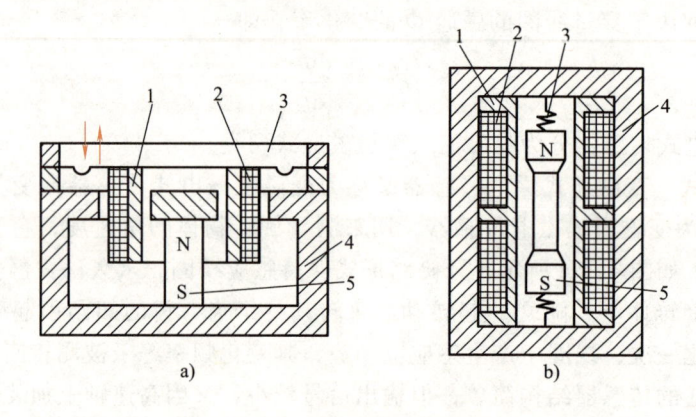

图4-19 恒磁通式磁电传感器的结构
a) 动圈式 b) 动铁式
1—金属骨架 2—线圈 3—弹簧 4—壳体 5—永久磁铁

动圈式和动铁式的工作原理完全相同，当壳体4随被测振动体一起振动时，由于弹簧3较软，运动部件质量相对较大，若振动频率足够高（远大于传感器固有频率），运动部件惯性很大，来不及随振动体一起振动，近乎静止不动，振动能量几乎全被弹簧吸收，永久磁铁5与线圈2之间的相对运动速度接近振动体的振动速度，永久磁铁5与线圈2的相对运动切割磁力线，从而产生感应电动势E，即

$$E = -B_0 LNv$$

式中，B_0为工作气隙磁感应强度（T）；L为每匝线圈平均长度（m）；N为线圈在工作气隙磁场中的匝数；v为相对运动速度（m/s）。

由上式可知，当传感器结构参数确定后，B_0、L、N均为定值，因此感应电动势E与线圈相对磁场的运动速度v成正比。

对于当振动频率低于其固有频率时，传感器的灵敏度（E/v）随振动频率而变化；当振动频率远大于其固有频率时，传感器的灵敏度基本不随振动频率而变化，近似为常数；当振动频率更高时，线圈阻抗增大，传感器的灵敏度随振动频率增加而下降。

恒磁通式磁电传感器的频响范围一般为几十Hz至几百Hz。磁电式传感器只适用于动态测量，可直接测量振动物体的速度或旋转体的角速度。如果在其测量电路中接入积分电路或微分电路，则可以用来测量位移或加速度。

4.2.6 霍尔式传感器

霍尔式传感器是基于霍尔效应原理将被测量转换成电动势输出的一种传感器。虽然它的转换率较低，温度影响大，要求转换精度较高时必须进行温度补偿，但结构简单、体积小、坚固、频率响应宽、动态范围大、无触点、使用寿命长、可靠性高，易于微型化和集成电路化，因此在测量技术、自动化技术和信息处理等方面得到了广泛的应用。

霍尔是美国的一位物理学家，他在1879年首先在金属材料中发现了霍尔效应，后来人们发现某些半导体材料的霍尔效应十分显著，就用这些材料制成了霍尔元件，广泛用于电磁测量、位移测量、计数器、转速计及无触点开关等方面。

如图4-20所示，若在半导体薄片的两端通以控制电流 I，并在薄片的垂直方向施加磁感应强度为 B 的磁场，则在垂直于电流和磁场的方向上（霍尔输出端之间）将产生电动势 U_H（霍尔电动势或霍尔电压），这种现象称为霍尔效应。具有霍尔效应的元件称为霍尔元件，霍尔式传感器就是由霍尔元件组成的。

在图4-20中，v 表示电子在控制电流作用下的运动速度，F_L 表示电子所受到的洛伦兹力，其大小为

$$F_L = qvB$$

式中，q 为电子的电荷量。

F_L 方向符合左手定则，在 F_L 的作用下，电子向一侧运动，致使霍尔元件中的电子向一边偏转，并在该边积累，另一边则积累正电荷，于是产生电场。该电场阻止运动电子继续偏转。当电场作用在运动电子上的力 F_E 与 F_L 相等时，电子的积累达到平衡。这时，薄片两横断面之间产生的电场称为霍尔电场 E_H，相应的电动势就称为霍尔电动势 U_H，即

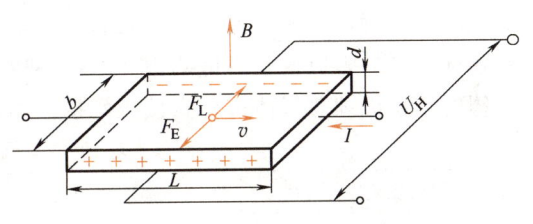

$$U_H = \frac{R_H I B}{d}$$

图 4-20 霍尔效应原理图

式中，R_H 为霍尔常数（m³/C）；I 为控制电流（A）；B 为磁感应强度（T）；d 为霍尔元件的厚度（m）。

引入

$$K_H = \frac{R_H}{d}$$

整理得

$$U_H = K_H I B$$

由上式可知，霍尔电动势的大小正比于控制电流 I 和磁感应强度 B。K_H 称为霍尔元件的灵敏度，它是表征霍尔元件性能的一个重要参数，即在单位控制电流和单位磁感应强度下，霍尔元件输出的霍尔电压大小。一般要求它越大越好，霍尔元件的灵敏度与元件材料的性质和几何尺寸有关。由于半导体的霍尔常数 R_H 要比金属大得多，在实际应用中，一般都采用N型半导体材料做霍尔元件。此外，元件的厚度 d 对灵敏度的影响也很大，元件越薄，灵敏度越高，因此霍尔元件一般都比较薄。

4.2.7 气敏传感器

气敏传感器也称为气体传感器,它是用来测量气体的类型、浓度和成分的传感器,能把气体(空气)中的特定成分检测出来,并将成分参量转换成电信号,以便提供有关待测气体的存在及其浓度的信息。能实现气-电转换的气敏传感器种类众多,按构成材料可分为半导体和非半导体两类,目前使用最多的是半导体气敏传感器。

1. 半导体气敏传感器的分类

半导体气敏传感器利用气体在半导体敏感元件表面的氧化和还原反应导致敏感元件的电阻值、电阻率或电容发生变化的原理,检测气体的类别、浓度和成分。

按照半导体与气体的相互作用主要局限于半导体表面,还是涉及半导体内部,半导体气敏传感器可分为表面控制型和体控制型两种,前者半导体材料表面吸附的气体与其组成原子间发生电子交换,导致半导体的电阻率等物理性质发生变化,但内部化学组成不变;后者半导体材料与气体的反应,导致半导体内部组成发生变化,从而使电导率发生变化。按照半导体变化的物理特性,又可分为电阻式和非电阻式两种。电阻式半导体气敏传感器利用敏感材料接触气体时的阻值改变来检测被测气体的成分或浓度;非电阻式半导体气敏传感器则利用半导体的其他机理对气体进行直接或间接检测。半导体气敏传感器的分类见表4-2。

表4-2 半导体气敏传感器的分类

分类	主要物理特性	类型	气敏元件	主要检测气体
电阻式	电阻	表面控制型	氧化锡、氧化锌(烧结体、薄膜、厚膜)	可燃性气体
		体控制型	$T-Fe_2O_3$、氧化钛(烧结体)氧化镁、氧化锡	酒精、可燃性气体、氧气
非电阻式	二极管整流特性	表面控制型	铂-硫化硒、铂-氧化钛(金属-半导体烧结二极管)	氢气、一氧化碳、酒精
	晶体管特性		铂栅、铂栅MOS场效应晶体管	氢气、硫化氢

2. 半导体气敏传感器的工作原理

半导体气敏传感器的敏感元件采用金属氧化物半导体材料,分为N型、P型和混合型三种。半导体敏感元件的敏感部分是金属氧化物半导体微结晶粒子烧结体,当它的表面吸附被检测气体时,半导体微结晶粒子接触界面的导电电子比例就会发生变化,从而使敏感元件的电阻值随被测气体的浓度改变而改变。这种反应是可逆的,因而是可重复使用的。电阻值的变化是伴随金属氧化物半导体表面对气体的吸附和释放而发生的,为了加速这种反应,通常要用加热器对敏感元件加热。半导体敏感元件被加热到稳定状态下,当气体接触元件表面而被吸附时,吸附分子首先在表面自由地扩散(物理吸附),失去其运动能量,其间一部分分子蒸发,残留分子产生热分解而固定在吸附处(化学吸附)。这时,如果元件的功函数小于吸附分子的电子亲和力,则吸附分子将从元件处夺取电子而变成负离子吸附。具有负离子吸附倾向的气体称为氧化型气体或电子接收型气体,如 O_2、NO_x。如果元件的功函数大于吸附分子离解能,则吸附分子将向其释放电子而成为正离子吸附。具有这种正离子吸附倾向的气体称为还原型气体或电子供给型气体，如 H$_2$、CO、碳氢化合物和酒类等。

当氧化型气体吸附到 N 型半导体上，或还原型气体吸附到 P 型半导体上时，载流子将减少，导致电阻值增大。相反，当还原型气体吸附到 N 型半导体上，或氧化型气体吸附到 P 型半导体上时，载流子将增多，导致电阻值下降。

4.2.8 湿敏传感器

湿敏传感器的核心部分是湿敏元件，湿敏元件一般由基体、电极和感湿层组成，如图 4-21 所示。湿敏元件的基体为不吸水且耐高温的绝缘材料，如聚碳酸酯板、氧化铝瓷等。在基体之上，常用镀膜法真空蒸镀上薄膜，用丝网印刷法加工两个电极。电极常用不易氧化的导电材料，如金、银等制成。基体、电极加工好后，涂敷感湿材料，并在几百摄氏度的温度下烧结成感湿层。感湿层很薄，通常仅为几微米至几十微米，它是湿敏元件的主体，可随空气湿度的变化而改变阻值（有时也可改变介电常数），即常说的吸湿与脱湿。

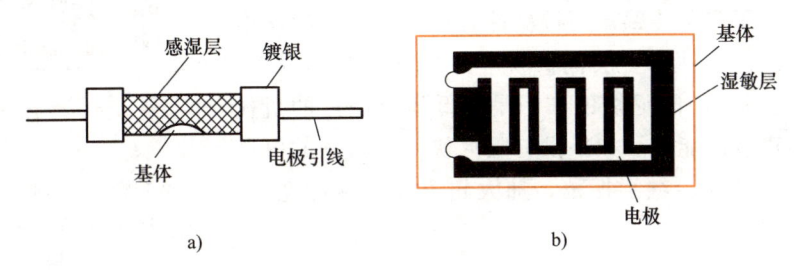

图 4-21 湿敏元件的结构
a）柱状　b）片状

1. 湿敏传感器的工作原理

湿敏元件的工作原理主要是物理吸附和化学吸附。感湿层为微型孔状结构，极易吸附它周围空气中的水分子。由于水是导电物质，当感湿层中的水分子含量增多时，就会引起电极间电导率的上升。湿敏元件的感湿层还具有电解质特性，其正离子吸附空气中水分子的羟基（OH-），在外加电压的作用下，产生载流子移动。这种现象的变化是可逆的，即当空气中水蒸气的含量减少时，感湿层又会释放羟基，引起电导率降低。

2. 湿敏传感器的分类

水是一种强极性的电解质。水分子有较大的电偶极矩，在氢原子附近有极大的电场，因而具有很大的电子亲和力，水分子易于吸附在固体表面并渗透到固体内部的特性称为水分子亲和力。利用这一特性制成的湿敏传感器称为水分子亲和力型传感器，与水分子亲和力无关的湿敏传感器则称为非水分子亲和力型传感器。

4.2.9 超声波传感器

超声波传感器是一种以超声波作为检测手段的新型传感器。利用超声波的各种特性，可做成各种超声波传感器，再配上不同的测量电路，可制成各种超声波仪器及装置，广泛应用于冶金、船舶、机械、医疗等各个行业的超声探测、超声清洗、超声焊接等方面。

1. 超声波传感器的工作原理

超声波传感器包括超声波发生器和超声波接收器，习惯上称为超声波换能器或超声波探头。

超声波传感器按其工作原理可分为压电式、磁致伸缩式、电磁式等，检测技术中主要采用压电式。下面以压电式超声波传感器为例介绍其工作原理。

压电式超声波传感器常用的材料是压电晶体和压电陶瓷，它是利用压电材料的压电效应来工作的。利用逆压电效应将高频电振动转换成高频机械振动，从而产生超声波，可作为发射探头；利用正压电效应将超声振动波转换成电信号，可用为接收探头。

由于压电材料较脆，为了绝缘、密封、防腐蚀、阻抗匹配及防止不良环境的影响，压电元件常装在一个外壳内以构成探头。超声波探头按其结构可分为直探头、斜探头、双探头和液浸探头等。图4-22所示为直探头的结构，它主要是由压电晶片、吸收块（阻尼块）、保护膜等组成。压电晶片多为圆板形，厚度为δ，超声波频率f与其厚度δ成反比。压电晶片的两面镀有银层，作为导电的极板，底面接地，上面接至引出线。为了避免传感器与被测件直接接触而磨损压电晶片，在压电晶片下粘合一层保护膜（0.3mm厚的塑料膜、不锈钢片或陶瓷片）。阻尼块的作用是降低压电晶片的机械品质，吸收超声波的能量。如果没有阻尼块，当激励的电脉冲信号停止时，晶片会继续振荡，加大超声波的脉冲宽度，导致分辨率变差。

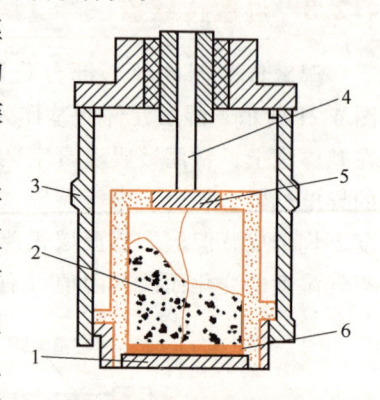

图4-22 压电式超声波传感器的结构

1—保护膜　2—吸收块　3—金属壳
4—导电螺杆　5—接线片
6—压电晶片

2. 超声传感器的应用

（1）**超声波传感器焊接应用**　压电陶瓷或磁致伸缩材料在高电压窄脉冲作用下，可得到较大功率的超声波，可以被聚焦，能用于集成电路及塑料的焊接。

（2）**多普勒效应应用**　交警用超声波多普勒车速测量仪可以根据超声波的多普勒效应，测量汽车的行驶速度。

（3）**倒车雷达应用**　倒车雷达全称为"倒车防撞雷达"，也称为"泊车辅助装置"，它是汽车泊车或者倒车时的安全辅助装置，由超声波传感器（探头）、控制器和显示器（或蜂鸣器）等部分组成。该装置能以声音或者更为直观的显示方式告知驾驶人周围障碍物的情况，解除了驾驶人泊车、倒车和起动车辆时因前后左右探视而引起的困扰，并帮助驾驶人扫除了视野死角和视线模糊的缺陷，提高了驾驶的安全性。

（4）**叉车托盘检测**　物流行业通常依赖于叉车可靠地运送重物到达指定地点。超声波传感器在特定区域内监控叉车，确保其准确性和可靠性。依靠超声波传感器，驾驶人能确定托盘是否已上叉车，以及叉车托杆插入托盘底下的深度。

4.3　新型传感器

目前，传感器系统正向着微小型化、智能化、多功能化和网络化的方向发展。未来的传感器系统将变得更加微型化、综合化、多功能化、智能化和系统化。

4.3.1　柔性可穿戴传感器

柔性可穿戴传感器具有可拉伸性强、自愈合能力好、高机械韧性和触觉感应能力强等特点，在医疗保健、运动、机器人、国防和维护等领域获得广泛应用。以智能手表、电子手环、动态心电监护仪、智能纺织品和智能手套等为代表的可穿戴设备在疾病诊断、健康监测、康复治疗、人机交互和互动娱乐等领域获得了广泛的应用。据相关统计，2019年，此类可穿戴电子设备的销售额已超过500亿美元。

柔性可穿戴传感器可以将各种生命体征信号实时地转换为可测量的电信号（如电容、电阻、电流和电压等）。因此，柔性可穿戴传感器根据其检测目标信号的类型可分为物理、化学和电生理传感器。物理传感器能检测受到机械力（如运动、呼吸、脉搏跳动、心脏跳动等）、温度或光学刺激所导致的电信号变化。化学传感器通过可定制以响应特定化学物质的电极来识别或量化目标物（包括离子、分子、蛋白质等）。电生理传感器可以连续实时记录心脏、大脑、肌肉等特殊组织的电极之间的电势差，并根据获得的心电图（ECG）、脑电图（EEG）和肌电图（EMG）等分析各组织的健康状况。

1. 用于物理信号传感的柔性可穿戴系统

柔性可穿戴电子器件通过直接测量生物电、电阻抗、压电、摩擦电和光学信号等方式，实现心电、肌电、心率、呼吸、体温、脉搏和血压等物理量的检测，其中对各类生物电信号，如心电、脑电、肌电、眼电、神经电进行监测是柔性可穿戴电子器件最常见的一类应用。稳定耐用、舒适透气的电极是获取高质量生理电信号的基础，也是将可穿戴器件应用于大范围人群，收集大量信息进行人工智能训练的前提。

（1）可穿戴压力传感器 可穿戴压力传感器通过检测电信号的变化来分析计算受到压力的变化，可以模拟人体皮肤的基本特性以感应外部刺激，在人体生理健康信号的监测方面具有广泛的潜在应用价值。

压阻式压力传感器是根据器件几何结构变化导致隧道接触电阻的变化来分析计算压力变化的传感器。近年来，压阻式传感器由于制备工艺成熟、方便检测信号的变化、结构简单、具有高的灵敏度和宽的检测范围而得到了广泛的应用。随着各种新兴纳米材料和具有微结构的纳米复合材料的发展，出现了各种具有出色性能的压阻式传感器。然而，大多数具有平面复合结构的传统压阻式传感器，通常很难实现高的传感性能。因此，可以通过使用各种新颖的几何微结构制备高传感性能的压阻式传感器，包括互锁结构、纳米材料的渗透网络结构（如碳纳米管（CNT）、纳米线（NW）、还原氧化石墨烯（rGo））、图案化微结构、多孔结构（如空心球、海绵和泡沫）等。

电容式压力传感器具有检测静压的高灵敏度、较低滞后和多触点的优点。它一般包括底部电极、顶部电极和中间一层介电层，类似于三明治形的夹层结构。当对具有夹层结构的电容式压力传感器施加压力时，介电层的厚度会减小，导致传感器电容变大。因此，电容式压力传感器可以通过记录电容信号来实时监测外部压力变化。

（2）柔性可穿戴应变传感器 高度可拉伸和高灵敏度的可穿戴应变传感器可以检测全范围人体运动，是物理传感器的重要组成部分，为了准确地检测机械刺激，应变传感器应具有很好的皮肤顺应性，能够很好地集成于皮肤组织上。

1）压阻型应变传感器。作为常用于健康监测的一种应变传感器，当其导电材料因施加的应变而发生机械变形时，传感器的电阻会发生变化。基于纳米材料的电阻式应变传感器是常见的一种压阻型应变传感器，它主要通过将导电纳米材料修饰到弹性体基底表面，或将其掺杂在弹性基板中来形成连续的导电网络。当对传感器施加应变时，导电纳米材料之间会断开，从而使传感器的电阻增大。根据这种机理，近年来很多研究人员开发了多种基于断开机制的具有可调控的灵敏度和应变系数（GF）的应变传感器。

2）电容应变传感器。通过记录传感器输出电容的变化来分析/计算外部施加的应变。凭借易于构建且易于建模的优点，平行板结构成为电容式传感器设计中最流行的架构。良好的可拉伸性则是传感器能够很好地附着于皮肤上的必要条件。由于成本低、长径比高、导电性能优秀和透明度高等优点，各种 AgNW 复合材料常被用于开发各种可拉伸的电容式传感器。为了使传感器获得更高的灵敏度和可拉伸性，需要用诸如聚二甲基硅氧烷（PDMS）、聚氨酯（PU）和降解塑料（Ecoflex）等弹性模量较小的材料作为传感器的基底。施加应变会导致弹性基底变形，从而使介电层厚度和两个电极之间的重叠面积发生变化，电容也随之发生变化以响应应变。

3）摩擦电应变传感器。作为一种新兴传感器，摩擦电应变传感器在可穿戴电子产品领域快速发展。它通常由两种不同的材料制成，这些材料具有相反的获取电荷的能力。两种材料之间的接触和分离会触发两者之间的电荷转移，从而在外部电路中产生可测量的交流电流或电压。电信号的大小可以与施加在传感器上的机械力相对应。

2. 可穿戴化学传感器

在传统的临床医学环境中，血液、汗液、尿液的样本一般通过标准分析技术进行分析检测，这些技术耗时、费用高、效率低，无法对目标分析物进行连续的检测。此外，它们需要使用的侵入式采样方式，不适合长期连续使用。柔性可穿戴化学传感器因其重量轻、体积小、价格便宜、灵敏度高等优势，对于连续实时监测体液中的各种化学分子具有重要性。汗液是一种非常重要的体液，含有与生理健康状态相关的丰富信息。因此，可穿戴汗液传感器成为一种可行且理想的无创健康监测手段。

3. 可穿戴电生理传感器

柔性可穿戴电生理传感器的科学研究和开发利用，对于检测神经、心血管、肌肉等目标器官在活动期间引起的生物电动势变化具有重大意义。柔性可穿戴电生理传感器一般由记录电极、参比电极和接地电极组成，其中接地电极确定了传感电路的基线，需要连接在零电位区域。记录和参比电极分别放置在目标身体部位和四肢上。依据电极不同组合方式的电信号所显示的读数，可以使医生快速简便地诊断不同病情。传统的电生理传感系统一般用胶带、夹子或黏性胶带等将电极固定在身体目标区域，由于相关设备的体积大、刚性和质量大等问题，被检测人员的活动受限，反而使患者的检测变得极不方便。为了解决这些困难，相关学者提出了一种在医学检测中使用柔软、超薄、超轻并具备生物相容性的表皮电子系统（EES）的新思路，即把丝状蛇形的金属连接到柔软的高弹性材料上，调节测试系统的力学性能与人体皮肤相匹配。

4.3.2 MEMS 传感器

MEMS 传感器即微机电系统（Microelectro Mechanical System），是在微电子技术基础上发展起来的多学科交叉的前沿研究领域。未来，传感器的发展方向主要为无源化，以及材料的多元化和微型化，无线 MEMS 传感器可利用能量收集芯片收集其他形式的能源，从而完成能量的聚集与转化，最终实现无源化的应用。在传感器发展期间，材料合成技术也在持续发展，如光纤材料制备技术等，这也为材料的多元化发展提供了基础。

从微小化和集成化的角度分析，MEMS（或称微系统）是指可批量制作的集微型机构、微型传感器、微型执行器及信号处理和控制电路，直至接口、通信和电源等于一体的微型器件或系统。

1. 分类

MEMS 传感器按照测量性质可以分为物理 MEMS 传感器、化学 MEMS 传感器和生物 MEMS 传感器，每种 MEMS 传感器又有多种细分方法。以微加速度计为例，按检测质量的运动方式不同，可分为角振动式和线振动式两种；按检测质量支撑方式不同，可分为扭摆式、悬臂梁式和弹簧支撑方式；按信号检测方式不同，可分为电容式、电阻式和隧道电流式；按控制方式不同，可分为开环式和闭环式。

2. 应用及特点

汽车采用的传感器中约有 1/3 的传感器是 MEMS 传感器，并且汽车越高级，采用的 MEMS 传感器越多。汽车上的 MEMS 传感器主要用于发动机运行管理、车辆动力学控制、自适应导航、车辆行驶安全系统、车辆监护和自诊断等方面。

MEMS 传感器在医疗上主要用于临床化验系统、诊断与健康监测系统，包括压力传感器、集成加速度传感器、微流体传感器等。

在航空航天领域，MEMS 拥有较大的应用前景。MEMS 技术的使用，在很大程度上提高了航空器的性能。在未来发展中，MEMS 传感器可被广泛安置于飞机的关键部位，实现对飞机重要运行部件的精确控制与测量，包括气流、声学、力学等方面，以提供及时的信息完成对执行部件的实时控制，并在确保飞机飞行平稳的同时，最大限度地抑制飞机飞行产生的噪声，实现飞机燃料的高效利用。在宇航中关于星际物质与生命起源的探测方面，可应用全集成气相色谱微系统，将其散布于太空中，以达到探测目的。同时，将特制微机器人传送至特定星球，并围绕星球飞行，由配置的摄像系统协助轨道器，绘制相关星球的地形地貌特征。

3. 发展趋势

基于 MEMS 技术的微型传感器具有降低汽车电子系统成本及提高其性能的优势，现已逐步取代基于传统机电技术的传感器，有望成为汽车传感器的主流产品。以 MEMS 传感器网络的研究为例，它是未来重点研究的领域之一，主要有以下八个研究方向：

（1）**无源化**　在物联网时代，网络化的测控系统往往需要用到无线 MEMS 传感器，作为将非电量转化为电量的传感器，电源是关键点。利用能量收集芯片收集太阳能、风能等其他能源，并将其转换为电能为传感器供电，无线传感模块与能量收集技术的结合将使 MEMS 传感器实现无源化。

（2）**材料多样化**　随着材料合成技术的发展及制造工艺的多样化，研究人员将氧化锆功能陶瓷、软磁薄膜和薄带材料、光纤材料、生物材料等新型材料用于制造 MEMS 传感器，可使传感器的制造材料更加多样化。

（3）**设备小型化**　可佩戴技术、便携式设备要求传感器向小型化方向发展，纳米技术、集成化技术及封装技术的研究发展将推进 MEMS 传感器实现更小的封装。

（4）**节点微型化**　利用现有的微机电、微无线通信技术，设计微体积、使用寿命长的传感器节点是一个重要的研究方向。加州大学伯克利分校研制的尘埃传感器节点，把传感器的体积降低为一个立方毫米，从而使传感器颗粒可以悬浮在空中。

（5）**寻求系统节能策略**　无线传感器网络应用于特殊场合时，电源不可更换，因此功耗问题显得至关重要。目前，有关节点的低功耗问题已经取得了很大的研究成果，随之出现了一些低功耗的无线传感器网络协议，未来将会取得更大的进步。

（6）低成本 由于传感器网络的节点数量非常大，往往是成千上万个。要想使传感器网络达到实用化标准，要求每个节点的价格控制在 1 美元以下，而现在每个传感器节点的造价约为 80 美元。如果能够有效降低节点的成本，将会大大推动传感器网络的发展。

（7）节点的自动配置 未来将着重研究如何将大量的节点按照确定的规则组成一个网络。当其中某些节点出现错误时，网络能够迅速找到这些节点，并且不影响网络的正常使用。因此，配置冗余节点是必要的。

（8）传感器网络的安全性问题和抗干扰问题 与普通的网络一样，传感器网络同样面临安全性的考验，即如何利用较少的能量和较小的计算量来完成数据加密、身份认证等功能。在破坏或受干扰的情况下可靠地完成任务，也是一个重要的研究课题。

4.3.3 智能传感器

赛迪顾问数据显示，2020 年全球传感器市场规模达到 1606.3 亿美元，智能传感器市场规模达到 358.1 亿美元，占总体规模的 22.3%。目前，从卫星雷达、航空航天到工业智能制造，乃至与人们日常生活相关的智慧城市、智慧医疗、智慧家居、智能穿戴设备，智能传感器的应用已无处不在。

智能传感器既有获取信息的功能，又有处理信息的功能，是传感器、计算机和通信技术相结合的产物。早期人们认为"传感器的敏感元件及其信号调理电路与微处理器集成在一块芯片上就是智能传感器"。随着传感器技术的发展，人们认为把传感器和微处理器集成在一块芯片上，只能代表传感器的智能化，还不能算是智能传感器。现在人们认为智能传感器是一种带有微处理器，兼有检测信息、信息处理、逻辑思维与判断功能的传感器。因此，智能传感器也算是一个微型计算机系统，其中作为系统大脑的微处理器可以是单片机、单板机，也可以是微型计算机。

1. 功能

智能传感器的常见功能包括以下几方面：

1）具有自动调零、自动补偿、自动标定、自动校正功能。

2）具有自诊断功能，可以通过硬件或者软件对装置的正确与否进行检验，以便及时发现故障并处理。

3）能够自动采集数据，并对数据进行预处理。

4）具有数据存储、记忆和信息处理功能。

5）具有接口功能。由于传感器中采用微处理器，其接口实现标准化，因而能够与上一级微型计算机进行对接，从而对测量系统进行遥控并将测量数据传输给远方用户等。

6）具有判断、决策、处理功能。

7）具有显示和提醒功能。通过传感器中微处理器的接口与数码管或其他显示器相结合，可以点显示或定时显示各测量值及有关参数。

综上所述，一个真正意义上的智能传感器必须具备学习、推理、感知、通信及管理等功能。

2. 特点

（1）精度高　智能传感器可以利用软件进行硬件电路很难实现的信号处理，并能自动进行系统的非线性补偿，通过对采集的大量数据进行统计处理，可以消除随机误差的影响等，因此测量精度高。

（2）可靠性高　智能传感器自动补偿因其工作条件与环境温度变化而产生的零点漂移，具有自诊断、自校准功能，并可用软件代替硬件，简化硬件，从而提高可靠性。

（3）检测范围广　智能传感器可以实现多传感器、多参数测量，从而扩大了检测与使用的范围。

（4）高分辨率和高信噪比　由于智能传感器具有软硬件相结合的优点，可通过软件进行数字滤波、分析等处理，去除输入信号中的噪声，将有用信号提取出来，从而保证在多参数状态下对特定参数测量的分辨率与高信噪比。

3. 应用

相关报告显示，在车联网领域，智能传感器已经被广泛应用于汽车的方方面面，如车速、胎压、温度、燃料、制动等。未来随着智能化程度的提升，车用传感器数量与种类还会继续增加，如图像、毫米波雷达、激光雷达等；在智慧农业领域，基于智能传感器等集成的数据采集、传输和分析决策平台，有助于掌握作物畜禽等的实时信息，并提出改进策略和做出适当反应，从而避免人为观测的失误和错过最佳补救时机，以期获取最大的经济效益。

近年来，国家高度重视传感器产业发展，强化顶层设计，聚焦重点领域，培育产业生态，建设创新平台，推动产业实现高质量发展。2021年以来，工业和信息化部等部门先后印发了《基础电子元器件产业发展行动计划（2021—2023年）》《物联网新型基础设施建设三年行动计划（2021—2023年）》《"十四五"智能制造发展规划》等文件，开展传感类元器件等重点产品高端提升行动，重点补齐高端传感器、物联网芯片等产业短板，提升产业创新能力，强化市场应用推广。下面介绍智能传感器可以实现的10种强大的物联网应用。

（1）室内气候调节　在商业和工业工作场所，舒适的温湿度是提高员工工作效率的主要因素。然而，问题在于虽然温度和湿度在大型建筑中的是不均匀的，但供暖和制冷设置往往是统一的，不能反映实际的室内条件。这可能会导致居住者的不适和过度使用HVAC（Heating，Ventilation and Air Conditioning，供暖、通风及空调系统）和能源浪费。

有了智能传感器，可以在微区层面上实时采集室内温度和湿度读数，以准确调节大型设施内的HVAC系统。持续的室内气候监测还有助于检测不同建筑区域的瓶颈，如故障的炉子或空调。

（2）机器健康监测　机器振动可以揭示很多关于其当前的健康状态和问题，如错位或零件松动。利用智能传感器中的加速度计，可以持续监测关键设备的振动模式，以识别潜在的损坏，并及时进行维护。使用智能传感器确保机器健康的另一种方式是控制空气湿度。高湿度会导致设备结露和腐蚀，过于干燥的环境又会导致电子元件的摩擦。监控并将室内湿度维持在35%~65%的行业建议范围内，有助于防止上述问题发生。

（3）生产过程优化　环境条件对工业有重大影响。例如，在汽车制造中，波动的温度可能会导致不一致的流体注射，或通过加速冷却阶段影响3D打印组件的质量。连续测量车间的环境温度和湿度有助于规避可能扰乱生产的不必要的环境变化。将机器振动和环境数据与记录的工艺参数相结合，进一步揭示降低生产产出隐藏的低效率源。

(4) 冷链监控　在生产阶段之外，许多行业中的易腐产品，如制药和食品饮料，需要严格控制存储条件。通过在存储设施中安装智能传感器，可以确保相对温度和湿度处于理想的范围内，以避免财产变形和优化产品的使用寿命。对热趋势的持续观察还能快速定位并采取行动，如无意中打开的门或冷却设备故障。

(5) 非公路车队管理　对分布在大型工业厂房内的车辆进行管理是一项巨大的挑战。老旧的车队往往只有有限的远程信息处理能力，甚至根本没有。在这种情况下，智能传感器可提供一个多功能的选择，使车队无须进行昂贵的大修即可实现物联网。只需将传感器安装在车辆上，并收集其振动/加速度数据，以分析行驶、怠速和熄火时间。有了这种可视性，就可以发现由于过度怠速而造成的燃料浪费源，或检测出运行时间以外的未经授权的车辆使用。掌握车辆实际使用情况的信息后，还可以对车队的规模和组成做出战略性的决策。

(6) 数据中心的温度控制　在数据中心，服务器释放的热量过大，会使内部风扇超负荷运转，增加能源使用，甚至带来火灾风险，从而缩短服务器的使用寿命。由于动态发热，测量整体温度已不是重中之重，更重要的是识别机房内的特定热点。

智能传感器可以收集逐个机架的精细化温度数据，从而建立准确的数据中心热图，以便采取有效的控制措施。

(7) 资产跟踪　了解资产的位置，可以简化操作，提高生产力。具有 GPS 功能的智能传感器可以收集工业园区内任何分布式资产的位置数据。在室内环境中，GPS 信号可能不稳定，而气压和加速度计读数可以在一定程度上帮助确定垂直和水平运动。

(8) 防盗保护　智能传感器中的加速度计也可以成为防盗的利器。例如，如果应该驻守的重要资产被移动，传感器可以通知用户。只要将传感器安装在重要资产上，当检测到有可疑的移动时，就可以通知用户。

(9) 入侵检测　除了防盗检测，智能传感器还可以成为物联网安全系统的一部分，以检测夜间、作业时间外或限制进入区域的入侵。通过将传感器贴在门的外缘，可以测量门打开时的加速度。在设置紧急工作流程后，就可以触发警报，告知用户有潜在的入侵。

(10) 电气消防安全　电气故障是导致商业和工业设施火灾事故的主要原因。温度传感器或热成像摄像头虽然在检测由电路问题引起的过热方面很有用，但电气面板和机柜的红外检查通常需要每年进行一次，这使得电力系统在大部分时间内无人看管。有了永久固定在电气外壳上的智能传感器，就可以 24h 关注分布式电源系统的热变化，从而可以迅速诊断出温度升高的情况，以便采取应对措施，防止火灾隐患。

4.4　无线传感器网络

4.4.1　概述

传感器网络位于物联网系统架构底层，用于将物理世界和信息技术连接起来，传感器网络逐渐成为人们生活中不可或缺的一部分，越来越受到科技界和工业界的重视。由于当前各类信息系统主要在移动通信环境中工作，各种技术与进展也主要出现在无线传感器网络领域。无线传感器网络（Wireless Sensor Network，WSN）简称无线传感网，其底端与各种功能各异、数量巨大的传感器相连接，另一端则以有线或无线的方式接入网络与骨干网相连，构成各种规模与形态的物联网系统。

传感器网络经历了智能传感器、无线智能传感器、无线传感器网络三个阶段。

智能传感器嵌入了计算能力，使传感器节点不仅具有数据采集能力，还有信息处理能力。

最早的传感器网络可以追溯到 20 世纪 70 年代美军在越南战争中使用的"热带树"传感器。由于"热带树"传感器之间没有通信能力，实际上还不能算是网络的概念。20 世纪 80 年代以来，美国军方陆续与高校开展传感器网络方面的研究合作，旨在建立能够用于军事用途的自组织的无线传感器网络，在这期间硬件、软件、标准化和产品化等方面取得了一系列的重大进展。

无线智能传感器在智能传感器的基础上增加了无线通信能力，延长了传感器的感知触角。无线传感器网络将网络技术引入无线智能传感器中，使传感器不再是独立的感知单元，而是能交换信息、协调控制的有机体，实现物与物的互联，把感知触角深入世界的各个角落，成为泛在计算及物联网的骨干架构。

早在 1999 年，美国《商业周刊》杂志便将无线传感器网络列为 21 世纪最具影响力的 21 项技术之一。2000 年，美国加州大学伯克利分校发布了传感器节点专用操作系统 TinyOS，后续又推出了专用程序设计语言 nesC。2001 年，该校又推出了 Mica 系列传感器节点产品。TinyOS 和 Mica 取得了巨大的成功，直到今天仍然被广泛应用。微机电系统、片上系统（System On Chip，soC）、无线通信和低功耗嵌入式技术的飞速发展，孕育出无线传感网，并以其低功耗、低成本、分布式和自组织的特点带来了信息感知的一场变革。无线传感网是物联网的基础，它和移动通信网络的结合，为物联网提供了运行空间。2001 年，ZigBee 联盟成立，对无线传感网的通信协议进行了全面标准化，后续多家公司发布了多款符合 ZigBee 协议标准的芯片和产品。

4.4.2 无线传感器网络组成

无线传感器网络（WSN）是大量静止或移动的传感器以自组织和多跳的方式构成的无线网络，旨在协作地采集、处理和传输网络覆盖地域内感知对象的监测信息，并报告给用户，其结构如图 4-23 所示。

无线传感器网络系统主要包括感知对象、无线传感器节点、汇聚节点和管理节点。

感知对象是需要被感知的任何事物或者环境参数；

无线传感器节点既有感知功能，也有路由选择功能，用于检测周围事件的发生或环境参数。它由传感器模块、处理器模块、无线通信模块和能量供应模块四部分组成。

汇聚节点主要将无线传感器节点收集的信息汇集到一起，并通过无线通信方式传送到管理节点，起到中间连接的作用。无线传感器节点监测的数据沿着其他节点逐跳地进行传输，在传输过程中监测数据可能被多个节点处理，经过多跳路由到达汇聚节点，最后通过互联网或卫星到达管理节点。

管理节点是终端监测平台，用户通过管理节点对无线传感器网络进行配置和管理，发布监测任务并收集监测数据。

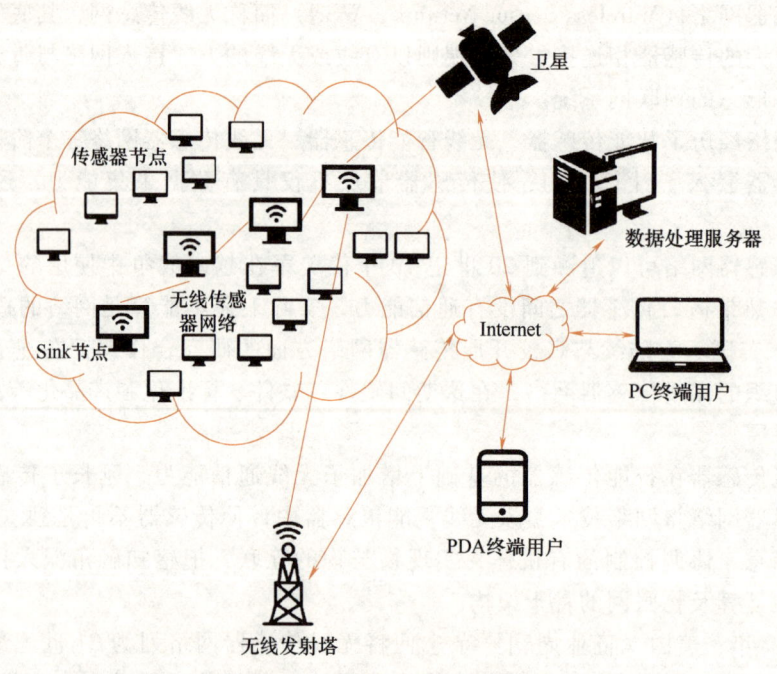

图 4-23 无线传感器网络的结构

4.4.3 无线传感器网络的拓扑结构和部署

1. 拓扑结构

对于无线传感器网络（无线传感网）而言，网络拓扑控制具有特别重要的意义。通过拓扑控制自动生成良好的网络拓扑结构，能够提高路由协议和 MAC 协议的效率，可为数据融合、时间同步和目标定位等方面奠定基础，有利于节省节点的能量来延长网络的生存期。因此，拓扑控制是无线传感网研究的核心技术之一。

无线传感网的拓扑结构是组织无线传感器节点的组网技术，有多种形态和组网方式，如星状网、网状网、混合网和树状网，如图 4-24 所示。每种拓扑结构有各自的优缺点。

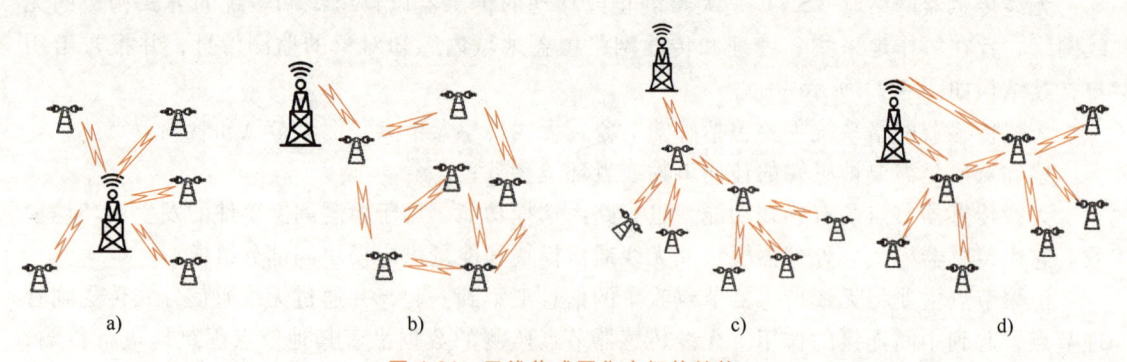

图 4-24 无线传感网集中拓扑结构
a) 星状网　b) 网状网　c) 树状网　d) 混合网

（1）**星状网** 星状网的拓扑结构是单跳（single-hop）。在传统无线网络中，所有终端节点直接与基站进行双向通信，彼此间不进行连接。基站节点可用一台 PC、专用控制设备或其他数据处理设备作为通信网关,各终端节点也可按应用需求而各不相同。这种结构对传感网并不合适,因为传感器自身能量有限,如果每个节点都要保证数据的正确接收,则传感器节点需要以较大功率发送数据。此外,当节点之间距离较近时,会监测到相似或者相同的信息,这些不必要的冗余会增加网络负载。

（2）网状网　网状网的拓扑结构是一种多对多的连接方式,其中每个节点都与其他节点直接相连。网状拓扑结构具有高度的灵活性和可靠性,即使某些节点发生故障,网络仍可通过其他路径进行通信。此外,网状拓扑结构还具有较低的传输延迟和较好的能耗控制。然而,网状拓扑结构也存在一些问题,如较高的成本和复杂性。由于每个节点都需要与其他节点直接通信,所以节点之间的通信距离较短,这限制了网络的覆盖范围。

（3）树状网　树状网是层次网,由总线拓扑演变而来,像倒置的树,树根以下带分支,每个分支又可再带子分支。树状网可视为多层次星形结构纵向连接而成,与星状网相比,其节点易于扩充。但是树状网复杂,与节点相连的链路由故障时,对整个网络的影响较大。

（4）混合网　混合网的拓扑结构力求兼具星状网的简洁、易控以及网状网的多跳、自愈的优点,使整个网络的建立、维护及更新更加简单、高效。其中,分层式网络结构属于混合网中比较典型的一种,尤其适合节点众多的无线传感网的应用。在分层网中,整个传感器网络形成分层结构,传感器节点通过基站指定或者自组织的方式形成各个独立的簇（Cluster）,每个簇选出相应的簇首（Cluster Head）,由簇首负责簇内所有节点的控制,并对簇内所收集的信息进行整合、处理,随后发送给基站。分层式网络结构既通过簇内控制减少了节点与基站间远距离的信令交互,降低了网络建立的复杂度,削减了网络路由和数据处理的开销,又可通过数据融合降低网络负载,而多跳也减少了网络的能量消耗。

2. 节点结构

无线传感器节点是一个微型化的嵌入式系统,它构成了无线传感网的基础层支持平台。典型的传感器节点由负责数据采集的感知单元、负责数据处理和存储的处理单元、负责通信收发的传输单元和为节点供电的能源供给单元四部分组成,如图4-25所示。其中,感知单元由传感器、A/D转换器组成,负责感知监控对象的信息;处理单元包括存储器、处理器和应用部分,负责控制整个传感器节点的操作,存储和处理所采集的数据及其他节点发来的数据;传输单元完成节点间的信息交互和通信工作,一般为无线电收发装置,由物理层收发器、MAC协议、网络层路由协议组成;能源供给单元负责供给节点工作所消耗的能量,一般为小体积的电池。此外,有些节点上还装有能源再生装置、运动或执行机构、定位系统等扩展设备,以获得更完善的功能。

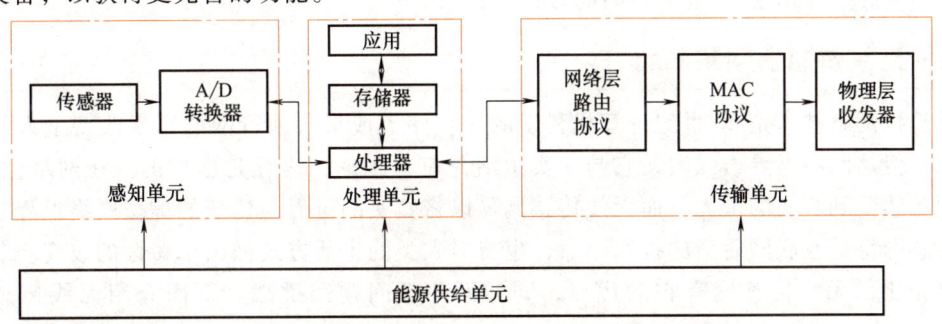

图4-25　传感器节点硬件结构示意图

典型的传感器节点体积较小，甚至小于 1cm，往往被部署在无人照看或恶劣的环境中，无法更换电池，节点能量受限。由于具体的应用背景不同，目前出现了多种无线传感网节点的硬件平台。典型的节点包括美国 CrossBow 公司开发的 Mote 系列节点 Mica2、Micaz 和 Mica2Dot，以及 Infineon 公司开发的 EYeS 传感器节点。实际上，各平台最主要的区别是采用了不同的处理器、无线通信协议以及与应用相关的不同的传感器。常用的处理器有 Intel StrongARM、Texas Instrument MSP430 和 Atmel Atmega；常用的无线通信协议有 IEEE 80211b、IEEE 802.154（ZigBee）和蓝牙（Bluetooth）等；与应用相关的传感器有光传感器、热传感器、压力传感器及湿度传感器等。虽然具体应用不同，传感器节点的设计也不尽相同，但是其基本结构都与图 4-24 类似。

3. 无线传感器网络部署

在传感网中，传感器节点可通过飞机播撒、人工安装等方式部署在感知对象内部、附近或周边等区域。这些节点通过自组织或设定方式组网，以协作方式感知、采集和处理覆盖区域内特定的信息，实现对信息在任意地点、任意时间的采集、处理和分析，并以多跳中继的方式将数据传回汇聚节点 Sink，如图 4-26 所示。它具有快速部署、易于组网、不受有线网络束缚、能适应恶劣环境等优点。

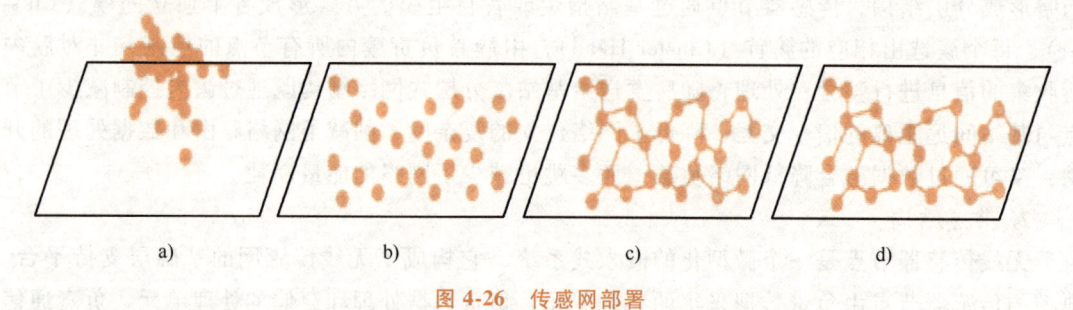

图 4-26 传感网部署

a）节点分散 b）拓扑行程 c）自组织 d）消息传送

无线传感网无须固定的设备支持，其部署通常有以下两种：
① 随机性部署。以撒布方式部署，节点随机分布，以 AdHoc 方式工作。
② 确定性部署。预先确定部署方案和节点位置，路由预先选定。

无线传感网节点结构设计也可从以下两方面考虑：
① 同构所有的传感网节点，每个节点的计算能力、通信距离和能量供应相当。
② 异构传感网节点具有不同的能力和重要性。

4.4.4 无线传感器网络的特征

计算机网络技术是 20 世纪计算机科学的一项伟大成果，因特网的出现改变了人类的生活方式。但是网络世界再强大，它与现实生活是有差距的，终究是虚拟的。在网络世界里，人类很难感受到真实的世界，而无线传感网可以将真实的世界与传统的虚拟网络世界结合起来，传感网将是互联网后新的技术革命，也将对人类的生活方式做出革命性的改变。与传统的网络相比，无线传感网有它的优点，同样面临新问题和挑战。下面介绍无线传感网的特点。

1. 网络规模大

在物联网系统中，为了获取精确信息，通常在监测区域部署大量传感器节点（信息获取者），数量很大，可能达到成千上万个，甚至更多。传感器网络的大规模性包括两方面的含义：一方面是指区域广，即传感器节点分布在很大的地理区域内，如在原始大森林采用传感器网络进行森林防火和环境监测，需要部署大量的传感器节点；另一方面是指数量密集，即在面积较小的空间内，密集部署了大量的传感器节点。

传感器网络的大规模性具有很多优点，归纳起来有四方面：一是通过不同空间视角获得的信息具有更大的讯噪比；二是通过分布式方式处理的大量采集信息能够提高监测的精确度，降低对单个节点传感器的精度要求；三是由于传感器网络中存在大量冗余节点，系统具有很强的容错性能；最后是由于传感器网络中部署有大量节点，增大覆盖的监测区域，减少洞穴或者盲区。

2. 自组织性

在传感器网络应用中，传感器节点一般被放置在没有基础结构的地方，传感器节点的位置不能预先精确设定，节点之间的相互邻居关系预先也不知道。例如，通过飞机播撒大量传感器节点到原始大森林中，或随意放置到人不可到达或危险的区域。这就要求传感器节点具有自组织的能力，能够自动进行配置和管理，通过拓扑控制机制和网络协议自动形成转发监测数据的多跳无线网络系统。

在传感器网络使用过程中，部分传感器节点由于能量耗尽或环境因素造成失效，也有一些节点为了弥补失效节点、增加监测精度而补充到网络中，这样传感器网络中的节点个数就会动态增加或减少，从而使网络的拓扑结构随之动态变化。传感器网络的自组织性要求能够适应这种网络拓扑结构的动态变化。

3. 动态性

无线传感网的拓扑结构可能因为下列因素而改变：①环境因素或电能耗尽造成的传感器节点故障或失效；②环境条件变化可能造成无线通信链路带宽变化，甚至时断时通；③传感器网络的传感器、感知对象和观察者三要素都可能具有移动性；④新节点的加入。这就要求传感器网络系统要能够适应上述变化，具有动态的系统可重构性。

4. 可靠性

无线传感网特别适合部署在恶劣环境或人类不宜到达的区域，节点可能工作在露天环境中，无线传感网可能遭受日晒、风吹、雨淋，甚至是人或动物的破坏。传感器节点往往采用随机部署，如通过飞机撒播或发射炮弹到指定区域进行部署。这些都要求传感器节点非常坚固，不易损坏，能够适应各种恶劣环境条件。

由于监测区域环境的限制和传感器节点数目巨大，不可能人工维护每个传感器节点，导致无线传感网的维护十分困难，甚至不可维护。无线传感网与传统的网络一样必须保证安全，防止监测数据被盗取和伪造。因此，传感器网络的软硬件必须具有稳定性和容错性。

5. 以数据为中心

传统的互联网是先有计算机终端系统，再将分布在不同位置的终端互连成为网络，事实上终端系统是可以脱离网络独立存在的。在互联网中，网络设备用 IP 地址来唯一标识，资源定位和信息传输依赖于网络设备的 IP 地址，如果想访问互联网中的资源，首先要知道存放资源的服务器 IP 地址，因此可以认为传统互联网是一个以地址为中心的网络。

传感器网络是功能型和任务型网络，脱离传感器网络谈论传感器节点没有任何意义。传感器网络中的节点采用节点编号标识，节点编号是否需要全网唯一取决于网络通信协议的设计。由于传感器节点部署一般采用随机方式，构成的传感器网络与节点编号之间的关系是完全动态的，表现为节点编号与节点位置没有必然联系。用户使用传感器网络查询事件时，直接将所关心的事件通告给网络，而不是通告给某个确定编号的节点，网络在获得指定事件的信息后汇报给用户。这种以数据本身作为查询或传输线索的思想更接近于自然语言交流的习惯，因此常说传感器网络是一个以数据为中心的网络。

6. 集成化

在无线传感网中，传感器节点的功耗低、体积小、价格便宜，实现了集成化。其中，微机电系统技术的快速发展为无线传感网节点实现上述功能提供了相应的技术条件，在未来，类似"灰尘"的传感器节点也会被研发出来。

7. 具有密集的节点布置

在安置传感器节点的目标监测区域内，布置有数量庞大的传感器节点。通过这种布置方式可以对空间抽样信息或者多维信息进行捕获，并通过相应的分布式处理，即可实现高精度的目标检测和识别。另外，也可以降低单个传感器的精度要求。在密集布设节点之后，将会存在过多的冗余节点，这一特性能够提高系统的容错性能，对单个传感器的要求得以大大降低。最后，适当对其中的某些节点进行休眠调整，还可以延长网络的使用寿命。

8. 协作方式执行任务

无线传感网采用协作方式执行任务，这种方式通常包括协作式采集、处理、存储及传输信息。通过协作方式，传感器节点可以共同实现对对象的感知，得到完整的信息。这种方式可以有效克服处理和存储能力不足的缺点，共同完成复杂任务的执行。在协作方式下，传感器之间的节点实现远距离通信，可以通过多跳中继转发，也可以通过多节点协作发射的方式进行。

9. 自组织方式

无线传感网是一种自组织网络，之所以采用这种工作方式，是由无线传感器自身的特点所决定的。由于事先无法确定无线传感器节点的位置，也不能明确它与周围节点的位置关系，同时，有的节点在工作中可能会因为能量不足而失去效用，而另外的节点将会补充进来弥补这些失效的节点，还有一些节点被调整为休眠状态，这些因素共同决定了网络拓扑的动态性。这种自组织工作方式主要包括自组织通信、自调度网络功能及自我管理网络等。

10. 能量和通信受限

无线传感网是在微电机系统、数字电路等技术的基础上发展起来的。传感器节点具有集成度高、体积小等特点，但也因此只能携带能量十分有限的电池。同时，由于节点分布广、数量多，甚至地理环境复杂，整个网络的能量不可能通过更换电池的方式解决。因此，传感节点的能耗是整个无线传感网最大的受限因素，如何设计网络的功耗成为其关键。

由于节点携带能量有限，单个节点的传输距离只有几米到几十米，无线传感网只能利用多跳来实现低功耗的数据传输。与传统的无线网络不同，由于无线传感网的数据大部分是经过节点处理后的数据，流量消耗较少。基于以上原因，无线传感网络是一种通信受限的网络。

4.5 无线传感器网络的通信协议

根据物联网的层次结构图可知，感知层是物联网的底层，作为物联网下层基础的传感网络决定了物联网应用的上层建筑。无线传感器网络作为物联网感知层的重要组成部分，是整个物联网的基础。在物联网的发展与应用过程中，随着通信技术的快速发展，无线通信技术也得到了广泛的应用，从而促进了无线传感器网络向着集成化、规模化方向迅速发展，无线传感器网络技术的提高与发展势必对物联网产生巨大的推动作用。无线传感器网络是一种特殊的无线通信网络，它由许多传感器节点通过无线自组织的方式构成，应用于一些复杂环境，如战场、环境监控等场合；通过无线形式将传感器感知到的数据进行简单的处理后，传送给网关或者外部网络。因为它具有自组网形式和抗击毁的特点，已经引起了不少国家的积极关注。

4.5.1 网络架构

OSI（Open System Interconnection，开放系统互联）型采用分层体系结构，共有 7 层。与 OSI 型相对应，WSN 也具有自己的层次结构模型，区别在于 WSN 为 5 层结构，如图 4-27 所示。其中，物理层、数据链路层、网络层和传输层的基本结构相同，但是在传输层以上的上层结构中，WSN 只有一个应用层，两种模型同层次的功能也基本相同。为了使 WSN 能够更好地协同工作，WSN 模型中还设置了两个平台来管理 WSN 系统。

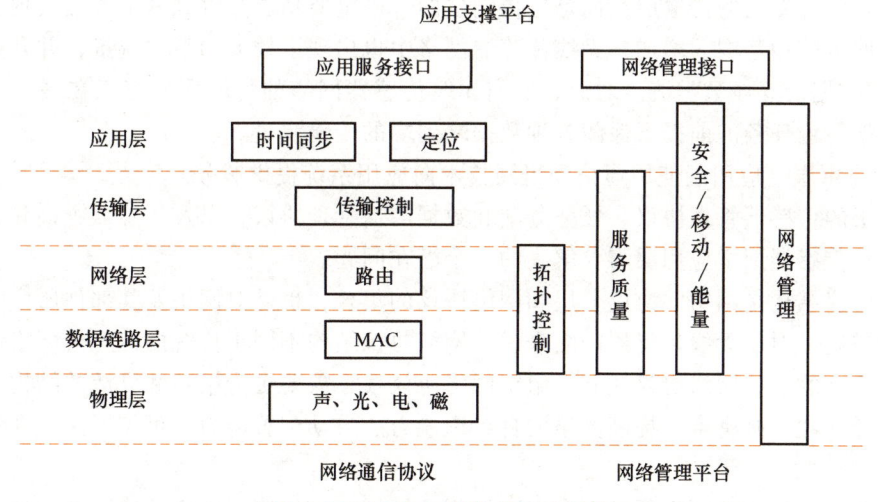

图 4-27 WSN 网络协议层次结构

各层协议的功能如下：

（1）**物理层** 无线传感器网络的传输介质可以是无线、红外线或者光介质，它们都需要在收发双方之间存在视距传输通路。物理层主要负责数据的调制、发送与接收，是决定 WSN 节点体积、成本及能耗的关键环节。

（2）**数据链路层** 数据链路层负责数据成帧、帧检测、媒体访问和差错控制。媒体访问协议保证可靠的点对点和点对多点通信，差错控制保证源节点发出的信息可以完整无误地到达目标节点。

1) 媒体访问控制。在无线多跳 Ad hoc 网络中，媒体访问控制（MAC）层协议主要负责两个职能：一是网络结构的建立，因为成千上万个传感器节点高密度地分布于待测地域，MAC 层机制需要为数据传输提供有效的通信链路，并为无线通信的多跳传输和网络的自组织特性提供网络组织结构；二是为传感器节点有效、合理地分配资源。

2) 差错控制。数据链路层的另一个重要功能是传输数据的差错控制。在通信网中有两种重要的差错控制模式，分别是前向差错控制（FEC）和自动重传请求（ARQ）。在多跳网络中，ARQ 由于重传的附加能耗和开销而很少使用，即使使用 FEC，也只考虑低复杂度的循环码，而其他适合传感器网络的差错控制方案仍处于探索阶段。

(3) **网络层** 网络层负责路由发现和维护。由于大多数节点无法直接与网络通信，在传感器网络节点和接收器节点之间需要特殊的多跳无线路由协议。传统的 Ad hoc 网络大都基于点对点的通信，而为增加路由可达度，同时考虑到传感器网络节点并非很稳定，传感器节点大多使用广播式通信，路由算法也基于广播方式进行优化。

无线传感器网络的网络层设计特色还体现在以数据为中心上。在传感器网络中，人们只关心某个区域的某个观测指标的值，不会关心具体某个节点的观测数据，而传统网络传送的数据是与节点的物理地址相联系的。以数据为中心的特点要求传感器网络能够脱离传统网络的寻址过程，快速有效地组织起各个节点的信息并融合提取出有用信息直接传送给用户。

(4) **传输层** 传输层负责数据流量的传送控制。早期的无线传感器网络数据传输量并不是很大，互联网的传输控制协议（TCP）也不适应无线传感器网络环境，因此早期的传感器网络一般没有专门的传输层，而是把传输层的一些重要功能分解到其下各层实现。随着无线传感器网络应用范围的增加，无线传感器网络中也出现了较大的数据流量，并开始传输包括音/视频数据的媒体数据流。对此，面向无线传感器网络的传输层研究正在展开，以在多种类型数据传输任务的前提下保障各种数据端到端的传输质量。

(5) **应用层** 应用层使用通信和组网技术向应用系统提供服务。

应用层的传感器管理协议、任务分配和数据广播管理协议，以及传感器查询和数据传播管理协议是传感器网络应用层需要解决的三个潜在问题。

网络协议结构是网络的协议分层和网络协议的集合，也是对网络及其部件所应完成功能的定义和描述。对于无线传感器网络来说，网络协议结构不同于传统的计算机网络和通信网络。相对已有的有线网络协议栈和自组织网络协议栈，需要更为精巧和灵活的结构，用于支持节点的低功耗、高密度，提高网络的自组织能力、自动配置能力、可扩展能力和保证传感器数据的实时性。

随着从主要应用的军事领域逐渐向着民用领域转移，传感器网络的体系结构也将不断发生变化。例如，多种类型的传感器网络可以为移动中的人们提供对周围环境的感知能力，并通过与移动网络的协同工作来触发状态感知的新业务，从而使人们获得更高的效率。这种多传感环境和与其他无线网络的协同工作将对未来无线传感器网络与其他网络的互通体系结构产生影响。

4.5.2 MAC 协议

无线传感器网络中无线信道的共享，即媒体访问控制（MAC）协议的实现是无线传感器网络数据链路层研究的一个重点，MAC 协议的好坏直接影响网络的性能。传统的 MAC 协议能够在公平地进行媒体控制的同时，提高网络的吞吐量和实时性。在无线传感器网络中，由于无线传感器网络本身存在的一些限制，如处理器能力有限、能量不可替换、网络动态性强等，传统的无线 MAC 协议不能直接运用于无线传感器网络中，导致 MAC 协议面临许多亟待解决的问题。

1. 分类

目前，无线传感器网络中的 MAC 协议缺乏一个统一的分类，下面介绍三种主要的分类方法。

（1）按节点接入方式分类 发送节点发送数据包给目的节点，目的节点收到数据包的通知方式通常可分为侦听、唤醒和调度三种 MAC 协议。侦听 MAC 协议主要采用间断侦听的方式，唤醒 MAC 协议主要采用基于低功耗的唤醒接收机来实现，也有集合侦听和唤醒两种方式的 MAC 协议，如低功耗前导载波侦听 MAC 协议；调度 MAC 协议主要用于广播中，广播的数据信息包含接收节点何时接入信道和何时控制接收节点开启接收模块。

（2）按信道占用数分类 按物理层所采用的信道不同，可以分为单信道、双信道和多信道三种方式，当前无线传感器网络中采用的主要是单信道 MAC 协议。

（3）按分配信道方式分类 在无线传感器网络中，竞争性是区分 MAC 协议最重要的一个依据，竞争是指节点在接入信道的过程中采用的是随机接入方式，还是有计划的分配方式。竞争 MAC 协议基本都属于随机接入协议，其实现方式非常简单，能灵活地解决无线节点移动的问题，能量波动非常小。

2. 基于竞争的无线传感器网络 MAC 协议

基于竞争的无线传感器网络 MAC 协议的设计思路是当某个节点需要发送数据时，信道的占有是通过竞争来获取的，如果数据发送发生碰撞，则按照某种策略重发数据，直到彻底放弃或发送成功。目前在无线传感器网络中，IEEE 802.11 作为典型的竞争型媒体访问控制协议被广泛运用。下面介绍三种常用的无线传感器网络 MAC 协议。

（1）CSMA/CA 协议 CSMA/CA（Carrier Sense Multiple Access with Collision Avoidance，带有冲突避免的载波侦听多路访问）协议是在 IEEE 802.11 中对 CSMA/CD 进行了一些调整，CSMA/CA 利用 ACK 信号来避免冲突的发生，也就是说，只有当客户端收到网络上返回的 ACK（Acknowledgment）信号后才确认发送的数据已经正确到达目的地址。这种协议实际上就是在发送数据帧之前先对信道进行预约。其工作原理如下：首先检测信道是否被使用，如果检测出信道空闲，则等待一段随机时间后，才发送数据。接收端如果正确收到此帧，则经过一段时间间隔后，向发送端发送确认帧 ACK。发送端收到 ACK 帧后，确定数据正确传输，在经历一段时间间隔后，会出现一段空闲时间。

（2）S-MAC 协议 S-MAC 协议由美国南加利福尼亚大学的 Wei Ye 提出，它适用于无线传感器网络的 MAC 协议，是在总结传统无线网络的 MAC 协议的基础上，根据无线传感器网络负载量小、针对节点间的公平性及通信时延要求不高等特点来设计的。其主要的设计目标是提供大规模分布式网络所需的可扩展性，同时降低能耗。S-MAC 协议的设计参考了 PAMAS F IEEE 02.11MAC 协议等 MAC 协议，并作出以下假设：

1）大多数节点之间是进行多跳短距离通信的。
2）节点在无线传感器网络中的作用是平等的，通常没有基站。

3）为了减少通信量，采用网内数据处理方式。

4）运用信号的协作处理，改善感知信息的质量。

5）节点具有较长的空闲时间，可以容忍一定的时延。

6）网络寿命是首要考虑的问题。

S-MAC 协议采用周期性侦听休眠机制和冲突避免机制，降低了功耗和网络的健壮性。前者通过让节点处于周期休眠状态来降低侦听时间，每个节点休眠一段时间，然后唤醒并侦听是否有其他节点想和它通信。在休眠期间，节点关闭无线装置，并设置定时器，随后唤醒自己。后者通过载波侦听时间来避免冲突和饥饿现象。S-MAC 协议尽量延长其他节点的休眠时间，降低了碰撞概率，减少了空闲侦听所消耗的能源；通过流量自适应的侦听机制，减少消息在网络中的传输延迟；采用带内信令来减少重传和避免监听不必要的数据；通过消息分割和突发传递机制及带内数据处理来减少控制消息的开销和消息的传递延迟，因而 S-MAC 协议具有很好的节能特性，这对于无线传感器网络的需求和特点来说是合理的，但是由于 S-MAC 中的占空比固定不变，难以很好地适应网络流量的变化，并且协议的实现非常复杂，需要占用大量的存储空间，这对于资源受限的传感器节点尤为突出。

（3）T-MAC 协议 S-MAC 协议虽然在一定程度上提高了能量效率，但是它不能根据网络负载调整自己的调度周期。在 S-MAC 协议的基础上，研究人员提出了一种新的 MAC 协议，即 T-MAC 协议。无线传感器网络中的 MAC 协议主要解决能量消耗问题，在几个主要耗费能量的因素中，持续侦听所耗费的能量占据绝大部分，因此必须合理地安排侦听时间，T-MAC 协议根据一种自适应占空比的原理，通过动态地调整侦听与睡眠时间的比值，实现节能目的。

T-MAC 协议的主要思想：在保持周期长度不变的情况下，根据网络负载的变化，动态地调整侦听时长，减少节点空闲侦听的时间，节省节点的能量。T-MAC 协议与 S-MAC 协议的不同点在于 S-MAC 在没有数据收发的情况下，射频处于活动状态时一直保持监听的状态，而 T-MAC 协议的节点仅监听信道 TA 时间，没有监测到数据传输就立刻进入睡眠状态，这样会在很大程度上缩短节点空闲侦听时间。T-MAC 协议遵循了 S-MAC 数据传输采用 4 次握手机制，期间增加一个 TA（Time Active，活跃状态持续时间）时间。

3. 基于分配的无线传感器网络 MAC 协议

竞争型 MAC 协议可提高事件传输的实时性和带宽的利用率，但随着网络负载流量的增加，控制分组与数据分组发生碰撞的概率也相应增加，导致网络发生拥塞，耗费大量能量。而基于分配的 MAC 协议采用 TDMA，CDMA，FDMA，SDMA 技术，先将一个物理信道划分为多个子信道，然后将这些子信道划分给需要发送数据的节点，从而避免产生冲突。以前基于分配的 MAC 协议一般没有考虑到节省能量的问题，因此不适用于无线传感器网络系统。基于能量考虑，研究人员也提出了几种适用于无线传感器网络的 MAC 协议，这些协议有一些共同的优点，如不存在冲突、没有隐蔽终端等问题、容易进入睡眠状态，尤其适合能量有限的无线传感器网络。

（1）SMACS 协议 SMACS 协议是一种分布式协议，允许一个节点集发现邻居并进行信道分配。传统的链路分簇算法首要在整个网络执行邻居发现的步骤，然后分配信道或时隙给相邻节点之间的通信链路。SMACS 协议则在发现相邻节点之间存在链路后立即分配信道，当所有节点都发现邻居后，这些节点就组成了互联的网络，网络中的节点两两之间至少存在一个多跳路径。由于邻近节点分配的时隙有可能产生冲突，为了减少冲突的可能性，每个链路都分配一个随机选择的频点，相邻的链路都有不同的工作频点。从这点上来讲，SMACS 协议结合了 TDMA 和 FDMA 的基本思想。当链路建立后，节点在分配的时隙中打开射频部分，与邻居进行通信，如果没有数据收发，则关闭射频部分进入睡眠，在其余时隙节点关闭射频部分，降低能量损耗。

（2）TRAMA 协议　TRAMA（流量自适应介质访问）协议将时间划分为连续时隙，根据局部两跳内邻居节点信息，采用分布式选举机制确定每个时隙的无冲突发送者。TRAMA 协议是一种基于分配的 MAC 协议，节点通过邻居协议获得邻居信息，通过 SEP 协议建立和维护分配信息，通过 AEA（Adaptive Election Algorithm，自适应选举算法）算法分配时隙给发送节点和接收节点。TRAMA 协议在冲突避免、时延、带宽利用率等方面都能提供较好的性能，但是需要较大的存储空间来存储两跳邻居信息和分配信息，并要运行 AEA 算法，复杂度较高。由于 AEA 算法更适用于周期性的数据采集任务，TRAMA 协议通常适合周期性监测应用。

4. 混合性无线传感器网络 MAC 协议

采用单一的基于竞争或时分的协议都较难平衡各种指标，它往往为了获得某种高性能会牺牲某些性能，在实际运用中常会用到"混合性"的 MAC 协议。

（1）SMACS/EAR 协议　SMACS/EAR 协议是基于固定信道分配的 MAC 协议，它是一种结合了时分和频分的协议，基本原理如下：每一对相邻节点分配一个专有的频率进行数据传输，这样的好处在于不同节点对时间的频率上将互不干扰，避免了数据传输之间的碰撞。此协议不要求节点之间时间同步，但是需要两个通信节点之间的帧必须同步。由于每个节点要支持多种频率，SMACS/EAR 协议的缺点是对节点的硬件要求很高，整个网络的利用率较低。

（2）Z-MAC 协议　Z-MAC 协议是一种混合型 MAC 协议，它对竞争方式和分配方式进行了组合。采用 CSMA 机制作为基本解决方法，在竞争加剧时使用 TDMA 机制来解决信道冲突问题。Z-MAC 协议引入了时间帧的概念，每个时间帧又分为若干时隙。在 Z-MAC 协议中，网络部署每个节点都是执行时间隙分配的 DRAND 算法。时间隙分配结束后，每个节点都要在时间帧中拥有一个时间隙。分配这个时间隙的节点称为该时间隙的所有者，时间隙所有者在对应的时间隙中发送数据的优先级更高。在 Z-MAC 协议中，节点可以选择任何时间隙发送数据，节点在哪个时间隙发送数据需要先监听信道状态，但是该时间隙的所有者拥有更高的发送优先级。总体来说，Z-MAC 协议结合了 CSMA 和 TDMA 的优点，节点在任何时间都可以发送数据，信道的效率较高。其缺点是网络开始时，需要花费大量的开销来初始化网络，造成网络能量大量消耗，并且协议实现过于复杂，虽然设计思想好，但实用价值不高。

4.5.3　路由协议

路由是指数据从源地址端到目的地址端中决定端到端路径的网络协议，如图 4-28 所示。路由工作的两个基本动作分别是确定源节点到目的节点的最佳路径，以及通过有线或无线网络来传输信息。

在无线传感器网络（WSN）中，路由协议的核心任务是确保数据由源节点准确高效地传输到目的节点，即寻找数据的最优路径并沿最优路径发送数据。

1. 路由协议的挑战

（1）降低节点能耗　节点的大部分能量消耗在数据通信阶段，建立有效的路由机制，可以减少网络中数据的传输量，从而减少能耗。

（2）节点间能耗的均衡性　网络中的某个或某些节点能量过早耗尽，将造成网络拓扑结构的改变，影响网络的连通性。

（3）可扩展性　节点的移动、节点寿命的结束、节点的物理损伤及环境干扰等因素都可能会造成网络拓扑结构的变化。

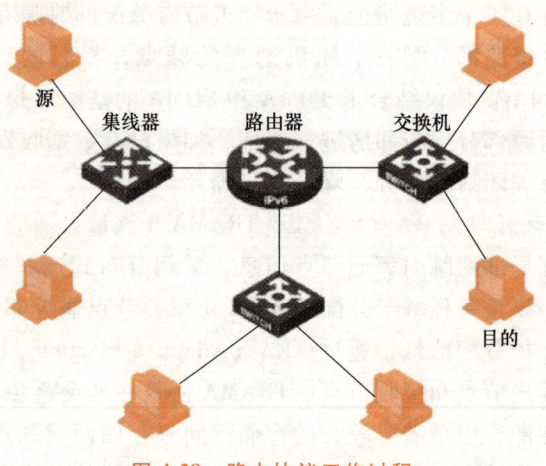

图 4-28　路由协议工作过程

2. 典型 WSN 路由协议

WSN 的路由协议可以分为三类：基于数据的路由协议、基于集群结构的路由协议和基于地理位置的路由协议。基于数据的路由协议能够按照属性对感知到的数据进行命名，在传输过程中对相同属性的数据进行融合操作，减少冗余数据的传输，这类协议同时集成了网络路由任务和应用层数据管理任务。基于集群结构的路由协议主要考虑路由算法的可扩展性，分为两种模式，即单层模式和多层模式。单层模式指路由协议仅对节点进行一次集群划分，每个集群的头节点能直接与 Sink 节点通信。多层模式指路由协议将对节点进行多次集群划分，即集群头节点将再次进行集群划分。基于地理位置的路由协议假定节点能够知道自身地理位置或者通过基于部分标定节点的地理位置信息计算自身地理位置，用节点的地理位置来改善一些已有的路由算法，实现 WSN 性能的优化。

（1）基于数据的路由协议　WSN 是一种以数据为中心的网络，因此以数据为中心的路由协议是专门针对 WSN 而设计的，它也是 WSN 中最早提出的一类路由协议。目前有许多比较经典的路由协议算法，下面介绍其中两种比较有代表性的，即传感器信息协商协议（Sensor Protocol for Information via Negotiation，SPIN）和定向扩散（Directed Diffusion，DD）路由协议。

1) SPIN。SPIN 协议是最早的以数据为中心的自适应路由协议。通过协商机制来解决洪泛算法中的内爆和重叠问题，节省了能量的消耗。此协议内容如下：

① 节点 A 在发送一个 DATA 数据包之前会向邻居节点 B 广播 ADV 数据包。

② 如果邻居节点 B 在收到 ADV 后有意愿接收该 DATA 数据包，则会向节点 A 发送一个 REQ 数据包，节点 A 就会向邻居节点 B 发送 DATA 数据包。

③ 循环往复，DATA 数据包可被传输到远方汇聚节点（Sink Node）或基站。

SPIN 遵守以下原则：

① 为了避免出现扩散法的信息爆炸问题和部分重叠现象，传感器节点在传送数据之前彼此进行协商，协商制度可确保传输有用数据。

② 节点间通过发送元数据（描述传感器节点采集的数据属性的数据，meta-data），而非采集的整个数据进行协商。

③ 在传输或接收数据之前，每个节点都必须检查各自可用的能量状况，如果处于低能量水平，必须中断一些操作。

④ SPIN 有 3 种数据包类型，即 ADV、REQ 和 DATA。节点用 ADV 宣布有数据发送，用 REQ 请求希望接收数据，用 DATA 封装数据，如图 4-29 所示。

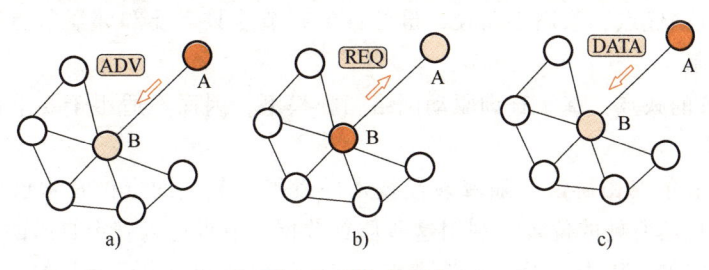

图 4-29　协商制度

SPIN 的优点：ADV 消息模式减轻了内爆问题；通过数据命名解决了交叠问题；节点根据自身资源和应用信息决定是否进行 ADV 通告，避免了资源盲目利用的问题。

SPIN 的缺点：在传输新数据的过程中直接向邻居节点广播 ADV 数据包而没有考虑其所有邻居节点由于自身能量的原因，不愿承担转发新数据的功能，则新数据无法传输，将会出现数据盲点，进而影响整个网络信息的收集。

2）DD（Directed Diffusion）路由协议。

DD 是一种以数据为中心的路由协议，与已有的路由协议有着截然不同的实现机制。其突出特点是引入了梯度来描述网络中间节点对该方向继续搜索获得匹配数据的可能性。如图 4-30 所示，协议内容如下：

① 建立路由时，汇聚节点会先广播包含属性列表、上报间隔、持续时间、地理区域等信息查询的兴趣请求（Interest）。

② 每个传感器节点在收到 Interest 后，将其保存在各自的 Cache 中。每个兴趣请求项（Interest Entry）包含一个时间标签域和若干梯度域。

③ 当一个 Interest 传遍整个网络后，从源节点（Interest 所在区域的传感器节点）到汇

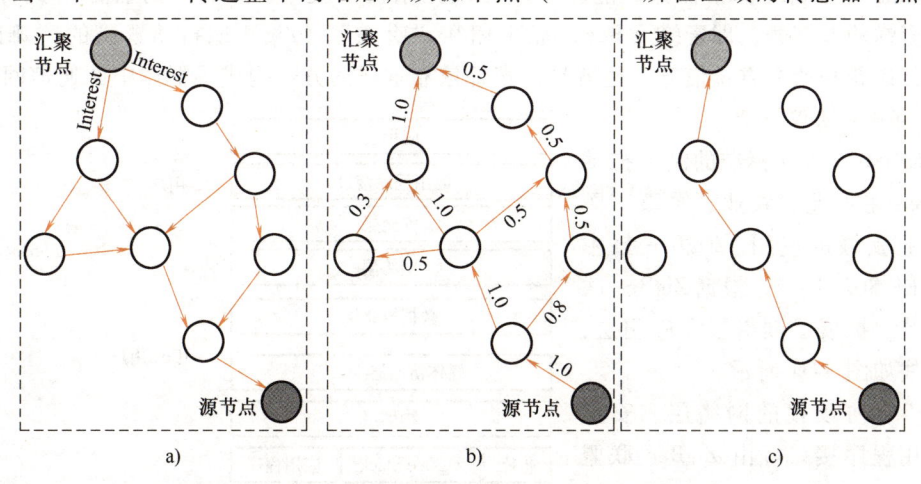

图 4-30　DD 路由协议的工作过程
a）请求扩散　b）梯度场建立　c）数据传输

聚节点或基站之间的梯度就会建立起来。

④ 一旦源节点采集到 Interest 所需的数据，就会沿着该 Interest 的梯度路径传输数据到汇聚节点或基站。其中，源节点采集的数据首先在本地采用数据融合技术进行整合，然后在网上传输。

DD 路由协议的优点：采用多路径，健壮性好；节点只需要和邻居节点通信，因而不需要全局的地址机制。

DD 路由协议的缺点：基于查询驱动网络拓扑模型，因而不适用于要求低功耗和低数据速率的（WSN）。

（2）基于位置的路由协议 随着现代技术的发展，节点的定位技术已经实现，节点能够很容易地知道自己所处的位置，利用这些位置数据，节点可以确定自己的路由协议，提高网络的性能。在很多应用中，无线传感器节点需要精确地知道自己所处的位置。例如，在森林防火时，消防人员可通过无线传感器节点精确地知道火灾发生的位置。基于地理位置的路由协议假设节点已经知道了自身的地理位置信息和自己所要传送数据的目的节点所在的位置，从而利用这些已知的地理位置信息来选择自己的路由策略，高效地将数据从远端发送到指定目标区域，减少路由选择过程中所需的时间和成本代价。

基于地理位置的路由协议一般分为两类，其中一类是使用地理位置协助改进其余路由算法，以约束网络中路由搜索的区域，减少网络不必要的开销，主要代表协议为 GAF 路由协议；另一类路由协议直接利用地理位置来实现自己的路由策略，代表协议是 GEAR 路由协议。

4.6 无线传感器网络的关键技术

4.6.1 ZigBee 技术

ZigBee 技术是一组基于 IEEE 802.15.4 无线国际标准研制的一种短距离、低功耗、面向自动化和无线控制的价格低廉、能耗小的无线网络协议技术。ZigBee 的名称（又称紫蜂）来源于蜜蜂的八字舞，即蜜蜂（Bee）靠飞翔和"嗡嗡"（Zig）地抖动翅膀的"舞蹈"来与同伴传递花粉所在方位信息，也就是说蜜蜂依靠这样的方式构成了群体中的通信网络。

1. ZigBee 协议框架

IEEE 802.15.4 标准的制定推动了 ZigBee 在工业、农业、军事、医疗等专业领域的应用。ZigBee 技术基于 IEEE 802.15.4，根据 ZigBee 联盟的规范，扩展了网络层和应用层，其协议栈如图 4-31 所示。

ZigBee 协议栈的网络层、安全层和应用程序接口等由 ZigBee 联盟制定，物理层和 MAC 层则由 IEEE 802.15.4 标准定义。在 MAC 层上面

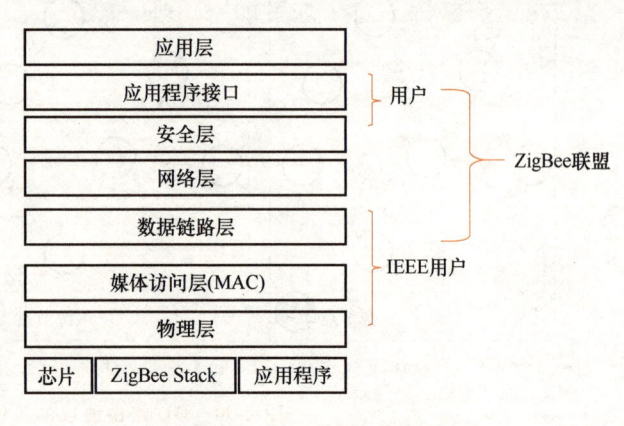

图 4-31 ZigBee 协议栈

有数据链路层，提供与上层的接口，可以直接与网络层连接，或者通过中间子层 SSCS 和 LLC 实现连接。安全层主要实现密钥管理、存取等功能。应用程序接口负责向用户提供简单的应用软件接口（API），包括应用子层支持（Application Sub-layer Support，APS）、ZigBee 设备对象（ZigBee Device Object，ZDO）等，实现应用层对设备的管理。

2. 网络层规范

ZigBee 协议中定义了三种设备：ZigBee 协调器、ZigBee 路由器和 ZigBee 终端设备。每个网络中都必须包含一台 ZigBee 协调器，负责建立并启动一个网络，包括选择合适的射频信道、唯一的网络标识符等一系列操作。ZigBee 路由器作为远程设备之间的中继器进行通信，能够拓展网络的范围，负责搜寻网络路径并在任意两个设备之间建立端到端的传输。ZigBee 终端设备作为网络中的终端节点负责数据的采集。

从功能上讲，网络层必须为 IEEE 802.15.4 的 MAC 层提供支持，并为应用层提供合适的服务接口。为了实现与应用层的连接，网络层从逻辑上被分为两个具有不同功能的服务实体：数据实体和管理实体。数据实体（NIDE）接口主要负责向上层提供所需的常规数据服务；管理实体接口主要负责向上层提供访问接口参数、配置和管理数据的机制，包括配置新的设备、建立新的网络、加入和离开网络、地址分配、邻居发现、路由发现及接收控制等功能。

3. 应用层规范

应用层由三部分组成：应用支持子层（APS）、应用框架层和 ZDO。

应用支持子层为网络层和应用层提供了接口，该接口负责提供 ZigBee 设备对象和制造商定义的应用对象都使用的一组服务，该服务通过两个实体提供：APS 数据实体和 APS 管理实体。APS 数据实体（APSDE）通过与之连接的服务接入点（APSDE.SAP）提供数据服务；APS 管理实体（APSME）通过与之连接的服务接入点（APSME.SAP）提供管理服务，同时维护一个管理实体数据库，即应用支持子层信息库（NIB）。

ZigBee 协议中的应用框架可为驻扎在 ZigBee 设备中的应用对象提供活动的环境，最多可以定义 240 个相对独立的应用对象，对象的端点编号为 1~240。为了使用 APSDE.SAP，定义两个额外的终端节点：端点编号为 0 的终端节点固定用于 ZDO 数据接口；端点编号为 255 的终端节点固定用于所有应用对象广播数据接口功能；端点编号 241~254 保留，以供扩展使用。

ZDO 描述了一个基本的功能函数，这个功能函数在应用对象、设备（Profile）和 APS 之间提供了一个接口。ZDO 位于应用框架和应用支持子层之间，可满足所有 ZigBee 协议栈中应用操作的一般需求。ZDO 有以下作用：

1）初始化应用支持子层、网络层、安全服务规范（SSS）。

2）从终端应用中集合配置信息，根据这些信息来确定和执行设备发现、安全管理、网络管理和绑定管理等功能。ZDO 描述了应用框架层的应用对象的公用接口，以及控制设备和应用对象的网络功能。在端点编号为 0 的终端节点，ZDO 提供了与协议栈中低一层相接的接口，如果是数据，则通过 APSDE.SAP；如果是控制信息，则通过 APSME.SAP。在 ZigBee 协议栈的应用框架中，ZDO 公用接口负责提供设备、发现、绑定及安全等功能的地址管理。

4. ZigBee 技术特性

（1）**低功耗**　在工作模式下，ZigBee 技术的传输速率低，传输数据量很小，因此信号的收发时间很短。在非工作模式下，ZigBee 节点处于休眠状态。设备搜索时延一般为 30ms，休眠激活时延为 15ms，活动设备接入信道时延为 15ms。由于工作时间较短，收发信息功耗较低，加上采用休眠模式，使得 ZigBee 节点非常省电。ZigBee 节点的电池工作时间可以为 6 个月到 2 年，对于某些占空比［工作时间/（工作时间+休眠时间）］小于 1%的应用，电池的使用寿命甚至可以超过十年。相比之下，蓝牙仅能工作数周，而 WiFi 仅可工作数小时。

（2）**低成本**　通过大幅简化协议（不到蓝牙的 1/10），降低对通信控制器的要求。按预测分析，以 8051 的 8 位微控制器测算，全功能的主节点需要 32KB 代码，子功能节点少至 4KB 代码，并且 ZigBee 免协议专利费，每块芯片的价格约为 2 美元。

（3）**低速率**　ZigBee 工作在 20～250kbit/s 的速率，分别提供 250kbit/s（2.4GHz）、40kbit/s（915MHz）和 20kbit/s（868MHz）的原始数据吞吐率，可满足低速率传输数据的应用需求。

（4）**短距离**　传输范围一般为 10～100m，在增加发射功率后，可升至 1～3km。此传输范围指的是相邻节点间的距离，如果通过路由和节点间通信的接力，传输距离可以更远。

（5）**短延时**　ZigBee 的响应较快，一般从睡眠转入工作状态只需 15ms，节点连接进入网络只需 30ms，进一步省了电能。相比之下，蓝牙需要 3～10s，WiFi 则需要 3s。

（6）**高容量**　ZigBee 低速率、低功耗和短距离传输的特点使得它非常适宜支持简单器件。ZigBee 定义了两种器件：全功能器件（FFD）和简化功能器件（RFD）。对于全功能器件，它需要支持所有的 49 个参数。而对于简化功能器件，在最小配置时只需支持 38 个参数。一个全功能器件可以与简化功能器件和其他全功能器件通信，按 3 种方式工作，分别是个域网协调器、协调器或器件。而简化功能器件只能与全功能器件通信，仅用于非常简单的应用。一个 ZigBee 网络最多容纳 255 个 ZigBee 网络节点，其中一个是主控（Master）设备，其余则是从属（Slave）设备。若通过网络协调器（Network Coordinator），整个网络可以支持超过 64000 个 ZigBee 网络节点，再加上各个网络协调器可以相互连接，整个 ZigBee 网络节点的数目十分可观。

（7）**高安全性**　ZigBee 提供了数据完整性检查和鉴权功能，在数据传输过程中提供了三级安全性。第一级实际是无安全方式，对于某种应用，如果安全并不重要或者上层已经提供了足够的安全保护，器件就可以选择这种方式来转移数据。对于第二级而言，器件可以使用接入控制清单（ACL）来防止非法器件获取数据，在这一级不采取加密措施。第三级在数据传输过程中采用 AES（Advanced Encryption Standard，高级加密标准）对称密码，AES 用来保护数据净荷和防止攻击者冒充合法用户。

（8）**免执照频段**　使用工业科学医疗（ISM）频段：915MHz（美国），868MHz（欧洲），2.4GHz（全球）。

（9）**数据传输可靠**　ZigBee 的 MAC 层采用 talk-when-ready 碰撞避免机制。在这种完全确认的数据传输机制下，当有数据传送需求时，立刻发送数据，发送的每个数据分组都必须等待接收方的确认消息，并进行确认信息回复。若没有得到确认信息的回复，就表示发生了冲突，将重传一次。采用这种方法可以提高系统信息传送的可靠性。ZigBee 需要固定带宽的通信业务预留了专用时隙，避免发送数据时的竞争和冲突。同时，ZigBee 针对时延敏感的应用做了优化，通信时延和休眠状态激活的时延都非常短。

4.6.2 拓扑控制技术

拓扑控制是在保证网络连通性和覆盖性的前提下，充分考虑无线传感器网络特点，根据不同应用场景，通过节点发射功率调节和邻居节点选择，形成优化的网络结构，以保证完成预定任务。

1. 拓扑结构的作用及意义

一个好的网络拓扑能够大大提高路由、MAC 等协议的效率，为数据融合、目标定位等其他技术提供有力支撑。在无线传感器网络（WSN）中，网络的拓扑结构与优化意义重大，具体如下：

（1）**降低网络能耗** WSN 节点常部署在较为恶劣的环境下，由于采用电池供电且无法进行循环充电，通常也无法人为地更换电池，节能对于网络设计来说非常重要。良好的拓扑控制机制可以提高节点的能量利用率，尽量节省能量，延长网络的正常工作时间。

（2）**弱化节点间的信道干扰** 无线传感器节点之间的通信功率过大，会使节点之间的信道干扰增强，通信效率降低，反之，则会导致整个网络的连通性减弱。功率型拓扑控制可以有效地解决这个矛盾。

（3）**为路由协议和数据融合奠定基础** 在 WSN 中，可以通过路由协议形成数据转发路径，但是需要先通过拓扑控制来构建一个连通的网络，拓扑控制可以使节点确定自己有哪些邻居节点，以及哪些节点可以作为数据转发节点。其中，成员节点需要实时对目标区域进行数据采集，并将数据转发给骨干节点，骨干节点需要通过数据融合等技术去掉冗余数据，最后将处理后的数据发送给汇聚节点。因此，骨干节点的选择和分布十分重要，可以通过良好的拓扑控制算法选择更加合理的骨干节点，从而降低整个网络的能量消耗。

（4）**提高网络健壮性** WSN 节点工作于恶劣的环境中，不可避免地会有某些节点因为自身能量耗尽或受到破坏而死亡，进而影响整个网络的运行，而一个良好的拓扑控制机制可以重新把整个网络构建成一个新的拓扑结构，以保证网络有效运行，因此拓扑控制可提高网络健壮性。

2. 拓扑控制算法的主要设计目标

（1）**能量高效，有利于延长网络寿命** 能量高效是任何拓扑控制算法都必须实现的目标，甚至是首要目标。在拓扑控制中，大都通过减小节点发射功率、减少节点间交换信息量来降低节点能耗，同时辅以在设计中考虑节点间能量负载均衡，以延长网络寿命。

（2）**保障连通性与覆盖** 拓扑控制算法生成的拓扑结构应是连通的，同时满足覆盖要求，这是对拓扑控制算法的基本要求。

（3）**降低节点间通信干扰，提高网络吞吐率** 无线传感器网络多采用密集部署，但会带来小范围内存在大量节点的问题，其将对节点通信造成严重干扰，并加重 MAC 协议负担。通过缩小节点发射功率，能够降低节点间相互干扰；由于干扰导致的重传次数减少，也将为节点节约大量能量；由于相互干扰情况减少，使得在同一时刻可同时通信的节点数量增多，网络吞吐率也将提高。

（4）**链路对称** 由于无线信道、链路非常容易受到各类环境因素、干扰的影响，请求应答（回复）机制对于确保消息成功接收是必不可少的。这就要求节点间的链路必须是对称的、双向的，以保证链路两端节点能够对彼此所发送的消息进行回复。此外，对称链路还有助于减少隐蔽终端、暴露终端问题所带来的不利影响。

（5）健壮性　节点失效、无线通信不稳定、新增节点加入，甚至是节点移动等都会造成拓扑结构变化，因此拓扑控制算法生成的拓扑结构必须对各类拓扑变化具有一定的适应性。

3. 拓扑控制算法的分类

从现有算法中的研究方向、拓扑构建方法、拓扑管理、优化目标等不同角度来看，对于无线网络拓扑控制的方法有很多。按近年来该研究领域的热点，可以大致分为四类：节点功率调整、层次化分级拓扑控制、节点协同休眠和天线方向控制。

（1）节点功率调整　从控制邻居节点数目的角度出发，动态调整每个节点的传输功率，在保证网络连通的前提下，尽量减少网络节点能耗，延长网络寿命。LMA 和 LMN 两种算法是典型的基于节点度的算法。

LMA 算法的主要思想：给定节点度的上下限，动态调整节点的发射功率，使得节点的度落在要求区间内。其具体步骤如下：

1）节点以相同的初始功率广播包含自己 ID 的 LifMsg（生命信息）。

2）节点收到 LifMsg 后，发出应答信息 LifAckMsg，它包含 LifMsg 中的 ID。

3）节点在下次发送 LifMsg 时，先检查收到的应答信息 LifAckMsg，并据此统计自己的邻居节点数目。

4）如果邻居数目小于节点度下限，则增大发射功率；若其大于节点度上限，则减少发射功率。

LMN 算法与 LMA 算法相似，区别在于 LMN 算法将所有邻居的邻居数目求平均值作为自己的平均数。即每个节点在发送应答信息 LifAckMsg 时，都将自己的邻居数目放入信息中，发送 LifMsg 的节点在收集完所有 LifAckMsg 后，为所有邻居节点的邻居数目求平均值，以作为自己的邻居数目。

上述两种算法对节点的要求不高，不需要严格的时间同步，可以保证算法的收敛性和网络的连通性。

（2）层次化分级拓扑控制　层次化分级网络结构对于大规模密集无线网络具有重大意义。如图 4-32 所示，无线网络被分成多个簇群，通过一定的选举机制，从每个簇群中选择一个节点作为簇头，其余节点则为簇内成员，统一由簇头进行管理和协调。之后，对所有簇头形成的高一级网络进行分簇，选出簇头节点。以此类推，最终形成最高级网络。这样的层次化网络具有很强的抗毁可靠性。

LEACH（Low Energy Adaptive Clustering Hierarchy，低功耗自适应聚类分层）算法是一种自应分簇拓扑算法，它的执行过程是周期性的，每轮循环分为簇的建立阶段和稳定的数据通信阶段。在簇的建立阶段，相邻节点动态形成簇，随机产生簇头；在数据通信阶段，簇内节点把数据发送给簇头，簇头进行数据融合后把结果发送到汇聚节点。由于簇头需要完成数据融

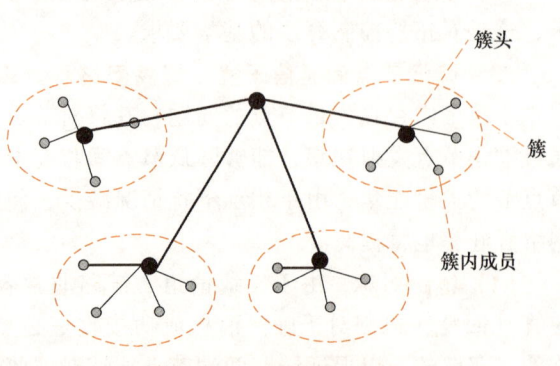

图 4-32　分级网络结构

合、与汇聚节点通信等工作，其能量消耗大。LEACH算法能够保证各节点等概率地担任簇头，使得网络中的节点相对均衡地消耗能量。

UCS（Unequal Clustering Size）算法是首个为解决均匀分簇的"热区"问题而提出的非均匀分簇算法。UCS算法假设网络的拓扑结构是两层同心圆环，通过使内圆环中的簇内成员节点数目比外圆环少，降低簇头进行簇内数据融合损耗的能量，这样内圆环的簇头就可以预留部分能量作为中继节点进行数据转发。其具体步骤如下：

1）以基站为圆心，将整个网络分成两层同心圆环，设第一层圆环的半径为 R_1，当 R_1 确定后，第一层圆环的大小即确定，余下的区域为第二层圆环，用 R_2 表示其半径。设二者内簇的数量固定，分别为 m_1 和 m_2 个。

2）确定好两层圆环后，再进行簇的分配。通过角度来划分，将第一层圆环直接等分成 m_1 份，每份分配一个簇，则其角度为 $2\pi/m_1$；划分第二层圆环时，从一、二层圆环组成的大圆中，再等分出 m_2 份，每份的角度为 $2\pi/m_2$，则第二层各簇等于每份所包含的区域减去第二层每份所含区域剩下的部分，如图 4-33 所示。

3）簇划分明确后，取每个簇中心位置的节点作为簇头。

4）分别计算近似距离。

UCS算法通过调整 R_1 的值，使内层簇的成员节点数目减少，内层簇头的能耗随之降低，从而节省能量以进行簇间数据转发。该算法首次解决了"热区"问题，但是其要求基站必须位于传感区域的中心位置，才能使用角度划分簇的方法，而在实际应用中基站不一定位于中心位置。另外，对于中心位置处的簇头节点，算法并没有考虑其剩余能量，容易诱发剩余能量低的节点成为簇头节点而造成过早死亡的问题。

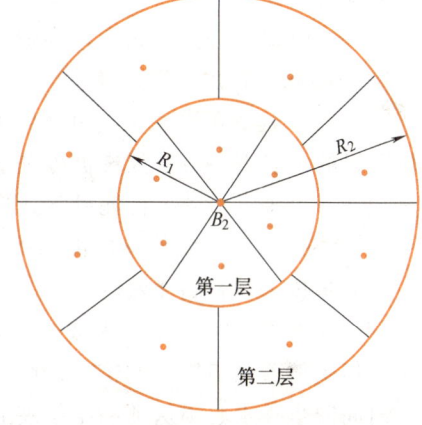

图 4-33　UCS 分簇模型图

（3）**节点协同休眠**　无线网络中的节点在没有数据需要发送时，一般处于休眠状态，为了让休眠节点能够及时醒来，唤醒其下一跳邻居节点进行数据转发，于是有很多学者提出了节点休眠机制。

（4）**天线方向控制**　定向天线是一种在某个或者多个方向上辐射和接收能力最大的天线，它在特定方向上的电磁波特别强，而在其他方向上极小，甚至为零。采用定向天线技术对网络拓扑结构进行优化是当前的一大研究方向。近年来，定向天线在增强网络容量的空间重用方面引起了广大学者的关注和研究。

4.6.3　时间同步技术

由于物理上的分散性，网络无法为彼此间相互独立的节点提供一个统一的全局时钟，每个节点各自维护本地时钟。然而，由于这些本地时钟的计时速率、运行环境存在不一致性，即使所有的本地时钟在某一时刻都被校准，过段时间后，这些本地时钟间仍会出现失步。为了让这些本地时钟再次达到相同的时间值，就必须进行时间同步操作。时间同步就是通过对本地时钟的一些操作，为分布式系统提供一个统一时间标度的过程。

时间同步机制在传统网络中已经得到了广泛应用。例如，网络时间协议（Network Time

Protocol，NTP）是因特网采用的时间同步协议，GPS 无线测距等技术也可以用来提供网络的全局时间同步。在传感网的很多应用中，同样需要时间同步机制。例如，在节点时间同步的基础上，可以远程观察卫星和导弹发射的轨道变化情况等。另外，时间同步能够用来形成分布式波束系统，构成 TDMA 调度机制，实现多传感器节点的数据融合，以及用时间序列的目标位置来估计目标的运行速度和方向，或者通过测量声音的传播时间来确定节点到声源的距离或声源的位置。

无线传感器网络时间同步机制的意义和作用主要体现在以下两方面：

1）传感器节点通常需要彼此协作来完成复杂的监测和感知任务。数据融合是协作操作的典型例子，不同节点采集的数据最终融合形成一个有意义的结果。

2）传感器网络的一些节能方案是利用时间同步来实现的。

传感器网络综合了传感器技术、嵌入式计算技术、现代网络及无线通信技术、分布式信息处理技术等，能够通过各类集成化的微型传感器协作，实时监测、感知和采集各种环境或监测对象的信息，通过嵌入式系统对信息进行处理，通过随机自组织无线通信网络以多跳中继方式将所感知信息传送到用户终端。

1. 时间同步技术关键问题

（1）传输延迟不可预测 在无线传感器网络中，时间同步技术的一个重要难题是报文传输延迟的不确定。由于处理器处理能力有限、网络负载不确定等因素的影响，延迟难以被精确地计算出来。另外，传输延迟比要求的时间同步的精度要高得多。

（2）高能效 无线传感器网络的软硬件设施要求节点体积尽量小、尽量廉价，因此要求时间同步技术具有高能效的特点。

（3）可扩展、健壮性 无线传感器网络是一种分布式网络，一般采用逐跳的时间同步机制，但是随着网络规模的扩大，同步的精度会有所下降，同步时间也会延长。在这种情况下，时间同步技术必须保证网络扩展后的同步误差不会超过误差界限，并且能够稳定工作。另外，无线传感器网络具有高度动态性，如在网络变化之后迅速恢复时间同步机制，以保证网络的健壮性。

2. 传统时间同步技术

（1）DTMS 同步技术 DTMS（Delay-tolerant Mobile Synchronization，延迟容忍移动同步）同步传输过程如图 4-34 所示。为了避免发送等待时间对本地时间的干扰，发送方在检测到信道空闲后才在报文中嵌入发送时间 t，根据无线传感器通信协议的规定，报文在发送之前需要先发送一定数量的前导码和同步字，根据发送速率可以知道单个比特的发送时间为 Δt。而接收者在接收同步字结束的时候，会记录此时的本地时间 t_1，并在即将调整自己的本地时间之前记录此时的时刻 t_2，由此可知接收方的报文处理延迟为 t_2-t_1。接收者将自己的时间改为 $t_0+n\Delta t+t_2-t_1$（其中，n 为前导码长度），以达到与发送者的时间同步。

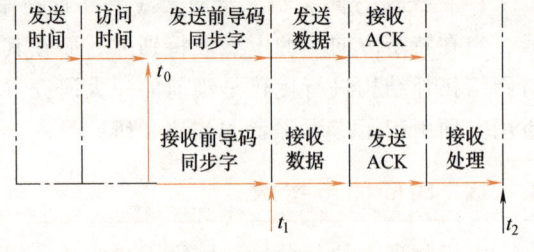

图 4-34 DTMS 同步传输过程

（2）RBS 同步技术 RBS（Reference Broadcast Synchronization，参考广播时钟同步）同步工作流程：假设有 N 个节点组成的单跳网络，其中 1 个为发送节点，N-1 个为接收节点，发送节点周期性地向两个接收节点发送参考报文，广播域内的接收节点都将收到该参考报文，并各自记录收到该报文的时刻，接收者通过交换本地时间戳信息，一组节点就可以计算出它们之间的时钟偏差。RBS 算法中广播的时间同步消息与真实的时间戳信息并无多大关系，它也不关心准确的发送和接收时间，只关心报文传输的差值。RBS 同步算法完全排除了发送时间和接收时间的干扰。

（3）TPSN 协议 TPSN（Timing-Sync Protocol for Sensor Netwoks，传感器网络中时间同步）协议采用层次型网络结构，首先将所有节点按照层次结构进行分析，然后对每个节点与上一级的一个节点进行时间同步，最终使所有节点都与根节点时间同步。TPSN 协议假设网络中的每个传感器节点具有唯一的身份标识号 ID，节点间的无线通信链路是双向的，通过双向的消息交换实现节点间的时间同步。网络中有一个根节点，根节点可以配备像 GPS 接收机这样的模块，以接收准确的外部时间，并作为整个网络系统的时钟源。TPSN 协议分为层次发现和时间同步两个阶段。

（4）FTSP 同步技术 FTSP（Flooding Time Synchronization Protocol，洪泛时间同步）算法也是使用单个广播消息实现发送节点与接收节点时间同步的，它采用同步时间数据的线性回归方法估计时钟漂移和偏差。多跳网络的 FTSP 机制采用层次结构，根节点就是选中的同步源。根节点属于 0 级节点，它通过广播选出 1 级节点，依次推广到全网。第 i 级节点同步到第 $i-1$ 级节点，所有节点周期性地广播时间同步消息以维持时间同步层次结构，1 级节点在收到根节点的广播消息后同步到根节点，同样，2 级节点在收到 1 级节点的广播消息后同步到 1 级发送节点，依次推广到全网，所有节点都能获得时间同步。

3. 新型时间同步技术

传统时间同步技术的目的是实现节点时间的一致性，即达到同时性；协作同步和萤火虫同步则是为了实现节点（或个体）之间的同步性（Synchrony），即使节点的某些周期性动作具有相同的周期和相位。

（1）协作同步 就同步来说，远方节点直接收到时间基准节点的同步脉冲，其他中间节点只起到协作的作用，协作时间基准节点把时间信息直接传输给远方节点，即使由于协作过程而引起误差，但从统计的角度来看，节点的同步误差均值为 0，即不会出现同步误差的累积现象。协同同步的假设条件是传播延迟固定且节点密度非常高，节点的时间模型是速率恒定的模型，这是解决大规模无线网络时间同步问题，提高同步精度的一个有益思路。

协作同步的具体过程：时间基准节点按照相等的时间间隔发出 m 个同步脉冲，这 m 个脉冲的发送时刻被其一跳相邻节点接收并保存，随后这些相邻节点根据最近的 m 个脉冲的发送时刻估计时间基准节点的第 $m+1$ 个同步脉冲的发送时刻，并在该时刻与时间基准节点同时发出同步脉冲。由于信号的叠加，复合的同步脉冲可以到达更远的范围。如此重复下去，网络内的所有节点最终都达到了同步。

（2）萤火虫同步 萤火虫同步是解决群同步问题的新方法，其基本思想来源于仿生学中的萤火虫同步发光现象。1975 年，Peskin 在研究心肌细胞时，针对群同步思想建立了耦合振荡器模型。1989 年，Mirollo 和 Strogatz 对 Peskin 建立的模型进行了改进，提出了 M&S 模型，从理论上证明了这类无耦合延迟的全耦合系统的同步收敛性，为萤火虫同步和群同步机制奠定了理论基础。

Peskin 模型和 M&S 模型模拟了萤火虫自同步（Self-Synchronization）方式，从理论上证明了振荡器节点能够达到同步，并于 2005 年首次在无线传感器网络中使用 MICAz 节点在 TinyOS 平台上实现了基于 M&S 模型的萤火虫同步。M&S 模型在传感器节点上的算法实现和通信处理方面都比较简单，一个节点只需要观察其相邻节点的激发事件（无须关联此刻时间或需要知道是哪个相邻节点报告的事件），每个节点都维持其内部的时间。同步并没有任何明显的领导者，也没有关于它们的初始状态。因为这些特点，M&S 模型非常适用于无线传感器网络。然而，由理论引导而做出的一些假设，在应用于无线传感器网络时，其的实现却存在局限性。

4.6.4　数据融合技术

无线传感器网络的基本功能是收集并返回其传感器节点所在监测区域的信息，它由大量的传感器节点构成，共同完成信息收集、目标监视和感知环境的任务。在进行信息采集数据传送的过程中，为了提高收集效率、信息采集的及时性等，在收集数据的过程中需要使用数据融合技术。

数据融合是将多份数据或信息进行处理，组合出更有效、更可靠、更符合用户需求的数据的过程，它涉及系统、结构、应用、方法和理论，主要包括以下两点：

1）信息融合（Information Fusion）。其作用是在多个来源（传感器、数据库、人工收集）的信息间进行协作。

2）数据融合（Data Aggregation）。其作用是针对来自数据源的数据集合，将原始数据处理为数量更少的精练数据，并将其传送给消费者。

1. 数据融合的作用

（1）节约网络能耗　为了收集完整且可靠的数据，一般需要在监控地点随机地部署众多的传感器节点，节点众多就易出现节点收集的数据有一样的情况。数据传输占用网络大部分的能耗，冗余数据的传输会增加网络的负担，而数据融合技术可以对数据进行去冗处理，使网络中的通信量变少，从而降低了网络能耗，提高了能量利用率。

（2）提高数据的准确性和效率　尽管传感器节点体积小、低成本，但其计算和存储数据的能力也受限，导致传感器收集的数据准确度不高。此外，外部恶劣的环境或网络结构的改变也会影响节点采集和传输数据的准确度。数据融合技术既保证了数据的完整性，又去掉了冗余数据，从而提升了数据的准确性，提高了有效数据的传输率，有效地利用了网络带宽。

2. 数据融合的分类

数据融合有多种分类方式，按照数据融合层次的标准进行分类，数据融合可以分为数据层融合、特征层融合及决策层融合三类。

（1）数据层融合　它是直接在采集到的原始数据层上进行的融合，在各种传感器的原始数据未经预处理之前就进行数据的综合与分析。数据层融合一般采用集中式融合体系进行融合处理过程，这是低层次的融合。例如，成像传感器中通过对包含某一像素的模糊图像进行图像处理，确认目标属性的过程。

（2）特征层融合　它属于中间层次的融合，先对来自传感器的原始信息进行特征提取（特征可以是目标的边缘、方向、速度等），然后对特征信息进行综合分析和处理。特征层融合的优点在于实现了可观的信息压缩，有利于实时处理，并且由于所提取的特征直接与决策分析有关，融合结果能最大限度地给出决策分析所需的特征信息。特征层融合一般采用分布式或集中式的融合体系。特征层融合可分为两类：目标状态融合与目标特性融合。

(3) **决策层融合** 通过不同类型的传感器观测同一目标，每个传感器在本地完成基本处理，包括预处理、特征抽取、识别或判决，以建立对所观察目标的初步结论。之后，通过关联处理进行决策层融合判决，最终获得联合推断结果。

3. 数据融合的架构

在多传感器数据融合系统中，从传感器与融合中心信息流之间的关系看，数据融合的结构包括串行、并行、串并行混合及网络型四种典型形式。

(1) **串行** 串行多传感器的数据融合方法是先把两个传感器的信息进行融合，然后将融合的结果与另外一个传感器采集的数据继续进行融合，如此循环往复，直到所有的传感器采集的数据全部融合完成为止。在使用串行结构融合时，单个传感器除了拥有接收信息数据、处理信息数据的功能，还拥有信息融合功能，每个传感器处理的数据与上一级传感器输出信息的形式有非常大的关系，最后的传感器在综合所有前级传感器输出的信息后，获得的输出结果将会成为串联结构融合系统的结论。因此在串行融合的情况下，上一级传感器的输出数据将对下一级传感器的输出结构产生很大的影响，如图 4-35 所示。

(2) **并行** 并行多传感器的数据融合是指所有传感器输出的数据都将在同一时刻输入融合中心，各个传感器之间都是相互独立的，融合中心对各种类型的数据将采取适当的方法进行综合处理，最后输出融合结果。因此在并行融合的情况下，所有传感器输出的结果之间不会产生相互的影响，如图 4-36 所示。

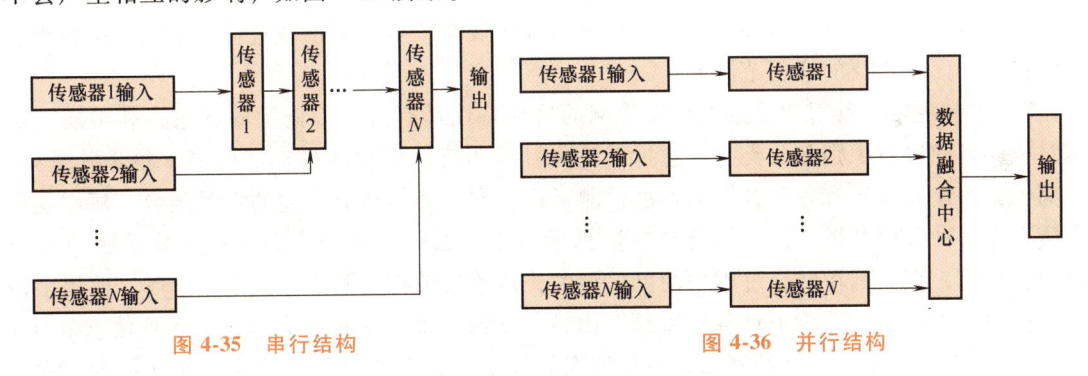

图 4-35 串行结构

图 4-36 并行结构

(3) **串并行混合** 串并行混合形式的多传感器信息融合综合了并行与串行两种形式的结构，既可以先串行再并行，也可以先并行再串行。

(4) **网络型** 网络型传感器信息融合的结构比较复杂，每个子数据的信息融合中心被当成网络中的一节点。其输入既可能包含别的节点输出的信息，也可能有传感器数据流，它最终的输出不但可以成为某个融合中心的输出结果，也可以是几个融合中心的输出结果，最后所得的结论是所有输出的信息组合。

4. 数据融合方法

现有的无线传感器网络的数据融合方法主要分为经典方法和智能类方法两种。经典方法采用很多统计理论和概率理论的思想，对传感器的探测模型进行建模，力求找到一种对传感器网络整体的最佳融合方法。智能类方法采用一些类仿生学和推理类方法，试图用人工智能方法来解决传感器网络内数据融合的问题。这两种方法各有优点和缺点，经典方法有加权平均法、Bayes 估计方法等。

（1）**加权平均法**　假设对 n 个传感器的观测值进行融合，对于不同的传感器应该有相应的加权数，在总均方误差最小的最优条件下，根据每个传感器的测量值 Y 找到对应的最优权值，从而使融合后的 Y 达到最佳，该权值的确定可以采用静态方法和动态方法等方法。

（2）**Bayes 估计法**　该方法采用 Bayes 法则，首先通过对大量统计数据的分析，形成对数据的先验分布估计；其次，由于 Bayes 理论是把所有统计和推断建立在后验分布基础上的，反映在后验分布中，即后验分布综合了先验分布和样本的信息，并放弃样本和原来的统计模型，在下一次推断时又把本次得到的后验分布作为先验信息，每次取得样本后，对以前所得的分布结果进一步修正，这样可使对参数的估计变得越来越准确。

（3）**最小二乘估计方法**　普通的加权平均法一般不对传感器观测值进行融合估计，而是采用独立静止的方式对每次测量值进行加权平均，因而忽略了多次测量之间的联系和多传感器系统在动态环境中的客观性，并且静态权值分配不能反映传感器的真实性能。由此可知，权值的确定要考虑传感器的不确定度是由传感器的精度和外界环境干扰共同决定的。传感器系统是动态变化的，随着时间的推移，传感器设备可能出现故障，或因外界环境等因素使传感器的测量精度出现变化。

（4）**智能类方法**　智能类方法包含产生式规则、模糊逻辑、人工神经网络和 D-S 法等。

1）产生式规则。作为人工智能中常用的控制方法，产生式规则一般要通过对具体使用的传感器的特性及环境特性进行分析，才能归纳出所需的规则。通常系统改换或增减传感器时，其规则要重新产生。这种方法的特点是系统扩展性较差，但推理过程简单明了，易于系统解释，因而有广泛的应用范围。

2）模糊逻辑。针对数据融合中所检测的目标特性具有某种模糊性的现象，利用模糊逻辑对检测目标进行识别和分类，建立标准检测目标和待识别检测目标的模糊子集是其基础。模糊子集的建立需要有各种各样的标准检测目标，同时必须建立合适的隶属函数。模糊逻辑实质上是一种多值逻辑法，在多传感器数据融合中，通过对每个命题及推理算子赋予 0~1 间的实数值，表示其在融合过程中的可信程度，该值又被称为确定性因子。之后，使用多值逻辑推理法，利用各种算子对各种命题（由各传感源提供）进行合并运算，实现信息融合。

3）人工神经网络。神经网络法是模拟人类大脑行为而产生的一种信息处理技术。它采用大量以一定方式相互连接和相互作用的简单处理单元（神经元）来处理信息。神经网络有较强的容错性及自组织、自学习和自适应能力，能够实现复杂的映射。神经网络的优越性和强大的非线性处理能力能够很好地满足多传感器数据融合技术的要求。

神经网络法实现数据融合的过程：①用选定的 N 个传感器检测系统状态；②采集 N 个传感器的测量信号并进行预处理；③对预处理后的 N 个传感器信号进行特征选择；④对特征信息进行归一化处理，为神经网络的输入提供标准形式；⑤将归一化的特征信息与已知的系统状态信息作为训练样本，送至神经网络进行训练，直到满足要求为止。将训练好的网络作为已知网络，只要将归一化的多传感器特征信息作为输入送入该网络，网络输出就是被测系统的状态结果。

4）D-S 法。D-S（Dempster-Shafer，证据推理）法是目前数据融合方法中比较常用的一种方法，它由 Dempster 先提出，再由 Shafer 扩展，是一种不精确推理理论。这种方法是贝叶斯估计法的扩展，因为贝叶斯估计法必须给出先验概率，证据推理法则能够处理这种因不知道而引起的不确定性，通常用来对目标的位置、存在与否进行推断。在多传感器数据融合系统中，每个信息源提供了一组证据和命题，并且建立了一个相应的质量分布函数，因此每个信息源就相当于一个证据体。D-S法的实质是在同一个鉴别框架下，将不同的证据体通过Dempster合并规则合并成一个新的证据体，并计算证据体的拟真度，最后采用某一决策选择规则，获得融合的结果。

4.7 无线传感器网络的应用

1. 军事应用

无线传感器网络具有快速部署、自组织、隐蔽性强及容错性好等特点，在军事领域具有广泛的应用前景。战场环境恶劣，作战态势瞬息万变，战机稍纵即逝，作战指挥员需要即时了解掌握部队全方位的情况。部署在作战区域内的传感器节点可以先采集相应的信息，并通过汇聚节点将数据送至指挥所，再将其转发到指挥部，最后融合来自各战场的数据，形成完备的战场态势图。与雷达、红外设备及天基红外 SBIRS（Space Based Infra Red Surveillance）等通用传感手段相比，无线传感器网络在军事应用上具有布设灵活快速、近距离探测、网络容错能力强、传感工作模式多等特点。例如，美国的"智能微尘"使用微电子机械系统技术设计，能够通过飞机散播到敌方公路、阵地上。以电池驱动的"智能微尘"能够感应到敌方的活动，并把得到的信息传回总部，用于侦察附近敌方部队的活动。"沙地直线"可以在整个战场侦测运动的高金属含量目标，如侦察和定位敌军坦克和其他车辆。在"沙地直线"项目的基础上，美军进一步进行了超大规模无线传感器网络的研究。美军在2004年12月进行了史上最大规模的无线传感器网络试验。在名为"ExScal"的网络中，1300m×300m地域内部署了1200个网络节点，成功检验了网络稳定性、网络冗余配置等方面的研究成果。

2. 建筑物状态监控

建筑物由于经历了不断修补，可能会存在一些安全隐患。此外，虽然地壳偶尔的小震动可能不会给建筑物带来看得见的损坏，但是也许会在支柱上产生潜在的裂纹，这个裂纹可能会在下一次地震中导致建筑物倒塌。对此，用传统方法检查，往往要将大楼关闭数月。基于上述问题，美国加州大学伯克利分校的环境工程和计算机专家采用传感器网络，让大楼、桥梁和其他建筑物能够自主感觉并意识到自己的状况，使得安装了传感器网络的智能建筑自动告诉管理部门它们的状态信息，并且能够按照优先级进行一系列的自我修复工作。基于MEMS技术的重大工程结构健康监测无线传感器网络目前在发达国家正处于从实验室研究走向应用推广的阶段，主要用于桥梁、铁路、高速公路等大型重要基础设施的结构健康监测。国内对于该技术的报道则不多。

3. 农业方面

在农业灌溉系统中，对农田灌溉决策最重要的两个因素是作物物候和土壤湿度。除了取土烘干称重法，人们又设计了张力计、电阻传感器和介电传感器用于间接测量土壤湿度。Pardossi等利用无线传感器网络技术搭建土壤层传感器平台以监测土壤湿度。他们考虑了缺水性灌溉、零径流灌溉、灌溉施肥（Fertigation）情况下的土壤层传感器在土壤湿度测量方面的应用。我国开发的无线传感器网络精准农业监测系统在位于蚌埠市的安徽省农业科技示范围区获得初步应用。20多个节点被均匀地布置在面积约为 $1200m^2$ 的花卉大棚内,节点类型包括土壤温度传感器、土壤湿度传感器和光照传感器等。当系统运行时,每个传感器节点将附近的环境信息和自身的状态信息经过自组织多跳路由递给基站后,通过本地服务器上的数据获取程序将数据传输到远程服务器上。

4. 医疗领域

传感器网络在医疗系统和健康护理方面的应用包括监测人体的各种生理数据,跟踪和监控医院内医生和患者的行动,以及管理医院的药物等。如果在住院病人身上安装特殊用途的传感器节点,如心率和血压监测设备,医生利用传感器网络就可以随时了解被监护病人的病情,从而在发现异常时能够迅速抢救。将传感器节点按药品种类分别放置,计算机系统即可帮助辨认所开的药品,从而减少病人用错药的可能性。利用传感器网络长时间收集人体的生理数据,也有助于了解人体活动机理和研制新药品。

【实践】

调研高铁灾害检测领域物联网技术应用

高速铁路作为一种舒适、快速、安全的交通工具,其应用已引起世界各国的广泛关注。特别是在我国,高速铁路发展迅速,已成为中长途客运的主要运载工具。随着我国铁路信息技术的发展,车地间通信的业务需求不断拓展,除了传统的调度通信和列控业务,移动视频监控、列车车况信息远程实时监测、优化控制和自动驾驶、智能列车、铁路物联网、旅客服务等新的业务需求也在不断涌现。截至2017年年底,我国高速铁路运营里程已超过2.3万km,各高铁线路均建有灾害监测系统,累计建设风监测点2882处、雨量监测点1551处、雪深监测点173处、异物侵限监测点1212处、地震监测点116处,形成全天候、全方位、全过程的自然灾害及异物侵限监测网络,实现对所有高速铁路运营线路全覆盖监测监控和闭环管理,对保证高速铁路运输安全、确保行车安全持续稳定起到了重要的支撑作用。

物联网在高速铁路灾害监测领域的应用主要是利用各种传感器对自然灾害、异物侵限等监测信息进行智能采集,借助铁路专用通信网传输数据,在应用层对收集到的信息进行二次汇总和处理,基于这些信息建立智能系统以达到智能控制和警报的目的。

目前,高铁灾害及异物侵限监测系统提示大风报警信息时,列车调度员根据风监测系统报警提示在CTC(Centralized Traffic Control,调度集中系统)终端输入列车限速或停车的调度命令,对来不及发布调度命令的列车,通过电话通知驾驶员限速运行或停车。大风报警紧急处置时效性不高,并且在大风天气下,多点多级别连续报警、限速区段重合等复杂报警处置情况频繁发生,调度员需频繁对多列车或同列车多次传送不同限速命令,大风报警处置工作量大导致调度员无法及时处置所有报警信息,容易造成大风报警处置滞后,同时可能存在来不及处置及漏处置的风险。通过无线传感器网络的应用,可以实现地面多点环境风速的快速采集和汇总,并及时地将大风报警信息发送至列车上,以提高高铁灾害监测系统的紧急处置能力,保证紧急处置的时效性。

我国既有山区铁路大都建设时间较早,受当时条件限制,建设标准普遍较低,防护等级不足,沿线山体受多年风化、地震和风雨影响,多地存在崩塌、滑坡和泥石流的灾害,容易造成严重行车事故。为了降低汛期行车影响,铁路总公司、铁路局投入大量人力、物力常年开展搜山扫石工作,但由于崩塌落石隐患点多、线长,单纯靠人力难以保证行车安全。铁路崩塌落石自动监测报警系统需在现场布设雨量计、位移计、振动光纤、激光雷达等多类型传感器,一般监测点的公网、GPS 信号较差,电力供应困难,并且需长时间持续监测及无人值守,通过无线传感器网络的应用可解决以上问题,并实现现场多传感器不同类型监测数据的快速采集和汇总,同时发送至监控中心,以实现铁路边坡崩塌落石的自动监测和警报。

思 考 题

1. 传感器的静态特性由哪些性能指标组成?动态特性由哪些性能指标组成?
2. 什么是智能传感器?它的功能有哪些?
3. 无线传感器网络 MAC 协议的分类有哪些?
4. 无线传感器网络时间同步的作用是什么?
5. 简述数据融合的主要作用。

第 5 章

通信网络技术

物联网要实现物物相连，需要网络作为连接的桥梁。物联网的通信网络技术主要完成感知信息的可靠传输。由于物联网连接的物体多种多样，物联网涉及的网络技术也有多种，如有线网络和无线网络、短距离网络和长距离网络、企业专用网络和公用网络，以及局域网和互联网等。

本章主要讲解物联网涉及的各种网络技术，为叙述方便，根据无线通信网络距离不同，分为无线个域网络、无线局域网络、无线城域网络技术进行讨论。另外，本章还对物联网的接入技术及其他网络技术，如有线通信网络、M2M 技术和下一代网络 NGN 技术等做了介绍。

5.1 物联网通信网络技术概述

5.1.1 无线通信及网络技术

通信技术简单地说，就是将信息从一个地点传送到另一个地点所采取的方法和措施。通信技术的发展历程是由人体传递信息通信到简易信号通信，再到有线通信和无线通信，近年来发展最快、应用最广的就是无线通信技术。

1. 无线通信技术

无线通信技术主要包括无线电通信、微波通信、红外通信和光通信等多种形式，其中以无线电通信应用最为广泛，它是利用电磁波信号在自由空间传播的特性进行信息交换的一种通信方式。

目前，无线通信技术主要使用数字化通信方式，它是一种用数字信号 0 和 1 进行数字编码传输信息的通信方式。数字化通信可以传输电报、数据等数字信号，也可以传输经过数字化处理的语音和图像等模拟信号。

数字化通信过程通常涉及用户设备、编码和解码、调制和解调、加密和解密、传输和交换设备等。来自信源的模拟信号须先经过信源编码转变成数字信号，并要通过加密处理，以提高保密性；为了提高抗干扰能力，需再次经过信道编码，对数字信号进行调制，变成适合信道传输的已调载波数字信号并送入信道。已调载波数字信号在收信端经解调得到基带数字信号后，通过信道解码、解密处理和信源解码等操作恢复为原来的模拟信号，最后送到信宿

(数据库)。

采用无线电进行无线通信的信号在空中传播时，无线信号强度不仅会随着传播距离的增加而衰减，也会受到环境噪声和其他同频段信号的干扰。因此，无线通信的信号具有一定的时空可变不稳定性。为了保证通信的质量，通常需要设计复杂的通信技术，如数字调制解调技术。

2. 无线通信网络

无线通信网络是利用无线通信技术、通信设备、通信标准和协议等组成的通信网络，在该网络中通信终端能够接入网络并依赖网络进行相互通信。

无线通信网络具有多种分类方式。例如，根据通信终端是否移动，无线通信网络可以分为无线固定通信和无线移动通信两种。无线固定通信终端的位置固定，而无线移动通信终端的位置可以移动。

根据接入网络的方式不同，无线通信网络可以分为集中式和自组织两种。集中式终端根据其位置是否固定又可分为固定式和移动式，如固定或移动基站、固定骨干节点等。典型的集中式接入终端包括各类蜂窝网络，通过安装多个固定基站来覆盖较大通信区域，而每个基站可以管理成百上千个移动接入节点。在无线局域网络中可以利用集中式接入在一个相对小的区域内形成星状网络。

自组织网络（Ad Hoc Networks）是与集中式网络完全不同的一种网络，它没有固定集中的控制中心，网络中所有的节点通过一定的自组织协议加入网络，节点间的通信通过相邻节点的多跳来实现。自组织网络属于对等网络，不会因为其中一个节点的损坏而失去功能；集中式网络如果基站损坏，将会破坏网络的通信功能。

根据通信距离的不同，无线通信网络可以分为短距离通信网络和长距离通信网络两种。短距离通信网络的通信距离在几厘米到几百米之间，如红外通信技术、RFID 通信技术、NFC 通信技术、蓝牙技术、ZigBee、UWB、WiFi 等；长距离通信网络可以实现几千米到上千米的通信距离，如 WiMAX 及各类商业网络 2G/3G/4G/5G。

3. 无线通信技术的发展

无线通信技术是社会信息化的重要支撑，随着信息化社会的到来及 IP 技术的兴起，未来无线通信技术将得到快速发展，其发展的主要趋势包括宽带化、接入多样化、信息个人化和 IP 网络化等。

（1）**宽带化** 宽带化是通信技术发展的重要方向之一。随着光纤传输技术及高通透量网络节点的进一步发展，有线网络的宽带化正在世界范围内全面展开，而无线通信技术也正在朝着无线接入宽带化的方向演进，无线传输速率将从第二代系统的 9.6kbit/s 向第三代移动通信系统的最高速率 2Mbit/s 发展。

（2）**接入多样化** 未来信息网络的结构模式将向核心网/接入网转变，网络的分组化和宽带化使在同一核心网络上综合传送多种业务信息成为可能，传统的电信网络与新兴的计算机网络将进一步融合，未来网络可通过固定接入、移动蜂窝接入、无线本地环路等不同的接入设备接入。

（3）**信息个人化** 随着移动 IP 的发展，实现未来信息个人化逐步变为可能，将来在手机上可以实现各种 IP 应用。另外，移动智能网技术与 IP 技术的组合将进一步推动全球个人通信的趋势。

(4) IP 网络化　　随着市场需求的驱动，无线通信网络正在从现有的电路交换网络向 IP 网络过渡，IP 技术将成为未来网络的核心关键技术，IP 协议将成为电信网的主导通信协议。同时，通信网络也在向下一代网络（Next Generation Network，NGN）发展，由无线移动通信和互联网结合形成的移动无线互联网（Mobile Wireless Internet）正在成为人们关注和应用的焦点。

5.1.2　物联网网络技术

物联网的网络是连接物体的信息通道，具有多种形式，如有线网络、无线网络、局域网络、互联网，企业网络、专用网络等。对于物联网，无线网络具有特别的吸引力，不仅因为它可以摆脱布线的麻烦和费用，对于移动物体也可能是唯一的联网选择。

无线网络技术丰富多样，根据距离不同，可以组成无线个域网、无线局域网、无线城域网和无线广域网。其中，近距离的无线通信技术是物联网最为活跃的部分，因为物联网被视为互联网的最后一公里，也称为末梢网络。根据应用的不同，其通信距离可能是几厘米到几百米之间，目前常用的技术主要有蓝牙、ZigBee、Z-wave、RFID、NFC、UWB、WiFi 等。

远距离的无线通信技术也是物联网许多应用不可缺少的部分，如比较分散的野外监测点、市政各种传输管道的分散监测点、农业大棚的监测信息汇聚点、车联网中的汽车等可能需要远距离的通信技术。目前常用的远距离通信技术多为商用移动核心承载网络，如 GSM、GPRS、WiMAX、2G/3G/4G 移动通信等。对于更远的通信，甚至可以用到卫星通信（如海洋中的节点部署）等。

互联网是物联网的重要承载网络，物联网则被视为互联网的延伸。互联网是目前全球性的信息高速公路、信息汇聚池及信息处理中心，物联网是物体信息的联通与移动，因此离不开互联网。物联网连接互联网需要解决许多问题，如物联网接入互联网的问题。互联网依赖 IP 地址，但 IPv4 地址资源接近耗尽，而要连接互联网的物体却越来越多。使用新的网络技术，如 IPv6，可以给每个物体分配一个 IP 地址，但这意味着得到 IP 地址的节点要额外产生较大的能耗。6LowPAN 技术试图将低功率无线个域网连接到 IPv6 网络中，使用 6LowPAN 技术的无线低功耗节点可以直接连接到互联网中。然而，很多情况下可能不需要给每个物体分配一个 IP 地址，用户仅仅关心多个物体所汇集的信息。例如，一个区域的传感器节点可能只需要一个网络接入点，如使用一个网关。物联网网关是连接感知网络与商业通信网络的纽带，实现感知网络与通信网络，以及不同类型感知网络之间的协议转换，既可以实现广域互联，也可以实现局域互联。

物联网的网络技术正在不断发展，如物联网的商用专网正在建设中。另外，工业控制中现场总线、M2M 技术和 NGN 技术的发展都会对物联网的网络技术带来积极影响。

5.2　无线个域网络技术

无线个域网（Wireless Personal Area Network，WPAN）是为了实现活动半径小、业务类型丰富、面向特定群体、无线无缝的连接而提出的新兴无线通信网络技术。无线个域网主要解决最后几十米的通信问题，目前主要包括蓝牙、ZigBee、UWB、Z-wave、NFC（近距离通信）和红外通信等技术，具有低成本、低功耗、通信距离短等特点。

5.2.1 蓝牙技术

1. 技术简介

蓝牙（Bluetooth）是一种低成本、低功率、近距离无线连接技术标准，也是实现数据与语音无线传输的开放性规范。

蓝牙技术的工作频率为 2.4GHz 左右的 ISM（Industry Science Medicine）频段。ISM 频段是工业、科学和医用频段，世界各国均保留了一些无线频段以用于工业、科学研究，以及微波医疗方面的应用。应用这些频段无须申请使用许可证，只需要遵守一定的发射功率（一般低于 1W），也不会对其他频段造成干扰。2.4G 频段在我国属于不需申请就可以免费使用的频段，国家对该频段内的无线收发设备在不同环境中的使用功率做了相应的限制。例如，在城市环境中，设备的发射功率不能超过 100mW。

蓝牙产品采用跳频技术，能够抵抗信号衰落；采用快跳频和短分组技术，能够有效地减少同频干扰，提高通信的安全性；采用前向纠错编码技术，以便在远距离通信时减少随机噪声的干扰；采用 FM 调制方式，使设备变得更为简单可靠。

蓝牙技术在标准上先后推出了多个版本，在传输速度、抗干扰、安全性等方面都有很大的提高。以蓝牙 5.3 技术为例，它保持了蓝牙的核心功能，具体如下：

（1）低功耗　蓝牙 5.3 技术继续保持了蓝牙技术低功耗的特点，使得设备可以在消耗极少电量的同时实现无线连接。

（2）高兼容性　蓝牙 5.3 技术支持与旧版本的蓝牙技术进行互操作，确保设备的兼容性。

（3）高速传输　蓝牙 5.3 技术支持高速数据传输，可以满足各种应用场景的需求。

此外，蓝牙 5.3 技术也在上述功能基础上进行了一些改进和优化，引入了一些新的特性，主要如下：

（1）LE Audio（低能耗音频）　作为蓝牙 5.3 技术的一大亮点，它支持高质量的音频流传输，并且可以实现多音频流传输，即一个音频源可以同时向多个设备传输音频流。

（2）Isochronous Channels（等时通道）　作为一种新的通信方式，它可以提供精确的时间同步，适用于需要高精度时间同步的应用场景，如 VR/AR、专业音频设备等。

（3）增强的安全性　蓝牙 5.3 技术增强了设备间的安全性，通过改进密钥生成和分发机制，提高了数据传输的安全性。

蓝牙 5.3 技术的应用场景非常广泛，主要包括以下方面：

（1）智能设备互联　蓝牙 5.3 技术可以实现各种智能设备的互联，如智能手机、平板计算机、智能手表、智能家居设备等。

（2）音频设备　蓝牙 5.3 技术的 LE Audio 特性使得它可以应用于各种音频设备，如耳机、音箱、麦克风等。

（3）专业设备　蓝牙 5.3 技术的等时通道特性可以应用于各种专业设备，如测量仪器、医疗设备等。

总体来说，蓝牙 5.3 技术在保持原有低功耗、高兼容性和高速传输等核心功能的同时，引入了 LE Audio 和等时通道等新特性，进一步扩展了蓝牙技术的应用领域。

蓝牙主要技术指标和系统参数见表 5-1。

表 5-1　蓝牙主要技术指标和系统参数

序号	技术指标	系统参数
1	工作频段	ISM 频段：2.402~2.480GHz
2	工作模式	全双工，时分双工（TDD）
3	非同步信道速率	非对称连接：721kbit/s 对称连接：433.9kbit/s
4	同步信道速率	64kbit/s
5	最大数据传输功率	1Mbit/s
6	业务类型	支持电路交换和分组交换业务
7	发射功率	美国 FCC（联邦通信委员会）要求<0dBm(1mW)，其他国家也可以扩展为 200dBm(100mW)

2. 组网方式

蓝牙系统采用无基站的灵活组网方式，支持点对点或点对多点的通信方式。例如，在蓝牙 2.0 标准中，一个蓝牙设备可同时与 7 个其他的蓝牙设备相连接，如图 5-1 所示。

5.2.2　ZigBee 技术应用

ZigBee 技术的定义、构成及技术特性如 4.6.1 节所述，ZigBee 技术是一种新兴的短距离无线通信技术，主要面向低速率无线个人区域网

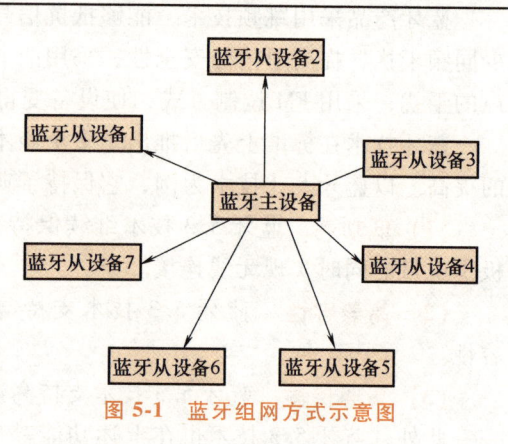

图 5-1　蓝牙组网方式示意图

（Low Rate Wireless Personal Area Network，LRWPAN）。ZigBee 技术采用三种频段：2.4GHz、868MHz 和 915MHz。2.4GHz 频段是全球通用频段，868MHz 和 915MHz 则是用于美国和欧洲的 ISM 频段，这两个频段的引入避免了 2.4GHz 频段附近各种无线通信设备的相互干扰，为 ZigBee 技术在复杂通信环境下的稳定应用奠定了基础。

1. ZigBee 与 IEEE 802.15.4 在应用中的关联

在各类实际应用场景里，ZigBee 和 IEEE 802.15.4 虽不是完全相同的概念，但却紧密相连。IEEE 802.15.4 是 IEEE 无线个人区域网工作组的一项标准，又称为 IEEE 802.15.4 技术标准，IEEE 仅处理低级 MAC 层和物理层协议。ZigBee 联盟在 802.15.4 的基础上，对其网络层协议和 API（Application Programming Interface，应用程序编程接口）进行了标准化。另外，ZigBee 联盟还开发了安全层，以保证使用 ZigBee 协议标准的物联网设备不会意外泄露其标识，并且远距离传输的信息不会被其他节点获得。

截至目前，ZigBee 联盟共公布了三个协议标准，分别为 ZigBee 2004、ZigBee 2006、ZigBee 2007。ZigBee 2007 规范了两套功能指令集，分别是 ZigBee 功能命令集和 ZigBee Pro 功能命令集。ZigBee 不同版本的比较见表 5-2。

2. ZigBee 网络结构

在 ZigBee 网络中，节点按照不同的功能可以分为协调器节点、路由器节点和终端节点三种。一个 ZigBee 网络由一个协调器节点、多个路由器节点和终端节点组成。

表 5-2　ZigBee 不同版本的比较

版本号	ZigBee 2004	ZigBee 2006	ZigBee 2007	
指令集	无	无	ZigBee	ZigBee Pro
无线射频标准	802.15.4			
地址分配	无	CSKIP	CSKIP	随机
拓扑	星状	树状、网状	树状、网状	网状
大网络	不支持	不支持	不支持	支持
自动跳频	支持（3 信道）	不支持	不支持	支持
PANID 冲突决策	支持	不支持	可选	支持
数据分割	支持	不支持	可选	可选
多对一路由	不支持	不支持	不支持	支持
高安全	支持	支持（1 密钥）	支持（1 密钥）	支持（多密钥）
支持节点数目	少量节点	300 个以下	300 个以下	1000 个以上
应用领域	消费电子	住宅	住宅	商业

（1）**协调器节点（Coordinator）** 协调器节点的主要角色是建立和配置网络（一旦建立完成，协调器节点的作用就像路由器节点一样，网络操作可以不依赖它的存在，这得益于 ZigBee 网络的分布式特性）。协调器节点选择一个信道和网络标识符（PAN ID）后，开始组建一个网络。协调器节点在网络中还有其他作用，如建立安全机制、完成网络中的绑定和建立等。

（2）**路由器节点（Router）** 路由器节点可以作为普通设备使用，也可以作为网络中的转接节点，用于实现多跳通信，辅助其他节点完成通信。

（3）**终端节点（End Device）** 终端节点位于 ZigBee 网络的最终端，用于完成用户功能，如信息的收集、设备的控制等。终端设备可以选择睡眠或唤醒状态，以最大化节约能量。

ZigBee 网络结构分为星状（star）、树状（tree）和网状（mesh）三种网络拓扑，如图 5-2 所示。

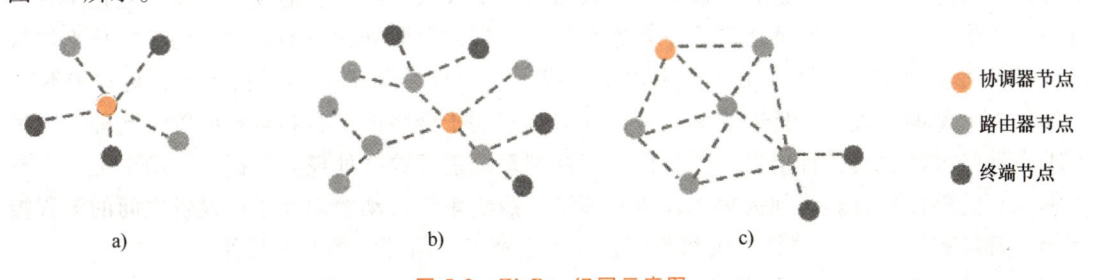

图 5-2　ZigBee 组网示意图
a）星状拓扑　b）树状拓扑　c）网状拓扑

在星状拓扑中，一个协调器节点和多个路由器节点或者终端节点相连，终端节点之间必须通过协调器节点联系，而不能直接进行通信。

在树状拓扑中，从一个协调器节点开始，沿路由向下生长，可以到路由器节点结束，也可以到终端节点结束。

在网状拓扑中,除终端节点外,一个设备可以和多个设备相连。终端节点只能和一个路由器节点或者一个协调器节点相连。

在三种拓扑中以网状拓扑应用最为广泛,因为其中任何一个设备出现问题,都不会影响其余设备之间的通信。而在星状拓扑中,当协调器节点出现问题时,这个网络就会崩溃。在树状拓扑中,当父枝节点出现问题时,整个子枝节点都无法接入网络。但是网状拓扑最为复杂。

3. ZigBee 技术应用场景

ZigBee 技术的主要应用范围很广,这得益于它低速率、低成本和低功耗的特点。如图 5-3 所示,ZigBee 技术可以广泛用于工业、农业和商业,以及消费性电子、PC 机的外围设备、家庭自动化、玩具和游戏、个人健康监护等领域。

图 5-3 ZigBee 技术应用场景

下面针对 ZigBee 技术在消费性电子设备、工业控制、汽车及智能交通、农业自动化、医疗辅助控制等方面的应用介绍几个示例。

(1) 消费性电子设备 消费性电子设备和家居自动化是 ZigBee 技术最具潜力的市场,拥有广阔的发展前景。

消费性电子设备包括手机、便携式计算机、数码相机、儿童玩具、游戏机等。利用 ZigBee 技术很容易实现相机或者摄像机的自拍,特别是在手机或者 PDA 中加入 ZigBee 芯片后,就可以用来控制电视开关、调节空调温度、开启微波炉等。基于 ZigBee 技术的个人身份卡能够代替家居和办公室的门禁卡,加上个人电子指纹识别系统,将有助于实现更加安全的门禁系统。嵌入 ZigBee 设备的信用卡可以更加方便地实现无线提款和移动购物,商品的详细信息也将通过 ZigBee 设备广播给顾客。

(2) 工业控制 生产车间可以利用 ZigBee 设备组成传感器网络,用于自动采集、分析和处理设备运行的数据,适合危险场合、人力所不能及或者不方便的场所,如危险化学成分检测、锅炉温度检测、高速旋转设备转速监控、火灾的监测和预报等,以帮助工厂技术和管理人员及时发现问题。将 ZigBee 技术用于现代工厂中央控制系统的通信系统,可以避免生产车间内大量的布线,降低安装和维护的成本,有利于网络的扩容和重新配置。此外,通过 ZigBee 网络自动收集各种信息,并将信息回馈到系统进行数据处理与分析,有助于工厂人员掌握工厂的整体信息。诸如火警的监测和预警、照明系统自动控制及生产设备之间的流程控制等,都可利用 ZigBee 网络提供相关信息,以达到工业与环境控制的目的。

(3) 汽车及智能交通 汽车车轮或者发动机内安装的传感器可以借助 ZigBee 网络把检测的数据及时地传送给驾驶人,从而帮助驾驶人及时发现问题,降低事故发生的可能性。汽车中使用的 ZigBee 设备需要克服恶劣的无线电传播环境对信号发送/接收的影响,以及金属结构对电磁波的屏蔽效应等。

(4) 农业自动化 ZigBee 技术应用于农业自动化领域的特点是需要覆盖的区域很大,因此需要由大量的 ZigBee 设备构成网络,通过各种传感器采集诸如土壤温度、氮元素浓度、降水量、湿度和气压等信息，以帮助农民及时发现问题，并且准确地确定发生问题的地点。未来农业将可能逐渐从以人力为中心转变为以具有自动化、智能化、远程控制特点的自动化控制为中心。

(5) **医疗辅助控制**　在医院里可以借助各种传感器和 ZigBee 网络，准确、实时地监测病人的血压、体温和心率等信息，帮助医生快速做出反应，特别适用于对重症和病危患者的看护和治疗。此外，利用 ZigBee 技术还可以实现远程医疗、远程监护、远程治疗等应用。

5.2.3　UWB 技术

1. 技术简介

UWB（Ultra Wideband，超宽带）无线技术是一种使用 1GHz 以上带宽的无线通信技术。尽管使用无线通信，但其通信速度可以达到上百 Mbit/s。

UWB 无线通信的历史可以追溯到 20 世纪 50 年代，早期的超宽带系统利用占用频带极宽的超宽基带脉冲进行通信，主要应用于军用雷达及低截获率/低侦测率的通信系统。2002 年 4 月，美国联邦通信委员会（FCC）发布了民用 UWB 设备使用频谱和功率的初步规定，将相对带宽大于 0.2 或在传输的任何时刻带宽大于 500MHz 的通信系统称为 UWB 系统。

2. UWB 技术的主要特点

(1) **新的通信方式及频谱管理模式**　多年来，传统的无线通信技术大都基于正弦载波，而消耗大量发射功率的载波本身并不传送信息，真正用来传送信息的是调制信号，即用某种调制方式对载频进行调制。而超宽带系统可用无载波方式，即不使用正弦载波信号，直接调制超短窄脉冲，从而产生一个 GHz 量级的大带宽。这种传输方式上的革命性变化将带来一种崭新的无线通信方式。同时，作为一种与其他现存传统无线技术共享频带的无线通信技术，对于目前日益紧张的、有限的频谱资源，超宽带技术有其独特的优势，全球频谱规划组织也对其表示高度关注和支持。

(2) **抗多径能力强**　UWB 系统发射的是持续时间极短的单周期脉冲，占空比极低，多径信号在时间上是可分离的，因此具有很强的抗多径能力。多径衰落一直是传统无线通信难以解决的问题，而 UWB 信号由于带宽达到 GHz 量级，具有高分辨率，能分辨出时延达到纳秒级的多径信号，恰好室内等多径场合的多径时延一般也是纳秒级的。这样 UWB 系统在接收端可以实现多径信号的分集接收。

(3) **定位精确**　冲击脉冲具有很高的定位精度和穿透能力，采用 UWB 无线电通信，很容易将定位与通信合一，在室内和地下进行精确定位。信号的距离分辨力与信号的带宽成正比。由于信号的超宽带特性，UWB 系统的距离分辨精度是其他系统的数百倍。UWB 信号脉冲宽度为纳秒级，其对应的距离分辨能力可达厘米级，这是其他窄带系统无法比拟的。这样可使超宽带系统在完成通信的同时实现准确定位跟踪，定位与通信功能的融合极大地扩展了 UWB 系统的应用范围。

(4) **保密性强**　UWB 信号一般把信号能量弥散在极宽的频带范围内，功率谱密度低于自然的电子噪声，采用编码对脉冲参数进行伪随机化后，脉冲的检测将更加困难。由于 UWB 信号本身巨大的带宽及 FCC 对 UWB 系统的功率限制，UWB 系统相对于传统窄带系统的功率谱密度非常低。低功率谱密度使信号不易被截获，具有一定的保密性，同时对其他窄带系统的干扰很小。

（5）超高速、超大容量、抗截获性好　超宽带的低功耗特点对于用便携式电池供电的系统长时间工作是非常重要的。UWB 系统以非常宽的频率带宽来换取高速的数据传输，在 10m 的传输范围内，信号的传输速率可达 500Mbit/s。

5.2.4　Z-wave 技术

1. 技术简介

Z-wave 技术是由丹麦的芯片和软件开发商 Zensys 公司开发的一种短距离无线通信技术，起初主要用于智能无线家居（Intelligent Wireless Home）。为了促进消费者在无线家居控制领域应用 Z-wave 技术，确保所有成员的系统和设备之间的互通性，为产品提供售后合作和服务，2005 年 1 月，Zensys 公司与其他 60 余家厂商在国际消费电子展大会上宣布成立 Z-wave 联盟（Z-wave Alliance）。目前，Z-wave 联盟已有 160 余家公司加入，该联盟虽然没有 ZigBee 联盟强大，但其成员均是在智能家居领域有现行产品的厂商，范围基本覆盖全球。尤其是国际公司，如思科（Cisco）与英特尔（Intel）的加入，强化了 Z-wave 联盟在家庭自动化领域的地位。就市场占有率来说，Z-wave 技术在欧美普及率较高。

Z-wave 技术的主要工作频段有两个，分别是 868.42MHz（欧洲）和 908.42MHz（美国），传输速率一般为 40kbit/s 左右，每个网络可容纳 232 个节点，若想联系更多节点，可以使用跨网的桥接（Bridge）技术。

2. Z-wave 网络结构

Z-wave 网络的节点分为三个等级，其中等级最高的节点是控制节点（Controller），负责存储网络中所有节点的拓扑信息，计算信息传输的路径，以及规定网络中所有节点的路由地址，它在网络中可充当中继器。控制节点的具体形式既可以是移动的，如手持式遥控器，也可以固定在某一位置，实时侦听网络中的消息。此外，控制节点还可以采用网桥形式，以实现对一些使用交流电设备的管理，当网络中存在不支持 Z-wave 协议的设备时，可以利用其网桥形式的控制节点作代理。

第二等级的节点是路由节点（Routing Slave），它与控制节点的不同之处在于路由节点只储存与自己相关的部分网络拓扑信息，定义部分节点的路由地址，在网络中也可以充当中继器。等级最低的节点是从节点（Slave），它不存储拓扑信息，也不计算信息传输的路径，只响应控制节点和路由节点传来的指令，并将反馈信息沿原路传回。从节点固定在 Z-wave 网络的某一位置，必须实时侦听网络指令，在网络中充当中继器。

3. Z-wave 网络的安装

Z-wave 网络地址由 40 位组成，前 32 位称为家庭地址（HomeID），后 8 位称为节点地址（NodeID）。家庭地址是唯一的，不同 Z-wave 网络的家庭地址是不同的，这样就避免了相邻网络之间的相互干扰。节点地址在节点所在的网络是唯一的，家庭地址和节点地址由控制节点设置，节点只接受具有相同家庭地址节点传来的信息。

由于 Z-wave 网络的节点都具有双向应答机制，当节点被分配了家庭地址和节点地址并接入 Z-wave 网络之后，节点能够自动寻找周围的邻居节点，邻居节点也会向这个新节点发送确认信息，如图 5-4 所示。控制节点发出寻找节点的信息后，先获取节点 1 的信息，然后分配地址给节点 1，节点 1 反馈信息给控制节点后加入网络。其他节点加入网络的方式和控制节点类似。

4. Z-wave 路由技术

Z-wave 技术采用动态路由选择原理，提供了一个几乎没有限制的信号有效覆盖区域，可以把信号从一台设备反复地传送给另一台设备，确保信号越过屏蔽区和反射区，覆盖整个网络区域。Z-wave 网络采用网格结构（Mesh Architecture），所有节点都具有路由选择能力，信号能够自动地从一个节点发送到下一个节点，可以绕过障碍物或无线电盲区。这使得 Z-wave 技术实现了几乎无限制的无线信号覆盖范围，大大提高了可靠性。如图 5-5 所示，当卧室 1 里的主人想要关掉餐厅里的灯 A 时，按照 Z-wave 协议，关灯的信号可经过灯 K 直接到灯 A，若由于网络通信障碍，如厨房里开启的冰箱门挡住了信号的去路，如图 5-5 中细线所示，那么 Z-wave 网络会自动选择其他路径，将信号经灯 M 传送至灯 A，如图 5-5 中粗线所示。

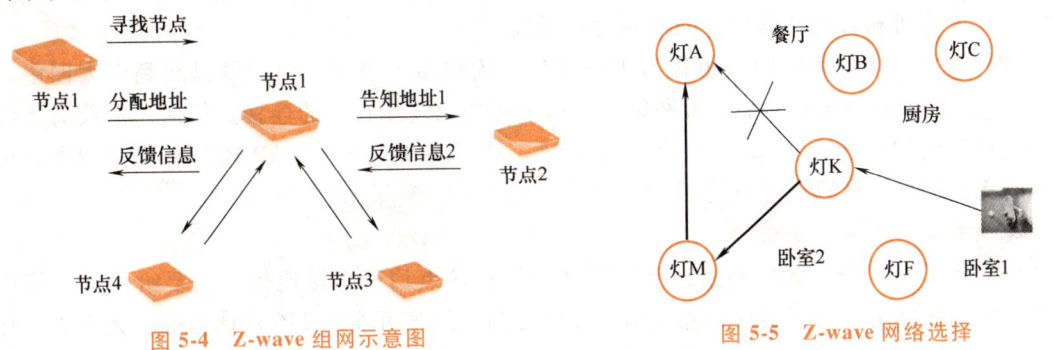

图 5-4　Z-wave 组网示意图

图 5-5　Z-wave 网络选择

5. Z-wave 技术的应用

作为一种基于射频的、低成本、低功耗、小尺寸、易使用、高可靠性的适于组网的双向无线通信技术，Z-wave 技术在智能家居方面得到了广泛应用。利用一个 Z-wave 控制器，就能在一间公寓内同时控制若干家用电器、灯具、抄表器、门禁、通风空调设备、家用网关、自动报警器等。如果将 Z-wave 技术与其他技术（如 WiFi 技术）相结合，用户就可以利用手机、PDA、互联网、遥控器等多种手段对 Z-wave 网络中的家电、自动化设备，甚至是门锁进行远程控制。此外，用户还可以设定相应的"情景"，如影院模式，Z-wave 网络会自动闭合客厅的窗帘，降低电灯的亮度，启动电视机或者投影仪。由于采用通用的标准，不同公司出品的 Z-wave 产品之间可以互联互通，这给用户的使用带来了极大的便利。

5.3　无线局域网络技术

无线局域网（Wireless Local Area Network，WLAN）是计算机网络与无线通信技术相结合的产物。无线局域网利用电磁波在空气中发送和接收数据，无须线缆介质，具有传统局域网无法比拟的灵活性。无线局域网的通信范围不受环境条件限制，网络传输范围大大拓宽，最大传输范围可达到几十千米。在有线局域网中，两个站点间的距离被限制在 500m 以内，即使采用单模光纤，也只能达到 3000m，而无线局域网中两个站点间的距离可达几十千米，因此，距离数千米的建筑物中的网络可以集成为同一个局域网。此外，无线局域网抗干扰性强、网络保密性好。对于有线局域网中存在的诸多安全问题，无线局域网基本可以避免。相对于有线网络，无线局域网的组建、配置和维护较为容易，一般计算机工作人员都可以胜任网络的管理工作。由于无线局域网具有多方面的优点，其发展十分迅速，近年来，已经在医院、商店、工厂和学校等不适合网络布线的场合得到了广泛应用。

5.3.1 概述

1. 无线局域网的组成

无线局域网的基本构件包括无线网卡和无线网关。

（1）无线网卡　无线网卡的作用类似于以太网卡，即作为无线网络的接口，实现计算机与无线网络的连接。按照接口类型的不同，无线网卡分为 PCMCIA 无线网卡、PCI 无线网卡和 USB 无线网卡三种。PCMCIA 无线网卡仅适用于便携式计算机，支持热插拔，可以非常方便地实现移动式无线接入；PCI 无线网卡适用于普通的台式计算机；USB 无线网卡适用于便携式计算机和台式计算机，同样支持热插拔。

（2）无线网关　无线网关也称为无线网桥、无线接入点（AP），可以起到以太网中集线器的作用。无线 AP 有一个以太网接口，用于实现无线和有线的连接。任何一台装有无线网卡的计算机均可以通过 AP 访问有线局域网，甚至广域网资源。AP 还具有网管功能，可对接有无线网卡的计算机进行控制。

2. 无线局域网的拓扑结构

（1）无中心拓扑　无中心拓扑要求网络中任意两点均可直接通信，只要给每台计算机安装一块无线网卡，即可实现相互通信。无中心拓扑最多可连接 256 台计算机。无中心拓扑是一种点对点方案，网络中的计算机只能一对一互相传递信息，而不能同时进行多点访问。要想实现与有线局域网的互联，必须借助接入点（AP）。无中心拓扑的区域较小，但结构简单、使用方便。

（2）单接入点拓扑　AP 相当于有线网络中的集线器。无线接入点可以连接周边的无线网络终端，形成星形网络结构。接入点负责频段管理及漫游等工作，同时 AP 通过以太网接口可以与有线网络相连，使整个无线网的终端都能访问有线网络资源，并可通过路由器访问互联网。

（3）多接入点拓扑　多接入点方式又称为基本服务区（BSA）。当网络规模较大，超过单个接入点的覆盖半径时，可以采用多个接入点分别与有线网络相连，形成以有线网络为主干的多接入点的无线网络，所有无线终端可以通过就近的接入点接入网络，访问整个网络资源，从而突破无线网覆盖半径的限制。

（4）多蜂窝漫游　在较大范围内部署无线网络时，可以配置多个接入点，组成微蜂窝系统。微蜂窝系统允许一个用户在不同的接入点覆盖范围内任意漫游。随着位置的变换，信号会由一个接入点自动切换到另一个接入点。整个漫游过程对用户是透明的，虽然提供连接服务的接入点发生了切换，但用户的服务不会被中断。

3. 无线局域网的标准

1990 年 11 月成立的 IEEE 802.11 委员会负责制定 WLAN 标准，其第一个版本发布于 1997 年，定义了媒体访问接入控制层（MAC 层）和物理层。物理层定义了工作在 2.4GHz 的 ISM 频段上的两种无线调频方式和一种红外传输方式，总数据传输速率设计为 2Mbit/s。两个设备之间的通信可以自由直接（Ad hoc）的方式进行，也可以在基站（Base Station，BS）或者访问点（AP）的协调下进行。

5.3.2　WiFi 技术

1. 技术简介

WiFi（Wireless Fidelity，无线高保真）属于无线局域网的一种，通常指符合 IEEE 802.11b 标准的网络产品，可以将个人计算机、手持设备等终端以无线方式互相连接。

人们容易把 WiFi 和 IEEE 802.11 混为一谈，甚至把 WiFi 等同于无线网络。实际上 WiFi 是一个无线网络通信技术的品牌，由 WiFi 联盟（WiFi Alliance）所持有，目的是改善基于 IEEE 802.11 标准的无线网络产品之间的互通性，确保使用该商标的商品互相之间可以合作。因此，WiFi 可以被视为对 IEEE 802.11 标准的具体实现。但现在人们逐渐习惯用 WiFi 来称呼 802.11 协议，已经将它当作 802.11 协议的代名词。

目前，全球约有 10% 的人口正在使用 WiFi 与他人连接，有 10 亿多部 WiFi 设备投入使用。越来越多的家用电器及电子产品开始支持 WiFi 功能。WiFi 的普及和相关软件的发展将会使家用电器完成功能上的飞跃。通过网络将各种家电连接，可实现功能上的重构和资源的再配置。随着网络的普及和推广，将局域网中的各种带有网络功能的家用电器通过无线技术连接成局域网络，并与外部互联网相连，构成智能化、多功能的现代家居智能系统将会成为新的流行趋势。

2. 技术标准

WiFi 技术标准按其速度和新旧可分为 IEEE 802.11a、IEEE 802.11b、IEEE 802.11g、IEEE 802.11n 和 IEEE 802.11ac 等。

按照 802.11 发布的顺序，可以将 1997 年出现的 802.11 标准算作第一代，其速率仅为 2Mbit/s。2020 年发布的 802.11ax（也称为 WiFi 6），速率高达 9.6Gbit/s，比 WiFi 5 的 3.5Gbit/s 提高了近 3 倍。同年，WiFi 联盟又宣布了 WiFi 6 的扩展版 WiFi 6E，其工作频段除了原本的 2.4GHz 和 5GHz，新增加 6GHz 频段。2022 年发布的 802.11be（也称为 WiFi 7）比 WiFi 6E 快 2.4 倍，它带来了更高的速度、更低的延迟和更好的抗干扰能力。

（1）**第一代 WiFi（802.11—1997）**　最先提出的 WiFi 标准是 802.11—1997，但速率只能达到 1~2Mbit/s，可以被红外传输、调频扩频（FHSS）、直接序列扩频（DSSS）技术替代。速率过低加上传输器和接收器价格相当昂贵，导致该标准并未得到推广。直到 1999 年 802.11a/b 的推出，WiFi 技术才得到认可。

（2）**第二代 WiFi（802.11a/b）**　1999 年，WiFi 标准 802.11a/b 面世。其中，802.11a 采用 5GHz 频率，速率达到 54Mbit/s，但存在覆盖范围小、穿透性差的缺点；802.11b 继承了 DSSS 技术，工作频段为 2.4GHz，速率达到 11Mbit/s，但存在抗干扰性差的缺点。虽然仍存在不足，但 802.11a/b 的速率和价格都比上一代 WiFi 标准有了很大的进步，移动性网络的优势得以彰显，因此第二代 WiFi 很快就受到消费者的青睐，尤其是 802.11b。

（3）**第三代 WiFi（802.11g）**　随着以太网速率的不断提升，802.11 标准也不断完善。2003 年，WiFi 标准 802.11g 面世，其工作频段为 2.4GHz，能兼容 802.11b，采用 OFDM（正交频分复用）调制技术，与 802.11a 调制方式相同，以便于双频产品的设计，速率能达到 54Mbit/s，产品价格只略高于 802.11b 标准产品，可为用户提供更高性能、更低价格的无线网络。在同样达到 54Mbit/s 的数据速率时，802.11g 的设备能提供两倍于 802.11a 设备的距离覆盖。基于上述优势，802.11g 得到市场的快速接受。

（4）第四代 WiFi（802.11n） 2009 年，IEEE 正式通过标准 802.11n。得益于将 MIMO（多入多出）与 OFDM 技术结合应用的 MIMO-OFDM 技术，在传输速率方面，802.11n 可以将无线局域网的传输速率由 802.11a 及 802.11g 所提供的 54Mbit/s 提高到 300Mbit/s，甚至是 600Mbit/s。在覆盖范围方面，802.11n 采用智能天线技术，通过多组独立天线组成的天线阵列，可以动态调整波束，确保无线局域网用户能收到稳定的信号，并可以减少其他信号的干扰。在兼容性方面，802.11n 采用了一种软件无线电技术，即搭建一个完全可编程的硬件平台，使得不同系统的基站和终端都可以通过此平台的不同软件实现互通和兼容。

（5）第五代 WiFi（802.11ac） IEEE 标准协会从 2008 年起开始推动 802.11ac 5G WiFi 标准的制定。802.11ac 能实现 1.3Gbit/s 的传输速率，这是 802.11n 最高速率的 3 倍，可以满足高清视频播放需求；可同时容纳更多的接入设备，提升网络覆盖范围，有效减少网络盲区；功耗仅为之前产品的 1/6，带给用户更好的移动体验。

3. 技术优势

WiFi 技术具有以下五种技术优势：

1）无线电波覆盖范围广。由于基于蓝牙技术的电波覆盖范围非常小，半径只有 15m 左右，而 WiFi 的半径可达 100m 左右，有的 WiFi 交换机甚至能够把无线网络接近 100m 的通信距离扩大到 6500m 左右。

2）传输速率非常高，可以达到 11Mbit/s，符合个人和社会信息化的需求。在网络覆盖范围内，允许用户在任何时间、任何地点访问网络，随时随地享受视频点播（VOD）、远程教育、视频会议、网络游戏等一系列宽带信息增值服务，并实现移动办公。

3）厂商进入该领域的门槛较低。厂商只要在机场、车站、咖啡店、图书馆等人员较密集的地方设置"热点"，并通过高速线路将互联网接入上述场所，就可以利用"热点"将无线电波覆盖到距接入点数十米至百米的地方。用户支持无线局域网的便携式计算机或 PDA 进入区域后，即可高速接入互联网。也就是说，厂商不用耗费资金进行网络布线接入，可以节省大量的成本。

4）健康安全。IEEE 802.11 规定 WiFi 的发射功率不可超过 100mW，实际发射功率为 60～70mW，而手机的发射功率为 200mW～1W，手持式对讲机则为 5W。与后两者相比，WiFi 产品的辐射更小。

5）WiFi 应用已经非常普遍。支持 WiFi 的电子产品越来越多，像手机、PAD、计算机等，基本已经成为主流标准配置。此外，由于 WiFi 网络能够很好地实现家庭范围内的网络覆盖，适合充当家庭主导网络，家里其他具备 WiFi 功能的设备，如电视机、影碟机、数字音响、照相机等都可以通过 WiFi 建立通信连接，实现家居生活的数字化与无线化，从而使人们的生活变得更加方便与丰富。

4. 工作方式

使用 WiFi 联网的工作方式主要有点对点模式和基本模式两种。

（1）点对点模式 WiFi 联网的点对点模式是无线网卡相互之间的通信方式。在这种模式下，一台装载无线网卡的计算机或移动计算终端（部分智能手机或平板电脑），无须借助无线路由器等中间设备，就能直接连接并进行数据交互。对于小型无线网络而言，该模式是一种便捷的互联方案。

（2）基本模式 与点对点模式不同，基本模式是无线网络的扩充或无线和有线网络并存时的通信方式，这是 WiFi 常用的方式。装载无线网卡的计算机或移动计算终端（部分智能手机或平板电脑）需要通过接入点才能与另一台计算机进行连接，由接入点负责频段管理及漫游等指挥工作，如同使用带 WiFi 功能的路由器进行联网。在宽带允许的情况下，一个 WiFi 接入点最多可支持 1024 个无线接入点的接入。当无线节点增加时，网络传输速率会随之降低。

WiFi 技术已经比较成熟，从目前的实际使用情况来看，点对点及基本模式都有运用。但基本模式经常被当作有线网络的有力补充，如咖啡店或商场提供的免费 WiFi 上网服务。

在物联网应用中，智能物体一般嵌入 WiFi 模块，主要有被动型串口设备联网和主动型串口设备联网两种工作方式。

（1）被动型串口设备联网 系统中的所有设备一直处于被动地等待连接状态，仅由后台服务器主动发起与设备的连接，并进行请求或下传数据。

以某些无线传感器网络为例，每个传感器终端始终实时地采集数据，但是不会立即上传采集的数据，而是将其暂时保存在设备中。后台服务器则周期性地主动连接设备，并请求上传或下载数据。在这种方式中，后台服务器实际上作为 TCP Client 端（传输控制协议客户端），设备则作为 TCP Server 端（传输控制协议服务端）。

（2）主动型串口设备联网 由设备主动发起连接，并与后台服务器进行数据交互（上传或下载）。典型的主动型设备，如无线 POS 机，在每次刷卡交易完成后即开始连接后台服务器，并上传交易数据。在这种方式中，后台服务器作为 TCP Server 端，设备则通过无线 AP 路由器接入网络中，并作为 TCP Client 端。

5.3.3 Ad Hoc 网络技术

1. Ad Hoc 网络简介

一般提及移动通信网络都是有控制中心的，要基于预设的网络设施才能运行。例如，蜂窝移动通信系统要有基站的支持；无线局域网一般工作在有接入点和有线骨干网的模式下。但对于一些特殊场合来说，有中心的移动网络并不能胜任。例如，战场上部队的快速展开和推进，以及地震或水灾后的营救等，其通信不能依赖于任何预设的网络设施，而是需要一种能够临时快速自动组网的移动网络，Ad Hoc 网络就可以满足这种要求。

20 世纪 90 年代中期，随着一些技术的公开，Ad Hoc 网络开始成为移动通信领域一个公开的研究热点。IEEE 802.11 标准委员会采用"Ad Hoc 网络"一词来描述这种特殊的对等式无线移动网络。因特网任务工作组（IETF）于 1996 年成立了 MANET（Mobile Ad Hoc Networks 移动自组织网络）工作组，专门研究 Ad Hoc 网络环境下基于 IP 协议的路由协议规范和接口设计。这使得 Ad Hoc 网络的设计思路也由传统的单一技术体系过渡到基于 IP 的多技术体系，从而使该网络更具有开放性、适应性和灵活性，提高了开发速度。

2. Ad Hoc 网络的特点

Ad Hoc 网络作为一种新的组网方式，具有以下特点：

（1）网络的独立性 Ad Hoc 网络相对于常规通信网络而言，最大的区别就是可以在任何时间、任何地点不需要硬件基础网络设施的支持，快速构建起一个移动通信网络。它的建立不依赖于现有的网络通信设施，具有一定的独立性。Ad Hoc 网络的这种特点很适合灾难救助、偏远地区通信等应用。

(2) 动态变化的网络拓扑结构　在 Ad Hoc 网络中，移动主机可以在网络中随意移动。主机的移动会导致主机之间链路的增加或消失，主机之间的关系不断发生变化。在自组网中，主机可能还是路由器，因此，移动会使网络拓扑结构不断发生变化，变化的方式和速度也都不可预测。对于常规网络而言，网络拓扑结构相对较为稳定。

(3) 有限的无线通信带宽　Ad Hoc 网络中没有有线基础设施的支持，因此，主机之间的通信均通过无线传输来完成。由于无线信道本身的物理特性，它提供的网络带宽相对有线信道低得多。此外，考虑到竞争共享无线信道产生的碰撞、信号衰减、噪声干扰等多种因素，移动终端可得到的实际带宽远远小于理论中的最大带宽值。

(4) 有限的主机能源　在 Ad Hoc 网络中，主机均是一些移动设备，如 PDA、便携式计算机等。由于主机可能处在不停移动的状态下，主机的能源主要由电池提供，因此 Ad Hoc 网络具有能源有限的特点。

(5) 网络的分布式特性　Ad Hoc 网络中没有中心控制节点，主机通过分布式协议互联。一旦网络的某个或某些节点发生故障，其余节点仍然能够正常工作。

(6) 生存周期短　Ad Hoc 网络主要用于临时的通信需求，相对于有线网络，它的生存时间一般比较短。

(7) 有限的物理安全　移动网络通常比固定网络更容易受到物理安全攻击，易于遭受物理窃听、物理破坏导致的拒绝服务等攻击。现有的链路安全技术有些已应用于无线网络中，以减小安全攻击。不过 Ad Hoc 网络的分布式特性相对于集中式网络具有一定的抗毁性。

5.4　无线城域网络技术

尽管无线局域网络技术已经广泛应用，但是人们对于无线宽带通信的追求未就此停止，人们期待覆盖范围更广、信息速率更高、服务质量更好的技术出现。在此背景下，2004 年，美国费城率先提出无线城市发展计划，随后，美国、欧洲等国家和地区在政府主导下，一批城市开始进行无线城市的建设，为满足这种大规模城市级无线通信网络构建的需求，无线城域网络（Wireless Metropolitan Area Network，WMAN）技术应运而生。

目前，我国无线城域网正处于起步阶段，在北京、上海、天津、武汉、杭州、深圳等城市均已确立了无线城市计划，并先后付诸实施。可以预见，无线城域网在不久的将来必将普及。由于无线城域网络技术具有更远的通信距离，一般为几十千米，而物联网的许多应用，如智能物体部署在野外比较分散的区域内，拥有几十千米的通信距离更有帮助。

无线城域网由基站（BS）、用户基站（SS）、接力站（RS）组成。在无线城域网中，基站的作用除了提供与核心网络即传统因特网间的连接，还会采用扇形/定向天线或全向天线向用户基站发送数据。工作时，无线城域网的基站可以提供灵活的子信道部署与配置功能，合理规划信道带宽，并根据用户状况不断升级扩展网络。用户基站的作用是完成基站与用户终端设备间的中继连接，一个基站能够支持多个用户基站之间数据的传输，一个用户基站又支持多个用户终端间的无线连接，从而使一个基站能够为上千个用户终端服务。用户基站采用固定天线，通常安置在房顶等高处部位，通信时采用动态适应性信号调制模式，以确保数据的正常通信。接力站的功能相当于一个信号放大器，在点到多点的系统结构中提高基站的覆盖能力。

无线城域网的通信标准主要是 IEEE 802.16 协议，而 WiMAX 常用来表示无线城域网（WMAN），这与 WiFi 常用来表示无线局域网（WLAN）相似。

5.4.1 IEEE 802.16 协议

1. IEEE 802.16 协议简介

IEEE 802.16 协议是无线城域网的通信标准，其作用是在用户终端与核心网络之间建立一个通信路径，保证数据在两者之间的无线连接。现在主流的 IEEE 802.16 标准于 2004 年 6 月正式通过，并命名为 IEEE 802.16—2004，又称为无线城域网（WMAN）标准。该标准吸收并借鉴了宽带无线接入领域本地多点传输服务（LMDS）、ETSI HiperMAN、多路多点分配业务（MMDS）等技术，同时对以往的 WMAN 标准进行了一些修改和合并，规定了无线城域网固定宽带无线接入的物理层（PHY）和媒体接入控制层（MAC）规范，以保证数据安全、准确、可靠地在网络中传输。IEEE 802.16 标准先后发表了多个版本，具体参数比较见表 5-3。

表 5-3 IEEE 802.16 系列标准参数比较

标准版本	802.16	802.16a	802.16—2004	802.16—2005
发布时间	2001 年	2003 年	2004 年	2006 年
工作频段	10~66GHz	<11GHz	<11GHz	<6GHz
传输速率	32~134Mbit/s	75Mbit/s	75Mbit/s	30Mbit/s
信道条件	视距	非视距	视距+非视距	非视距
信道宽度	20MHz/25MHz/28MHz	1.5~20MHz	1.5~20MHz	1.5~20MHz
小区半径	<5km	5~10km	5~15km	2~5km

2. IEEE 802.16 的体系结构

IEEE 802.16 主要有三层体系结构：

（1）物理层　物理层是三层结构中的底层，也是构建整个城市无线网络的基础。物理层主要完成关于频率带宽、调制模式、纠错技术，以及发射机同接收机之间的同步、数据传输率和时分复用结构等方面的工作。IEEE 802.16 载波带宽的范围为 1.25~20MHz，当用户终端与基站通信时，标准使用按需分配多路寻址（DAMA）-时分多址（TDMA）技术。DAMA 技术根据多个站点之间的容量需求的不同，动态分配信道容量。TDMA 技术将一个信道分成一系列的帧，每一帧都包含很多的小时间单位，称为时隙，工作时根据每个站点的需求为其在每一帧中分配一定数量的时隙，以组成每个站点的逻辑信道。通过 DAMA-TDMA 技术，每个信道的时隙分配可以动态地改变，提高数据的传输效率。

（2）数据链路层　物理层之上是数据链路层，IEEE 802.16 在该层主要规定了为用户提供服务所需的各种功能，这些功能主要在数据链路层的媒体访问控制（MAC）层实现。MAC 层又分为三个子层：①汇聚子层（CS），负责与高层接口的连接，汇聚上层不同的业务；②公共部分子层（CPS），分为数据平面和控制平面，实现 MAC 层的功能；③安全子层（SS），负责 MAC 层认证和加密功能。

（3）汇聚层　汇聚层是三层结构中的顶层。对于 IEEE 802.16 来说，能提供的服务主要包括数字音频/视频广播、数字电话、异步传输模式（ATM）、因特网接入、电话网络中的无线中继和帧中继等。

5.4.2 WiMAX 网络技术

1. 技术简介

近年来随着 IPTV、流媒体等业务的发展，用户对"最后一千米"宽带化的需求日益显现。WiMAX 作为最具影响力的宽带无线接入技术受到了通信界的广泛关注。WiMAX（Worldwide Interoperability for Microwave Access），即全球微波互联接入是一项新兴的宽带无线接入技术，能提供面向互联网的高速连接，数据传输距离最远可达 50km。WiMAX 还具有 QoS（Quality of Service，服务质量）保障、传输速率高、业务丰富多样等优点。WiMAX 的技术起点较高，采用了代表未来通信技术发展方向的 OFDM/OFDMA、MIMO 等先进技术，随着技术标准的发展，WiMAX 逐步实现宽带业务的移动化。该技术采用的标准是 IEEE 802.16d 和 IEEE 802.16e。IEEE 802.16d 是固定网络的补充和延伸，不具有移动接入的性能，而 IEEE 802.16e 支持移动接入。

WiMAX 的优势主要体现在它集成了 WiFi 无线接入技术的移动性与灵活性，以及 xDSL 等基于线缆的传统宽带接入技术的高宽带性，可以概括为以下五点：

（1）传输距离远，接入速度高 WiMAX 采用 OFDM 技术，能有效对抗多径干扰，同时采用自适应编码调制技术，可以实现覆盖范围和传输速率的折中。此外，它还利用自适应功率控制，可以根据信道状况动态调整发射功率，从而使 WiMAX 具有更大的覆盖范围和更高的接入速度。例如，当信道条件较好时，可以将调制方式调整为 64QAM，同时采用编码效率更高的信道编码，以提高传输速率，WiMAX 的最高传输速率可以达到 75Mbit/s；反之，当信道传输条件恶劣，基站无法基于 64QAM 建立连接时，可以切换为 16QAM 或 QPSK 调制，同时采用编码效率更低的信道编码，以提高传输的可靠性，增大覆盖范围。

（2）无"最后一千米"瓶颈限制，系统容量大 作为一种宽带无线接入技术，WiMAX 接入灵活，系统容量大。服务提供商无须考虑布线、传输等问题，只需要在相应的场所架设 WiMAX 基站。WiMAX 不仅支持固定无线终端，也支持便携式和移动终端，能适应城区、郊区及农村等各种地形环境。一个 WiMAX 基站可以同时为众多客户提供服务，并支持独立带宽请求。

（3）提供广泛的多媒体通信服务 WiMAX 可以提供面向连接的、具有完善 QoS 保障的电信级服务，以满足客户的各种应用需求。WiMAX 系统安全性较好，其空中接口专门在 MAC 层上增加了私密子层，不仅可以避免非法用户接入，保证合法用户顺利接入，也能提供加密功能，充分保护用户隐私。

（4）互操作性好 运营商在网络建设中能够从多个设备制造商处购买 WiMAX Certified（认证）设备，而不必担心兼容性问题。

（5）应用范围广 WiMAX 可以应用于广域接入、企业宽带接入、家庭"最后一千米"接入、热点覆盖、移动宽带接入及数据回传等宽带接入市场。在有线基础设施薄弱的地区，尤其是广大农村和山区，WiMAX 的使用更加灵活且成本低，是首选的宽带接入技术。

2. WiMAX 组网模式

（1）WiMAX 网络架构 参考通用的无线通信体系结构，WiMAX 的网络参考架构可以分成终端、接入网和核心网三部分。如图 5-6 所示，WiMAX 终端包括固定终端和移动终端；

WiMAX 接入网主要为无线基站，可支持无线资源管理等功能；WiMAX 核心网主要提供用户认证、漫游等功能，以及 WiMAX 网络与其他网络之间的接口关系，这是典型的点到多点（PMP）的组网方式。WiMAX 组网的关键技术包括基于频率复用技术的小区规划方案、媒体访问机制、入网与初始化、资源分配策略、认证计费和移动性管理等方面。

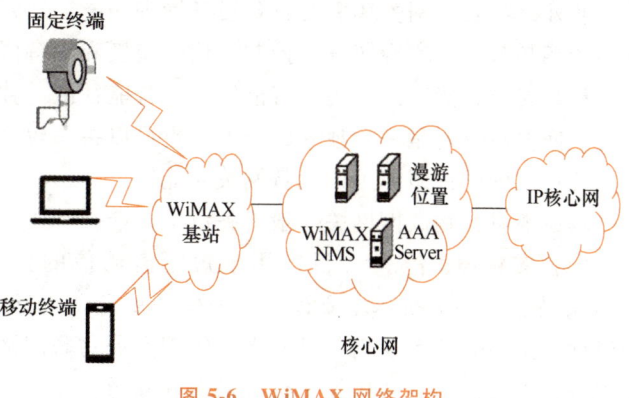

图 5-6　WiMAX 网络架构

（2）**WiMAX 应用模式**　WiMAX 解决方案适用于提供宽带数据业务，以及基于宽带的 NGN（Next Generation Network，下一代网络技术）语音业务。WiMAX 作为"最后一千米"的无线接入解决方案，为实际部署提供了更多的手段，从而增加了部署灵活性和可移动性。从接入方式的角度，WiMAX 解决方案可以分为以下四种：①无线宽带固定式接入——作为光纤、DSL 线路的有效替代和补充，开展 IP 语音服务，也能充当 WiFi 热点回程等角色；②无线宽带游牧式接入——方便个人用户区域性数据接入；③无线宽带便携式接入——方便便携式计算机、PDA 用户随时随地接入宽带数据；④无线宽带移动式接入——支持车载速度移动宽带数据接入。

5.5　物联网的接入技术

物联网的接入技术是将末梢汇聚网络或单个节点接入核心承载网络的技术。物联网的接入可以是单个物体（节点）的接入，如户外的单个观测节点，需要核心承载网络将分散的节点信息进行汇聚，或者将单个节点的信息传输到需要数据的地方。物联网的接入也可以是末梢网络多个节点信息汇聚后的接入，这种应用并不关心末梢网络中单个节点的作用，更加重视末端网络中共同监测或汇聚信息的接入传输。

物联网的接入技术多种多样，就接入设备而言，主要有物联网网关、嵌入物体的通信模块、各种智能终端等（如手机等）；就接入位置是否变化而言，主要有固定接入和移动接入两种。由于物联网需要一个无处不在的通信网络，移动通信网是无线网络的一种具体类型，是无线网络中在物联网接入方面发展较快的一种接入方式。移动通信网具有覆盖广、建设成本低、部署方便、具备移动性等特点，无线网络将成为物联网一种发展很快的接入方式。移动接入方式主要包括接入各种商业无线网络，如 GSM、GPRS、3G、4G 等网络。

下面主要针对物联网网关技术和 6LowPAN 技术做简单介绍。

5.5.1　物联网网关技术

物联网网关是连接感知网络与传统通信网络的纽带，也是不同网络进行通信的"关口"和"翻译器"。作为网关设备，物联网网关可以实现感知网络与通信网络，以及不同类型感知网络之间的协议转换，既可以实现广域互联，也可以实现局域互联。

此外，物联网网关还需要具备设备管理功能，运营商通过物联网网关设备可以管理底层的各个感知节点，实现转发、控制、信令交换和编解码、安全认证等功能，确保物联网业务的质量和安全，能广泛应用于智能家居、智能社区、数字医院、智能交通等领域。值得一提的是，网关不一定是一台独立的设备，也可以指一台主机中实现的网关功能。例如，开通具有网关功能的软件服务可以代替网关功能。

具体地讲，物联网网关一般具备以下功能：

（1）**多种接入能力**　目前用于短距离通信的技术标准有很多，常见的包括 ZigBee、WiFi 等技术。各类技术主要针对某一应用展开，缺乏兼容性和体系规划。为了实现协议的兼容性、接口和体系规划，已有多个组织开展物联网网关的标准化工作，如 3GPP 传感器工作组等，以实现各种通信技术标准的互联互通。

（2）**协议转换能力**　从不同的感知网络到接入网络的协议转换，将下层标准格式的数据统一封装，保证不同感知网络的协议能够变成统一的数据和信令；将上层下发的数据包解析成感知层协议可以识别的信令和控制指令等。

（3）**管理能力**　强大的管理能力对于任何大型网络都是必不可少的。首先要对网关进行管理，如注册管理、权限管理、状态监管等。网关还要实现子网内节点的管理，如获取节点的标识、状态、属性、能量等，以及远程唤醒、控制、诊断、升级和维护等服务。由于子网的技术标准不同，协议的复杂性不同，网关具有的管理能力也不同。

网关要实现对末梢网络及节点的统一管理，实质上要完成"上通下行"的任务。"上通"即接入各类商业网络，可以是有线接入，也可以是无线接入，如 GPRS、WCDMA、3G、4G 等，如果直接接入互联网，则需要满足 TCP/IP 协议族，此时的网关可以理解为一个网络通向其他网络的 IP 地址。"下行"即连接各种末梢网络，如 ZigBee、WiFi、Z-wave 等网络。

5.5.2　6LowPAN 技术

6LowPAN（IPv6 over Low power Wireless Personal Area Networks，低功耗无线个域网 IPv6 协议）技术主要用于将低功率无线个域网（Low power Wireless Personal Area Network）接入 IPv6 网络中。

IPv6 是下一代互联网协议，也是下一代互联网的起点。IPv6 是互联网工程任务组（Internet Engineering Task Force，IETF）设计的用于替代 IPv4 的下一代 IP 协议，旨在解决 IPv4 所存在的一些问题和不足，同时在许多方面提出了改进，如路由方面、自动配置方面。

现有的 IPv4 协议已经使用多年，尽管它获得了巨大的成功，但随着应用范围的扩大，也面临越来越不容忽视的危机，如地址匮乏等。随着物联网的发展，越来越多的智能物体（Smart Things）会连接到互联网上，对地址资源也会越来越渴求。而近乎无限的 IP 地址空间是部署 IPv6 网络最大的优势。

IPv6 采用 128 位地址长度，而 IPv4 采用 32 位地址长度。与 IPv4 相比，IPv6 的地址数是 IPv4 的四次方倍。IPv4 理论上仅能够提供的地址上限是 43 亿个，而 IPv6 地址可包含约 43 亿×43 亿×43 亿×43 亿个地址节点。此外，IPv6 针对 IPv4 的一些缺陷也做了改进和优化，如端到端的 IP 连接、服务质量、安全性、多播、移动性、即插即用等。

IEEE 802.15.4 标准主要针对低速率、低功耗的廉价小型嵌入式设备，如传感器节点等，此类传感器节点使用干电池可连续工作 1 年以上。由于 IEEE 802.15.4 标准具有可扩展性，只规定了物理（PHY）层和媒体访问控制（MAC）层标准，并没有涉及网络层以上规范，因此产生了多种不同的技术。目前比较流行的 ZigBee 技术就是一种基于 IEEE 802.15.4 标准的低功耗个域网协议。

6LowPAN 技术是另外一种基于 IEEE 802.15.4 标准的低功耗个域网协议。IETF 于 2004 年 11 月成立 6LowPAN 工作组，致力于实现将低功耗和低处理能力的智能物体直接连接到互联网上。6LowPAN 是一种将 IP 协议引入无线通信网络的低速率的无线个域网标准，其底层采用 IEEE 802.15.4 规定的 PHY 层和 MAC 层，网络层采用 IPv6 协议。6LowPAN 技术特别适用于嵌入式 IPv6 领域，它不仅使大量电子产品可以相互组网，也可以通过 IPv6 协议接入下一代互联网，因此 6LowPAN 工作组极力推荐 6LowPAN 技术，并且致力于实现在 IEEE 802.15.4 上传输 IPv6 数据包。

6LowPAN 技术具有无线低功耗、自组织网络的特点，是物联网感知层、无线传感器网络的重要技术。配置了 6LowPAN 技术的节点可以像个人计算机一样接入互联网，并通过互联网方便地访问任何一个节点，不再依赖于复杂的网关（普通网关中要完成协议转换或承载）。6LowPAN 协议也已经在许多开源软件上实现，如 Contiki、Tinyos 等系统分别实现了 6LowPAN 完整协议栈，并得到广泛测试和应用。作为短距离、低速率、低功耗的无线个域网领域的新技术，6LowPAN 技术具有廉价、便捷、实用等特点，因而具备广阔的市场前景，如可以在智能家居、建筑物状态监控等方面进行应用。6LowPAN 技术的普及应用将促进物联网的发展。

5.6 物联网其他网络技术

5.6.1 有线通信网络技术

物联网中的有线网络技术主要包括长距离有线通信网络技术和短距离有线通信网络技术，其中长距离有线通信网络技术主要包括支持 IP 协议的网络，如计算机网、广电网、电信网及国家电网等通信网络。短距离有线通信网络技术主要包括目前流行的 10 多种现场总线控制系统，如 ModBus、DeviceNet、电力载波通信 PLC（Power Line Communication）等网络技术。短距离有线通信网络主要应用于楼宇自动化、工业过程自动化、电力行业等领域。

现场总线控制系统（Fieldbus Control System，FCS）是一个开放的数据通信网络系统，通过可互操作的网络将现场各控制器及仪表设备互联，同时控制功能彻底下放到现场，降低了安装成本和维护费用。因此，FCS 的实质是一种开放的、具可互操作性的、彻底分散的分布式控制系统，有望成为 21 世纪控制系统的主流产品。

如图 5-7 所示，底层的 Internet 控制网即 FCS，各控制器节点下放分散到现场，构成一种彻底的分布式控制体系结构，网络拓扑结构任意，可为总线型、星形、环形等。FCS 形成的 Internet 控制网很容易与 Internet 企业内部网和 Internet 全球信息网互联，构成一个完整的企业网络三级体系结构。

目前已开发出 40 多种现场总线，如 Interbus、Bitbus、DeviceNet、MODbus、Arcnet、P-Net、FIP 和 ISP 等，下面主要介绍 FF、Profitbus、HART、CAN 和 LonWorks 5 种现场总线，它们的性能对照见表 5-4。

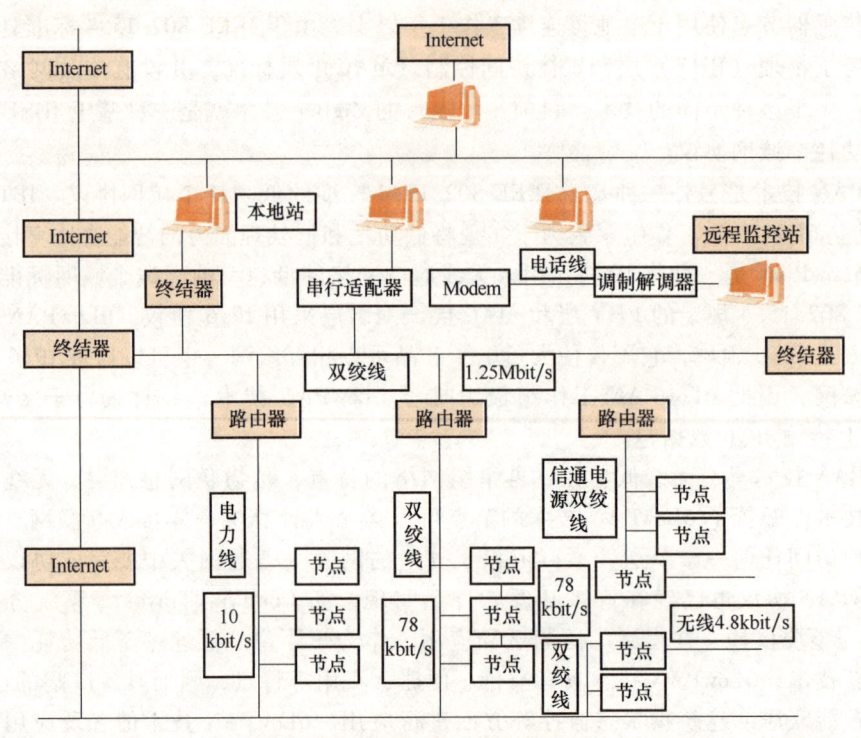

图 5-7 现场总线控制系统的结构

表 5-4 不同现场总线的性能对照

种类	FF	Profitbus	HART	CAN	LonWorks
应用范围	仪表	PLC	智能变送器	汽车	楼宇自动化、工业自动化
OSI 网络层次	1,2,3,8	1,2,7	1,2,7	1,2,7	1~7
通信介质	双绞线、电缆、光纤、无线	双绞线、光纤	电源信号线	双绞线、光纤	双绞线、电缆、光纤、无线
介质访问方式	令牌、主从	令牌、主从	令牌、查询	位仲裁	P-P CSMA[①]
纠错方式			CRC[②]		
通信速率/(Mbit/s)	2.5	1.2	1.2	1	1.25
最大节点数/个	32	128	15	110	200
优先级	有	有	有	有	有
开发工具	有	有	无	有	有

① P-P CSMA，即带预测的载波监听多路访问。
② CRC，即奇偶校验和循环冗余校验。

1. FF

基金会现场总线（Foundation Fieldbus，FF）是目前最具发展前景和竞争力的现场总线之一。以 Fisher-Rosemount 公司为首，联合 80 家公司组成的 ISP（Internet Service Provider，网际网络提供商）组织和以霍尼韦尔公司为首，联合欧洲 150 家公司组成的 WorldFIP（World Factory Instrument Protocol，世界工厂仪表协会）组织的北美分部于 1994 年合并，成立了现场总线基金会，致力于开发统一的现场总线标准。该基金会的成员包括世界主要的自动化设备供应商，如 A-B、ABB、Foxboro、霍尼韦尔、Smar、富士电机等。

FF 的通信模型以 ISO/OSI 开放系统模型为基础，采用物理层、数据链路层、应用层，并在其上增加了用户层，各厂家的产品基于用户层实现。FF 选用令牌总线通信方式，可分为周期通信和非周期通信。FF 目前有高速和低速两种通信速率。HSE（High-Speed Ethernet 高速以太网）的通信速率为 10Mbit/s，更高速的以太网正在研制中。FF 可采用总线型、树形、菊花链等网络拓扑结构，网络中的设备数量取决于总线带宽、通信段数、供电能力和通信介质的规格等因素。FF 支持双绞线、同轴电缆、光纤和无线发射等传输介质，物理传输协议符合 IECII 57-2 标准，采用曼彻斯特编码。FF 拥有非常出色的互操作性，因为 FF 采用了功能模块和设备描述语言（Device Description Language，DDL），使得现场节点之间能准确、可靠地实现信息互通。目前，基于 FF 的现场总线产品有美国 Smar 公司生产的压力温度变送器、霍尼韦尔 & 罗克韦尔推出的 Process Logix 系统，以及 Fisher-Rosemount 推出的 PlantWeb 等。

2. Profibus

Profibus（Process Fieldbus，过程现场总线）由德国西门子公司于 1987 年推出，主要应用于 PLC，其产品有三类：①FMS 用于主站之间的通信；②DP 用于制造行业从站之间的通信；③PA 用于过程行业从站之间的通信。由于 Profibus 的产品开发时间过早，限于当时计算机网络水平，大都建立在 IT 网络标准基础上，随着应用领域不断扩大和用户要求越来越高，现场总线产品只能在原有 IT 协议框架上进行局部修改和补充，导致控制系统内增加了很多的转换单元（如各种耦合器），这为产品的进一步发展带来了一定的局限性。

3. HART

HART（Highway Addressable Remote Tranducer，可寻址远程传感器数据通路）由美国罗斯蒙特（Rosemount）公司于 1989 年推出，主要应用于智能变送器。HART 为过渡性标准，通过在 4~20mA 电源信号线上叠加不同频率的正弦波（2200Hz 表"0"，1200Hz 表"1"）来传送数字信号，从而保证了数字系统和传统模拟系统的兼容性。

4. CAN

CAN（Controller Area Network，控制器局域网络）由德国博世（Bosch）公司于 1993 年推出，应用于汽车监控、开关量控制、制造业等领域。其介质访问方式为非破坏性逐位仲裁方式，适用于实时性要求很高的小型网络，并且开发工具廉价。摩托罗拉（Motorala）、英特尔（Intel）、飞利浦（Philips）均生产独立的 CAN 芯片和带有 CAN 接口的 80C51 芯片。CAN 型总线产品有 AB 公司的 DeviceNet，以及中国台湾研华的 ADAM 数据采集产品等。

5. LonWorks

LonWorks（LON-Local Operating System，局部操作系统）由美国 Echelon 公司于 1991 年推出，主要应用于楼宇自动化、工业自动化和电力等行业。该公司推出的 Neuron 神经元芯片实际为网络型微控制器，其强大的网络通信处理功能配以面向对象的网络通信方式，大大降低了开发人员在构造应用网络通信方面所需花费的时间和费用，从而可以将精力集中在所擅长的应用层进行控制策略的编制，因此，业内许多专家认为 LonWorks 总线是一种具有潜力的现场总线。基于 LonWorks 的总线产品有美国 Action 公司的 Flexnet & Flexlink 等。

5.6.2 M2M 技术

M2M 是"机器对机器通信"（Machine to Machine）或者"人对机器通信"（Man to Machine）的简称，主要指通过通信网络传递信息来实现机器对机器或人对机器的数据交换，也就是通过通信网络实现机器之间的互联、互通。移动通信网络由于其网络的特殊性，终端侧不需要人工布线，可以提供移动性支撑，有利于节约成本，并可以满足危险环境下的通信需求，使得以移动通信网络作为承载的 M2M 服务得到了业界的广泛关注。M2M 示意图如图 5-8 所示。

M2M 技术让机器、设备、应用处理过程与后台信息系统及操作者共享信息。它提供了设备在系统之间、远程设备之间或/和个人之间建立无线连接，传输实时数据的手段。M2M 技术能够使业务流程自动化，集成公司 IT 系统和非 IT 设备的实时状态，并创造增值服务。它可以在安全监测、自动抄表、维修业务、自动售货机、公共交通系统、车队管理、工业流程自动化、电动机械、城市信息化等环境中提供广泛的应用和解决方案。

图 5-8 M2M 示意图

1. M2M 产品构成

M2M 产品主要由以下三部分构成：无线终端、传输通道和行业应用中心。无线终端是特殊的行业应用终端，不是一般的手机或便携式计算机。传输通道是从无线终端到用户端的行业应用中心之间的通道。行业应用中心是终端上传数据的会聚点，对分散的行业终端进行监控。行业应用中心的特点是行业特征强，用户自行管理，可位于企业端或者托管。从 M2M 技术的应用系统看，主要包括企业级管理软件平台，无线通信解决方案和现场数据采集与监控设备三部分。

2. M2M 业务及应用分类

M2M 业务及应用可以分为移动性应用和固定性应用两类。

（1）**移动性应用** 此类应用适用于外围设备位置不固定、移动性强、需要与中心节点实时通信的场景，如交通、公安、海关、税务、医疗、物流等行业从业人员手持系统或车载、船载系统。

（2）**固定性应用** 此类应用适用于外围设备位置固定，但地理分布广泛、有线接入方式部署困难或成本高昂的场景，可利用机器到机器实现无人值守，如电力、水利、采油、采矿、环保、气象、金融等行业信息采集或交易系统。

总体而言，M2M 应用场景与传感器网络不同，M2M 主要应用于网络范围比较大、传输距离比较远、终端分布稀疏、移动性要求相对较高的场景。目前优先考虑 M2M 的五方面应用：智能电表、电子保健、城市自动化、消费者应用和汽车自动化。

3. M2M 技术组成

M2M 涉及五个重要的技术部分：智能化机器、M2M 硬件、通信网络、中间件、应用。

（1）**智能化机器** 实现 M2M 的第一步是从机器/设备中获得数据，然后把它们通过网络发送出去。使机器开口说话，让机器具备信息感知、信息加工（计算能力）、无线通信能力。使机器具备"说话"能力的基本方法有两种：①生产设备时嵌入 M2M 硬件；②对已有机器进行改装，使其具备通信/联网能力。

（2）M2M 硬件 M2M 硬件是使机器获得远程通信和联网能力的部件，主要进行信息的提取，从各种机器/设备处获取数据，并传送到通信网络。现有的 M2M 硬件分为五种：嵌入式硬件、可组装硬件、调制解调器、传感器及识别标识。

1）嵌入式硬件。通过嵌入机器中，使其具备网络通信能力。常见的产品是支持 GSM/GPRS 或 CDMA 无线移动通信网络的无线嵌入数据模块。

2）可组装硬件。在 M2M 的工业应用中，厂商拥有大量不具备 M2M 通信和联网能力的设备/仪器，可改装硬件就是为实现这些设备/仪器的网络通信能力而设计的，不过其实现形式各不相同。例如，从传感器收集数据的 I/O 设备（I/O Device）；完成协议转换功能，将数据发送到通信网络的连接终端（Connectivity Terminal）。此外，有些 M2M 硬件还具备回控功能。

3）调制解调器（Modem）。上文提到嵌入式模块将数据传送到移动通信网络时，起的就是调制解调器的作用。如果要将数据通过公用电话网络或者以太网送出，则需要对应的调制解调器。

4）传感器。传感器可分成普通传感器和智能传感器两种。智能传感器（Smart Sensor）是指具有感知能力、计算能力和通信能力的微型传感器。由智能传感器组成的传感器网络（Sensor Network）是 M2M 技术的重要组成部分。一组具备通信能力的智能传感器可以 Ad Hoc 方式构成无线网络，协作感知、采集和处理网络覆盖的地理区域内感知对象的信息，并发布给观察者，也可以通过 GSM 网络或卫星通信网络将信息传给远方的 IT 系统。

5）识别标识（Location Tag）。识别标识如同每台机器、每个商品的"身份证"，使机器之间可以相互识别和区分。常用的技术包括条形码技术、射频识别卡技术等。标识技术已经被广泛用于商业库存和供应链管理。

（3）通信网络 通信网络负责将信息传送到目的地，它在整个 M2M 技术框架中处于核心地位，包括广域网（无线移动通信网络、卫星通信网络、互联网、公众电话网）、局域网（以太网、无线局域网、Bluetooth）及个域网（ZigBee、传感器网络）。

（4）中间件 中间件包括两部分：M2M 网关和数据收集/集成部件。网关是 M2M 系统中的"翻译员"，M2M 网关获取来自通信网络的数据，将数据传送给信息处理系统。其主要功能是完成不同通信协议之间的转换。

而数据收集/集成部件同样不可或缺，它聚焦于数据的价值挖掘与呈现。从各类数据源采集而来的原始数据，通常是杂乱无章、难以直接用于决策的，数据收集/集成部件会运用一系列专业的数据处理技术，如数据清洗去除噪声数据、数据聚合进行汇总统计等，对原始数据进行全方位的加工和处理，把这些原始数据转化为对观察者和决策者有价值的信息。

（5）应用 数据收集/集成部件在应用层面有着明确的使命，即把海量的原始数据转化为具有实际价值的信息。在实际操作中，它会针对不同类型的原始数据，灵活运用各种先进的数据处理算法和工具，对这些数据进行深度加工和处理。

5.6.3 物联网安全技术

新的信息系统的出现都会伴随信息安全问题的产生，物联网也不可避免。如果物联网系统遭遇通信被攻击、系统数据被篡改等安全问题，并出现与所期望的功能不一致的情况，或者不再发挥应有的功能，那么依赖于物联网的控制结果将会出现十分严重的问题，如设备出现错误的操控结果。物联网将经济社会活动、战略性基础设施资源和人们的生活全面架构在全球互联互通的网络上，所有活动和设施理论上透明化，一旦遭受攻击，安全和隐私将面临巨大威胁，甚至可能引发电网瘫痪、交通失控、工厂停产等恶性后果。因此，实现信息安全和网络安全是物联网大规模应用的必要条件，也是物联网应用系统成熟的重要标志。

5.6.4 物联网定位技术

在物联网的所有应用中，与人们生产生活联系和结合最紧密的应用就是定位跟踪及其相应的管理任务。通过定位跟踪管理，可以使人或者物品实现信息互联，达到"物物相联"的效果。从物联网的体系架构中可以看出，人们使用RFID、传感器等设备，从现实世界中获取各种各样的物理信息，这些信息又通过网络的承载传给用户或者服务器，从而为用户提供各种各样的服务。所有这些被采集的信息需要和传感器的具体位置信息相关联，否则就没有任何实际意义，因此定位技术是物联网的一个重要基础。各种定位技术在现有的日常生活中已经得到了广泛的应用，而在制造业领域，实时定位系统和无线传感器网定位技术的应用更为广泛。

5.7 近距离无线通信技术

5.7.1 RFID 技术与系统架构

如 2.2 节中所述，射频识别（Radio Frequency Identification，RFID）技术，又称为电子标签、无线射频识别，是一种非接触式自动识别技术，通过射频信号自动识别目标对象并获取相关数据，识别无须人工操作且适用于恶劣环境。RFID 由读写器和应答器组成，类似条码扫描，在工业生产、商业经营、日常生活等诸多领域影响巨大，随着产品电子代码和物联网概念提出，成为全球关注热点，其系统架构如图 5-9 所示。

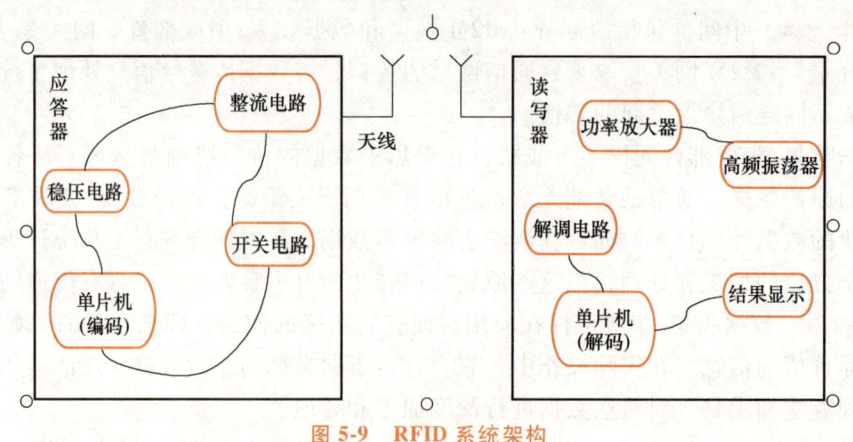

图 5-9 RFID 系统架构

按照 RFID 卡片读写器与电子标签之间的通信及能量感应方式不同，RFID 可分为两种技术方式：感应耦合（Inductive Coupling）与后向散射耦合（Backscatter Coupling），前者一一般适用于低频 RFID，后者则适用于较高频的 RFID。

读写器在 RFID 系统中主要负责信息控制和处理，它根据功能的不同可分为读或读/写装置。阅读器通常包括控制模块、收发模块、耦合模块和接口单元，它和应答器之间的信息数据交换一般采用半双工的通信方式。应答器可称为 RFID 系统的信息载体，大都为无源单元，其能量和时序由读写器的耦合模块提供。应答器一般包括耦合原件（线圈、微带天线等）和微芯片。

RFID 系统的工作流程：打开读写器电源开关后，其中的高频振荡器开始发出方波信号，经功率放大器处理后输送到天线部分，就会产生高频强电磁场。与此同时，应答器通过天线的电磁感应，也会产生一个高频交流电压，该电压传送至整流电路进行整流后，通过稳压电路输出直流电压，此即单片机的工作电源，简单点说就是应答器的工作能量是由读写器提供的。

在获取能量之后，应答器的单片机进入正常工作状态，继而向外发送连续的数字编码信号。这些数字编码信号途径开关电路，由于输入信号高低电平的变化，开关电路也就相应地接通或断开。开关电路中的变化直接影响应答器电路的一系列参数，它们的改变会反作用于读写器天线的电压变化，实现幅移键控（Amplitude Shift Keying，ASK）调制。

RFID 技术最突出的优势是非接触识别，即通过无线电波可以在雾、雪、冰、尘垢、涂料等恶劣环境中传递信息，这是条码无法企及的。其优越性不仅体现在极快的阅读速度（通常不足 100ms），更在于有源式射频系统特有的双向读写能力——这种突破性的技术特征使读写器不仅能高速读取数据，更能实时写入和更新存储信息。两者的协同作用让 RFID 技术可完美支持流程跟踪、维修记录等需要动态交互的场景，通过数据采集与更新的完整闭环，显著提升作业效率和系统可靠性。

5.7.2 RFID 技术标准与关键技术

1. ISO/IEC

RFID 国际标准的主要制定机构包括国际标准化组织（ISO）/国际电工委员会（IEC）等。ISO（或与 IEC 联盟联合）技术委员会或分委员会制定了大部分的 RFID 标准。RFID 领域的 ISO 标准可以分为以下四类：技术标准（如 RFID 技术、IC 卡标准等）、数据内容与编码标准（如编码格式、语法标准等）、一致性及性能标准（如测试规范等标准）和应用标准（如船运标签和产品包装标准等）。

这里以 IC 卡标准为例进行介绍。作为一种信息技术，IC 卡的相关标准可以被划分为四方面，分别是技术标准、数据内容标准、性能标准和应用标准。

ISO/IEC 技术标准主要规定了 IC 卡的技术特性、参数及规范，包括 ISO/IEC 18000（空中接口参数）、ISO/IEC 10536（密耦合非接触集成电路卡）、ISO/IEC 15693（疏耦合非接触集成电路卡）和 ISO/IEC 14443（近耦合非接触集成电路卡），如图 5-10 所示。

2. EPC 标准中的 RFID 关键技术

ISO 和 EPC（Electronic Product Code，电子产品代码）协议是 RFID 技术的主要空中接口协议，其内容包含物理层和媒体访问控制（MAC）层中相关参数的规定。物理层包含数据的帧结构定义、调制解调、编解码及链路时序等，对于 MAC 层的规定则包括链路时序、信息流程、安全加密算法、防碰撞算法等。图 5-11 所示为 EPC 标准下 RFID 的系统架构。

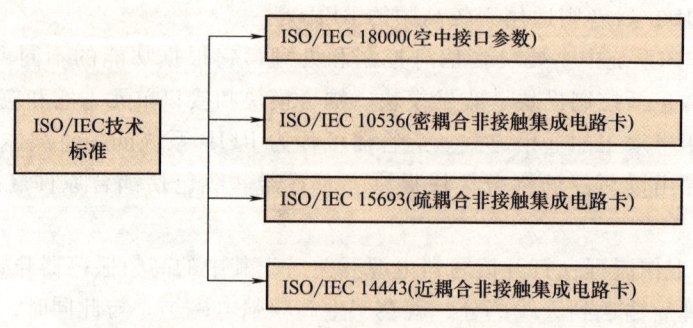

图 5-10　IC 卡的 ISO/IEC 技术标准

整个系统架构以互联网为基底，由 EPCglobal（EPC 核心服务）标准框架为基础，通过网络连接所有参与 RFID 跟踪和管理的实体，每个实体都有独一无二的 EPC 编码，这些编码由注册中心管理分配，实体可以通过对象名解析服务获取有关信息，并在安全的网络（Internet）环境下认证与授权，然后由 EPC 信息服务、用户接口组件、数据处理组件等架构组成的数据服务引擎进行数据处理后经过 ALE（Application Level Event，应用层事件）监控管理后通过集成件进行数据整合与标签（Tag），进行数据交互后，发送至企业网以便对诸多数据进行管理。

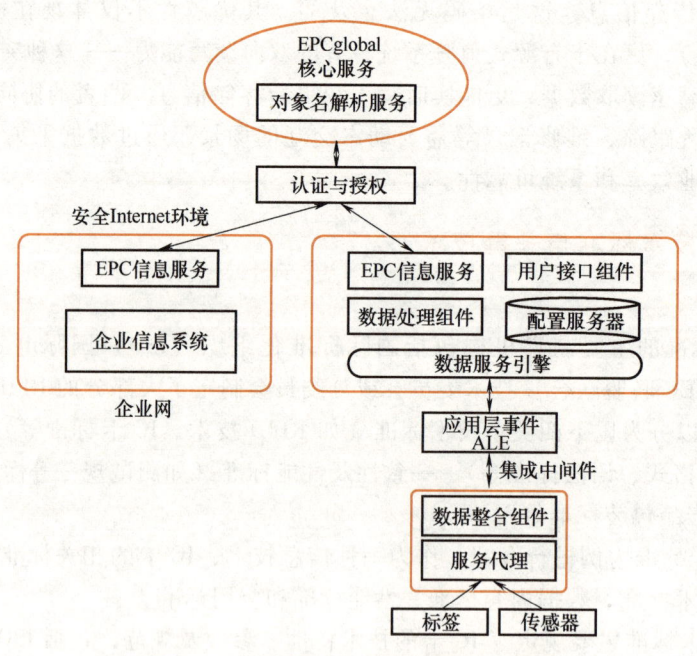

图 5-11　EPC 标准下 RFID 的系统架构

EPC 协议中规定了 RFID 的前向通信采取双边带幅移键控（Double Side Band-Amplitude Shift Keying，DSB-ASK）、单边带幅移键控（Single Side Band-Amplitude Shift Keying，SSB-ASK）或者反向幅移键控（Phase Reverse-Amplitude Shift Keying，PR-ASK）等调制方式。在链路时序方面，EPC 协议中规定了读写器发送不同命令时，从发送命令到标签响应命令的时间间隔的上下限。

在数据帧结构层面，EPC 标准定义的 RS-232 通信协议明确规定：RFID 读写模块的串行接口需遵循"1 个起始位+8 个数据位+1 个停止位"的异步传输帧结构，且不设奇偶校验位。传输速率基准值设定为 9600bit/s，但支持用户根据实际通信需求将速率提升至 57600bit/s。这种配置通过精简校验机制降低传输损耗，同时保留波特率弹性调节空间，既确保了基础通信效率，又能适配不同场景下的数据传输要求。

EPC Gen-2 标准将 RFID 系统分为物理层（Signaling）和标签标识层两部分，如图 5-12 所示。该标准中提到的关键技术包含数据编码和调制方式、差错控制编码技术、数据加密及防冲突算法等。

标签标识层
物理层

图 5-12 EPC Gen-2 标准分层结构

5.7.3 RFID 技术的应用与发展

作为自动识别领域的革新技术，RFID 的应用价值已渗透至四大核心领域：智能交通管控、现代物流优化、智能制造升级以及安全认证体系构建，每个维度都展现出独特的技术优势。

（1）**智能交通管控** 通过车载电子标签与路侧读写器的实时交互，系统可精准获取车辆位置、行驶轨迹等动态数据。该技术不仅缓解了城市交通拥堵，更能为肇事逃逸案件的侦破提供数字证据链。在铁路运输场景中，基于 RFID 的车厢智能监控系统可动态更新相邻列车位置信息，有效预防轨道碰撞事故，同时实现货运物资的全程可视化追踪。

（2）**现代物流优化** 从仓储管理到供应链协同，RFID 技术通过电子标签与读写设备的无缝对接，重塑物流作业流程。以亚马逊智能仓库为例，采用超高频 RFID 的货架系统可实现库存自动盘点，其读取效率较传统条码提升 200% 以上。

（3）**智能制造升级** 汽车制造等离散型产业中，RFID 标签被植入生产工装夹具，通过与 MES 系统的数据交互，实现零部件精准配送（误差率<0.01%）、工艺参数动态调整等智能管控。

（4）**安全认证体系构建** 高频 RFID 芯片凭借加密算法优势，在敏感领域构建多重防护体系。生物识别护照内嵌的 RFID 模块中存储有持证人指纹等生物特征数据，通关时通过数字签名验证实现秒级身份核验。在工业安全领域，防爆型有源标签可实时定位矿井作业人员（定位精度达 0.5m），当发生塌方事故时，救援组能通过生命体征监测数据快速锁定被困人员位置。

尽管 RFID 技术标准仍在持续演进，但其在物联网生态中的基础性作用已获产业共识。据 ABI Research 预测，到 2026 年全球 RFID 标签年出货量将突破 400 亿枚，这场静默的技术革命正在重构物理世界与数字空间的连接范式。

5.7.4 NFC 技术

1. 技术简介

NFC（Near Field Communication）即近域通信技术是一种非接触式识别和互联技术，可以在移动设备、消息类电子产品、PC 和智能控件工具之间进行近距离无线通信。

NFC 技术是在 RFID 和互联两种技术整合的基础上发展而来的，只要任意两个设备靠近而不需要线缆插接就可以实现相互通信。NFC 技术可以用于设备的互联、服务搜寻及移动商务等广泛的领域。NFC 技术提供的设备间的通信是高速率的，这是它的优势之一。

与其他近距离无线通信技术相比，NFC 的安全性更高，非常符合电子钱包技术对于安全度的要求，因此广泛用于电子钱包技术。此外，由于 NFC 可以与现有非接触智能卡技术兼容，它受到了更多的关注与重视。

NFC 技术具有的特点如下：

1）NFC 技术相较于其他技术显得更为迅速，这是因为它采用了独特的信号衰减技术。与 RFID 技术相比，NFC 技术具有高速率、高带宽和低消耗等特点。

2）NFC 技术采用私密通信方式，加上其射频范围小，它的安全性能非常高。

3）与 RFID 技术不同的是，NFC 技术具备双向连接和识别的特点。

2. 工作原理

NFC 技术能够快速自动地建立无线网络，为蜂窝、蓝牙或 WiFi 设备提供一个"虚拟连接"。在主动模式下，主呼和被呼各自发出射频场来激活通信。在被动模式下，主呼发出射频场，被呼将响应并装载一种调制模式激活通信。图 5-13 和图 5-14 分别给出了 NFC 主动和被动两种通信模式的工作流程。表 5-5 则给出了 NFC 的传输模式及其数据速率。

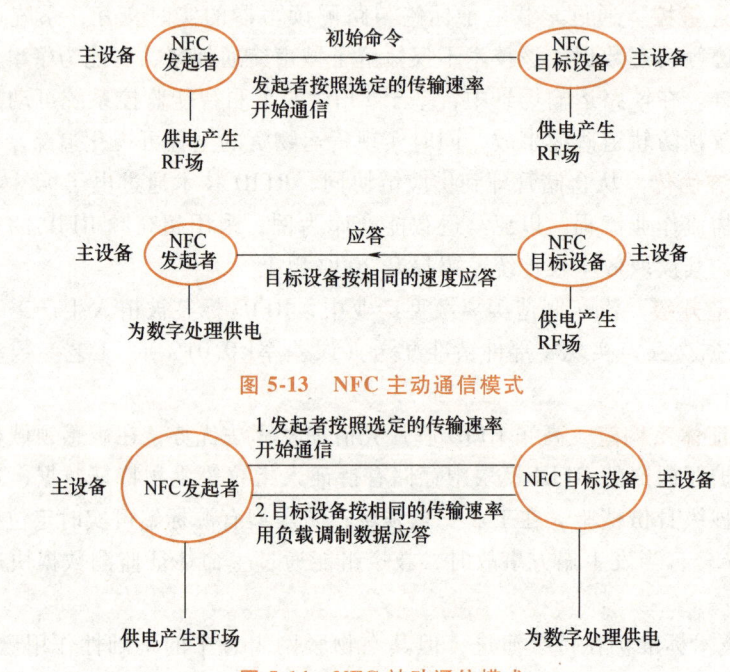

图 5-13 NFC 主动通信模式

图 5-14 NFC 被动通信模式

表 5-5 NFC 的传输模式及其数据速率

模式	传输速率 R/(kbit/s)	乘子 D
主动或被动 1	106	1
主动或被动 2	212	2
主动或被动 3	424	4
主动 1	847	8
主动 2	1695	16
主动 3	3390	32
主动 4	6780	64

NFC 设备终端要求首先依据有关协议选择一种通信模式后才能传输数据，一旦选定，在数据传输过程中不能随意更改模式。数据传输速率 R 与射频 f 之间的关系如下：

$$R = f_c D/128$$

式中，R 为数据传输速率（kbit/s）；f_c 为射频频率（Hz）；D 为乘数因子。

NFC 采用的是 ASK 调制方式，对于速率 106kbit/s，采用 100% ASK 调制，确保信号较高的抗干扰性；对于速率 212kbit/s、424kbit/s，采用 8%～30% 的 ASK 调制，仅用部分能量传输数据，以牺牲信号可靠性来换取能量无中断的供给和数据传输与处理的同步进行。

3. 应用及发展

NFC 终端设备可以用作非接触式智能卡、智能卡的读写器终端和终端间的数据传输链路，主要有以下三种基本类型的应用。

（1）消费应用 NFC 手机可作为乘车票，通过接触进行购票和存储车票信息，这要求手机具有足够的内存和高速的 CPU，现在的手机足以满足这些要求。此外，电子钱包也是 NFC 手机的一种功能。

（2）类似门禁的应用 NFC 手机可用于公寓解锁，当手机与门都安装了对应的芯片时，只要将手机靠近门即可开锁。另外，NFC 手机还可以直接交付物业费等。

（3）智能手机应用 将 NFC 卡嵌入手机的目的是快速获得自己想要的信息。例如，用户将手机在电影宣传册旁摇动一下，就能从宣传册的智能芯片中下载该影片的详细资料。

【实践】

亚马逊工业物联网布局案例

亚马逊工业物联网布局案例是通信网络技术在工业物联网（IIoT）中的应用代表之一，作为物理世界与数字系统融合的核心载体，工业物联网（IIoT）通过设备互联、数据互通与智能分析构建起三大典型应用范式：

1. 智能仓储优化系统

（1）技术架构 依托 RFID 标签、UWB 定位基站与边缘计算节点构建的实时感知网络。

（2）典型实践 亚马逊智能仓库（图 5-15）部署超高频 RFID 货架（工作频率 860～960MHz），实现每秒 300+ 标签的批量读取。分拣机器人（图 5-16）集成视觉导航与惯性测量单元（IMU），路径规划响应延迟<50ms，使仓库空间利用率提升 40%，分拣错误率降至 0.05% 以下。

图 5-15 亚马逊智能仓库图　　　　图 5-16 亚马逊仓库中的分拣机器人

2. 供应链可视化监控

（1）**技术特征**　温湿度传感器（±0.5℃精度）+LoRaWAN低功耗广域网的混合组网方案。

（2）**效能数据**　冷链物流中采用NB-IoT温度传感标签（采样间隔10s），货损率降低28%，运输时效预测准确度达97.3%。

3. 设备预测性维护

（1）**技术实现**　振动传感器（20kHz采样率）+机器学习算法的异常检测模型。

（2）**价值输出**　通过对输送带电机的振动频谱分析，故障预警时间窗提前至72h，维护成本减少35%。

思 考 题

1. 物联网应用主要涉及什么类型的网络？
2. 物联网的无线通信技术根据距离可以分为哪几种网络？各有什么特点？
3. 无线个域网主要包含什么技术？各有什么特点？分别适合什么应用？
4. 无线局域网主要包含什么技术？各有什么特点？分别适合什么应用？
5. 无线城域网有什么特点？适合的物联网应用有哪些？

第 6 章

智能嵌入技术

随着 IT 技术的飞速发展，互联网已进入物联网时代。物联网描述了一个物理世界被广泛嵌入各种感知与控制智能设备的场景，这些设备能够全面地感知环境信息，智慧地为人类提供各种便捷的服务。过去互联网上存在的设备大都以通用计算机的形式出现，而物联网的目的是让所有物品都具有计算机的智能，但不以通用计算机的形式出现，这就需要嵌入式系统和中间件技术的支持，方能将这些"聪明"的物品与网络连接在一起。

嵌入式技术是开发物联网智能硬件的重要手段。物联网与嵌入式系统密不可分，无论是智能传感器、无线网络，还是计算机技术中的信息显示和处理都包含了大量嵌入式技术的应用。可以说物联网就是基于互联网的嵌入式系统。

本章将系统地讨论嵌入式系统的概念、原理，介绍物联网智能硬件研发中涉及的人机交互、增强现实等技术，以及可穿戴计算设备、智能机器人在物联网中的应用。

6.1 嵌入式系统概述

6.1.1 嵌入式系统的发展历程

嵌入式系统从 20 世纪 70 年代出现至今大致经历了下述四个发展阶段。

第一阶段：以可编程序控制器系统为核心的研究阶段。

嵌入式系统最初的应用是基于单片机的，大都以可编程序控制器的形式出现，具有监测、伺服、设备指示等功能，通常应用于各类工业控制和飞机、导弹等武器装备中，一般没有操作系统的支持，只能通过汇编语言对系统进行直接控制，运行结束后清除内存。这些装置虽然已经初步具备了嵌入式应用的特点，但只使用 8 位的 CPU 芯片来执行一些程序，严格地说还不能被称为系统。

第二阶段：以嵌入式中央处理器 CPU 为基础，以简单操作系统为核心的阶段。

系统结构和功能相对单一，处理效率较低，存储容量较小，几乎没有用户接口。由于这种嵌入式系统使用简便、价格低廉，曾在工业控制领域得到了广泛的应用，但无法满足现今对执行效率、存储容量都有较高要求的信息家电等场合的需求。

第三阶段：以嵌入式操作系统为标志的阶段。

出现了大量高可靠性、低功耗的嵌入式微控制器，各种简单的嵌入式操作系统开始出现。这一阶段的嵌入式操作系统虽然比较简单，但已经初步具有了一定的兼容性和扩展性，内核精巧且效率高，主要用来控制系统负载及监控应用程序的运行。操作系统的运行效率高、模块化程度高，具有图形窗口界面和便于二次开发的应用程序接口（API）。

第四阶段：基于网络操作的嵌入式系统发展阶段。

嵌入式系统的实时性得到了很大改善，已经能够运行于不同类型的微处理器上，具有高度的模块化和扩展性。嵌入式操作系统已经具备了文件和目录管理、设备管理、多任务、网络、图形用户界面等功能，能支持多种外部设备的接入，并提供了大量的应用程序接口，使得应用软件的开发变得更加简单。嵌入式系统的体系结构如图 6-1 所示。

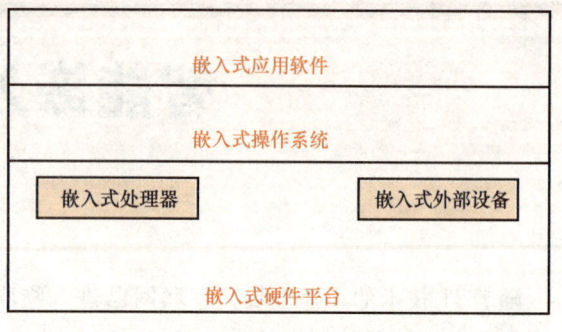

图 6-1 嵌入式系统的体系结构

随着物联网应用的进一步发展，适应物联网应用系统需求的智能硬件设计和制造将成为嵌入式技术研究与开发的重点之一。

6.1.2 嵌入式系统的特点

嵌入式系统（Embedded System）也称为嵌入式计算机系统（Embedded Computer System），它是一种专用的计算机系统。目前，国内普遍认同的嵌入式系统的定义是以应用为中心，以计算机技术为基础，软硬件可裁剪，适应应用系统对功能、可靠性、成本、体积、功耗严格要求的专业计算机系统。由于嵌入式系统需要针对某些特定的应用，研发人员需要根据应用的具体需求，调整计算机的硬件与软件配置，以适应对计算机功能、可靠性、成本、体积、功耗的要求。

下面主要介绍嵌入式系统的六个重要特征。

1. 系统内核小

由于嵌入式系统一般应用于小型电子装置，系统资源相对有限，其内核较传统的操作系统要小得多。比如 ENEA 公司的 OSE 分布式系统，其内核只有 5KB，而 Windows 的内核要大得多。

2. 系统精简

嵌入式系统一般不明显区分系统软件和应用软件，不要求其功能设计和实现过于复杂，这样不仅有利于控制系统成本，也能实现系统安全。

3. 专用性强

嵌入式系统个性化很强，其中软件系统和硬件的结合非常紧密，一般要针对硬件进行系统移植，即使在同一品牌、同一系列产品中，也需要根据系统硬件的增减和变化进行不断的修改。

4. 高实时性

高实时性的操作系统软件是嵌入式软件的基本要求。软件代码要求高质量和高可靠性，软件则要求固化存储，以提高速度。

5. 多任务的操作系统

嵌入式软件开发要想走向标准化，就必须使用多任务的操作系统。嵌入式系统的应用程序可以没有操作系统，直接在芯片上运行，但是为了合理调度多个任务，利用系统资源、系统函数及专家库函数接口，用户必须自行选配实时操作系统开发平台，方能保证程序执行的实时性、可靠性，并减少开发时间，保障软件质量。

6. 专门的开发工具和环境

嵌入式系统开发需要专门的开发工具和环境。由于嵌入式系统本身不具备自主开发能力，即使在设计完成后，用户通常也不能对其中的程序功能进行修改，因此必须有一套开发工具和环境才能进行开发，它们一般是基于通用计算机的软硬件设备及各种逻辑分析仪、混合信号示波器等。开发时往往有主机和目标机的概念，主机用于程序的开发，目标机作为最后的执行机，开发时需要两者交替结合进行。

无线传感器节点、RFID标签节点与标签读写器，智能手机与智能家电，各种物联网智能终端设备，以及智能机器人、无人驾驶汽车与可穿戴设备都属于嵌入式系统的范畴。嵌入式系统的基本概念与设计、实现方法是物联网工程专业的学生必须掌握的重要知识与技能之一。

6.1.3 嵌入式系统的组成

一个嵌入式系统通常由嵌入式微处理器、嵌入式操作系统、应用软件和外围设备接口的嵌入式计算机和执行装置组成。嵌入式计算机系统是整个嵌入式系统的核心，由硬件层、中间层、系统软件层和应用软件层组成。

1. 硬件层

硬件层包含嵌入式微处理器、存储器（SDROM、ROM、Flash等）、通用设备接口和I/O接口（A/D、D/A、V/O等）。在一块嵌入式处理器的基础上添加电源电路、时钟电路和存储器电路，即可构成一个嵌入式核心控制模块。

（1）**嵌入式微处理器** 嵌入式微处理器是嵌入式系统的硬件，作用是确保数据通道快速执行每一条指令，从而提高执行效率并使CPU硬件结构设计变得更为简单，但在处理特殊功能时效率可能较低。而复杂指令系统计算机的指令系统比较丰富，有专用指令来完成特定的功能，因此其处理特殊任务的效率较高。

嵌入式微处理器的选择需要根据具体的应用来决定，因为嵌入式微处理器有各种不同的体系（即使在同一体系中，也可能具有不同的数据总线宽度和时钟频率），或者集成了不同的外设和接口。据不完全统计，目前全球范围内的嵌入式微处理器种类已经超过1000种，体系架构多达30个系列，其中ARM、PowerPC、MIPS、X86和SH等体系架构凭借其卓越的性能和广泛的适用性，成为当前市场上的主流选择。

（2）**存储器** 存储器是嵌入式系统中用来存放和执行代码的部分。嵌入式系统的存储器包含Cache、主存和辅助存储器，它与通用CPU最大的不同在于嵌入式微处理器大都工作在专用系统中，通过将CPU由板卡完成的任务集成在芯片内部，有利于嵌入式系统的设计趋于小型化，并具有很高的可靠性和效率。

嵌入式微处理器的体系结构可以采用哈佛体系或冯·诺依曼体系结构；嵌入式微处理器的指令系统可以选用精简指令系统（Reduced Instruction Set Computer，RISC）和复杂指令系统（Complex Instruction Set Computer，CISC）。RISC 计算机在通道中只包含最有用的指令。

Cache 位于嵌入式微处理器内核和主存之间，是一种快速、容量小的存储器阵列，存放的是最近一段时间内微处理器使用最多的程序代码或数据。Cache 的主要目标是减小存储器给微处理器内核造成的存储器访问瓶颈，使处理速度提高，实时性更强。Cache 一般集成在中高档的嵌入式微处理器中，在需要进行数据读取操作时，微处理器不是从主存中读取，而是尽可能地从 Cache 中读取数据，这样就大大改善了系统的性能，提高了微处理器和主存之间的数据传输速率。

主存是嵌入式微处理器能直接访问的寄存器，用来存放系统和用户的程序和数据。它可以位于微处理器的内部或外部，容量为 256KB~1GB，根据具体的应用而定，一般片内存储器容量小、速度高，片外存储器容量大。常用作主存的存储器有 ROM 类（如 NORFlash、EPROM 和 PROM 等）和 RAM 类（如 SRAM、DRAM 和 SDRAM 等）。其中，NORFlash 凭借其可擦写次数多、存储快且容量大、价格便宜等优点，在嵌入式领域得到了广泛应用。

辅助存储器通常指硬盘、NANDFlash、CF 卡、MMC 和 SD 卡等，用来存放大数据量的程序代码或信息。虽然其容量大，但读取速度与主存相比就小很多，可用来长期保存用户的信息。

（3）通用设备接口和 I/O 接口 嵌入式系统和外界交互需要一定形式的通用设备接口，外设通过和片外其他设备或传感器的连接来实现微处理器的输入/输出功能。每个外设通常只有单一的功能，它可以在芯片外，也可以内置于芯片中。外设的种类有很多，涵盖从一个简单的串行通信设备到非常复杂的 802.11 无线设备。目前，嵌入式系统中常用的通用设备接口有模/数转换接口、数/模转换接口、I/O 串行通信接口、以太网接口、通用串行总线接口、音频接口、VGA 视频输出接口、现场总线、串行外围设备接口和红外线接口等。

2. 中间层

中间层处于硬件层与系统软件层之间，又称为硬件抽象层（Hardware Abstract Layer，HAL）或板级支持包（Board Support Package，BSP），它把系统上层软件与底层硬件分离开来，这样软件开发人员就无须关心底层硬件的具体情况，只需根据中间层提供的接口进行开发。中间层一般包含相关底层硬件的初始化、数据的输入/输出操作和硬件设备的配置功能，它具有以下两个特点：

（1）硬件相关性 因为嵌入式实时系统的硬件环境具有应用相关性，而作为上层软件与硬件平台之间的接口，中间层需要为操作系统提供操作和控制具体硬件的方法。

（2）操作系统相关性 由于不同的操作系统具有各自的软件层次结构，不同的操作系统具有特定的硬件接口形式。

实际上中间层是一个介于操作系统和底层硬件之间的软件层，包括系统中大部分与硬件联系紧密的软件模块。设计一个完整的中间层需要完成两部分工作：嵌入式系统的硬件初始化及与硬件相关的设备驱动。

3. 系统软件层

系统软件层由实时多任务操作系统、文件系统、图形用户接口（Graphic User Interface，GUI）、网络系统及通用组件模块组成。

（1）嵌入式操作系统 嵌入式操作系统（Embedded Operation System，EOS）是一种用途广泛的系统软件，过去主要应用于工业控制和国防系统领域。EOS 负责嵌入式系统的全部软硬件资源的分配、任务调度、控制、协调并发活动，以实现最佳效率。它必须体现其所在系统的特征，能够通过装卸某些模块来达到系统所要求的功能。随着互联网技术的发展、信息家电的普及应用和 EOS 的微型化和专业化，EOS 从开始单一的弱功能向高专业化的强功能方向发展。目前较知名的有微软的 Windows CE、Palm source 的 Palm OS、Symbian 的 Symbian OS，以及 Embedded Linux 厂商提供的各式 Embedded Linux 版本，如 Metrowerks 的 Embedix、TimeSys 的 TimeSys Linux/GPL、LynuxWorks 的 Blue-Cat Linux 等。

嵌入式操作系统在系统实时高效性、硬件的相关依赖性、软件固化及应用的专用性等方面具有较为突出的特点。EOS 是相对于一般操作系统而言的，它除了具备一般操作系统最基本的功能，如任务调度、同步机制、中断处理、文件功能等，还有以下特点：

1）可装卸性。嵌入式操作系统具有开放性、可伸缩性的体系结构。
2）强实时性。EOS 实时性一般较强，可用于各种设备控制。
3）接口统一。为各种设备提供标准化驱动接口。
4）提供强大的网络功能。支持 TCP/IP 协议及其他协议，提供 TCP/UDP/IP/PPP 协议支持和统一的 MAC 访问层接口，为各种移动计算设备预留接口。
5）强稳定性，弱交互性。嵌入式系统一旦开始运行就不需要用户过多干预，这就需要负责系统管理的 EOS 具有较强的稳定性。嵌入式操作系统的用户接口一般不提供操作命令，它通过系统调用命令向用户程序提供服务。
6）固化代码。在嵌入式系统中，嵌入式操作系统和应用软件被固化在嵌入式系统计算机的 ROM 中。辅助存储器在嵌入式系统中很少使用。
7）更好的硬件适应性。也就是良好的移植性。

(2) 文件系统　嵌入式文件系统与通用操作系统的文件系统并不完全相同，主要提供文件存储、检索和更新等功能，一般不提供保护和加密等安全机制。

嵌入式文件系统通常支持 FAT32（File Allocation Table 32，32 位文件分配表）、YAFFS（Yet Another Flash File System，另一种闪存文件系统）等标准的文件系统。一些嵌入式文件系统还支持自定义的实时文件系统，可以根据系统的要求选择所需的文件系统和存储介质，配置可同时打开的最大文件数等。除此之外，嵌入式文件系统还可以方便地挂载不同存储设备的驱动程序，支持多种存储设备。

嵌入式文件系统以系统调用和命令方式提供文件的各种操作，如设置、修改对文件和目录的存取权限，提供建立、修改和删除目录，以及创建、打开、读写、关闭和撤销文件等服务。

(3) 图形用户接口　GUI 使用户可以通过窗口、菜单、按键等方式来操作计算机或者嵌入式系统。嵌入式 GUI 与 PC 上的 GUI 有着明显的不同，它要求具有轻型、占用资源少、性能高、可靠性高、便于移植、可配置等特点。

使用嵌入式系统中的图形界面一般采用以下方法：

1）针对特定的图形设备输出接口，自行开发相应的功能函数。
2）购买针对特定嵌入式系统的图形中间软件包。
3）采用源码开放的嵌入式 GUI 系统。
4）使用独立软件开发商提供的嵌入式 GUI 产品。

4. 应用软件层

应用软件层用来实现对被控对象的控制功能，由所开发的应用程序组成，面向被控对象和用户。为了方便用户操作，通常需要提供一个友好的人机界面。

6.1.4 中间件技术

1. 中间件的定义

对于中间件，可以将其归纳为以下四方面的内容：
1) 独立的系统程序、软件且用于连接两个独立的系统。
2) 在客户端设备和服务器的操作系统上应用。
3) 管理计算机与网络的通信。
4) 保证相连接的系统即使接口不同，也可以互通。

中间件系统位于感知设备和物联网应用之间，它的工作内容是对感知设备采集的数据进行校对、滤除、集合等处理，从而可以有效地减少传输数据的冗余度，提高数据正确接受的可靠性。

2. 物联网中间件的作用

从实质意义上讲，物联网中间件是物联网所有应用的必需品，它主要为物联网的感知、互联互通和智能等功能提供帮助。物联网中间件通过与已有的各种中间件及信息处理技术相融合来提升自身性能。就目前而言，物联网中间件的发展并未完善，它的作用主要体现在以下两方面：

1) 底层感知和互联互通是对底层硬件和网络平台差异进行屏蔽，支持物联网的应用开发、数据共享和开放式互联的特色，为物联网系统的部署和管理提供可靠保障。

2) 当前的物联网技术正处于起步状态，大规模的物联网仍然存在较多的技术难题，如复杂环境应用、远距离无线通信、大量数据互通、复杂事件处理、综合运行管理等，而这些障碍都需要通过不断的中间件研究来克服。

3. 物联网中间件的特点

在分析中间件的特点之前，应了解中间件的各种类型，因为不同类型的中间件具有不同的特点。从目的和实现机制的差异出发，中间件主要分为以下四类：远程过程调用中间件、面向消息中间件、对象请求代理中间件、事务处理监控中间件。

（1）物联网中间件的通用特点
1) 满足大量应用的需求。
2) 运行于多种硬件和 OS 平台。
3) 支持分布计算，提供跨网络、硬件和 OS 平台的透明的应用及服务的交互。
4) 支持标准协议。
5) 支持标准接口。

（2）不同类型中间件的功能与特征

1) 远程过程调用中间件。这是一种分布式应用程序处理方式，使用远程过程调用协议（Remote Procedure CallProtocol，RPC）进行远程操作。其核心特点是采用同步通信模式，能够有效屏蔽底层操作系统和网络协议的差异，为开发者提供透明的远程调用能力。然而，这种中间件也存在一定的局限性：客户端发出请求后，服务器必须处于运行状态并保持在进程中才能接收和处理请求，否则请求数据将直接丢失，导致通信失败。

2）面向消息中间件。此中间件利用高效可靠的消息传递机制进行数据传递，同时在数据通信的基础上进行分布式系统的集成。它具有以下三个主要特点：①数据通信程序可在不同的时间运行；②对应用程序的结构并没有特定要求；③程序不受网络复杂度的影响。

3）对象请求代理中间件。此中间件的作用在于为异构的分布式计算环境提供一个通信框架，以进行对象请求消息的传递。这种通信框架的特点是客户机和服务器没有明显的界定，即当对象发出一个请求信号时，该框架就扮演一个客户机；当该框架接收请求时，扮演的是服务器的角色。

4）事务处理监控中间件。事务处理监控（Transaction Processing Monitor，TPM）一开始是一个为大型机提供海量事务处理的扎实的操作平台。后来由于分布应用系统对于关键事务处理的高要求，TPM 的功能转向事务管理与协调、负载平衡、系统修复等，用以保证系统的运行性能。它的特点在于海量信息处理，能够提供快速的信息服务。

4. 物联网中间件的发展

目前，物联网中间件的发展已经日趋完善，有多种类型可以满足不同的功能要求。

在物联网底层感知与互通方面，EPC 中间件和 OPC 中间件的相关规范已经过多年的发展，相关商品已被消费者所熟悉；WSN 中间件和 OSGi 中间件是当下的研究热点；如今的物联网应用已趋向于大规模，所以说具有大量的数据实时处理特征，CEP 中间件在这方面发挥了其功能，因为 CEP 中间件具备事件驱动架构和复杂事件处理的特点。

（1）**EPC 中间件** 应用程序使用 EPC 中间件提供的一组通用应用程序接口，即可连接 RFID 读写器获取数据。此标准接口能够解决多对多连接的维护问题。例如，当存储 RFID 标签数据的数据库软件被更改或后端应用程序增加，或 RFID 读写器的种类增加等情况出现时，应用端不需要修改也能进行处理。

（2）**OPC 中间件** OPC（OLE for Process Control）表示用于过程控制的对象链接和嵌入，其中 OLE（Object Linking and Embedding）代表对象链接和嵌入，OPC 本身是一个面向开放工控系统的工业标准，它基于微软的 OLE（Active X）、COM（构建对象模型）和 DCOM（分布式构建对象模型）技术，包括一整套接口、属性和方法的标准集，用于过程控制和制造业自动化系统。

OPC 是连接 OPC 服务器和 OPC 应用程序之间的软件接口标准。OPC 服务器可以是 PLC、DCS（Distributed Control System，分布式控制系统）、条码读取器等控制设备。根据控制系统构成的不同，OPC 服务器既可以和 OPC 应用程序运行于同一台计算机上，也可以在不同的计算机上运行，即所谓的远程。OPC 接口适用于 HMI（硬件监控接口）/SCADA、批处理等自动化程序，这些程序通过网络把底层控制设备的原始数据传递给数据的使用者（OPC 应用程序）乃至更高层的历史数据库等应用程序，也可以直接连接应用程序和物理设备。

OPC 统一架构（OPC Unified Architecture）是 OPC 基金会发布的数据通信统一方法，它克服了 OPC 不够灵活、平台局限等问题，涵盖了 OPC 实时数据访问规范（OPC DA）、OPC 历史数据访问规范（OPC HAD）、OPC 报警时间访问规范（OPC A&E）和 OPC 安全协议（OPC Security）的不同方面，使得数据采集、信息模型化及工厂底层与企业层面之间的通信更加安全可靠。

(3) WSN 中间件　WSN 中间件主要支持无线传感器应用的开发、维护、部署和执行，还包含一些更加复杂的任务，如传感器网络通信机制、异构节点之间的协调及各节点的任务分配和调度。

与传统网络不同，无线传感器网络有其特有的优势，如能量有限、动态拓扑、异构节点等，大大提高了其性能。但是这种动态、复杂的分布式环境，也给构建应用程序带来了难题，所以说 WSN 中间件不能像 OPC 和 RFID 中间件一样被广泛应用，目前仍处于初级研究状态。但其研究也有了一定的成果，即分布式数据库、虚拟共享空间、事前驱动、服务发现调用等不同设计方案的提出。

(4) OSGi 中间件　OSGi（Open Services Gateway initiative，开放服务网关协议）是一个 1999 年成立的开放标准联盟，旨在建立一个开放的服务规范，一方面为通过网络向电子终端提供服务标准；另一方面，为各种嵌入式终端提供通用的软件运行平台。OSGi 规范是建立在 Java 技术基础上的，可为设备的网络服务定义一个标准的、面向组件的计算环境，并提供已开发的多种公共功能标准组件，如 HTTP 服务器、配置、日志、安全、用户管理、XML 等。OSGi 组件可以在无须网络设备重启的条件下被设备动态加载或移除，以满足不同的应用要求。

基于 OSGi 的物联网中间件技术已被广泛用于手机和智能 M2M 终端上，在汽车控制、工业自动化、智能楼宇、网格计算、云计算、机顶盒等领域都有广泛应用。有人认为 OSGi 是"万能中间件"。

(5) CEP 中间件　CEP（Complex Event Progressing，复杂事件处理）是一种新型的基于事件流的技术，它的工作原理是将系统数据看作不同类的事件，通过分析事件之间的时间关系和因果关系等来建立事件的关系序列库，最终生成高级事件。

CEP 的功能在于可以获取大量信息，经过推理判断后，利用规则引擎和查询语言技术来处理信息。物联网最大的特色就是对海量传输数据库或事件的实时处理，CEP 技术的应用正好配合了物联网这一特点。

CEP 中间件主要面向的领域有金融和监控，相关产品有 Sybase、Tibico 等。

由于行业部门不同，即便是同为 RFID 应用，RFID 的应用架构和信息处理模型也会有所不同。随着时代的发展，当前物联网中间件研究的热点内容包括智能交通、智能电网、智能消费、智能安防等。

6.2　物联网智能硬件

6.2.1　智能硬件的基本概念

2012 年 6 月，谷歌智能眼镜的问世将人们的注意力吸引到可穿戴计算设备的应用上。随后出现了大量可穿戴计算产品，小型可穿戴计算产品有智能手环、智能手表、智能衣、智能鞋、智能水杯，大型可穿戴计算产品有智能机器人、无人机、无人驾驶汽车。它们的共同特点是实现了"互联网+传感器+计算+通信+智能+控制+大数据+云计算"等多项技术的融合，其核心是智能技术。

这类产品的出现标志着硬件技术向更加智能化、交互方式更加人性化，以及"云+端"（云计算与端计算）融合方向发展的趋势，划出了传统智能设备、可穿戴计算设备与新一代智能硬件的界限，预示着智能硬件（Intelligent Hardware）将成为物联网产业发展新的热点。

2016年9月，我国政府发布了《智能硬件产业创新发展专项行动（2016—2018年）》，其中明确了我国将重点发展的五类智能硬件产品：智能穿戴设备、智能车载设备、智能医疗健康设备、智能服务机器人、工业级智能硬件设备，以及重点研究的六项关键技术：低功耗轻量级底层软硬件技术、虚拟现实/增强现实技术、高性能智能感知技术、高精度运动与姿态控制技术、低功耗广域智能物联技术、端云一体化协同技术。

智能硬件的技术水平取决于智能技术应用的深度，支撑它的是集成电路、嵌入式、大数据与云计算技术。智能硬件已经从民用的可穿戴计算设备延伸到物联网的智能工业、智能农业、智能医疗、智能家居、智能交通等领域。

物联网智能设备的研究与应用推动了智能硬件产业的发展，智能硬件产业的发展又将为物联网应用的快速拓展奠定坚实的基础。

6.2.2 人工智能在物联网智能硬件中的应用

1. 人工智能的基本概念

人工智能（Artificial Intelligence，AI）学科诞生于1956年。经过数十年的发展，人工智能技术不仅改变了人们的日常生活，也改变了生产方式与管理方式，并渗透到人类社会生活的各个方面。

2016年3月，阿尔法狗（AlphaGo）在与围棋九段李世石的"世纪大战"中以4∶1的成绩取胜，再一次将人们的目光引向了人工智能。对于围棋来说，由于围棋棋盘有361个点，可能的走法太多，任何一个棋子的改变都会引发多种可能的走法。普林斯顿大学的研究人员对棋盘上19×19个方格进行所有可能性的推演，最终得出一个171位的数，这个数甚至比当前已查明的宇宙中原子的数量还要多。人机博弈过程中的运算量非常大，软件需要在每个可能的走步空间进行搜索，同时搜索出几千种，甚至更多，通过比较优劣，决定每一个棋子合理的位置。AlphaGo软件能够在现场实时运行，并且取得博弈的胜利，这标志着计算机系统的数据处理能力与围棋人工智能算法、软件已经取得了突破性的进展。

人工智能是一门交叉学科，研究如何通过理论、方法和技术构建能够模拟、延伸及扩展人类智能的系统，其范畴涵盖科学探索与工程实践。人工智能研究的目标是让机器具有像人类一样的思考能力与识别、处理事物的能力。从这个角度出发，可以将人工智能分为"人工"与"智能"两部分。"人工"比较好理解，即让机器按照人预先安排好的方向运作，但是"智能"的概念却让科学家争论了许久。学术界普遍赞同1956年的Dartmouth会议标志着人工智能学科的诞生，但是参加会议的不只有计算机科学家，还有数学家、心理学家、逻辑学家、认知学家与神经生理学家，这就清晰地表明了人工智能交叉学科的特征。实际上，由于人类对自身"智能"的理解非常有限，很难回答什么是智能，以及有没有超越人类智能的问题，因而也就难以准确地描述智能这个概念。

虽然不能对智能做出系统的阐述，但是可以在已知的范围内对智能进行概括。人们普遍认为，人工智能可以分为图6-2所示的五个等级。

交互是指交流、互动，人机交互是指人与智能设备之间的交流与互动。很多智能家电，如智能洗衣机内置了智能控制模块。当人们将要洗的衣服放进洗衣机后，洗衣机就能按照预定的程序，自动判断应该加多少水和洗涤液、要洗多久、冲洗几遍等，无须人工干预。这类智能控制模块无法自动升级，更不可能自动学习新的技能。人们按下某个（些）功能键，它就启动对应的功能，而智能控制模块的功能无法改变。这类智能家电属于第二等级，比该等级还要低的人工智能属于第一等级。

人们常用的智能手机、个人计算机，以及类似的电子设备属于第三等级。在这类产品中，人工智能可以被动地通过软件升级的方法来改变，就像从 Android 4.4 升级到 Android 5.0，其功能更超前、场景设置更多。

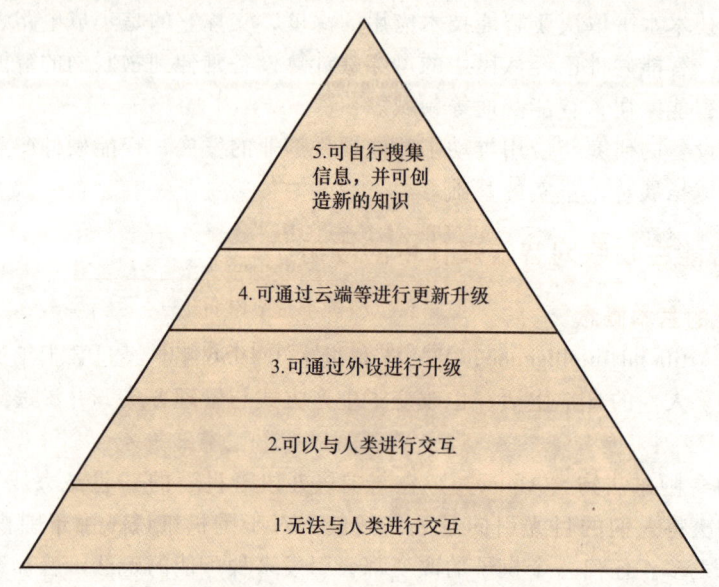

图 6-2　人工智能的五个等级

第四等级突破了需要有专门的软件支持才能升级的限制，这类智能设备可以通过互联网云端共享信息达到升级的目的。例如，互联网的搜索引擎应该属于第四等级的范畴，它使用的是机器学习这种智能技术。当人们在搜索引擎中输入一个关键词（如物联网）时，搜索引擎软件就模拟人的学习行为，在相关网页中筛选出符合用户需求的内容。搜索引擎软件可以根据用户反馈的信息，通过机器学习的方法，不断调整搜索结果提供的顺序，缩小范围，尽量满足用户的需求，但是搜索引擎本身不能改变软件设计者选用的算法和功能。第五等级的智能能够与人类交互信息，可以通过各种信息载体，如云端等搜集信息，并通过自主学习、创新、创造，形成新的知识、算法与功能。这是人们正在研究的一类新的智能技术。

2. 人工智能的研究内容

人工智能的研究内容大致可以分为四类：智能感知、智能推理、智能学习与智能行动。

（1）智能感知　在人类接受的外界信息中，80%以上来自视觉，10%左右来自听觉。当使用计算机来处理人脸视觉信息时，图像传感器发送的是一帧一帧用 0、1 表示的灰度数值；当用计算机来处理人的语音信息时，音频传感器发送的是用 0、1 表示的一组声音强度数据。要从图像传感器与语音传感器的信息中识别出这个人是谁、他在说什么，就必须开展计算机视觉与自然语言理解的研究，这些都属于智能感知研究的范畴。语音识别是要"听懂"人的话，并且用文字或语音合成方式进行应答。文字识别是要"看懂"文字或符号，并且用文字进行应答。图像处理是要对描述景物的图像或视频进行类似于人的视觉感知功能。目前，语音识别、文字识别与图像处理研究都取得了很大的进展，大量应用于智能手机、机器翻译、人脸识别，以及机器人、可穿戴系统之中。

（2）**智能推理**　智能推理研究包括机器博弈、机器证明、专家系统与搜索技术。

机器博弈是让计算机学会人类的思考过程，能够像人一样下棋。在20世纪60年代就出现了跳棋和国际象棋的软件，并达到了大师级的水平。1997年出现的"深蓝"国际象棋系统与2016年出现的阿尔法狗（AlphaGo）围棋软件，再一次显示机器博弈研究已经发展到一个很高的阶段。

机器证明是把人证明数学定理和日常生活中的演绎推理变成一系列能在计算机上自动实现的符号演算的过程和技术。1976年，美国伊利诺伊大学的数学家在两台不同的计算机上花费1200h做了100亿次判断，终于完成了数学界存在100多年的"四色定理"证明的难题。

专家系统是人工智能中最重要，也是最活跃的一个应用领域，它实现了人工智能从理论研究走向实际应用，从一般推理策略探讨转向运用专门知识的重大突破。专家系统是一个智能计算机程序系统，存有大量的按某种格式表示的特定领域专家知识构成的知识库，并且具有类似于专家解决实际问题的推理机制，能够利用人类专家的知识和解决问题的方法，模拟人类专家来处理特定领域的问题。同时，专家系统应具有自学习能力。将专家系统与大数据技术相结合，是当前研究的一个热点问题。

搜索技术是智能推理研究中极为关键的支柱性内容，它借助多样化的策略和算法，在复杂的信息空间中探寻最优或符合特定要求的解决方案。搜索技术本质上是一种通过系统性的方法来遍历解空间，以找出满足特定条件的元素的过程。解空间可能涵盖了各种可能性，如地图导航中所有可能的路径；数据库查询里所有可能的数据组合等。搜索技术通过对这些空间进行有序或启发式的探索，高效地定位到所需信息。

（3）**智能学习**　学习是人类智能的主要标志与获取知识的基本手段。机器学习是研究计算机如何模拟或实现人类的学习行为，以获取新的知识与技能，不断提高自身能力的方法。自动知识获取已成为机器学习应用研究的目标。

一提到学习，首先会联想到读书、上课、做作业。上课时学生跟着老师学习，属于"有监督"的学习；课后作业需要学生自己完成，属于"无监督"的学习。课后习题是学习系统的"训练数据集"，而考试题属于"测试数据集"。如果将学习的过程抽象表述，则学习是一个不断发现自身错误并改正错误的迭代过程。

人是如此，机器学习也是如此。为了让机器自动学习，同样需要准备三份数据：①训练集，即机器学习的样例；②验证集，用于评估机器学习阶段的效果；③测试集，用于学习结束后，评估实战效果。机器学习系统在图像识别、语音识别、机器人、人机交互，以及无人机、无人驾驶汽车、智能眼镜等应用中越来越多地使用了一类叫作"深度学习"的技术。目前，深度学习已经成为智能科学研究的热点，将在物联网中有广泛的应用价值。

（4）**智能行动**　智能行动研究的领域主要包括智能调度与指挥、智能控制、机器人学等。如何根据外界条件，确定最佳的调度或组合是人们一直关注的问题。大到物流配送路径的优化调度，小到机器人行动的路径规划和控制，以及智能交通、机场的空中交通管制、军事指挥等应用都存在智能调度与指挥、智能控制问题。机器人学是一个涉及计算机科学、人工智能方法、智能控制、精密机械、信息传感技术、生物工程的交叉学科，其研究将大大推动智能技术的发展，成为支撑物联网发展的关键技术之一。

6.2.3 人机交互

支撑智能硬件的六项技术是人机交互、硬件结构、软件应用、设备协同、信息安全及能量控制。嵌入式技术在硬件结构、软件应用、设备协同、信息安全及能量控制方面已经有相对成熟的技术与研发经验可循。从目前可穿戴计算设备的应用推广经验看，智能硬件从设计之初就必须高度重视用户体验，而用户体验的入口就在人机交互方式上。

"应用创新"是物联网发展的核心，"用户体验"是物联网应用设计的灵魂。物联网用户接入方式的多样性、应用环境的差异性，决定了物联网智能硬件在人机交互方式上的特殊性。因此，一个成功的物联网智能硬件设计，必须根据不同物联网应用系统需求与用户接入方式，解决物联网智能硬件的人机交互问题。很多人机交互的奇思妙想甚至会成就物联网在某一领域的应用。

1. 人机交互研究的重要性

人机交互（Human-Computer Interaction，HCI）研究的是计算机系统与计算机用户之间的交互关系，它作为一个重要的研究领域一直受到计算机界与IT企业的高度关注。学术界将人机交互建模研究列为信息技术中与软件、计算机并列的六项关键技术之一。

人机交互方式主要有文字交互、语音交互和基于视觉的交互。人机交互需要研究的问题其实很复杂。例如，在基于视觉的交互中，研究人员需要解决下述问题。

1) 位置判断：场景中是否有人？有多少人？哪些位置有人？
2) 身份认证：用户是谁？
3) 视线跟踪：用户正在看什么？
4) 姿势识别：用户头、手、肢体的动作表示什么含义？
5) 行为识别：用户正在做什么？
6) 表情识别：用户当前的表情反映什么样的精神状态？

从上述研究问题可以看出，人机交互的研究不可能只依靠计算机与软件解决，它涉及人工智能、心理学与行为学等诸多复杂的问题，属于交叉学科研究的范畴。

个人计算机和智能手机已经成为人们生活的一部分，之所以如此，首先要归功于个人计算机和智能手机便捷、友善的人机交互方式。个人计算机操作系统的人机交互功能是决定计算机系统"友善性"的一个重要因素。传统意义下，个人计算机的人机交互功能主要是由键盘、鼠标、屏幕实现的。人机交互的主要作用是理解并执行通过人机交互设备传送的用户命令，控制计算机运行，并将结果通过显示器显示。为了让人与计算机的交互过程更加简洁、有效、友善，计算机科学家一直在开展语音识别、文字识别、图像识别、行为模式识别等技术的研究。

随着信息技术应用的发展，人机交互已经不再局限于用户与计算机系统之间的交互，而是存在于人们实际生活的方方面面。小到收音机、录音机、电视机，大到飞机控制仪器仪表，以及电力调度室的控制仪表与显示屏，都存在复杂的人机交互问题。

人机交互的友善性决定了智能硬件被人们接受的程度。人机交互界面与方式的便捷、可用及友好，决定了人能不能使用、愿不愿意使用、喜欢不喜欢产品。如果一件电子产品非常难使用，用户不会购买这件产品。因此，人机交互方式往往是决定一种电子产品能否被市场接受的关键问题。随着物联网应用的发展，研究人员已经认识到人机交互在物联网智能硬件设计与应用中的重要性。

2. 物联网智能硬件人机交互的特点

随着物联网应用的深入，传统的键盘、鼠标输入方法及屏幕文字、图形交互方式已不能适应移动、便携式物联网终端设备的应用需求。在可穿戴计算设备的研制中，人们发现嘈杂环境中语音输入的识别率会大大下降，同时在很多场合对手机和移动终端设备发出控制命令的做法会使人感到尴尬。研究人员认识到，必须摒弃传统的人机交互方式，研发新的人机交互方法。

可穿戴计算设备在研究人机交互中使用了虚拟交互、虚拟现实与增强现实、眼动跟踪、脑电控制、柔性显示与柔性电池等新技术。这些新技术能够适应物联网智能硬件的特殊需求，对于研究物联网智能硬件人机交互技术具有重要的参考价值和示范作用。

6.2.4 物联网智能硬件的人机交互技术

1. 虚拟人机交互技术

虚拟人机交互是具有发展前景的一种人机交互方式，虚拟键盘（Virtual Keyboard，VK）技术很好地体现了虚拟交互技术的设计思想。

实际上，MIT（麻省理工学院）研究人员在研究"第六感"问题时已经提出了虚拟键盘的概念。在触觉世界里，人们利用"看、听、触、嗅、尝"五种感觉方式收集有关周围环境与事物的信息，并对其做出反应。MIT研究人员一直在思考——人如何更好地与周围环境融为一体，以及便捷地获得信息。于是他们给出了此项研究的目标：像利用人类的视觉、听觉、触觉、嗅觉、味觉一样利用计算机，以一种第六感觉的方式去获得信息。这个可穿戴计算机系统由软件控制的特殊功能的颜色标志物（Color Marker）、数字相机和投影仪组成，硬件设备通过无线网络互联。

这个系统可以在任何物体的表面形成一个交互式显示屏。研究人员做了很多非常有趣的实验。其中一个实验是他们制作了一个可以阅读RFID标签的表带，利用这种表带可以获知使用者正在书店里翻阅什么书籍。他们还研究了一种利用红外线与超市的智能货架进行沟通的戒指，利用这个戒指可以及时获知产品的相关信息。在另一幅画面中，使用者的登机牌可以显示航班当前的飞行情况及登机口。另一个实验是使用者利用四个手指上分别佩戴的红、蓝、绿、黄四种颜色特殊标志物发出命令，系统软件会识别四个手指手势表示的指令。如果一个人双手的拇指与食指分别戴有四种颜色的特殊标志物，就可以用拇指和食指组成一个画框，相机会知道此人打算拍摄照片的取景角度，并将拍好的照片主动保存在手机中，以便后续放映这些照片。如果想知道当前的时间，只要在自己胳膊上画一个手表，软件就会在其上显示一个表盘，并显示当前的时间。

总之，这些应用功能好像都成了人的"第六感"，可以极大地丰富人的感知能力、学习能力与工作能力，使人能够更方便地使用计算机，更好地与周围环境融为一体。图6-3所示为虚拟键盘示意图。

2. 人脸识别技术

物联网人机交互的一个基本问题是用户身份认证。在网络环境中，用户身份认证需要用

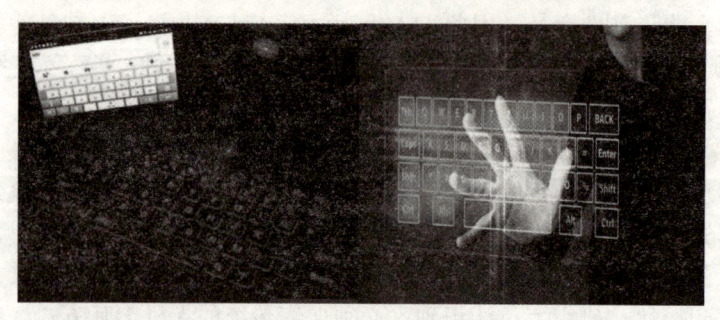

图6-3 虚拟键盘示意图

到人的"所知""所有"与"个人特征"。"所知"指密码、口令;"所有"指身份证、护照、信用卡、钥匙;"个人特征"指人的指纹、声纹、笔迹、掌纹、人脸、血型、视网膜、虹膜、DNA、静脉,以及个人动作方面的特征。个人特征识别技术属于生物识别技术的研究范畴,目前常用的生物识别技术包括指纹识别、人脸识别、声纹识别、掌纹识别、虹膜识别与静脉识别。

互联网很多应用的身份认证主要是用口令和密码来完成的,这种方法非常方便,但是可靠性不高。学术界一直致力于"随身携带和唯一性"的生物特征识别技术。指纹识别已经用于门锁、考勤与出入境管理中。随着火车站的刷脸检票、景区的刷脸验票、公共场所的人脸识别,以及无人超市与银行的"刷脸支付"等新型应用的出现,人们的注意力被吸引到人脸识别技术上。

通过人脸进行人的身份认证需要解决人脸检测、人脸识别与人脸检索三个问题。人脸检测是指根据人的肤色等特征来定位人脸区域;人脸识别是指确定此人是谁;人脸检索是指给定包含一个或多个人脸图像的图像库或视频库,从中查找被检索人脸图像的身份,整个过程如图6-4所示。

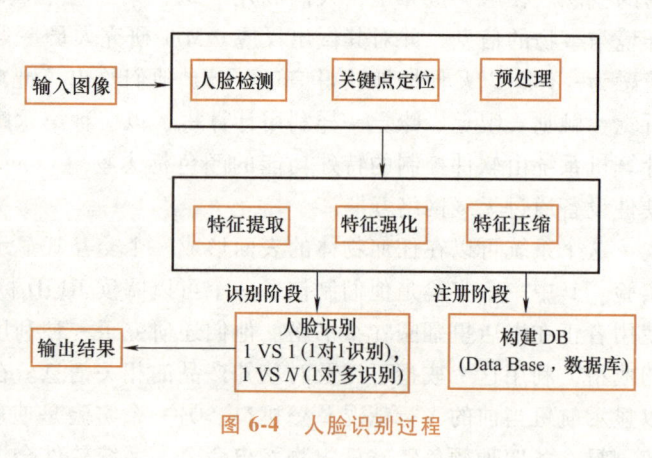

除了人脸识别,还有一种与人脸上最重要的器官——眼睛密切相关的眼动跟踪技术。早在19世纪,认知心理学家就开始研究此技术。由于受到当时技术的限制,该项研究只能停留在理论研究和技术储备的阶段。直到20世纪90年代,随着嵌入式技术的发展,眼动跟踪技术才进入实际应用阶段。最具代表性的应用是将眼动跟踪设备嵌入计算机的显示器中,当用户查看屏幕上显示的内容时,眼动跟踪软件可以持续地记录用户目光注视屏幕的位置和移动的轨迹,从而收集用户对网页内容的关注度,以优化网页内容的安排,提供网站的点击率。

图6-4 人脸识别过程

随着可穿戴计算技术的研究进展,新的广义的生物统计学正在成为网络环境中个人身份认证技术中最简单且安全的方法。它是利用个人所特有的生理特征来设计的。个人特征有很多,如容貌、肤色、发质、身材、姿势、手印、指纹、脚印、唇印、颅相、口音、脚步声、体味、视网膜、血型、遗传因子、笔迹、习惯性签字、打字韵律,以及对于外界刺激的反应等。不过采用哪种方式还要看其能否方便地实现,以及能否被用户所接受。个人特征具有因人而异和能随身携带的特点,不会丢失且难于伪造,适用于高级别个人身份认证的要求。

3. 虚拟现实与增强现实技术

2014年7月,Facebook宣布以20亿美元的价格收购虚拟现实头戴设备制造商Oculus。同年12月,Oculus公司又宣布收购了虚拟现实手势和3D技术公司Nimble VR与13th Lab,这一系列的举措使得虚拟现实(Virtual Reality,VR)、增强现实(Augmented Reality,AR)技术再一次高调进入人们的视野,引发大量风险投资者涌入相关产业。

(1) 虚拟现实的基本概念 虚拟现实又叫作"灵境技术"。"虚拟"是有假的、构造的内涵;"现实"则有真实的、存在的意义。要理解虚拟现实技术的内涵,需要注意以下两点:

第一,一般意义上的"现实"是指自然界和社会运行中任何真实的、确定的事物与环境,而虚拟现实中的"现实"具有不确定性,它可以是真实世界的反映,也可能在真实世界中不存在,而由技术手段"虚拟"实现。虚拟现实中的"虚拟"是指由计算机技术生成的一个特殊的环境。

第二,"交互"是指人们在这个特殊的虚拟环境中,通过多种特殊的设备(如虚拟现实的头盔、数据手套、数字衣或智能眼镜等)将自己"融入"其中,并能够操作、控制环境或事物,实现人们的某些目的。

虚拟现实需要从真实的社会环境中采集必要的数据,利用计算机模拟产生一个三维空间的虚拟世界,模拟生成符合人们心智认识的、逼真的、新的虚拟环境,为使用者提供视觉、听觉、触觉等感官的模拟,从而让使用者有身临其境的感觉,可以实时、不受限制地观察三维空间内的事物,并且能够与虚拟世界的对象进行互动。图6-5所示为虚拟现实的应用。

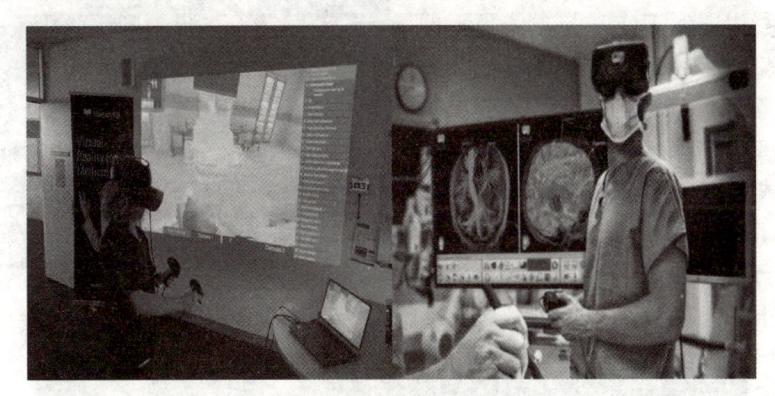

图6-5 虚拟现实的应用

事实上,虚拟现实技术的研究可以追溯到20世纪60年代。20世纪70年代,虚拟现实技术已经应用于宇航员的培训之中。该技术的研究涉及数字图像处理、计算机图形学、多媒体技术、计算机仿真、传感器技术、显示技术与并行计算技术,属于交叉学科研究的范畴。

(2) 虚拟现实的特征 虚拟现实的特征主要体现在沉浸感、交互性和想象力三方面。

1)沉浸感。沉浸感是指使用者借助交互设备和自身的感知能力,对虚拟环境真实程度的认同感。除了一般计算机屏幕所具有的视觉感知,使用者还可以通过听觉、力觉、触觉、运动，甚至是味觉与嗅觉去感知虚拟环境。在虚拟现实系统中，视觉显示覆盖人眼的整个视场的立体图形；听觉可以模拟出自然声、碰撞声等立体声效果；触觉能够让用户体验抓、握等操作的感觉，并根据力反馈，感觉力的大小与方向；运动感知能够让使用者感到周围环境在改变，自身处于运动状态。理想的虚拟现实系统会让使用者感觉到虚拟环境中的一切都非常逼真，有种"身临其境"的感觉。

2）交互性。交互性是指借助专用的输入输出设备，使用者能够通过语言、手势、姿态与动作来实时调整虚拟现实系统呈现的动态图像与声音，移动虚拟物体的位置，改变对象的颜色与形状，创建新的环境和对象的能力。

3）想象力。想象力是指虚拟现实系统的设计者试图为使用者发挥想象力和创造性提供一种虚拟环境。例如，在飞行训练系统中，飞行员可以像驾驶真的飞机一样去做各种训练；在骑车游戏系统中，使用者戴上头盔后，骑在一辆自行车上，做各种骑车的动作，通过头盔就可以"看到"房屋、街道在自己的周围移动，"听到"汽车从自己的身边快速掠过；利用虚拟现实技术，可以为患有自闭症的儿童创造一个安全的虚拟教育环境，激发儿童学习的兴趣，达到治疗的效果；利用虚拟现实技术建立网上实体商店、网上试衣间的虚拟环境，可以提升购买者购买商品之前的用户体验，增加网上购物的成功率和愉悦感。

因此，虚拟现实系统的特征体现了其价值，即扩大使用者对外部环境的视野，拓展其对外部世界的感知能力，激发使用者改变周边环境、外部事物的创造激情与创造力。

(3) 虚拟现实的分类 虚拟现实系统研究的目标是达到真实体验与自然的人机交互。因此，从沉浸感的程度、交互性方式及体验范围三方面出发，可以将虚拟现实系统分为四类：桌面虚拟现实系统、沉浸式虚拟现实系统、增强现实系统与分布式虚拟现实系统。

1）桌面虚拟现实系统。桌面虚拟现实系统是一种基于 PC 的小型虚拟现实系统（图 6-6），它利用图形工作站与立体显示器生成虚拟场景。使用者通过位置跟踪器、数据手套、力反馈器、三维鼠标或其他手控输入设备可实现对虚拟环境的操控和体验。

2）沉浸式虚拟现实系统。沉浸式虚拟现实系统为使用者提供完全沉浸式的体验，获得一种置身于虚拟世界的感觉。图 6-7 所示为沉浸式虚拟现实系统的应用场景。

图 6-6 桌面虚拟现实系统示意图

图 6-7 沉浸式虚拟现实系统的应用场景

沉浸式虚拟现实系统利用头盔将使用者的视觉、听觉封闭起来，以产生虚拟视觉；利用数据手套将使用者的手部感觉通道封闭起来，以产生虚拟的触觉；利用语音识别器，接受使用者的命令；用头部跟踪器、手部跟踪器、视觉跟踪器感知使用者的姿态与动作，使系统与人达到实时协同。沉浸式虚拟现实系统又分为头盔显示系统与投影式系统。

3）分布式虚拟现实系统大量的实际应用需求正在推动分布式虚拟现实技术的发展。例如，在大规模的军事训练中，陆军、空军、导弹部队、空降兵、装甲部队、后勤部队等多兵种部队需要达成协同作战。传统的实战训练耗资大、组织难度大、安全性差，也无法针对不同的作战态势的变化开展多次演练。大规模军事训练由处于不同地理位置的多名参与者参加，因此催生了多个虚拟环境需要通过网络连接，共享同一虚拟现实环境的需求。一种基于网络、可让异地多人同时处于一个虚拟环境的分布式虚拟现实系统应运而生。分布式虚拟现实系统用于军事训练和演习时，不需要移动任何实际装备就能使参与演习的部队有身临其境之感，并且可以任意改变战场环境，对演习部队进行不同作战预案的多次训练。分布式虚拟现实系统的使用可以在节省经费、保证安全的前提下，提高部队训练水平。图6-8所示为分布式虚拟现实系统的应用场景。

图 6-8 分布式虚拟现实系统的应用场景

智能工业中产品的虚拟设计与制造、大型建筑的协同设计、智能医疗中的远程医疗手术培训、智能家居、智能环保、远程教育及大型网络游戏，都会产生与大规模军事训练共性的需求，分布式虚拟现实系统已经成为当前虚拟现实系统研究的重要课题。

（4）增强现实技术　增强现实（AR）属于虚拟现实研究的范畴，也是在虚拟现实技术基础上发展起来的一个新的研究方向。

增强现实技术可以实时地计算摄像机影像的位置、角度，将计算机产生的虚拟信息准确地叠加到真实世界中，使真实环境与虚拟对象结合起来，构成一种虚实结合的虚拟空间，让参与者看到一个叠加了虚拟物体的真实世界。这样不仅能够展示真实世界的信息，还能够显示虚拟世界的信息，两种信息相互叠加、相互补充，因此增强现实是介于现实环境与虚拟环境之间的混合环境（图6-9）。增强现实技术能

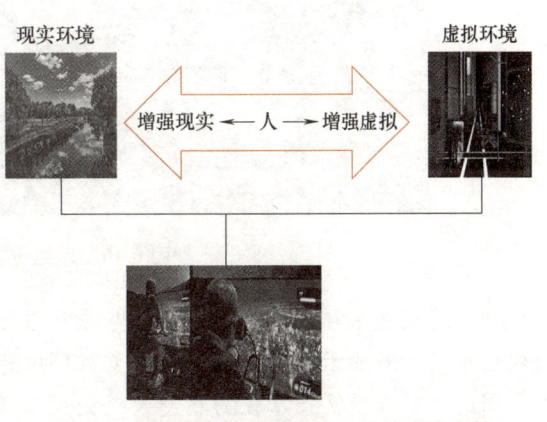

图 6-9 现实环境与虚拟环境之间的混合环境

够达到超越现实的感官体验，增加使用者对现实世界感知的效果。

目前，增强现实技术已经广泛应用于各行各业。例如，根据特定的应用场景，利用增强现实技术可以在汽车、飞机上的增强现实仪表盘中增加虚拟内容；可以使用在线、基于浏览器的增强现实应用，为网站的访问者提供有趣和交互式的亲身体验，增加网站访问的趣味性；通过增强现实的方法，在手术现场直播画面中增加场外专业人士的讲解与虚拟的教学资料，提高医学的教学效果。在智能医疗领域中，医生可以利用增强现实技术对手术部位进行精确定位；在古迹复原和数字文化遗产保护方面，游客借助增强现实技术可以在博物馆或考古现场"看到"古迹的文字解说，并在遗址上对古迹进行"修复"。在转播体育赛事时，通过将辅助信息实时地叠加到画面中，可使观众获得更多的比赛信息。

在娱乐、游戏应用中，通过增强现实技术，可以让位于全球不同地点的玩家共同进入一个虚拟的自然场景，以虚拟替身的形式进行网络对战，让玩家的感受更真实、刺激。在社交网络应用中，可以将增强现实、社交软件、3D透视融合到一起，只要把摄像头指向某个场景，它就能找出对应的社交软件接口，人们可以快速知道附近有一位好友、前面有一家新的餐馆开张或有打折信息等。在公司产品广告中，客户可以使用智能手机对准感兴趣的产品，通过视频短片、互动体验与欣赏图片进一步了解产品的性能。在驾车和骑自行车的过程中，人们可以从增强现实头盔中看到路线图，了解前方道路是否畅通，以及加油站和餐厅的位置。

在移动通信应用中，利用增强现实和人脸跟踪技术，可以在通话过程中，在通话者的面部实时叠加如帽子、眼镜等虚拟物体，从而提高了视频对话的趣味性，也可以让远程交谈的内容由声音转化为文字。在开发游戏时，开发者利用增强现实技术可以扮演不同的角色，直观地修改、观察游戏软件的效果。

利用增强现实技术，人们可以通过智能手机观察一个苹果，手机屏幕上会显示苹果的产地、营养成分与商品安全信息；阅读报纸时可以显示选中单词的详细注解，或者实现有声读书；购房时在图样或毛坯房阶段显示房屋装修后的效果图，以及周边的配套设施、医院、学校、餐馆与交通状况。图6-10所示为增强现实技术的应用。

图6-10 增强现实技术的应用

增强现实技术在人机交互领域占据非常重要的地位。通过该技术，虚拟内容可以无缝地融入真实场景的显示中，从而提高人类对环境感知的深度，增强人类智慧处理外部世界的能力。因此，增强现实技术在物联网人机交互与智能硬件的研发方面具有巨大的潜力。

6.2.5 柔性显示与柔性电池技术

1. 柔性显示技术

柔性显示对物联网智能硬件的发展具有重要的意义。通过将柔性显示材料与元器件安装在柔性、可弯曲的衬底上，使显示器具有可弯曲或可卷曲形状的特性，从而能够最大限度地适应可穿戴计算设备在不同应用场景中的需求。目前出现了大量用柔性材料设计与制造的可穿戴产品，如带有可弯曲、柔韧性好的屏幕的智能手机、智能电视、智能眼镜、智能手表、智能手套、智能手环与智能皮肤等。通过多层透明屏幕的叠加，柔性环绕式屏幕可以呈现 3D 视觉效果。用柔性材料设计与制造的可穿戴产品如图 6-11 所示。

柔性衬底材料可以是塑料、金属箔片及超薄玻璃。其中，塑料被认为是最有前途的材料；金属箔片一般用于透过率要求不高的柔性发光显示和小型柔性显示；超薄玻璃表现出很好的热稳定性与化学性、光透明性、可弯曲性，但其柔韧性相对较差。

图 6-11 用柔性材料设计与制造的可穿戴产品

因此，与传统屏幕相比，柔性屏幕优势明显，不仅其外形更加轻薄，功耗也较低，有利于提升移动设备的续航能力。由于柔性材料具有可弯曲、柔韧性好的特点，其耐用程度也大大高于传统屏幕，因此可以降低设备意外损伤的概率。未来柔性显示技术将广泛应用于物联网智能硬件中。

2. 柔性电池技术

研究表明，电池续航时间已成为消费者购买电池供电类便携式产品的首要考虑因素。典型锂聚合物充电电池的容量只有 40~100mA·h。物联网智能硬件内嵌有多种传感器与执行器。如果用传统的电池供电，又对智能硬件设备的使用时间有要求，就需要降低硬件系统所有部件的功耗，包括传感器、通信系统、计算机硬件和软件的耗电。因此，要提高物联网智能硬件的续航能力，电池是必须解决的关键问题之一。

柔性电池是薄膜太阳电池的一种，它将在智能硬件设备的研制中发挥重要的作用。目前，柔性电池的研究主要包括柔性太阳电池、纸介质电池、柔性锂电池与线性电池。图 6-12

图 6-12 柔性太阳电池的应用

所示为柔性太阳电池的应用。

物联网应用将推动柔性显示屏与柔性太阳电池技术研究的发展，而新技术的成熟与应用又将拓展物联网智能硬件的应用领域。

6.3 可穿戴计算及其在物联网中的应用

6.3.1 可穿戴计算的基本概念

可穿戴计算（Wearable Computing）是实现人机之间自然、方便、智能交互的重要方法之一，也是接入移动互联网的主要入口，必将影响未来物联网智能硬件的设计与制造。在很多必须将使用者双手解放出来的应用场景中，如战场上作战的士兵、装配车间的装配工、高空作业的高压输变电线路维修工、驾驶员、运动员、老人与小孩，如果要为他们设计物联网智能终端设备，必须考虑采用可穿戴设备的设计思路。"可穿戴计算"这个术语侧重于描述其技术特征，"可穿戴计算设备"这个术语侧重于描述它"人机合一"的应用特征。

可穿戴计算设备的研究始于 20 世纪 60 年代。1977 年，出现了用计算机视觉为盲人设计的背心，它将盲人佩戴的摄像机的图像转换成背心网格中的触觉意图，使盲人通过触摸获取信息。1997 年，美国"21 世纪陆军勇士计划"单兵数字系统问世，随后各国开始大力开展可穿戴计算技术及其在军事领域应用的研究。2006 年，耐克（Nike）公司发布了第一代 Nike+跑步产品及其应用程序；2012 年，该公司又发布了内置 Nike+芯片的篮球鞋与训练鞋。之后，各种智能眼睛、智能头盔、智能衣帽层出不穷。

在研究可穿戴计算与物联网之间的关系时，需要注意以下几个问题：

1）可穿戴计算产业自 2008 年以来发展迅猛，尤其是在 2013—2015 年间经历了一个集中爆发期，消费市场的需求不断显现，产品以运动、户外、影音娱乐为主。随着物联网应用的发展，目前可穿戴计算应用正在向智能医疗、智能家居、智能交通、智能工业、智能电网领域延伸和发展。

2）可穿戴计算融合了计算、通信、电子、智能等多项技术，人们通过可穿戴的设备，如智能手表、智能手环、智能温度计、智能手套、智能头盔、智能服饰与智能鞋，可接入互联网与物联网，实现了人与人、人与物、物与物的信息交互和共享，同时也体现出可穿戴计算设备"以人为本""人机合一"，为佩戴者提供"专属化""个性化"服务的本质特征。

3）可穿戴计算设备以"云端"模式运行，可穿戴计算与大数据技术的融合将对可穿戴计算设备的研发与物联网的应用带来巨大的影响。

6.3.2 可穿戴计算设备的分类与应用

根据穿戴部位的不同，可穿戴计算设备可以分为头戴式、身着式、手戴式、脚穿式，见表 6-1。

表 6-1 不同穿戴部位的可穿戴计算设备

头戴式	身着式	手戴式	脚穿式
眼镜类	上衣类	手表类	鞋类

(续)

头戴式	身着式	手戴式	脚穿式
头盔类	内衣类	手环类	袜类
…	裤子类	手套类	…

1. 头戴式设备

头戴式设备主要用于智能信息服务、导航、多媒体、3D 与游戏，它可以分为眼镜类与头盔类。

(1) 智能眼镜 智能眼镜作为可穿戴计算设备的先行者，拥有独立的操作系统，用户可以通过语音、触控或自动的方式操控智能眼镜，实现摄像、摄像、导航、通话及接入互联网等功能。根据用途，智能眼镜大致可以分为运动类、工程类、医疗类、执法类和新闻类、娱乐类等类型。

利用增强现实技术，心率智能游泳镜通过颞动脉记录佩戴者的心率，通过在镜片上投射各种警示颜色来告诉佩戴者离自己的既定目标还有多远，并可以记录佩戴者游泳的圈数、在泳池中的转身次数、距离、平均速度与卡路里消耗指数，若将这些数据同步传送到运动控制中心，则能记录和分析佩戴者的训练情况。智能滑雪眼镜可以显示滑雪运动员的速度、海拔高度、外部温度、体表温度等数据。

远程维修工程师可以通过智能眼镜拍摄待维修的电力线路、大型机械设备的现场情况，并将视频传送到工程中心，等待中心专家的维修指令。

执法人员、火灾救助人员可以利用佩戴的智能眼镜实时记录执法与救助现场、可疑对象，实施取证并上传到应急指挥中心，等待对现场处置的指令。

新闻工作者可以通过佩戴的智能眼镜将会议和采访的图像与视频直接传送到新闻中心。虚拟视网膜显示眼镜将图像直接投射到佩戴者的视网膜上，以提供一种便携式的剧场体验。解放双手的智能眼镜能够带领人们看到一个新的世界。

隐形智能眼镜、浸入式智能眼镜是当前研究的热点，科学家正在研究如何在制作隐形眼镜的新型纳米材料中植入传感器、LED 显示器与通信模块。浸入式智能眼镜的镜片上能够显示应用程序、视频、图像与周边各种事物的实时信息。图 6-13 所示为智能眼镜示意图。

图 6-13 智能眼镜示意图

(2) 智能头盔 智能头盔具有语音、图像、视频数据的传输和定位，以及实现虚拟现实与增强现实的功能，目前已经广泛应用于科研、教育、健康、心理、训练、驾驶、游戏等领域。智能导航头盔内置 GPS 位置传感器、陀螺仪、加速度传感器、光学传感器和通信模块,能够为驾驶者提供定位、路线规划和导航服务。在军事应用中,作战人员可以通过头盔中的摄像镜头实现变焦、高清显示,以增强观察战场环境和目标的能力,快速提取和共享战场信息。

目前,科研人员正在研究使用安装在智能头盔上的脑电波传感器来获取头盔佩戴者的脑电波数据。在科研、教育、健康、心理、训练应用中,根据所获得的脑电波数据来推断佩戴者的精神状态;改善睡眠质量的头戴式装置可以通过软件控制的绿光来调节佩戴者的生物钟,同时可以改善经常需要倒时差的商旅人群、普通失眠人群等的睡眠状态。对于那些语言表达能力有障碍的残疾人,如肌萎缩侧索硬化症、自闭症、脑瘫或帕金森综合征患者,智能头盔可以将他们的脑电波通过 App 应用程序转化为文字语言或语音,帮助患者获得交流的能力。在驾驶、游戏应用中,头盔佩戴者可以用脑电波控制小车、机器人等。图 6-14 所示为各种头戴式设备的外形示意图。

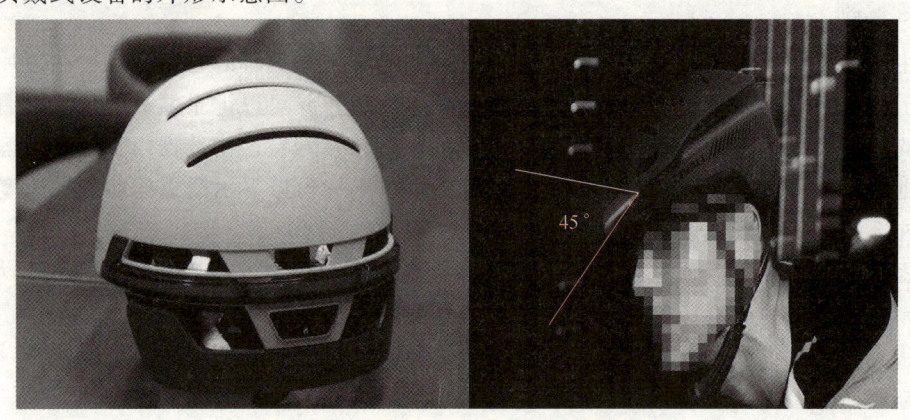

图 6-14 各种头戴式设备的外形示意图

2. 身着式

用于智能医疗的可穿戴背心、智能衬衫的研发已有多年历史。身着式可穿戴计算设备主要用于智能医疗,婴儿、孕妇与运动员监护,以及健身状态监护等。科学家将传感器内嵌在背心、衬衫、婴儿服、孕妇服或健身衣中,紧贴人体,以测量人的心律、血压、呼吸频率与体温等。智能衣服具备呼吸监控、强度训练指引、压力水平监测等功能。例如,Athos 智能运动服的上衣内置 16 个传感器,其中 12 个传感器用来检测肌电运动,另外 2 个传感器用来跟踪运动员的心率,剩余 2 个传感器用来跟踪运动员的呼吸状态。传感器的数据通过蓝牙模块传送到智能手机 App,用户可以通过 App 设定运动的目标,如有氧运动、肌肉张力、减肥指标等。根据监测的数据,运动员可以了解肌肉活动状态,以及是否达到设定的目标。

智能婴儿服内嵌多个传感器与接入点,传感器采集的数据通过蓝牙模块传送到接入点,接入点将汇聚后的数据通过 WiFi 传送到婴儿父母的智能手机上,以便于他们实时监视婴儿的体征数据,及时了解婴儿的身体状态。智能尿布可以分析穿戴尿布婴儿的尿液,检测尿路感染、脱水等健康信息。

英特尔公司展示了一款智能 T 恤,并发布了一个智能衣服平台。该公司的研究人员在衣服中加入传感器,通过导电纤维将数据传送到公司的 Edison 微型计算机中,或利用蓝牙或 WiFi 方式将数据传输到智能手机或平板计算机上,只要有人穿上此款衣服,就能精确地测量其心律等生理参数。

科学家发明了一种如同人皮肤一样的表皮电子（Epidermal Electronics），它可以贴在孕妇的肚子上监测婴儿的胎心音等参数。

为在高温或低温环境下工作的人员设计的智能恒温外套，可以根据内嵌在衣服中的传感器检测人体温度，依据检测结果，通过衣服内部的气流温度来调节人体温度。

身着式可穿戴设备示意图如图 6-15 所示。

3. 手戴式

手戴式或腕戴式设备主要有智能手表、智能手环、智能手套、智能戒指等类型，如图 6-16 所示。

图 6-15　身着式可穿戴设备示意图　　　　图 6-16　智能手表与智能手环

（1）**智能手表**　智能手表可以通过蓝牙、WiFi 方式与智能手机通信。当智能手机收到短信、电子邮件、电话时，智能手表就会提醒用户，用户可以通过智能手表回拨电话，或在手表的屏幕上快速阅读短信与邮件。智能手表还具有定位、控制拍照、控制音乐的播放、查询天气、日程提示、电子钱包等功能，并可以记录佩戴者的运动轨迹、运动速度、运动距离、心律、计算运动中消耗的卡路里。

（2）**智能手环**　人们将智能手环的功能总结为运动管家、信息管家、健康管家。

智能手环通过加速度传感器、位置传感器实时跟踪佩戴者的运动轨迹，可以计步、测量距离、计算卡路里与脂肪消耗，同时监测心跳、皮肤温度、血氧含量，并与配套的虚拟教练软件合作，提出训练建议。

智能手环可以显示时间、佩戴者的位置，提示短信、邮件、会议，给出闹钟、天气预报等信息。

智能手环可以将患者、老年人或小孩的位置、身体与安全状况及时通报给医院或家人。智能手环还可以记录人们在日常生活中锻炼、睡眠和饮食等的实时数据，分析睡眠质量，并将这些数据与智能手机同步，起到通过数据指导健康生活的作用。

（3）**智能手套**　智能手套早期主要为智能医疗与残疾人服务，如可以利用声呐与触觉帮助盲人躲避障碍物。目前，智能手套已经扩展到为更多的人服务。

有的智能手套的大拇指部分可充当送话器、耳机，以播放声音和进行通话；食指能够进行自拍，甩动无名指和小拇指就能进行拍照，从而提供智能手机、单反相机、流媒体播放器、游戏主机、家庭影院、MP3 播放器等产品的基本功能。指尖条码扫描仪、RFID 读写器将大大方便产品代码的读取。指尖探测器可以方便地检测物体表面的酸碱度等信息。

智能手套可以直接用手势动作控制不同的乐器、音效、音量。例如，当人们在房间内想听音乐时，只需用手"指"一下，音乐就会响起。对于音乐创作者，也可以为自己的表演设置不同的手势和动作，或用来控制视频节目 3D 显示。

智能手套可以监测佩戴者打高尔夫球挥杆时的加速度、速度、位置及姿势，并以每秒 1000 次的运算速度来分析传感器所记录的数据，通过计算来判断佩戴者是否发力过猛、击球位置是否正确、姿势是否规范等，从而提升佩戴者的高尔夫球技。

不同类型与功能的智能手套如图 6-17 所示。

图 6-17 不同类型与功能的智能手套

4. 脚穿式

近年来，脚穿式可穿戴计算设备发展很快。智能鞋通过无线方式连接智能手机，这样智能手机就可以存储并显示穿戴者的运动时间、距离、热量消耗值和总运动次数。

卫星导航鞋的一句宣传语是"No Place Like Home"（何处是家园）。卫星导航鞋内置一个 CPS 芯片、一个微控制器和天线。左脚的鞋头上装有一圈 LED 灯，形状类似一个罗盘，它能指示正确的方向，右脚的鞋头上也有一排 LED 灯，能显示当前地点与目的地的距离。出发前，使用者需要在计算机中设计好旅行路线，并用数据线将其传输至鞋中，之后叩击双脚鞋跟即可开始旅程。智能袜使用 RFID 芯片来确保准确配对。如果有人喜欢将袜子攒到一起清洗，洗完后通过扫描袜子的分拣机，就会自动将一双袜子配齐。

智能鞋可以通过蓝牙与智能手机连接，并从电子地图上获取方位信息，在需要转弯时，通过左脚或右脚的振动为使用者指路。智能鞋对于有视力障碍的人更有帮助。

智能跑步鞋如图 6-18 所示。

图 6-18 智能跑步鞋

6.4 智能机器人及其在物联网中的应用

1. 机器人的发展历史

机器人学（Robotics）是一个涉及计算机科学、人工智能方法、智能控制、精密机械、信息传感技术、生物工程的交叉学科，它的研究大大推动了人工智能技术的发展。

英文单词"Robot"（机器人）出自捷克作家恰佩克（Karel Capek）于 1920 年编写的一部著名科幻剧《罗索姆的万能机器人》。该剧描写了一批听命于人、进行各种日常劳动的人形机器，捷克语取名为"Robota"，其意思是"苦力"与"劳役"，由此衍生"Robot"一词。该剧演出后轰动一时，"Robot"一词也成为机器人的代名词。

随着工业自动化和计算机技术的发展，到20世纪60年代，机器人开始进入大量生产和实际应用的阶段。之后，由于自动装配、海洋开发、空间探索等实际问题的需求，对机器人的智能水平也提出了更高的要求。特别是在危险环境等人们难以胜任的场合，更需要机器人，因而推动了机器人的研究，进而又推动了许多人工智能思想的发展。关于机器人动作规划生成和规划监督执行等问题的研究，推动了规划方法研究的发展。此外，由于智能机器人是一个综合性的课题，除机械手和步行机构外，还要研究机器视觉、触觉、听觉等传感技术，以及机器人语言和智能控制软件等。

2. 智能机器人在物联网中的应用前景

智能机器人在物联网中的应用前景可以通过以下三方面来体现：

1）通过网络控制的智能机器人正在向人们展示自己对世界超强的感知能力与智能处理能力。智能机器人可以在物联网的环境保护、防灾救灾、安全保卫、航空航天、军事，以及工业、农业、医疗卫生等领域的应用中发挥重要的作用，终将成为物联网的重要成员。

2）发展物联网的最终目的不是简单地将物与物互联，而是要催生很多具有计算、通信、控制、协同和自治性能的智能设备，实现实时感知、动态控制和信息服务。智能机器人研究的目标聚焦于赋予机器人卓越的行为能力、高效的学习能力以及敏锐的知识感知能力。由此可见，在核心目标层面，智能机器人与物联网的研究存在诸多共通之处。

3）云计算、大数据与智能机器人技术的融合导致"云机器人"的出现。由于云计算强大的计算与存储能力，可以将智能机器人大量的计算和存储任务集中到云端，同时允许单个机器人访问云端计算与存储资源，这就需要较少的机器人机载计算与存储，降低了机器人制造成本。如果一个机器人采用集中式机器学习方式并适应了某种环境，它就能将新学到的知识即时提供给系统中的其他机器人，这一特性使得多个机器人之间能够实现即时的软件升级，极大地简化了大量机器人的智能学习过程，进而显著提升了智能机器人在物联网应用中的广度与深度。

【实践】

嵌入式人机交互赋能智慧水务

作为飞思卡尔全球设计者同盟成员（Alliance Member），辰汉电子是国内唯一一家跨越IMX全系列产品的设计服务公司。从提供产品级底层平台到产品化委托设计服务，它已经成为提供物联网行业解决方案的高科技企业。图6-19所示为辰汉电子基于Android2.2开发的溶氧温度报警设置嵌入式人机交互界面。

溶氧温度报警设置是指在水中溶解氧的测量过程中，当水温达到或超过预设的报警温度时，自动发出警报或触发其他报警措施，以提醒监测人员及时采取措施，防止溶解氧浓度过低而影响水体生态系统的健康。这项设置可以保护水体生态平衡，避免水质恶化。传统的溶氧温度报警设置有很多缺点，如检测过程烦琐、管理维护不便、易发生危险事故等。有了人机交互界面后，用户可以方便地设置溶氧温度报警阈值，从而避免了烦琐的操作和设置过

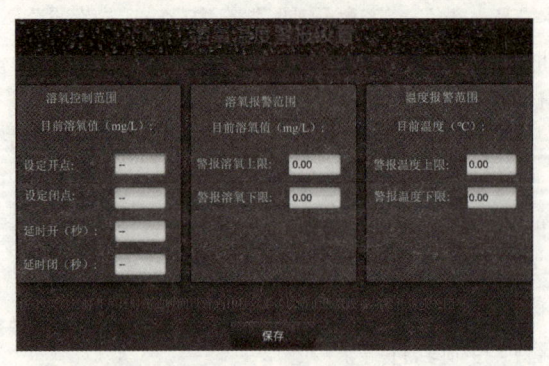

图 6-19 辰汉电子开发的溶氧温度报警设置嵌入式人机交互界面

程；通过溶氧温度数据的存储和管理功能，方便用户查看历史数据和进行维护操作；通过预警功能及时发现并解决问题，避免因为温度过高或过低导致设备故障和安全事故的发生，提高了系统的可靠性。最重要的是，嵌入式人机交互界面可以提供一种直观、友好的操作方式，用户可以通过触摸屏或按钮等方式进行操作，提高了用户的体验感。

思 考 题

1. 智能手机的接近传感器可以节约电能。请设计一个实验，找到自己所用手机安装接近传感器的位置。
2. 分析设计一个智能眼镜可以用到的人机交互技术。
3. 设计一个能够实现佩戴者计步、计算移动距离、计算卡路里的智能手环，并分析它需要几种传感器。
4. 尝试设计一套能够在自行车拐弯、变道及周边车辆过近时发出警报的智能安全警示系统，并说明设计的思路与采用的技术。
5. 尝试设计一套带有定位、指纹识别、自动上锁、丢失报警功能的智能拉杆箱，并说明设计的思路与采用的技术。

第 7 章

虚拟化技术

7.1 虚拟化

当前人们正身处一场计算服务供给模式的深刻变革浪潮之中。对于每一位消费者而言，只需轻握手中的手机，便能自在地遨游于 Web 世界，探索无尽的信息宝藏；借助 GPS 设备、精准的导航指令为出行指引清晰的方向；更能从云端的广阔资源库中，畅意地播放视频与音乐的灵动之流，畅享不受时空局限的视听盛宴。而上述各种服务的核心就是虚拟化——将物理服务器抽象为虚拟机的能力。

本章主要介绍虚拟化的一些基本概念，回顾虚拟化需求的诞生过程，并阐释为何虚拟化是未来计算技术的关键基石之一。

7.1.1 虚拟化概述

在过去的半个世纪中，特定的关键技术潮流导致了计算服务提供方式的变革，主机处理器驱动了 20 世纪 60 年代和 70 年代的发展；引领 20 世纪 80 年代和 90 年代发展的主题是个人计算机、物理桌面的数字化及客户机/服务器技术；因特网（Internet）则跨越了世纪之交，延续至今。如今人们又处于新的模式变革性技术热潮中，也就是虚拟化。

虚拟化是一种颠覆性的技术，它打破了如何处理物理计算机、如何交付服务，以及如何分配预算的现状。要理解为何虚拟化会对当今的计算环境产生如此大的影响，首先要更好地理解过去发生了什么。

"虚拟"一词的含义近年来发生了很大的变化，但不是词语本身有所改变，而是它的用法随着计算技术的发展，尤其是 Internet 和智能手机的广泛应用，得到了扩展。在线应用程序让人们能够在虚拟商店中购物，通过虚拟旅游考察潜在的度假景点，甚至在虚拟图书馆中保存虚拟的书籍。许多人投入了可观的时间和金钱，在虚拟世界中探索和冒险，而这些世界只存在于想象中和游戏服务器上。

在计算机领域，虚拟化通常指将某些物理部件抽象为一个逻辑对象。通过虚拟化一个对象，可以更有效地利用该对象提供的资源。例如，虚拟局域网（Local Area Network，LAN），即 VLAN（Virtual Local Area Network）通过与硬件的分离，可以提供更高的网络性能，并提升可管理性。与之类似，存储区域网络（Storage Area Network，SAN）通过将物理设备抽象为可快速和简易操作的逻辑对象,提供更高的灵活性、可用性和存储资源利用效率。

对于不熟悉计算机虚拟化概念的人,对它的第一印象可能是某种虚拟现实——通过使用复杂的视觉投影和感觉反馈,提供令人身临其境的真实体验的技术。从本质上讲,这正是计算机虚拟化的内涵,它关注计算机应用程序如何与虚拟化技术创建的环境交互。

第一种主流虚拟化技术于 20 世纪 60 年代在 IBM 大型机上实现,用于支持虚拟化的计算机系统需求的框架是由 Gerald J. Popek(以下简称 Popek)和 Robert P. Goldberg(以下简称 Goldberg)编写的,描述了虚拟机和虚拟机监视器的角色和属性,这些描述沿用至今。根据 Popek 和 Goldberg 的定义,虚拟机(Virtual Machine,VM)可以虚拟化所有硬件资源,包括处理器、内存、存储和网络连接。虚拟机监视器(Virtual Machine Monitor,VMM)又被称为 Hypervisor(虚拟机管理程序),是为 VM 提供运行环境的软件。图 7-1 所示为一个基本 VMM 的示意图。

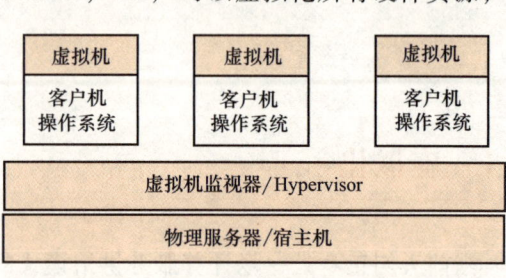

图 7-1 一个基本 VMM 的示意图

根据上述两人的观点,满足定义的 VMM 需要具备以下三点属性:

1)保真性。VMM 为 VM 创建的环境应与原始(硬件)物理机基本相同。

2)隔离或安全性。VMM 必须对系统资源有完全的控制。

3)性能。VM 和等价物理计算机之间的性能差异应很小或没有差别。

大多数 VMM 都具有前两个属性,还能满足最后一条要求的 VMM 又被称为高效(Efficient)VMM。

7.1.2 虚拟化的重要性

1. 虚拟化的起源与定义

虚拟化思路和实践早在 20 世纪 60 年代的 IBM 大型机上就已实现,后针对现代计算机系统不断更新。按照 Popek 和 Goldberg 的定义,所谓虚拟化是指允许多个工作负载在同一服务器硬件同时运行,且各虚拟机功能相互隔离。2001 年 VMware 推出首个面向 X86[⊖]计算机的商业化虚拟化解决方案,两年后开源产品 Xen 问世。虚拟化解决方案(VMM 或 Hypervisor)以软件中间层形式存在,可位于操作系统和虚拟机之间,或像传统操作系统一样直接安装在硬件(裸机)上。

2. 虚拟化的优势

(1)提高服务器利用率 虚拟化能将多台物理服务器聚合为数量更少但可运行多个虚拟机的服务器,实现整合,提高物理服务器利用率,具体过程如图 7-2 所示。

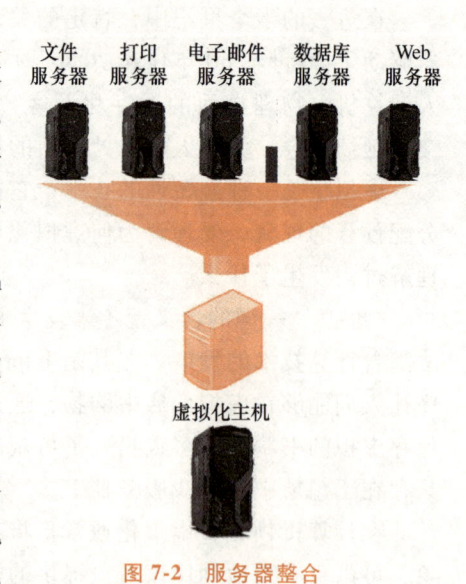

图 7-2 服务器整合

⊖ X86 指基于英特尔 8086 CPU 及其后续以 "86" 结尾芯片的处理器架构。

整合率通过服务器上的 VM 数量计算得出,如运行 8 个 VM 的服务器则整合率为 8∶1。在大型数据中心,虚拟化可精简大量服务器,减少数据中心占用空间,降低电源和散热要求,降低硬件维护成本,减少系统管理员日常工作时间。研究表明,单台服务器三年总拥有成本是自身成本的 3~10 倍,以每台 5000 美元为例,三年至少需投入 2 万美元,包含软件、维护、电力等成本,每 100 台可整合服务器每年可节省 200 万美元。

(2) **包容与成本节省** 企业认识到虚拟化益处后,不再在硬件租赁或维护到期时采购新硬件,而是将服务器工作负载虚拟化到现有虚拟基础架构上运行,即包容。这使企业无须每年更新大量硬件,节省管理和维护成本。随着技术发展,虚拟化整合率不断提高,从初代 X86 Hypervisor 的 5∶1 以内,到如今可轻松精简 9/10 服务器,高配置服务器甚至可达 99%,企业数据中心回收大量空间。

3. 虚拟化在企业中的应用历程

(1) **初期应用** 2009 年,虚拟服务器数量超过物理服务器,随后五年虚拟服务器数量达到物理服务器两倍。虚拟化初期主要应用于基础设施服务和旧服务器,基础设施服务器提供打印、文件、域服务等,硬件廉价且可靠性低;旧服务器存在应用程序无法在新系统运行、管理困难等问题,虚拟化可使这些应用程序更具可用性、可扩展性和可管理性,同时降低成本。

(2) **中期发展** 基础设施服务虚拟化取得收益后,企业采用虚拟化优先策略,服务器租约到期将工作负载迁移,新项目优先使用虚拟资源,之后测试和开发服务器被虚拟化。这些服务器数量多,迁移到虚拟基础架构可整合节省成本,还为开发人员和应用程序所有者提供更大流程管理灵活性,使用预配置模板几分钟即可部署新服务器,而此前需几周。

(3) **后期拓展** 当组织基础架构 50%~75% 被虚拟化后,企业开始在更多方向应用虚拟化。如今 X86 平台性能提升,几乎无工作负载因性能限制无法在虚拟环境运行,Linux 可替代专有软硬件组合运行应用程序。

4. 虚拟化实现高可用性

虚拟服务器本质是可复制和移动的文件,虚拟化技术能实现高可用性。虚拟机可在物理主机间迁移而不中断,维护物理主机时可迁移工作负载,使用 Linux 和高版本 Windows 系统时可向虚拟机添加资源而无须重启系统,通过复制服务器文件到辅助站点,可在环境灾难时快速恢复数据中心,从原本耗时几天到几周缩短至几小时甚至几分钟。

5. 虚拟化与云计算

最终,运行一级应用程序的物理服务器也将被虚拟化。转向完全虚拟化平台为企业提供更高可用性、敏捷性、灵活性和可管理性,且为云计算奠定基础。云计算近年来发展迅速,虚拟化技术作为核心引擎,将传统数据中心转变为自管理、高可伸缩和高可用的易消耗资源池,降低管理成本,提高公司动态部署解决方案能力,创造虚拟数据中心概念,按需提供资源,简化新应用程序交付过程,使公司加速部署且不牺牲可伸缩性、弹性或可用性。

7.1.3 虚拟化软件的运行原理

虚拟化应用的方法和领域非常广泛。个人计算机(PC)正在向平板电脑和瘦客户端转换,但是仍然需要向用户提供在 PC 上运行的应用程序。实现这一目标的一种方式是桌面虚拟化。这些应用程序也可以进行虚拟化和封装,并交付给用户。虚拟化甚至被下推到其他移动设备,如智能手机。

1. 服务器虚拟化

服务器虚拟化的模型由通过两种关键软件解决方案增强的物理硬件组成。Hypervisor 会抽象物理层,并向虚拟化服务器或虚拟机提供此抽象层。它直接安装在服务器上,与物理设备之间没有任何操作系统。之后,虚拟机会被实例化,即引导启动。从虚拟机的视角看,它可以查看并使用大量的硬件资源。Hypervisor 成为物理服务器上的硬件设备与虚拟机的虚拟设备之间的接口,它仅向每个单独的虚拟机提供物理资源的一些子集,并处理从 VM 到物理设备的实际 I/O,反过来也是如此。Hypervisor 不仅提供运行虚拟机的平台,还能实现增强的可用性特性,并创造更好的新的供应和管理方式。

Hypervisor 是虚拟环境的基础,虚拟机则是驱动应用程序的引擎。虚拟机包含它们的物理对应物(操作系统、应用程序、网络链接、存储访问及其他必要的资源)所做的一切,但被封装在一组数据文件中。这种封装通过以新方式使用传统文件的属性,使虚拟机更加灵活和易于管理。可以对虚拟机进行克隆和升级,甚至从一个地方移动到另一个地方,无须中断用户应用程序。

这里着重探讨 Hypervisor 的能力,尤其是其在服务器虚拟化和数据中心计算方面的表现。Hypervisor 能够与它所部署的物理服务器内外的网络和存储 I/O 进行交互。在这些物理服务器内部,Hypervisor 从一定程度上抽象了网络和存储资源,但这一抽象仅限于此台物理服务器的边界内。在过去几年中,已经出现了其他解决方案,通过在整个数据中心或更大范围内抽象网络和存储资源来虚拟化它们。在计算领域中学到的经验可应用于基础设施的其他领域,以增强这些资源的敏捷性。

虚拟化不仅改变了服务器采购数量,也颠覆了服务器本身的架构。随着虚拟化变得越来越普遍,硬件厂商开始认真研究如何制造能成为 Hypervisor 最佳工作环境的服务器。这些厂商开始设计和提供包含已经连接和预配置好的计算、网络和存储资源,并且可以作为一个单元进行管理的设备。这种架构被描述为融合基础设施(Converged Infrastructure)。这些预制构件可让数据中心实现快速可伸缩性。与从多个厂商处购买服务器、网络交换机、线缆和存储资源,并在一个耗时的过程中连接和配置它们相比,融合基础设施设备大大减少了启动或扩充虚拟环境的工作量。自从 2009 年思科推出其首款 UCS(通用计算系统)刀片服务器以来,融合基础设施设备已经以多种形式实现商品化。此后,思科、EMC 和 VMware 建立了 VCE 联盟,以提供预构建的参考架构解决方案。而惠普、EMC 和戴尔等传统厂商则基于其硬件提供解决方案。此外,还出现了针对专门领域的产品。Oracle 推出了 Exadata 平台,这是一套专注于解决 Oracle 数据库所面临挑战的软硬件组合。与之类似,IBM 的 Pure Systems 平台也面向相同的数据分析领域。Nutanix 等市场新进厂商,同样致力于颠覆传统硬件模式,特别是虚拟桌面托管领域。上述各种模式的某些组合将持续降低成本,提高效率,缩短投入生产前的时间,提高对公司的吸引力。

2. 桌面虚拟化

正如虚拟化改变了传统服务器计算的管理模式一样,虚拟化也进入桌面计算模式中。公司使用的桌面计算模式在许多方面是昂贵而低效的,它需要人员来处理软件更新部署和修补过程。虚拟桌面在数据中心的服务器上运行，这些硬件服务器比传统 PC 更强大和可靠。如果愿意，可以让用户连接的应用程序也运行在同一数据中心的邻近服务器上，从而使以前必须经由数据中心来回传输的所有网络流量不再需要重复传输，这大大减少了网络流量并扩展了网络资源容量。

虚拟桌面通过瘦客户端或其他设备访问，其中许多设备比 PC 更可靠，成本更低。瘦客户端的生命周期为 7~10 年，因此可以降低更新设备的频率。它们消耗的电力也只有 PC 的 5%~10%。在大公司中，上述成本增加得很快。即使瘦客户端损坏，用户也可以自行更换，无须依靠专业硬件工程师来更换。保存所有数据的虚拟桌面不会受到这一硬件故障的影响。事实上，数据始终留在数据中心内部不再离开，从而降低了因设备丢失或被盗而导致安全问题的风险。

当前数据是由专业人员而非缺乏经验或平庸的用户管理和备份。将桌面镜像创建为虚拟机可以带来服务器虚拟化的部分成本节省，但其真正的优点在于桌面管理方面。桌面管理员可以创建和管理少量虚拟机镜像，以供数百人共享使用；可以对这些镜像应用打补丁，并保证补丁有效地应用于各个用户，而物理桌面并不一定能做到这一点。如果推出的补丁或其他软件更改破坏了某个应用程序，则管理员可以先将用户引导回原始镜像，再进行简单的注销和登录，即可恢复可用的桌面。

传统桌面计算模式和虚拟桌面计算模式最大的区别之一在于安全领域。当前的 PC 会定时使用防病毒软件应用程序，以保护数据免受恶意软件等威胁。虚拟化则提供了新的保护手段，取代仅在独立的虚拟桌面上加载反恶意软件程序，现在可以使用虚拟设备（Virtual Appliance）——一类专门设计的虚拟机，驻留在每台宿主机上，并保护运行于宿主机上的所有虚拟桌面。这一新防护模式通过统一下载新恶意软件来定义，而非由各客户机独立下载，减少总体 I/O 和处理器占用率。目前，这还是一个正在快速变化和增长的领域，同时伴随新的用户设备日趋普遍。

Citrix（思杰）的 Xen Desktop 和 VMware 的 Horizon View 是目前流行的两种桌面虚拟化解决方案，也有其他厂商使用多种不同的软硬件组合来提供虚拟桌面。

3. 应用程序虚拟化

计算机程序，或称为应用程序，也可以被虚拟化。如同服务器和桌面虚拟化，该问题有多种不同的解决方案。应用程序虚拟化有两个主要原因，其一是易于部署——试想一台 PC 上有多少个程序，可知一些公司必须管理数百甚至上千种不同的应用程序。每次某个应用程序的新版本可用时，如果公司决定升级到该版本，则要将副本推送到其所有 PC。

另一个原因是与不同的应用程序如何相互交互有关。人们有时可能遇到由于加载或更新一个应用程序，破坏了某些一直工作良好的功能的情况。由于很难预知一个解决方案的升级会如何影响其他应用程序，即使像 Adobe Acrobat Reader 或 Mozilla Firefox 这样的简单升级，也可能导致问题。某些类型的应用程序虚拟化可以通过封装整个程序和进程来减少甚至阻止该问题发生。目前已有多种可用的应用程序虚拟化战略和解决方案。这是一个快速发展的领域，新的用例层出不穷，特别是在与移动设备（如智能手机和平板电脑）相结合的领域更为突出。

微软的 App-V、Citrix 的 Application Streaming 和 VMware 的 ThinApp 是部分流行的应用程序虚拟化解决方案，它们解决问题的途径各有不同，但都有效。

7.2 虚拟机

虚拟机是虚拟化的基本组件，它是容纳传统操作系统和应用程序的容器，运行在物理服务器中的 Hypervisor 之上。从虚拟机内部看来，一切似乎都与物理服务器内部十分相似，但如果将视角切换到虚拟机的外部，则存在很大的差异。本节主要研究这些差异，重点讨论虚拟机如何与它们所驻留的物理机协同工作，并初步了解虚拟机的管理方式。

7.2.1 虚拟机概述

虚拟机（VM）具有与物理服务器相同的许多特性。和真实服务器一样，虚拟机可支持操作系统，并配有一组可由虚拟机上运行的应用程序请求访问的资源。而与物理服务器（同一时刻只能运行一个操作系统，通常只运行少量相关的应用程序）不同的是，多个虚拟机可以在单个物理服务器上同时运行，并且这些虚拟机也可以运行支持多种应用程序的不同操作系统。与物理服务器的另一个不同之处是虚拟机实际只是一组描述和构成虚拟服务器的文件。

组成虚拟机的主要文件是配置文件和虚拟磁盘文件。配置文件描述了虚拟机可以利用的资源，它枚举了组成这一特定虚拟机的虚拟硬件。虚拟机的简化示意图如图 7-3 所示。如果将虚拟机视为空服务器机箱，则配置文件列出了该机箱中的硬件设备：CPU、内存、存储、网络、CD驱动器等。实际上，在后文中构建新的虚拟机时，就会发现它和一台刚下生产线的新物理服务器很相似，即一套等待软件赋予它指令和用途的（虚拟）硬件。

应用程序
操作系统
虚拟硬件

图 7-3 虚拟机的简化示意图

虚拟机可以访问各种硬件资源，但从虚拟机的视角看来，它不知道这些设备实际并不存在。虚拟机访问的是虚拟设备，即代表由 Hypervisor 抽象的物理资源的软件构件（Software Construct）。虚拟机所处理的虚拟设备是标准设备。换句话说，这些设备在各个虚拟机中是相同的，这使得虚拟机可以跨越各种硬件平台、虚拟化解决方案或跨厂商解决方案进行移植，相关内容将在本章后续小节中进行介绍。就像在物理机中一样，可以在虚拟机中配置各种类型和数量的外围设备。然而，理解虚拟机的真正关键是理解虚拟机存在两个不同的视角，即内部视角和外部视角。

从虚拟机外部可以看到宿主服务器的组成和配置。无论它是运行 VMware Fusion、Parallels Desktop 或 VMware Workstation 的便携式计算机，还是运行 VMware vSphere 或 Citrix XenServer 的戴尔、惠普、IBM 或思科的完整成熟的企业级服务器，无论采用何种类型的宿主服务器，所有访问的资源增均属于系统设备。

从虚拟机内部看，它与一台物理机器相同。从操作系统或应用程序的视角看，存储、内存、网络和处理资源都可以通过请求获得。如果在虚拟机中运行 Windows 操作系统，并打开各种控制面板工具来检查系统，就会发现它和物理机几乎无区别。存储设备及"C：驱动器""D：驱动器"等都在它们应在的位置；网络连接可见并且工作正常；系统服务正在运行。服务器中有一定数量的内存，以及一个或多个 CPU，可能还有 CD 驱动器、显示器、键盘，甚至还有软驱。虚拟机中的 Windows 设备管理器如图 7-4、图 7-5 所示。

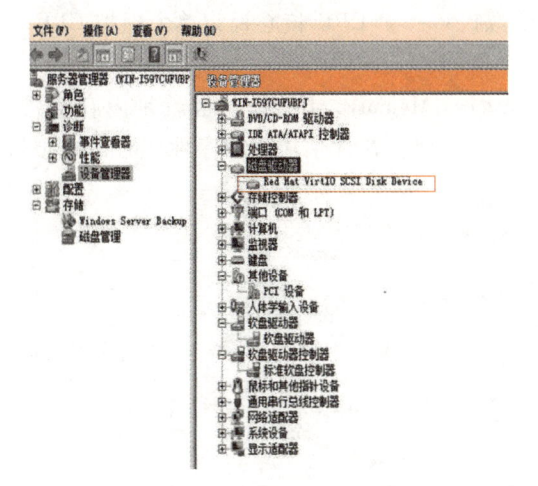

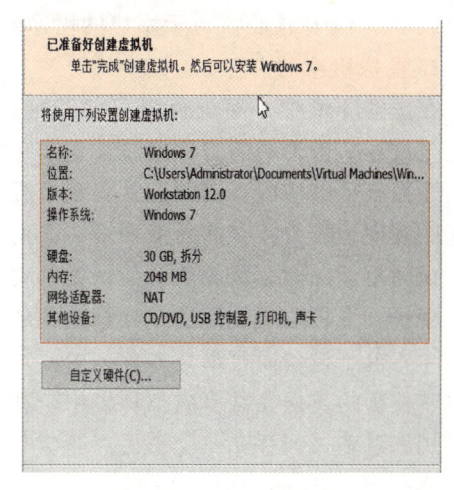

图 7-4　虚拟机中的 Windows 设备管理器（一）　　图 7-5　虚拟机中的 Windows 设备管理器（二）

综上所述，可以看到物理机和虚拟机的不同之处。检查网络适配器和存储适配器，会发现它们是工业标准设备。显示适配器也与实际显示器不同，它是作为一个可用于任何监视器上的标准设备驱动程序创建的。磁盘驱动器和 DVD/CD 驱动器也是专用的虚拟驱动器。之所以会这样，是因为这些虚拟机所连接的通用资源是由下层的 Hypervisor 来提供的。这些专用驱动程序则是后来加入后，用于优化此连接。

在购买一台新计算机时，无论是便携式计算机，还是服务器，其配置都是考虑的重点之一。虚拟机提供了轻松更改配置的能力和灵活性，摆脱了在物理服务器中进行同样更改导致的大量约束。

1. 虚拟机中的 CPU

取决于系统的预期需求，虚拟机可被配置为使用一个或多个处理器。在最简单的情况下，一个虚拟机配置一个 CPU。如前所述，如果从虚拟机的视角查看硬件，只会看到有一个可用的 CPU。而从主机的视角看，所分配的是该虚拟机在主机可用 CPU 上调度 CPU 周期的能力。在这种情况下，此单 CPU 虚拟机可调度相当于单个 CPU 的计算容量，如图 7-6 所示。主机不会为某个特定虚拟机保留一个独占的 CPU；相反，当虚拟机需要处理资源时，Hypervisor 将接收请求、调度相关操作，并通过相应的设备驱动程序将结果返回给虚拟机。

主机通常具有比任何一个虚拟机更多的可用 CPU，并且是由 Hypervisor 来代表虚拟机调度这些处理器的处理时间，而不是虚拟机实际拥有一个专用 CPU。借助整合更有效地利用资源是虚拟化的初期目的之一，而虚

图 7-6　虚拟机中的 CPU 设置

199

拟机独享 CPU 与该目的背道而驰。目前大多数服务器都有多个 CPU 插槽，每个插槽都包含一个或多个 CPU 核心。对于用户的用途而言，虚拟机将一个 CPU 核心视为单个虚拟 CPU。

2. 虚拟机中的内存

在虚拟环境中，随机存取存储器（Random-Access Memory，RAM），也就是内存资源，可能是最容易被理解的一种资源。正如在物理机器中一样，在评估应用程序性能时，虚拟机中是否拥有足够的内存资源通常决定了程序性能的表现。作为数字产品消费者，人们已经意识到足够的内存资源的价值，无论对于智能手机、平板电脑、便携式计算机，还是其他个人电子设备而言都是如此。内存通常是多多益善的，但在共享虚拟环境中，在内存够用和过多之间存在一个平衡点。与 CPU 利用率一样，Hypervisor 供应商引入了高级的内存管理技术，以尽量有效地利用可用物理内存。虚拟机中的内存设置如图 7-7 所示。

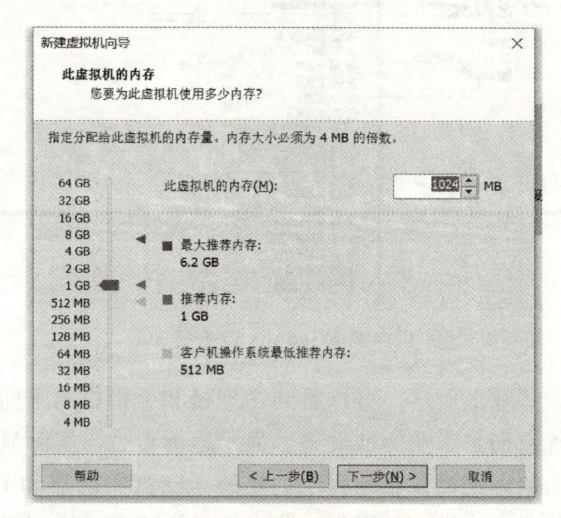

图 7-7 虚拟机中的内存设置

3. 虚拟机中的网络资源

与其物理对应物一样，虚拟网络为虚拟机提供了与外部世界通信的方式。每个虚拟机可以配置一个或多个网络接口卡（Network Interface Card，NIC），用于代表与网络的连接。然而，这些虚拟网卡并不与主机系统中的物理网卡连接。Hypervisor 可支持创建一个虚拟网络，将虚拟网卡接入由虚拟交换机组成的网络中，而物理网卡连接的是这个虚拟网络，如图 7-8 所示。

在为共享主机的多个虚拟机创建安全环境时，虚拟网络也是关键工具。从安全角度看，虚拟机之间的通信可以跨一个虚拟交换机进行，并且永远局限在该物理主机之内。如果第二个虚拟机的虚拟网卡连接到一个虚拟交换机，并且该交换机未连接物理网卡，则与该虚拟机通信的唯一方法是通过第一个虚拟机，在外部世界和该虚拟机之间建立一个受保护的缓冲区。虚拟机中的网络资源如图 7-9 所示，如果图中有第三个虚拟机，除非它连接到同一个虚拟交换机，否则将无法访问这个受保护的虚拟机。

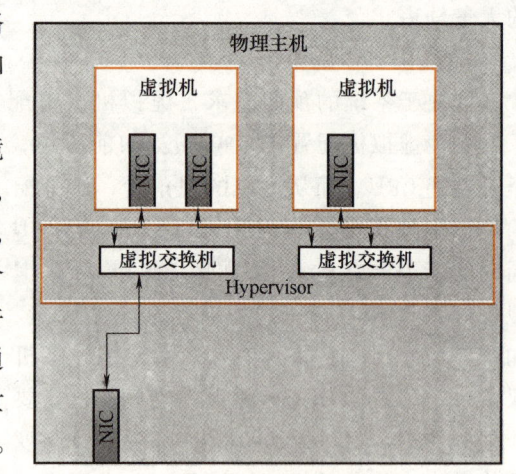

图 7-8 一个简单的虚拟网络

4. 虚拟机中的存储资源

虚拟服务器具有存储资源才能正常运行，并且和上文介绍的其他资源一样，实际提供给虚拟机的资源与虚拟机所"看到"的资源有很大区别。如图 7-10 所示，运行 Windows 操作系统的虚拟机将看到一个 C：驱动器和一个 D：驱动器，可能还有其他更多的驱动器。实际上，这些"驱动器"仅是在共享的存储设备的磁盘空间中划分出的区域，Hypervisor 负责管理它们在虚拟机上的呈现。

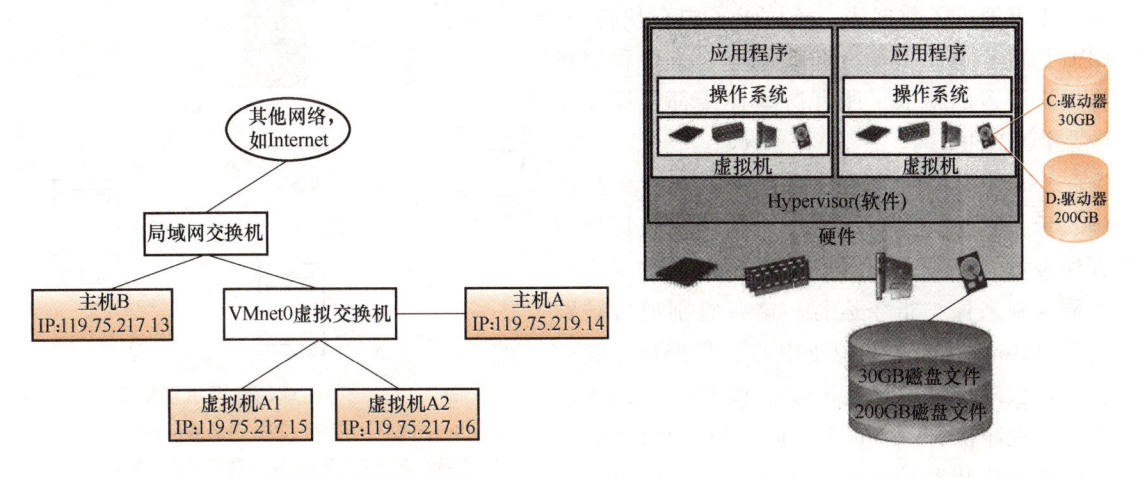

图 7-9　虚拟机中的网络资源

图 7-10　虚拟机的存储器

虚拟机的存储资源如图 7-11 所示。当虚拟机与虚拟 SCSI（Small Computer System Interface，小型计算机系统接口）磁盘适配器交互时，Hypervisor 将数据块传递到物理存储器或从物理存储器传出。从宿主机到存储器的实际连接被从虚拟机上抽象出来，无论该存储器是宿主机上的本地存储，还是存储区域网络（Storage Area Network，SAN）上的存储。虚拟机通常无须关心虚拟机是通过光纤通道（Fibre Channel）、iSCSI，还是网络文件系统（Network File System，NFS）连接到自己的存储资源的，因为这些存储配置和管理工作是在主机上进行的。

7.2.2　虚拟机的工作原理

图 7-11　虚拟机的存储资源

可按以下思路分析虚拟机的工作原理：Hypervisor 允许将传统操作系统与硬件解耦。Hypervisor 如同传输者和调节器，负责其所支持的虚拟客户机的资源进出。它通过欺骗客户机的操作系统，使之认为 Hypervisor 是实际的硬件来完成该目的。为了解虚拟机的工作原理，需要深入了解虚拟化的工作方式。

这里先介绍原生操作系统是如何管理硬件的。如图 7-12 所示，当程序需要来自磁盘上的某个文件的数据时，它通过编程语言命令（如 C 语言中的 fgets（）函数）发出请求，该请求将被传送到操作系统。操作系统检索对其可用的文件系统信息，并将该请求传送到正确的设备管理器，该设备管理器与物理磁盘 I/O 控制器和存储设备一起检索出正确的数据。数

201

据通过 I/O 控制器和设备驱动程序返回后，由操作系统返回给发出请求的程序。在整个过程中，不仅请求了数据块，还请求了内存块传输、CPU 调度和网络资源。与此同时，其他程序也将提出更多的请求，所有这些连接都由操作系统来管理维护。

X86 处理器架构本身内置了安全和保护措施，旨在防止有害系统调用、劫持或破坏应用程序及操作系统。X86 处理器架构提供了 4 个不同级别来保护指令运行，这些级别通常被称为环（Ring）。Ring 0 位于中心，是操作系统内核工作权限最高的环；Ring 1 和 Ring 2 用于设备驱动程序执行；Ring 3 为最不被信任的级别，用于执行应用程序。实际上，Ring 1 和 Ring 2 很少被使用。应用程序本身不能直接执行处理器指令，它的功能请求通过系统调用被传递到各级，以执行应用程序所需的功能。

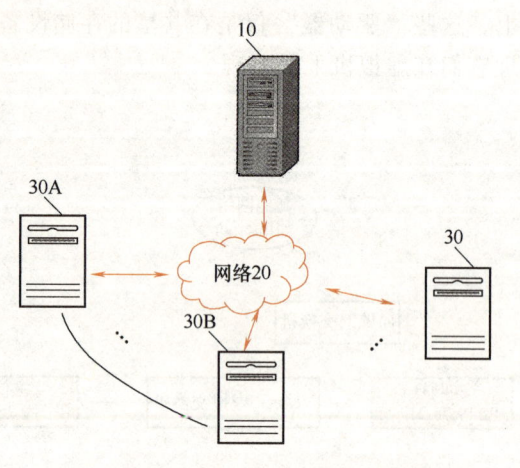

图 7-12 一种简单的数据请求模型
10—并发请求限制 20—网络接口的配置参数 30（A、B）—设备管理模块的标识

在系统程序希望影响某个硬件状态时，可通过在 Ring 0 中执行特权指令来实现。下面以关机请求为例进行说明。Hypervisor 在 Ring 0 中运行，客户机中的操作系统也认为自己在 Ring 0 中运行。在某个客户机要发起关机操作时，Hypervisor 将拦截该请求并响应客户机，指示关闭过程正在进行，这样操作系统可以继续通过后续步骤完成软件关闭。如果 Hypervisor 没有捕获该命令，则任何客户机将能直接影响主机上所有客户机的资源和环境，这将违反 Popek-Goldberg（波佩克-戈德堡）定理中的隔离规则，甚至可能带来其他问题。

与管理并发的程序资源请求本地操作系统类似，Hypervisor 进一步抽象出一层，并管理多个操作系统的资源请求。图 7-13 展示了应用程序的请求在虚拟环境中的流转过程。从某种意义上讲，Hypervisor 将操作系统与硬件解耦，但它们仍能确保资源需求以一种合理且及时的方式得到满足。或许有人会认为添加额外的处理层会对虚拟机中运行的应用程序的性能产生重大影响，但是该想法是错误的。目前的解决方案提供了非常精巧的算法，用于处理从客户机到 Hypervisor 再到主机并再次返回的、不断变化的复杂 I/O 流，无须为 Hypervisor 的需求提供显著开销。就像在物理环境中一样，虚拟环境中的大多数时间性能问题仍然可以通过正确的为应用程序的工作负载提供必要的资源得到解决。

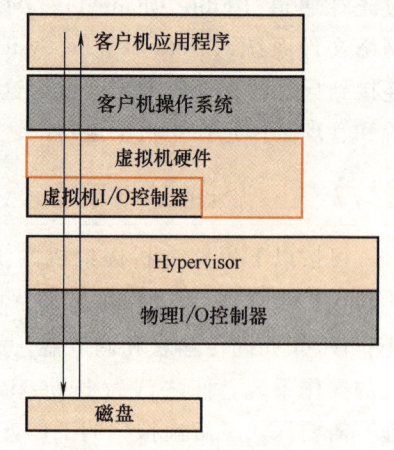

图 7-13 一个简化的虚拟环境中的数据请求模型

7.2.3 虚拟机的使用

虚拟机由两个物理实体组成，分别是组成虚拟机配置的文件，以及内存中的虚拟机实例（构成启动后运行中的虚拟机）。在许多方面，使用运行

中的虚拟机与使用实际物理服务器十分相似。例如，可以通过某种类型的网络连接进行交互，以加载、管理和监控服务器所支持的环境或各种应用程序。

自从计算机诞生以来，文件就是存储信息的方法。由于历史和认识上的原因，管理文件已成为常规操作。例如，如果需要将电子表格从一个地方移动到另一个地方，只需移动该文件；如果需要备份一个文档，可以复制该文件并将副本移动到其他设备上进行归档。通过利用虚拟机具备的与文件相同的属性，可以令虚拟机实现一些卓越的功能。

1. 虚拟机克隆

置备（Provision）服务器在时间、人力和金钱方面需要花费相当多的资源。在服务器虚拟化出现之前，对于某些组织来说，订购和获取物理服务器的过程可能需要几周甚至几个月，更不用提高达数千美元的成本。在服务器到货后，还需要大量额外的置备时间。服务器管理员需要做很多繁杂的工作，包括安装操作系统、安装更新操作系统所需的所有补丁、配置附加的存储、安装组织认定对于管理基础设施至关重要的企业专用工具和应用程序、获取网络信息，以及将服务器连接到网络基础设施上。最后，服务器被转给应用程序团队，由团队安装和配置将在服务器上运行的实际应用程序。这种额外的配置可能耗费数天或者更长的时间，取决于需要安装对象的复杂性及完成此过程的组织机制。

下面就上述过程与虚拟机进行对比。如果需要一台新服务器，那么克隆（Clone）现有服务器即可（图7-14）。该过程的工作量仅比复制组成现有服务器的文件略多一点。在复制完成后，客户机操作系统只需针对某些唯一性的系统信息，如系统名和IP地址进行定制，即可实现实例化。如果不做这些更改，会导致两个具有相同身份的虚拟机在同一网络和应用程序空间中运行，这将在许多层面上导致严重问题。虚拟机管理工具会提供一些内置功能，用于辅助克隆过程中的定制工作，使得实际工作仅需要单击几次鼠标即可完成。

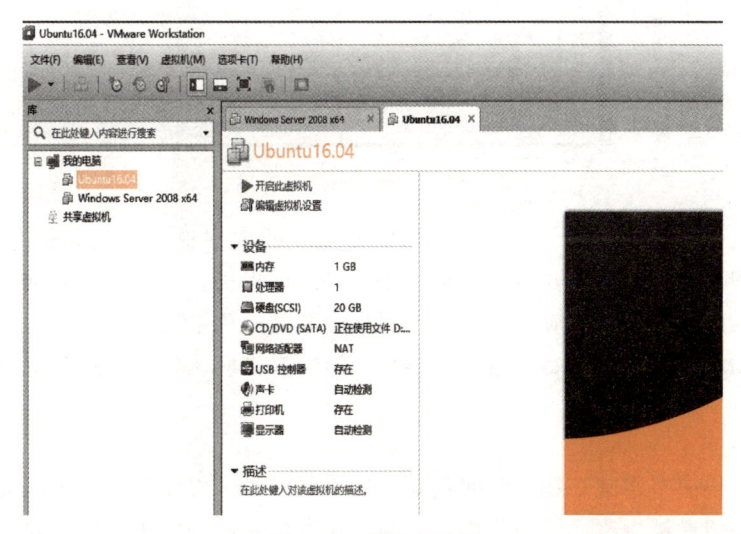

图 7-14　克隆虚拟机

尽管请求克隆操作只需要少量时间，但生成文件副本和完成客户机自定义工作仍需要花费一些时间。取决于多种因素，用时可能以分钟计，甚至可能长达数小时。然而，如果将该过程与需要花费数周或更长时间来购买和设置的物理服务器置备过程相比，虚拟机的构建、配置和提供仅需要数分钟，在工时和成本方面的节约都是巨大的。

2. 模板

与克隆类似，虚拟机模板是另一种用于快速交付完全配置好的虚拟服务器的机制。模板是一种"模具"，一种预配置和预加载的虚拟机，用于"压铸"某类常用服务器的副本。在大多数环境中，模板是无法运行的，为了对其进行更改（如应用补丁程序），必须先将模板转换到虚拟机上，然后启动虚拟机，应用必要的补丁程序，关闭虚拟机，最后将虚拟机转换回模板。类似于克隆过程，从模板创建虚拟机也需要将一个唯一的身份信息应用于新创建的虚拟机中。和克隆操作一样，从模板创建虚拟机所花费的时间比构建和配置新的物理服务器要少个数量级。与克隆不同的是，在将虚拟机转换为模板时，该虚拟机将不复存在。图 7-15 所示为从模板创建虚拟机。

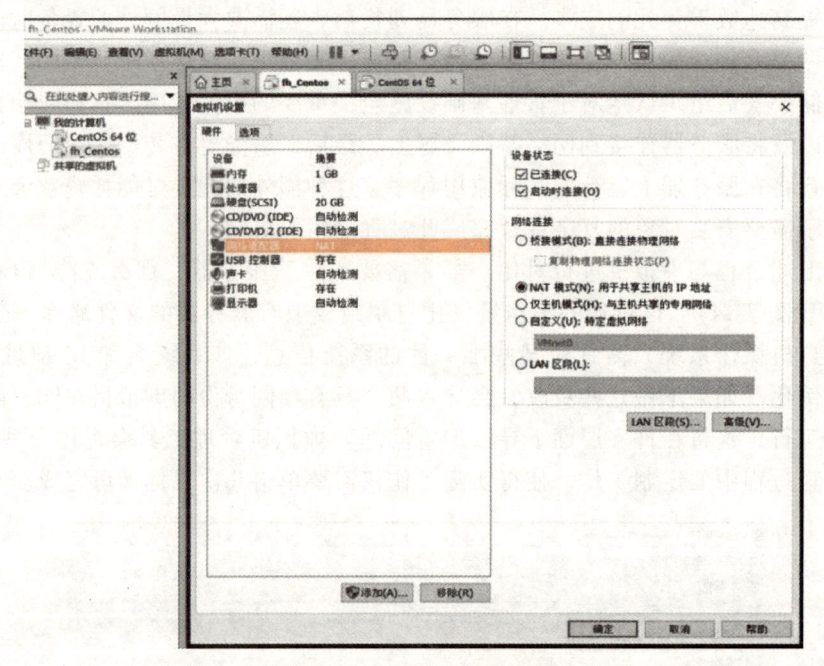

图 7-15 从模板创建虚拟机

模板不仅用于提供"空"的虚拟机和由配置完成的虚拟机（已安装操作系统）组成的服务器，也可用于交付已经预安装和配置应用程序的虚拟机。当用户需要加载其程序时，从预建模板创建的虚拟机可将该应用程序或应用程序套件提供给用户，以便于其立即使用。事实上，许多应用程序供应商开始以虚拟机模板的形式提供应用程序，这样可以在最短的时间内下载并部署。

3. 快照

顾名思义，快照是在某个特定时间点对虚拟机状态的一次捕捉。如果因为对虚拟机的更改造成问题而希望撤销更改，快照提供了返回原状态的基础。对于玩过冒险类游戏的玩家而言，可用"存盘点"（Save Point）概念与快照类比。快照工作的基本原理如图 7-16 所示。快照保留了虚拟机的状态，包括它的数据和硬件配置。创建快照后，所有后续操作将不再直接写入原始磁盘，而是通过增量磁盘（Delta Disk，也称子磁盘）记录变更内容。增量磁盘会累积所有更改，直到发生两种情形之一，即捕捉另一次快照或出现一次整合，才结束此快照过程。如果再次捕捉快照，则会创建第二个增量磁盘，并在其中写入所有后续更改。如果整合完成，则增量磁盘更改将与基础虚拟机文件合并，构成更新的虚拟机。

最后，可以将虚拟机还原到快照起始时刻的状态。快照在测试和开发领域非常有用，它允许开发人员尝试处理危险或后果未知的任务，赋予他们将程序环境恢复到已知健康状态的能力。快照可用于测试后果难以确定的补丁或更新，但不能用于替代合理备份。对于测试环境而言，将多个快照应用于一个虚拟机没有问题，但在生产系统中会导致性能问题。

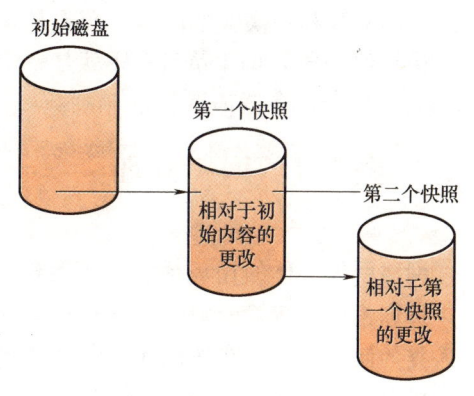

图 7-16 快照的磁盘链

4. OVF

在打包和分发虚拟机时，除了依赖虚拟化平台的原生文件格式，还可采用开放虚拟化格式（Open Virtualization Format，OVF）。OVF 是一种标准，它由业界一群代表虚拟化各领域关键供应商的人员共同创建。该标准的目的是创建一种中立于平台和供应商的格式，用于将虚拟机捆绑成一个或多个文件，使其能够方便地从一个虚拟化平台转移到另一个虚拟化平台。换言之，它提供了一条在基于 Xen 的系统上创建虚拟机，并将其导出到中立的 OVF 标准，最后导入 VMware 或 Hyper-V 环境中的途径。大多数虚拟化供应商都有将虚拟机导出为 OVF 格式的功能选项，同时具有将 OVF 格式化的虚拟机导入已用格式的能力。

OVF 标准为虚拟机封装提供了两种灵活方案：OVF 模板与 OVA 格式。OVF 模板采用模块化设计，将虚拟机拆分为描述文件、虚拟磁盘及资源配置清单，完整保留多组件特性，便于开发测试环境中进行分阶段传输或增量更新；而 OVA（Open Virtualization Appliance）格式则将所有文件整合为单一归档（.ova），通过轻量化封装简化分发流程，尤其适合生产环境中需快速部署或减少依赖的场景。两种格式的差异化设计兼顾了可维护性与便捷性——OVF 模板支持灵活调整，OVA 格式聚焦高效交付。主流虚拟化平台（如 VMware、VirtualBox）均支持二者互转，用户可基于实际需求灵活选择，实现从开发到生产的无缝衔接。

5. 容器

虽然容器并非虚拟机，但二者在功能上非常接近，并且容器在应用程序开发和商业计算方面非常普及，因此有必要对其进行介绍。与虚拟机一样，容器提供了一个与平台无关的软件包，用于捆绑、交付和部署应用程序。与虚拟机不同，容器在操作系统级别而非硬件级别上进行抽象。这意味着该技术可以在单个容器（通常用于支持单个应用程序）中封装多个工作负载。

虽然容器确实提供了优秀的可移植性和比虚拟机基础架构更低的资源开销，但它也存在一些限制。由于容器模型在操作系统级别上抽象，带来了容器中所有工作负载必须运行在相同的操作系统或内核上的限制，而 Hypervisor 可支持多个虚拟机或多种不同操作系统同时运行。容器中工作负载之间的隔离也不如 Hypervisor 和虚拟机提供的健壮。

与虚拟机和虚拟化颠覆传统计算的方式类似，容器技术正在颠覆虚拟化和云计算。

虚拟 Appliance 设备如同许多其他技术概念，它可以表示一系列的虚拟机部署，具体含义取决于定义的制定者。该术语最早是指包含操作系统和为特定功能设计的预加载与预配置的应用程序的专用虚拟机，用户几乎无法调整和配置虚拟 Appliance 设备，要升级或打补丁则意味着下载和替换整个设备，而不是在虚拟机内部进行。BEA 公司（全球领先的应用基础结构软件公司）的 Liquid VM 就是一个虚拟 Appliance 设备的代表产品，它提供了优化的 WebLogic 应用服务器环境。

7.3 虚拟机的网络管理

网络就像人体的循环系统，是运送重要物资的运输机制。血液向器官输送各类营养物质，计算机网络传输的则是信息，网络对于数据中心中应用程序的重要性，如同循环系统之于人类的健康状态。在虚拟环境中，网络是虚拟架构的关键组件之一，用于确保数据及时到达主机上的所有虚拟机。与存储 I/O 非常相似，网络 I/O 也会遇到类似物理环境中可能发生的带宽问题和限制，由于网络还承载存储通信流量，也要对其进行合理的规划、实现和管理，以为磁盘存储系统提供充足的性能。

7.3.1 网络虚拟化

网络方面的实践能很好地转用到虚拟环境中，下文对网络虚拟化的解释只是最基本的，虽然对于网络流量如何进出虚拟环境的讨论来说已足够，但不全面。就最基本的层面而言，网络允许虚拟机上的应用程序连接到其所在宿主机之外的服务。与其他资源一样，Hypervisor 是进出各虚拟机和宿主机的网络流量的管理器。应用程序向客户机操作系统发送网络请求，客户机操作系统通过虚拟网卡驱动程序传递该请求。Hypervisor 从网络仿真器处接收请求，并通过物理网卡将其发送到网络中。到达后，响应再沿着逆向的路径回到应用程序。上述路径的一个简化示意图如图 7-17 所示。

虚拟化为网络环境带来了一些新挑战，其中之一是虚拟网络需要提供一种连接到同一宿主机上其他虚拟机的方法。为了实现这种连接，Hypervisor 必须具有创建内部网络的能力。正如物理网络使用硬件交换机创建网络，以隔离一组计算机间的流量，虚拟交换机可用于在一个宿主机内创建供虚拟机使用的网络。Hypervisor 负责管理虚拟交换机，并管理和维护虚拟网络。一个 VMware vSphere 主机内部的简单虚拟网络如图 7-18 所示。该 Hypervisor 中具有两个虚拟交换机，一个连接到物理网卡（与外部物理网络连接），另一个虚拟交换机则没有连接到网卡或任何物理通信端口。

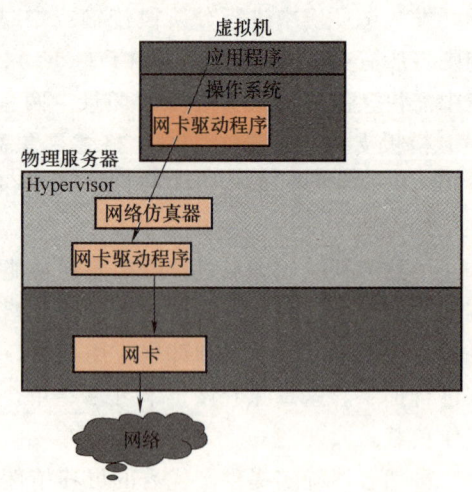

图 7-17 一个简化的虚拟网络路径示意图

左侧的虚拟机中有两个虚拟网卡，每个虚拟网卡分别连接一个虚拟交换机，即广义的虚拟网络。发送到与外部虚拟交换机连接的虚拟网卡的请求，将通过物理宿主机的物理网卡传送到物理网络和外部世界。对该请求的响应则沿着逆向的路径，依次通过物理网卡、外部虚拟交换机返回虚拟机的虚拟网卡。发送到内部虚拟交换机的请求没有通往外部世界的路径，只能传送到与该内部虚拟交换机连接的其他虚拟机上。图 7-18 中右侧的虚拟机只能通过内部虚拟交换机发送请求，因而只能与其他虚拟机进行通信。这是虚拟环境中的常见策略，用于保护应用程序和服务器免受不必要的攻击。由于没有连接物理网卡，右侧的虚拟机对外部源不可见，被攻陷的概率就低得多。左侧虚拟机充当一个防火墙，通过对其应用合理的安全措施，可保护其他虚拟机中存储的数据。

这种利用内部虚拟交换机进行"虚拟机—虚拟机"间通信的机制具有以下优点：网络通信流量不必离开物理宿主机，完全发生在内存中，速度非常高，比数据离开主机并在物理网络中传输要快得多，即使数据到达的是数据中心内与该宿主机物理上相邻的另一个宿主机。当不同虚拟机上的多个应用程序间需要大量的反复交互时，它们将被部署在虚拟环境中的同一宿主机上，以实现最短的网络延迟。这种仅

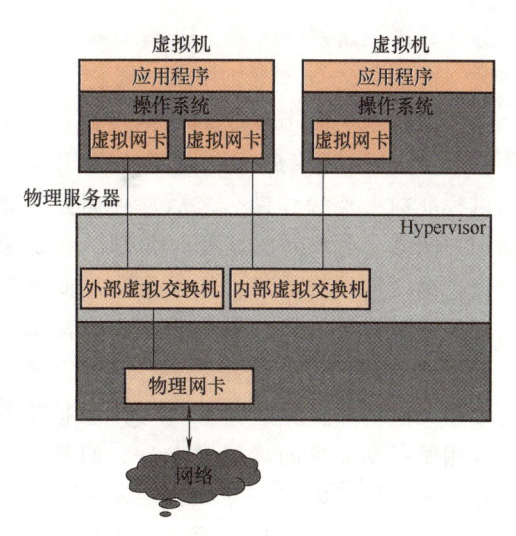

图 7-18 VMware vSphere 主机内部的简单虚拟网络

依托内部虚拟交换机运行的网络流量的另一个副作用是该流量对标准网络工具不可见。在物理环境中，当存在应用程序性能问题时，网络工具可以监视数据的类型和流向，以帮助确定问题的可能位置。而在这种情况下，网络流量永远不会离开宿主机，标准网络监控工具将无法使用，因为数据从未进入物理网络。其他一些专用于虚拟环境的工具可以解决此类问题。

在物理网络中，交换机不仅用于创建网络，还用于使网段彼此隔离。一个组织机构的不同功能单元通常需要在隔离的网络空间中工作，生产、测试和开发则是分开的，该技术非常适用于虚拟网络。如图 7-19 所示，主机中添加了第二个物理网卡，同时创建了直接连接到第二个物理网卡的外部虚拟交换机。第三个虚拟机被添加到主机中，它只能与新的外部虚拟交换机进行通信。即使该虚拟机与其他虚拟机处于相同的物理宿主机上，它也无法通过内部连接与它们通信。除非在物理网络中为之路由了某条路径，否则它无法与它们进行外部通信。

VMware vSphere 的网络模型及其扩展的多网卡模型与 Xen 或微软 Hyper-V 网络模型略有不同。

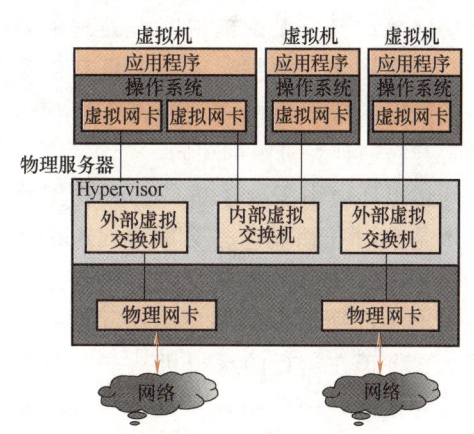

图 7-19 多个外部交换机

如图 7-20 所示，源于用户 DomU（子分区）的所有网络流量都通过 Dom0（父分区）进入网络。在此模型中，虚拟交换机位于父分区中，来自子分区的应用程序的网络请求将通过虚拟适配器传送到父分区中的虚拟交换机上。虚拟交换机连接至物理网卡，请求被传送到物理网络中。图 7-18 中所示的第二个交换机（内部虚拟交换机）没有连接到物理网卡，它仅用于支持内部网络，而仅连接到此虚拟交换机的虚拟机无法直接访问外部网络。相对地，该虚拟机只能从连接到此虚拟交换机的另一个虚拟机访问，无法从外部源访问。在此模型中，由于

物联网技术及应用

父分区直接控制物理网卡，Hypervisor 不管理网络 I/O。

考虑到除了应用程序的数据传输，网络可能还需要处理存储数据，可以基于 TCP/IP 协议，通过标准网卡连接存储。之后，存储数据将遍历与用户网络流量相同的路径（物理的和虚拟的）。当设计虚拟连接架构时，如果要利用此类协议访问存储，则需要规划适当的带宽量，甚至为这些设备创建专用的网络路径。一个专用于存储 I/O 的虚拟交换机如图 7-21 所示。每个虚拟机都有一个专用于存储流量的虚拟网卡，它们都连接到存储虚拟交换机。内部、外部和存储三种类型的交换机在结构和操作上是一致的，此处仅出于区分功能目的，赋予它们不同的名称。通过存储虚拟交换机，可连接到物理网卡，进而对外连接到网络存储设备。在这个简单的模型中，有一个存储虚拟交换机连接到单个存储资源。但是与之前介绍的网络隔离一样，可以有多个专用于存储的虚拟交换机，各个虚拟交换机都连接到不同的物理网卡，各个物理网卡又连接到不同的存储资源。采用这种方式，可以将存储资源与虚拟机和网络访问隔离开。无论虚拟网卡处理的是来自网络的用户数据，还是来自存储设备的数据，从虚拟机内部看，一切都表现得与物理计算机内部相同。

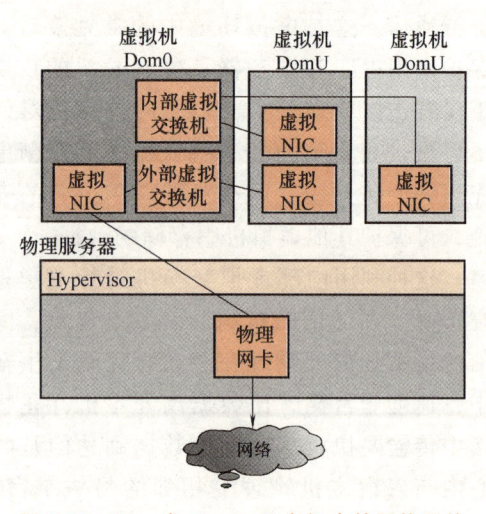

图 7-20　Xen 或 Hyper-V 主机中的网络通信
虚拟 NIC—虚拟网络接口卡

虚拟环境中需要了解的另一种网络技术是实时迁移概念，又称为 VMotion。VMotion 是 VMware 中的术语，用于描述在不必中断所服务的用户应用程序的前提下，将正在运行的虚拟机从一台物理主机迁移到另一台物理主机的功能。实

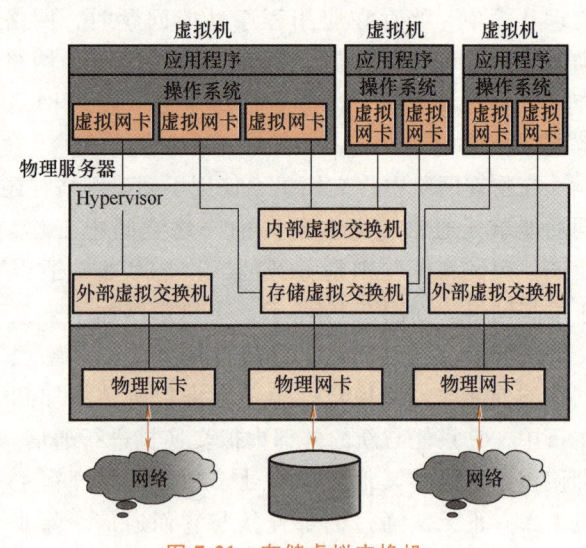

图 7-21　存储虚拟交换机

现该功能的技术本质上是将虚拟机的内存实例快速复制到第二个主机中，复制之快足以将网络连接切换到新的虚拟机，而不影响虚拟机的数据完整性或用户体验。

虚拟交换机和物理交换机一样可以配置为按选定的方式运行。它和物理交换机的区别之一是虚拟交换机可以调整其上的端口数量，不必像物理交换机那样需要更换设备。可调整的其他属性均属于广义策略范畴。策略涵盖了交换机在某些情形下的工作方式，通常是用于处理安全性、可用性或与性能有关的问题。由于 VMware Workstation Player 不支持实际创建和操作虚拟交换机，这里不再讨论该问题。

系统地址是另一个需要简要了解的网络方面的知识。连接到网络的每个设备都有一个唯

208

一的地址，确保对网络资源的请求能够到达正确的位置。虚拟机和任何其他设备一样，也需要地址，如果虚拟机配置中有多个网卡，则每个网卡都需要一个地址，因而存在多种获取系统地址的方式。网络管理员可以为物理服务器或虚拟服务器分配地址，而该地址将终生有效。动态主机配置协议（Dynamic Host Configuration Protocol，DHCP）是一套令服务器能够将 IP 地址分配给计算机或其他请求设备的流程。

（1）**查看 IP 地址** 在该虚拟机中，在搜索文本框中输入"cmd"后，选择 cmd 图标。当命令行窗口打开后，输入命令"ipconfig"并单击〈Enter〉键。可以看到系统 IP 地址以传统的点加十进制数格式显示，即"IPv4 地址"标签旁边的四个字段。如果该虚拟机中有多个网卡，则会有更多条目显示更多 IP 地址。图 7-22 所示为一个确定 IP 地址界面，图 7-23 所示为一个虚拟机中的网络适配器属性界面。之后，关闭命令行窗口。

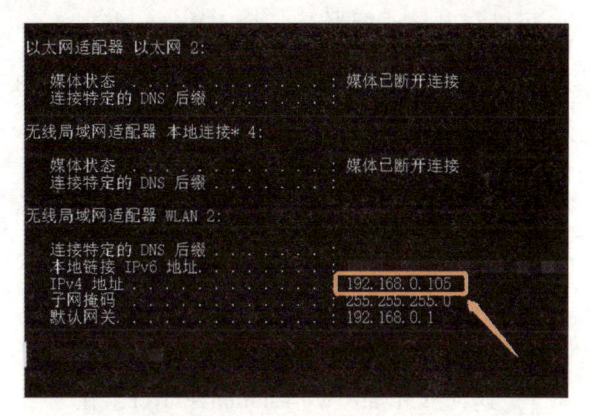

图 7-22 确定 IP 地址界面

（2）**查看虚拟网卡**

1）在虚拟机的搜索文本框中输入"device"后选择 Device Manager（设备管理器）图标。当 Device Manager 程序打开时，单击 Network Adapters（网络适配器）图标左侧的三角形以显示适配器。

2）右键单击已显示的网络适配器后，先选择 Properties（属性），再选择 Driver（驱动程序）选项卡，可以看到一个使用标准 Microsoft 驱动程序的标准英特尔网络适配器。从虚拟机角度而言，虚拟网络适配器与物理网络适配器等同。

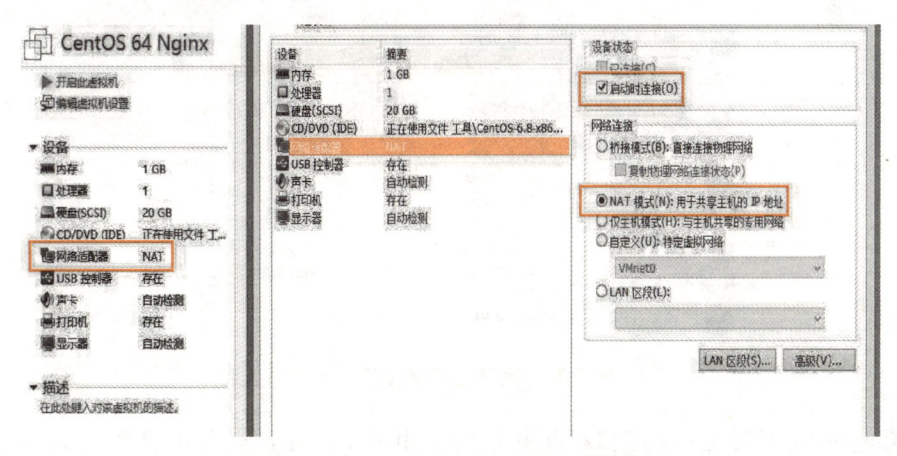

图 7-23 虚拟机中的网络适配器属性界面

3）单击 Cancel 按钮关闭 Properties 窗口，退出 Device Manager 程序。

（3）**查看网络适配器**

1）在主机 Windows 操作系统的搜索文本框中输入"device"后，选择 Device Manager 图标。当 Device Manager 程序打开后，单击 Network Adapters（网络适配器）图标左侧的三角形以显示适配器。除了分别用于有线连接和无线连接的两个物理网络适配器，还有两个标签为 VMware Virtual Adapters 的适配器。图 7-24 所示为虚拟网络适配器属性界面。

2）右键单击任意 VMware 适配器后，单击 Properties 按钮，选择 Driver 选项卡。

可以看出该适配器是一个 VMware 虚拟适配器。换言之，它是一种代表网络适配器的软件构件，虚拟机可以利用它进行网络连接。在 VMware Workstation Player 中，该虚拟适配器类似于 Type1 Hypervisor 使用的虚拟交换机。

3）单击 Cancel 按钮关闭 Properties 窗口，退出 Device Manager 程序。

（4）查看网络连接类型

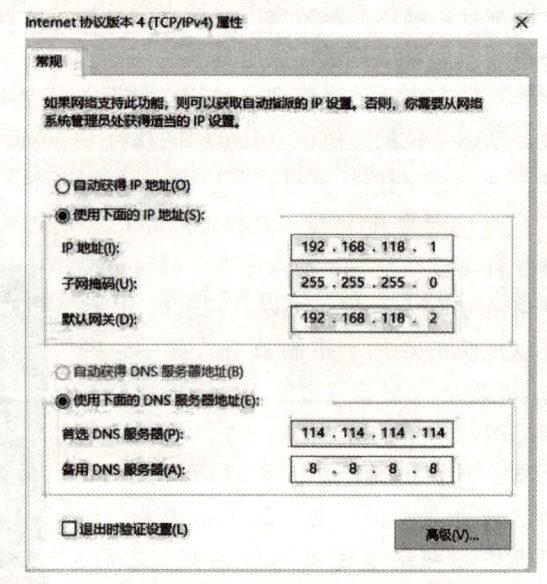

图 7-24 虚拟网络适配器属性界面

1）返回 VMware Workstation Player，在 Player 下拉菜单中，从 Manage 选项中选择 Virtual Machine Settings（虚拟机设置），选中网络适配器。图 7-25 所示为网络连接类型选项界面。

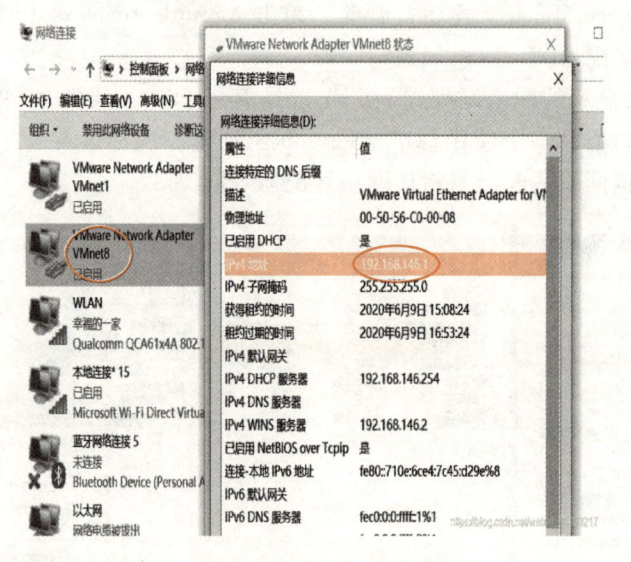

图 7-25 网络连接类型选项界面

LANSegments 可创建一个虚拟机间共享的专用网络，通过查看用户文档了解更多相关信息。

Custom（自定义）选项（如虚拟机设置窗口中所示）允许选择一个特定的虚拟网络。如果选择使用该方式，则需要谨慎，因为 VMware Workstation Player 中的某些特定虚拟网络是为特定连接类型预配置的，不能使用它们作为自定义网络。同样，用户文档中也提供了一些相关细节。

2）单击 OK 按钮，关闭 Virtual Machine Settings 窗口。

7.3.2 虚拟机网络选项的配置

三种连接类型中的每一种都与主机系统默认的虚拟适配器中的某个相关联。例如，配置为仅主机模式的网络连接的虚拟机与 VMnet1 虚拟适配器相关联；配置为 NAT 连接的虚拟机与 VMnet8 虚拟适配器相关联；配置为桥接连接的虚拟机与 VMnet0 虚拟适配器相关联。前文已讲过 VMnet1 和 VMnet8 适配器，但没有介绍 VMnet0 适配器。其原因是 VMware Workstation Player 仅通过应用程序接口暴露了其功能的一部分，并非所有功能都默认可以访问。为了更深入地探索虚拟网络，需要使用另一种已不在 VMware Workstation Player 安装包中的实用程序。

从版本 12 起，Virtual Network Editor（虚拟网络编辑器）不再作为 Workstation Player 安装包的一部分提供，但仍然是 Workstation Pro 安装包的一部分。为了使用该程序，如果目前使用的还不是 Workstation，则需要下载并安装它的评估版。在 Workstation Player 所在的 VMware 站点上能够找到 Workstation Pro 安装包，其安装方式几乎不变，可以使用默认设置完成。

1）打开 Windows File Explorer（文件资源管理器）并导航到安装了 VMware Workstation Pro 的目录上，默认目录是 C：/Program Files（x86）/VMware/VMware Workstation。

2）右键单击 vmnetcfg.exe 条目后，选择 Run As Administrator（以管理员身份运行）以打开 Virtual Network Editor。Windows 将询问是否允许该程序执行，选择 Yes 继续。

3）打开 Virtual Network Editor，可以看到所有三个虚拟适配器，包括在其他工具中不可见的 VMnet0（因为它没有关联到任何网卡，所以不可见）。图 7-26 所示为虚拟网络编辑器界面。

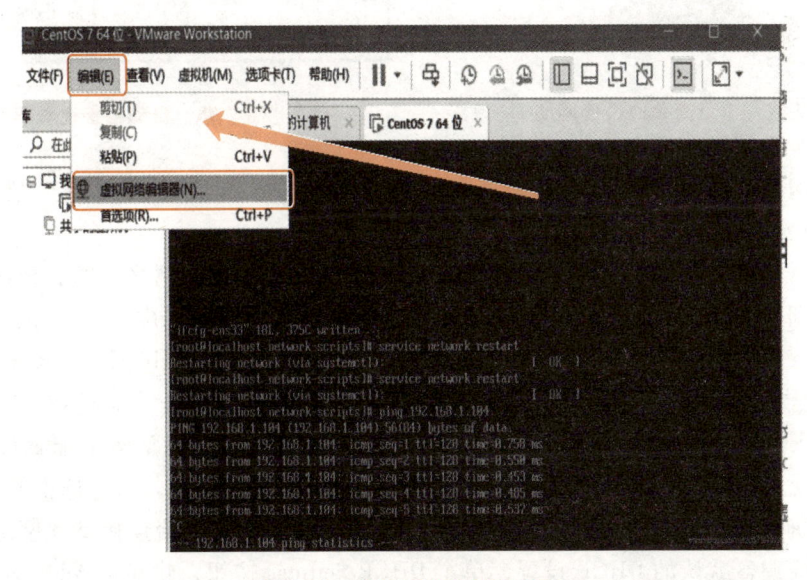

图 7-26　虚拟网络编辑器界面

桥接网络允许每个虚拟机拥有一个可从主机外部识别和访问的 IP 地址。虚拟适配器（在本例中为 VMnet0）行为与虚拟交换机一样，只是将出站流量（流出虚拟机的网络流量）

路由到它关联的物理网卡上，并传输到物理网络。当通过网卡传入入站流量（流入虚拟机的网络流量）时，VMnet0 再次充当交换机，将流量重新定向到正确的虚拟机处。如图 7-27 所示，有两个虚拟机连接到一个桥接网络，它们的 IP 地址使其对局域网络上的其他系统可见。同样，由于 VMware Workstation Player 是 Type2 类型的 Hypervisor，由虚拟适配器构件充当 Type1 类型的 Hypervisor 所使用的虚拟交换机。

通过在 Virtual Network Editor 中选择 VMnet0，可以查看桥接配置。在默认情况下，外部连接被设置为 Auto-Bridging（自动桥接模式），这意味着它将绑定到一个具有物理网络连接的适配器上。如果要选择用于桥接连接的物理网络连接，可以选择 Bridged to 标签旁边的下拉菜单，将当前的 Automatic（自动选择）选项更改为某个特定网络适配器；也可以修改 Auto-Bridging 列表，选择 Automatic Settings（自动设置）。图 7-28 所示为自动桥接设置界面。

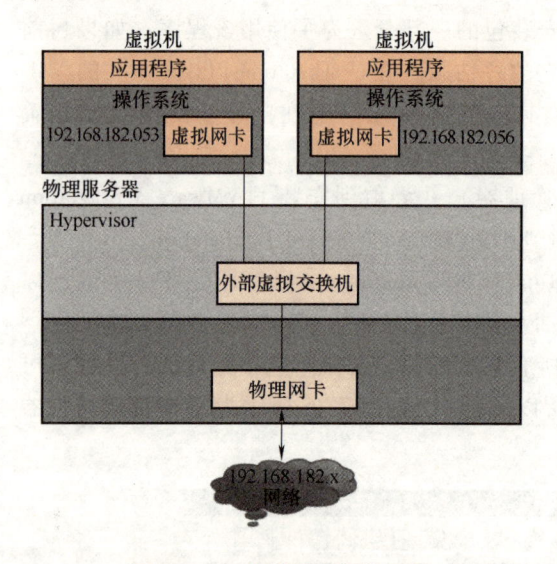

图 7-27　一个简单的桥接网络

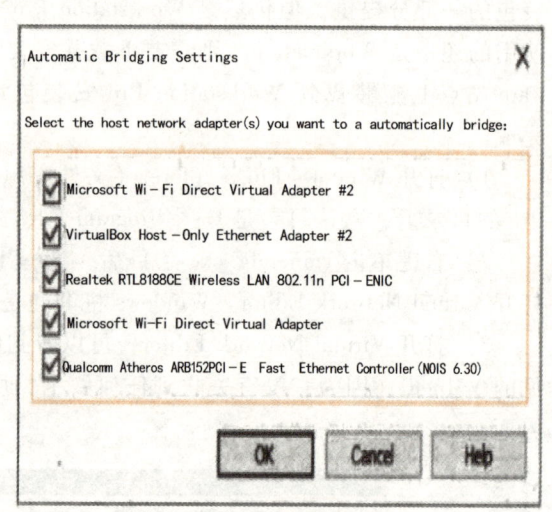

图 7-28　自动桥接设置界面

在桥接网络配置中，VMnet0 适配器的创建方式与 VMnet1 或 VMnet8 适配器不同，它是一个绑定到物理适配器的协议栈。

Host-Only 网络将创建仅内部使用的网络，它允许虚拟机与该网络上的其他虚拟机通信，但没有连接到物理网络的外部连接。物理网络上的系统不知道这些虚拟机的存在，也就无法与它们通信。在 VMware Workstation Player 软件中，连接到 Host-Only 网络的虚拟机可以访问本地计算机上的服务，本地计算机也可以访问该虚拟机上的服务。通过在 Virtual Network Editor 中选择 VMnet1，可以看到 Host-Only 网络的配置设置，并调整多个配置设置。Subnet IP（子网 IP）字段用于确定将分配给隔离的 Host-Only 网络的地址。通过选中 Use Local DHCP（使用本地 DHCP）复选框，可以让本地主机将地址自动分配给连接到此网络的虚拟机。如果要查看或调整默认的 DHCP 设置，单击 DHCP Settings 按钮，将显示 Address（地址）和 Lease Times（租约时间）的当前参数，并可进行更改。图 7-29 所示为一个 Host-Only 网络设置界面。

NAT 表示 Network Address Translation（网络地址转换），其网络在某种程度上是 Host-

Only 网络和桥接网络的混合。连接到 NAT 网络的虚拟机具有与物理网络隔离的 IP 地址,但是可以访问其主机之外的网络。具有 NAT 连接的虚拟机的示意图如图 7-30 所示。每个虚拟机都有一个能够被内部网络上其他虚拟机识别的 IP 地址,但该地址在主机外部不可见。各个虚拟机也共享物理主机用于外部网络的 IP 地址。当虚拟机向主机外部发送网络请求时,Hypervisor 将操作一个从内部网络到外部网络的地址转换表。当网络数据到达时,物理网卡将其传递给 Hypervisor 以进行地址转换,并将信息路由到正确的虚拟机处。

图 7-29 Host-Only 网络设置

在 Virtual Network Editor 中,选中 VMnet8,可以查看 NAT 配置,如图 7-31 所示。NAT 网络像 Host-Only 网络一样,可以创建私有子网,也可以使用 DHCP 服务,为连接到 NAT 网络的虚拟机自动提供 IP 地址。在 VMware Workstation Player 中,NAT 是创建虚拟机时的默认设置。这样可以保护新创建的操作系统,防止来自外部世界的攻击,直到你有时间安装和配置安防软件和防病毒软件。NAT 网络也可以保护用户的网络拓扑,仅将一个 IP 地址提供给外部网络,就能隐藏虚拟机的数量和功能,以避免遭受不必要的探查。

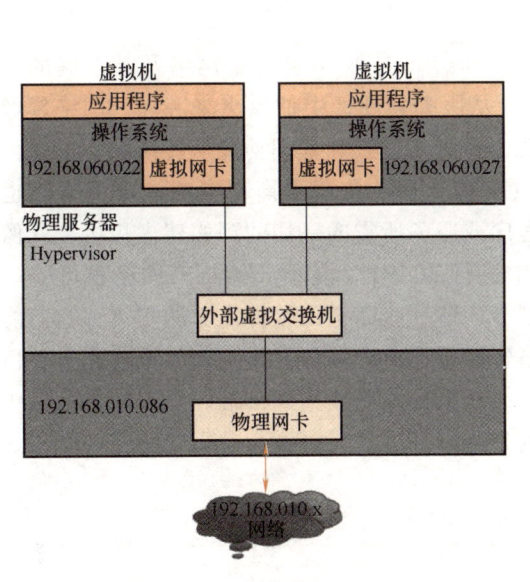

图 7-30 简单的 NAT 配置

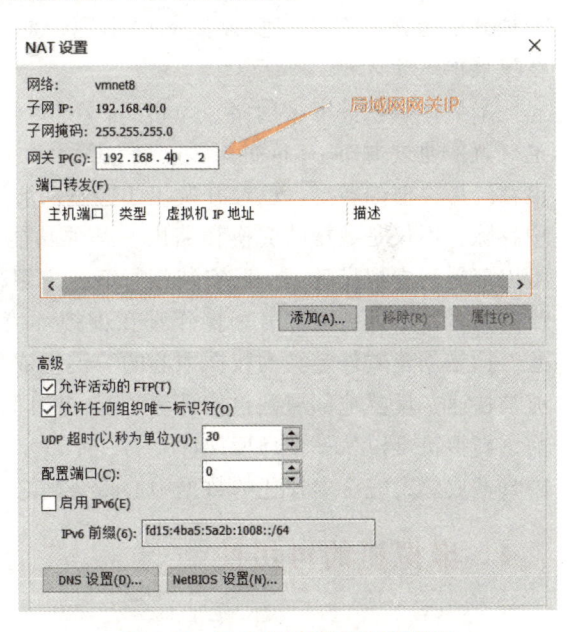

图 7-31 NAT 网络配置设置界面

7.3.3 虚拟机网络调优实践

和前文存储虚拟化中介绍的内容类似,物理网络架构中的一些良好实践在虚拟网络环境中也能很好地发挥作用。基于性能和安全方面的考虑,物理网络使用交换机隔离网络流量。相同的方法也被虚拟网络采用。与物理网卡绑定的虚拟交换机可以将物理分段延续到虚拟网络。虚拟网络可以构建得像物理网络一样复杂和精密。虚拟网络在成本和维护方面相对物理网络的优势之一是不需要布线，或可减少布线。

正如在内存虚拟化和 CPU 虚拟化中一样，由于吞吐量压力，网络虚拟化对性能影响也非常敏感。当将 10 台独立的服务器整合到单台虚拟化宿主机中时，必须合理规划该宿主机，以承载聚合的吞吐量。在虚拟化的早期，主机可能具有 8 个、10 个或者更多的网卡，用于支持所需的带宽，以提供足够的吞吐量和性能。通过为每个网卡添加更多的处理器，这种方法提供了额外的网络处理能力，并且为数据提供了物理上独立的路径，而不是依靠软件来保持数据流的隔离。相关经验也建议不要以牺牲性能为代价，将某些网络流量类型混合在一起，但目前仍处于一个将更多的数据通过更少的设备进行传输的过渡时期。

每个交换机（物理的和虚拟的）都进行两类工作：第一类为数据平面（Data Plane），按照为交换机配置的方式，处理流经交换机的数据；第二类为所有管理功能，这些管理功能定义了数据平面的权限和功能。虚拟分布式交换机将交换机执行的工作划分为两部分，它的数据平面功能仍然驻留在单个宿主机的虚拟交换机中，这具有逻辑合理性，但它的管理功能从各个主机中抽象出来，并聚合成单个管理点。当需要更改网络时，管理员不需要调整多个虚拟交换机，而是可以在一个地方完成更改工作，同样的更改将传播到虚拟化主机的所有相关交换机中。VMware 的 Distributed Switch、Hyper-V 的 Virtual Switch、思科的 Nexus 1000V（适用于 VMware、KVM 和 Hyper-V）及 Open vSwitch 都是这种模式的范例。对这一复杂尖端的主题，此处只能进行极为简单的介绍，但它是技术仍在发展的一个示例。

最后，以软件定义网络（Software Defined Network，SDN）结束关于网络及其发展的讨论。就像通过 Hypervisor 的开发，将计算及其资源从服务器硬件中抽象出来一样，网络领域也在经历类似的转型。已经开发出相应解决方案，将网络配置和管理功能从传统的专用硬件中移除。不仅是数据的交换和路由，其他功能（如防火墙、负载平衡和虚拟专用网络）也可以部署为虚拟设备——已安装运行特定应用程序或服务所需的一切的预构建虚拟机。就像当前大多数服务器的部署和操作都在虚拟环境中进行的一样，在不久的将来网络也可能如此。这是创建软件定义的数据中心的关键组成部分，即一些完全由软件定义的实体，它们能够被快速、反复地部署到包括计算、存储和网络资源等在内的多种无差别硬件堆栈之上。目前，虚拟机可以从一个环境迁移到另一个环境，或从数据中心迁移到云端。随着网络虚拟化的日益成熟，完全虚拟化的数据中心将会随之到来。

7.4 虚拟机的可用性

信息时代改变了人们对服务的期望值。互联网提供全天候服务，让人们得以访问从新闻到最近银行对账单的一切信息。提供信息的服务器和数据中心需要在几乎 100% 的时间内可用，该需求在虚拟环境中同样有效。通过使用传统的可用性解决方案，单个虚拟机可以像物理机一样可靠。通过拥有物理服务器难以轻易复制的功能，虚拟机具备比物理服务器更高的可用性。由于在单个主机上堆叠了多个虚拟机，出现了用于确保单个主机故障不会严重影响整个主机组的新技术。最终虚拟化提供了更为廉价、灵活的选项，用于保护整个数据中心免受大规模灾难的中断。

7.4.1 不断提高可用性

从最近的发展看，许多新技术成为人们日常生活中的重要资源。人们将这些基本技术服务作为生活必需，无法想象没有它们的生活会怎样。虽然即时通信和电力确实起到类似维持生命的作用，但有一些使用的服务并不那么重要。第一台自动取款机（ATM）于1969年在美国推出，现在全美有40多万台ATM。在ATM出现前，人们需要在银行营业时间前往营业厅，与真实的银行柜员互动。然而，人们期望可以随时进行交易，因此检查账户余额、汇款，甚至支付账单已经可以在家用计算机上完成。移动设备利用已在日本广泛使用的数字钱包技术，为金融交易增加了另一个维度。但是ATM失效会导致何种严重后果？事实是离线的ATM或关闭服务的银行网站会带来不便，但不像停电那样严重，只是人们对于可用性的期望已不会变。

这种对可用性的需求并不局限于ATM，而是涉及了信息驱动时代的一切。正如不满足于在银行营业时间管理金融交易一样，人们越来越希望所有公司和商业服务都能时刻具备可用性。公司正在按照这些条件提供服务。无论是白天或夜晚，人们能随时从苹果iTunes商店中获得音乐，用Skype与外国朋友交流，从亚马逊流式播放一部电影，为汽车购买保险，为电子阅读器下载书籍，在社交平台上发布近况更新，或参加在线大学课程等。2015年，估计有45亿部智能手机和10亿台平板电脑正在使用中。这些普遍存在的用于通信的设备，也提供了通过专门的应用程序（App）不间断地访问所有服务的能力。上述令人习以为常的状态，增加了人们对永远在线的可用性的期盼。

就像ATM宕机一样，前面举例的各种服务之一中断会带来不便。但是，如果公司的数据中心由于自然灾害而遭受灾难性的故障，就有可能成为公司的末日。2010年至2014年期间，雅虎邮箱用户频繁遭遇服务中断和安全漏洞问题，部分故障甚至导致数天内无法正常访问邮件。每次事件都引发了用户大规模投诉和媒体关注。尽管邮件服务中断本身可能被视为"不便"，但雅虎因此逐渐失去用户信任。电子邮件和Zoom视频会议服务是另一个例子。在2020年至2023年期间，Zoom用户量暴增，频繁遭遇服务中断和安全漏洞问题（如"Zoom轰炸"事件），部分故障导致全球用户数小时无法登录或使用关键功能。尽管视频会议中断可能被视为"临时不便"，但Zoom因此面临用户信任危机。2020年，Zoom曾占据全球视频会议市场76%的份额，但到2023年，其份额已下降至约45%。虽然市场竞争和功能创新不足是重要因素，但反复的服务不稳定和隐私问题直接加速了企业用户向更可靠平台的迁移。这一案例表明，服务可用性不仅关联收入损失，更会损害品牌忠诚度。当Zoom等公司推动云原生架构升级时，高可用性已成为其技术投资的核心方向。随着混合办公成为常态，服务稳定性对企业的生存影响越发显著。当支持这些服务的公司评估虚拟化优势时，可用性的增强已经接近企业决策者（尤其是CIO）在评估虚拟化或云计算迁移时，对技术优势优先级排序榜单的榜首。随着虚拟化的数据中心转变为推动云计算的引擎，可用性将变得越加重要。

由容错硬件制造商Stratus Computer于20世纪90年代中期进行的一项研究显示，系统宕机的首要原因是人为错误。

此外，还有两个关于停机时间的问题。首先是有两种类型的停机：计划停机和非计划停机。计划的停机时间是安排好的使系统脱机以进行维护的时间，它可以用于软件更新或硬件升级，但无论何种原因，系统此时不可用，而不是为用户提供服务。非计划停机则是在灾难来袭时发生。应用程序错误、硬件故障、按下错误的按钮或电源线被切断，都是突然发生的代价高昂的事件，可能需要数个小时，甚至更长时间才能解决。其次是无法选择非计划宕机何时发生。即使正常运行时间达到 99.9%，仍然意味着平均一年有近 9h 的停机时间。

7.4.2 保护单个虚拟机

1. 可用性的层次与相关因素

在虚拟环境里，可用性的考量涵盖了三个关键层次：单个虚拟机、一台或一组宿主机，以及整个数据中心。除虚拟机及其所依托的主机外，网络、存储系统等基础组件同样不容忽视，甚至电力供应、空调制冷等环境条件也会对可用性产生影响。不过，本书着重探讨的是虚拟化环境下特有的提升可用性的方法。

2. 单个虚拟机的可用性

（1）备份与恢复策略　在保障单个虚拟机的可用性方面，物理服务器常用的可用性策略在虚拟环境中依然行之有效，其中，完善的备份与恢复机制尤为关键。虽说可以沿用物理服务器的工具来备份应用程序文件，但在虚拟环境下，备份虚拟机文件的优势更为显著，它不仅能保护应用程序文件，还能将操作系统以及虚拟硬件配置一并纳入保护范畴。众多应用程序支持在存储设备层面执行备份操作，以此最大程度降低对虚拟机和 Hypervisor 的性能损耗。

（2）故障管理与防护措施　管理故障以及从故障中快速恢复，是守护独立工作负载的首要防线。此外，病毒防护、合理的虚拟机配置、架构设计、容量管理及生命周期管理等措施，也都在保障虚拟机可用性中发挥着重要作用。以 VMware 的 Hypervisor 为例，它提供了一系列丰富的功能与解决方案，助力提升虚拟机的可用性。

（3）服务器散乱问题及应对　虚拟机创建的便捷性虽然带来了诸多便利，却也容易引发服务器散乱的问题。这表现为大量虚拟机在使用后未被及时停用，持续占用资源。在虚拟环境中，安全问题与物理环境存在诸多共通之处，各大供应商也都给出了相应的建议和最佳实践方案，以应对这些安全挑战。

（4）创新的防病毒方案　在防病毒领域，传统的为每个客户机单独加载防病毒引擎的方式，在虚拟环境中暴露出效率低下的弊端。VMware 创新性地开发出虚拟 Appliance 设备，通过与第三方厂商紧密合作，实现对病毒库和客户机扫描操作的高效管理，大幅提升了防病毒工作的效率与可扩展性。

3. 虚拟环境的优势与潜在问题

对于软件开发这类特定应用场景而言，虚拟环境具有显著优势，它能够快速搭建所需环境，并在项目执行期间持续维护，同时采用按需付费的采购模式，有效帮助企业控制成本。然而，需要注意的是，虚拟环境并不能完全杜绝服务器无序扩张和安全漏洞等隐患，甚至在某些情况下可能催生新的问题。

4. 虚拟架构防止虚拟机宕机的策略

（1）RAID 技术保障数据安全　借助 RAID（独立冗余磁盘阵列）技术，通过巧妙组合磁盘镜像、磁盘条带化等手段，能够极大地提升存储在磁盘上的数据的可用性，有效防范因磁盘驱动器故障而导致的数据丢失风险。这项技术对于操作系统而言是完全透明的，无论是在物理环境还是虚拟环境中，都能稳定发挥作用。通常情况下，为系统提供磁盘空间的存储阵列，既能服务于物理服务器，也能满足虚拟服务器的需求。

（2）**多路径技术确保数据传输稳定** 多路径技术是通过在主机与存储阵列之间构建多条数据传输路径来实现。在整个系统架构中，物理路径通过存储阵列中的两个控制器、独立的网络交换机及主机服务器中的两个物理网卡进行冗余配置。一旦某个组件出现故障，虚拟机上的操作系统仍能确保有一条可用的数据传输路径，而且该功能对于操作系统以及依赖于它的各类应用程序来说都是透明的。此外，多路径技术还能通过在多条路径上进行数据负载均衡，进一步提升系统的整体性能。

（3）**网卡分组提升网络可靠性** 网卡分组，即将两个或更多的物理网络适配器绑定在一起，如图7-32所示。通过这种方式，能够在所有物理设备之间实现流量的负载均衡，从而提高网络吞吐量。更为重要的是，当其中某个适配器发生故障时，网卡分组依然能够持续为网络提供稳定的服务。需要注意的是，网卡分组中的所有物理网卡都必须与同一个虚拟交换机关联。

（4）**信号与自动重启机制** 在虚拟机内部，VMware Tools 负责在客户机操作系统和 Hypervisor 之间传递信号。一旦客户机因操作系统崩溃或者应用程序故障而出现异常，Hypervisor 能够迅速对客户机进行重新引导。为避免陷入重启的无限循环，用户可以根据实际需求配置参数，设

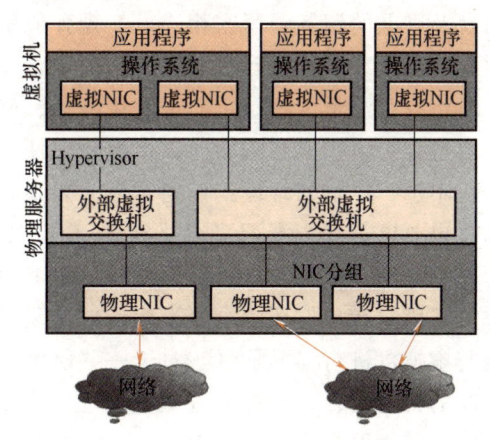

图 7-32 网卡分组

定在停止前重新启动客户虚拟机的次数。此外，这一事件还可以被配置为触发通知进程，以便管理员能够及时收到警报信息。同时，也有第三方工具能够对应用程序进行实时监控，当应用程序出现故障但操作系统仍正常运行时，这些工具可以在无须人工干预的情况下自动重启应用程序。

5. 虚拟化环境对宿主机可用性的提升

虚拟化环境通过集群化、实时迁移、容错和冗余设计等一系列先进技术，极大地增强了宿主机的可用性。相较于传统的物理服务器，虚拟机在故障恢复方面速度更快，自动化程度更高，并且能够通过资源共享的方式有效缩小硬件故障的影响范围。这些技术相互协同，共同确保了即便宿主机发生故障，虚拟机及其承载的关键业务依然能够迅速恢复正常运行，从而实现了比传统物理环境更高水平的整体可用性。

7.4.3 保护多个虚拟机

1. 容错解决方案

20世纪80年代，市场上就已诞生了借助软硬件协同运作的商品化容错解决方案，其核心目的在于有效防范服务器意外宕机。这类容错硬件配备了完备的冗余系统，涵盖风扇冷却系统、电源供应装置、甚至连接独立电网的冗余电源线。如此精巧的设计，可确保即便单个组件突发故障，也不至于造成服务器瘫痪，更不会对其所承载的应用程序运行产生影响。

最初，这类容错系统主要服务于对系统正常运行时间要求极高的特殊组织，如应急服务部门，其工作连续性关乎生命财产安全；还有航管系统，一旦出现故障，极有可能引发严重

航空事故。随后，众多企业也逐渐认识到其价值并加以采用。以金融服务领域为例，在交易日期间，哪怕仅仅 1h 的停机，都可能致使公司承受数百万美元的巨额损失；公共交通服务若遭遇停机，必然会导致乘客行程延误；家庭购物频道若错过 1h 的订单接收时段，也会转化为可观的财务损失。

然而，随着商业服务器可靠性的大幅提升，以及其他创新解决方案的不断涌现，曾经备受关注的容错系统如今已逐渐失去了往日的优势地位。

2. 集群技术

集群技术是保障应用程序在服务器故障时仍能持续运行的重要方案。它通过物理网络将两台及以上的服务器紧密相连，实现存储资源的共享，并借助集群软件的协同工作，使得应用程序能够在服务器宕机后迅速恢复运行。当主服务器因各类原因突发故障时，集群软件会及时将应用流量无缝重定向至从服务器，确保业务处理的连续性。集群软件还具备将多个服务器整合为单一资源的功能，极大地方便了管理与调度。

不过，集群的管理工作通常较为复杂，有时需要对应用程序进行针对性的调整与优化，同时也要求管理人员具备专业的技术知识。常见的集群实例包括微软群集服务（MSCS）、Symantec Cluster Server 以及 Oracle 真正应用集群（RAC）。这些成熟的解决方案同样适用于虚拟环境。在虚拟环境中，不仅能够实现虚拟机与虚拟机之间的集群，还能创新性地将物理机与虚拟机进行集群配置。对于一些已经积累了一定集群经验，但在虚拟化领域尚处于探索阶段的公司而言，这种物理机与虚拟机的集群配置模式往往是他们的首选。但需要注意的是，目前集群模式大多仍遵循一个（物理或虚拟）服务器承载一个应用程序的传统架构。

3. 虚拟化解决方案中的高可用性

虚拟化解决方案巧妙地借助集群技术，在底层架构层面深度融入了高可用性（High Availability，HA）特性，为系统的稳定运行奠定了坚实基础。一个典型的简单虚拟集群，主要由两个或更多的物理服务器、共享存储资源以及相应的网络资源共同构成，具体架构如图 7-33 所示。在每个宿主机之上，运行着至关重要的 Hypervisor，而虚拟机则依托于 Hypervisor 实现高效运行。

当虚拟化主机发生故障时，依赖于该主机的所有虚拟机也会随之失效。但得益于共享存储的设计，HA 软件能够迅速访问虚拟机文件，并在集群内的其他宿主机上快速重启所有故障虚拟机。通常情况下，短短几分钟后，这

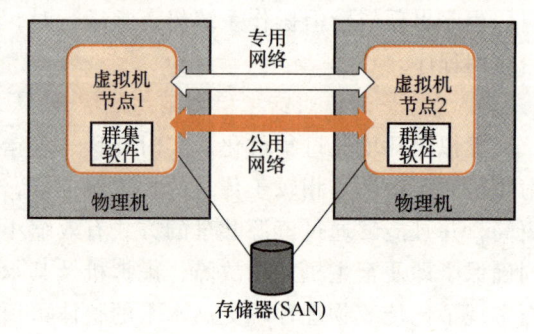

图 7-33　虚拟平台集群

些虚拟机便能恢复正常工作状态。为了确保系统的稳定运行，性能算法会在添加虚拟机之前，仔细检查主机上是否具备足够的备用资源容量。在规划虚拟环境配置时，务必将 HA 备用容量作为关键约束条件之一加以考量。

相较于传统的物理环境，虚拟环境中的高可用性特性展现出了显著优势。在物理环境中，实现高可用性往往需要投入专门的软件和额外的硬件资源，并且通常只能针对单个应用程序提供保护。而在虚拟环境中，高可用性功能已被巧妙地融入架构设计之中，能够全方位地保护主机上的所有虚拟机，更为重要的是，这一切对于客户机操作系统及其应用程序而言

是完全透明的。这意味着，过去那些因成本限制而难以获得有效保护的应用程序工作负载，如今仅仅借助虚拟基础设施，便能轻松实现可用性的大幅提升。

4. 容错（FT）技术

容错（Fault Tolerance，FT）技术与集群软件在功能上存在一定的相似性，但 FT 技术能够提供更为卓越的可用性保障。容错虚拟机具备强大的能力，即便遭遇虚拟化主机故障，也不会出现任何停机现象，更不会对用户的应用程序产生丝毫影响，其运行机制如图 7-34 所示。

当启用容错功能时，系统会在与主服务器不同的宿主机上迅速实例化第二个虚拟机。这个新实例会即刻复制主虚拟机的状态，并且在主节点发生任何更改时，次节点都会以锁步（Lockstep）的方式同步复制这些更改。两台虚拟机之间会持续相互监控对方的信号，一旦主节点宿主机出现故障，次节点能够在瞬间立即接管工作，无缝切换成为主服务器节点。与此同时，系统会在另一台宿主机上迅速创建新的次节点，从而再次建立起完善的虚拟机保护机制。在整个过程中，不会有任何交易数据丢失，用户也完全不会察觉到任何异常。

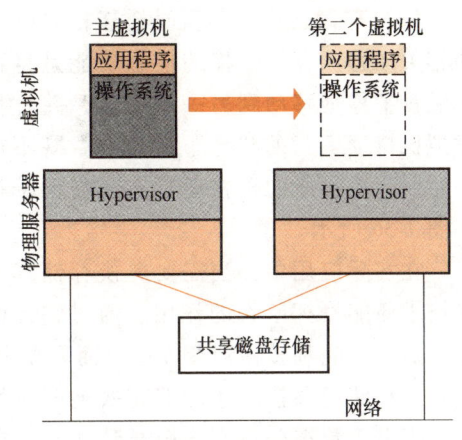

图 7-34 容错虚拟机

但需要明确的是，在规划容量资源时，由于容错虚拟机需要在基础架构中同时运行两份副本，其资源需求将显著翻倍。此外，还需要额外的网络资源用于持续、稳定地传递虚拟机的更改信息。与高可用性功能类似，容错功能同样巧妙地内置于 Hypervisor 之中，用户只需通过简单地选中一个复选框即可轻松启用。鉴于其对资源的较高消耗，通常只有那些承担关键任务的工作负载才会被选择配置为容错模式。

5. 虚拟机迁移技术

（1）实时迁移 虚拟机具备一项强大的功能，即可以在不同的虚拟化宿主机之间自由移动，并且在整个迁移过程中，不会对应用程序的性能产生任何负面影响，迁移过程如图 7-35 所示。尽管这一功能十分卓越，但需要注意的是，如果物理服务器突发故障，再进行虚拟机迁移则为时已晚。实时迁移功能的主要价值在于显著提升了计划停机期间的系统可用性。

在传统的物理环境中，当服务器需要进行维护甚至更换硬件时，应用程序通常需要被迫脱机，直至维护或升级工作全部完成。当然，由集群解决方案保护的系统是个例外，在这类系统中，应用程序在维护期间可以通过故障转移（fail over）机制，顺利切换到次级服务器

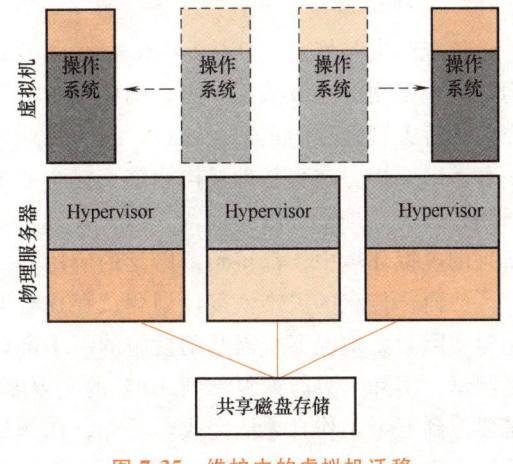

图 7-35 维护中的虚拟机迁移

上继续运行。而在虚拟环境中，当服务器需要脱机时，所有虚拟机能够迅速迁移到群集中的

其他主机上。待宿主机维护工作完成后，该宿主服务器将再次无缝加入到群集中，虚拟机也会重新迁移回该主机，整个过程应用程序无须停机，用户也不会受到丝毫影响。宿主机可以在集群中实现透明替换，并且维护工作因为不再影响到独立的虚拟机，所以可以根据实际需求随时进行，而不必特意安排在业务低谷的休息时间。

（2）**存储迁移**　与实时迁移相对应的是存储迁移技术，它专注于解决虚拟机存储要素的相关问题。存储迁移的核心功能是将物理文件从一个磁盘平稳地移动到另一个磁盘，并且整个过程是在虚拟机持续运行的状态下进行的，既不需要停机，也不会对应用程序的正常运行造成任何干扰，具体原理如图 7-36 所示。

在实际应用中，当需要更换存储阵列时，存储迁移技术便能发挥巨大的作用。通过它，可将虚拟机文件从旧阵列顺利转移到新阵列，而无须中断业务运行。此外，存储迁移技术还能够有效地解决性能问题。例如，当由于数据分布不均衡导致磁盘性能下降时，存储迁移可以帮助管理员重新平衡分配虚拟机文件，从而获得更为均衡的性能配置。值得一提的是，存储迁移的最新版本已经具备了自动化功能，能够主动监测并解决由于 IO 争用引起的性能问题，进一步提升了系统的稳定性与可靠性。

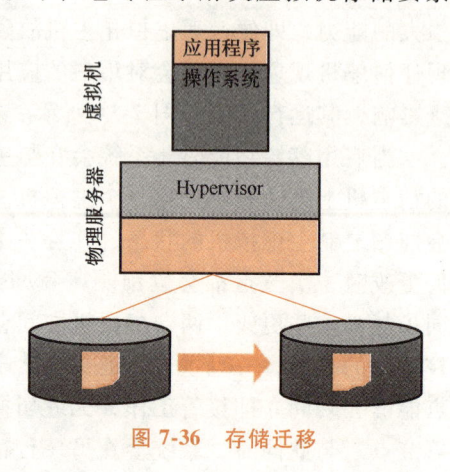

图 7-36　存储迁移

7.4.4　保护数据中心

在数字化时代，数据中心已然成为企业运营的核心枢纽。然而，即便对数据中心的基础设施进行了全方位的保护，仍然难以抵御那些无法预测与掌控的突发事件。自然灾害，如地震、洪水、飓风等，以及人为灾难，如恐怖袭击、大规模停电事故等，可能会在毫无预警的情况下突然降临。一旦数据中心遭受这些灾难的冲击，后果往往不堪设想。

1. 传统灾难恢复计划及其局限性

传统的灾难恢复（Disaster Recovery，DR）计划常见的做法主要有两种：一是企业自行构建一个备用的次级数据中心，确保在主数据中心出现故障时，能够迅速切换到次级数据中心，维持关键业务的正常运转；二是与专业的服务提供商签订合作协议，由服务提供商提供一套基础架构，这套基础架构能够支撑企业最核心、最关键的业务功能，直到企业能够重新回到自己的数据中心恢复运营。这种灾难恢复的策略，无论是在传统的物理环境下，还是在新兴的虚拟环境中，都得到了广泛的应用。

然而，传统的灾难恢复计划测试存在着诸多难以忽视的局限性。首先，这种演习往往只能对实际紧急情况下所需基础设施的一小部分进行测试。据统计，大多数所谓成功的灾难恢复测试，实际上只能恢复不到 10% 的必要基础设施。其次，整个测试过程耗时较长，通常需要三到五个工作日才能完成。此外，在测试过程中，只能进行非常有限的应用程序测试，无法全面检验系统的稳定性和可靠性。再加上参与测试的团队差旅费用以及他们在测试那些无法正常工作的环节上所耗费的时间成本，使得实施灾难恢复计划的经费预算通常十分高昂，给企业带来了沉重的经济负担。

2. 虚拟化技术为灾难恢复带来的革新

（1）虚拟化技术的独特恢复原理　　随着科技的飞速发展，虚拟化技术的出现为灾难恢复领域带来了全新的解决方案。虚拟化技术的核心优势在于，它能够让运维团队在不改变现有系统配置的前提下，将数据中心的基础设施精准无误地还原至原始状态。这一强大功能的实现，得益于 Hypervisor 对物理硬件的高效抽象能力。它使得恢复过程不再受限于原始的硬件平台，极大地提高了恢复的灵活性和通用性。

具体来说，如果主机服务提供商尚未部署虚拟环境，那么恢复的核心流程主要包括两个关键步骤：首先，在目标设备上成功安装 Hypervisor；然后，将虚拟机文件从备份介质完整无缺地复制到磁盘存储中。虽然在实际操作过程中，可能会涉及一些复杂的技术细节，但总体的核心原理大致如此。

（2）虚拟化相关解决方案　　为了更好地保护数据中心，尤其是关键系统，存储供应商和虚拟化厂商纷纷加大研发投入，推出了一系列功能强大的解决方案。在应用程序层面，这些解决方案主要通过不同程度的数据复制技术，实现将信息准实时（near-time）或实时地传输到第二场所。这种数据复制技术能够确保在主数据中心出现故障时，备份场所的数据能够及时更新，最大限度地减少数据丢失的风险。

在存储层面，存储供应商则利用先进的复制（replication）方法，将数据块的改动从一个场所中的存储阵列快速、准确地发送到灾难恢复场所中的存储阵列。这种方法具有显著的优势，它对应用程序完全透明，不会给 CPU 增加额外的处理负担，因为所有的操作都是通过存储阵列进行高效管理和运行的。

1）VMware 的 Site Recovery Manager 解决方案。在众多虚拟化解决方案中，VMware 的 Site Recovery Manager 尤为引人注目。如图 7-37 所示，该方案巧妙地利用存储或处理器复制技术，将虚拟机的文件持续复制到灾难恢复场所，并始终保持文件的最新状态。一旦灾难不幸发生，所有的虚拟机都已经提前部署在 DR 站点上，随时准备通电启动。这一创新设计使得企业能够实现全面、高效的灾难恢复测试，确保所有必需的虚拟机都处于可用状态，并且所使用的数据都是当前的最新数据。

这种基于虚拟化技术的架构革新，为企业带来了诸多实实在在的好处。一方面，企业无须再花费大量的资金和精力去自建专属的灾备站点，通过虚拟化平台即可轻松实现生产级别的容灾能力，

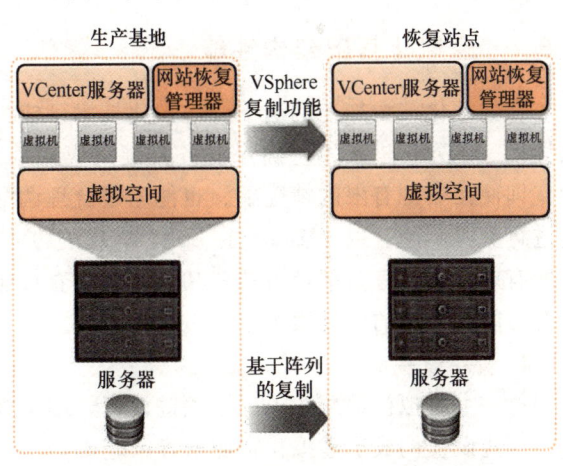

图 7-37　Site Recovery Manager

大大降低了企业的运营成本。另一方面，定期的灾难恢复演练可以直接在隔离的虚拟环境中安全、高效地执行，彻底消除了传统物理环境演练可能对生产系统造成的各种影响风险，为企业的稳定运营提供了有力保障。除了 VMware 的 Site Recovery Manager，市场上还有一些同类方案，如 Zerto Virtual Replication、Hyper-V Replica 等，它们也都采用了类似的虚拟化集成设计理念，为企业的数据中心保护提供了多样化的选择。

2）新兴解决方案。近年来，随着技术的不断创新与突破，一系列全新的解决方案如雨后春笋般涌现。2015 年，VMware 推出了具有划时代意义的 Cross-Cloud VMotion 解决方案。借助这一方案，虚拟机可以在无须停机的情况下，从内部虚拟基础设施顺利迁移到外部基于云的基础设施。这一技术的出现，打破了传统数据中心架构的地域限制，为企业实现更加灵活、高效的资源配置提供了可能。

与此同时，另一个相当新颖的功能 Long Distance VMotion 也应运而生。它能够实现跨越大洲的远距离虚拟机移动，并且在整个移动过程中不会对应用程序的正常运行造成任何中断。当然，要实现这一强大功能，基础设施需要满足一定的严格标准。不过，随着虚拟化网络和虚拟化存储技术的不断进步与完善，整个数据中心进行不停机迁移已经不再是遥不可及的梦想。

7.5　虚拟机中的应用程序

虚拟化及其所有附带优势正在改变基础设施的设计和部署方式，但其根本原因在于应用程序。应用程序是运行公司业务，为公司提供竞争优势，最终为公司带来赖以生存和发展的收益程序。由于担忧企业命脉存在风险，应用程序所有者不愿从现有的应用程序部署模式转变为虚拟基础架构。一旦了解到虚拟环境如何帮助降低性能、安全性和可用性方面的风险，所有者通常愿意迈出这一步。Hypervisor 利用物理基础设施来确保性能资源。多个虚拟机可以组合在一起，以实现更快、更可靠的部署。随着企业和商业服务开始转向云计算模式，确保虚拟平台上支持的应用程序可靠、可扩展和安全，对于一个有活力的应用程序环境至关重要。

7.5.1　虚拟化基础架构性能

在数字化转型加速的当下，虚拟化技术已成为企业构建高效、灵活 IT 架构的关键支撑。它凭借一系列先进技术，确保业务关键型应用程序能获取所需资源，实现快速且稳定的运行，即便在资源有限的情况下，也能通过合理调配，优先保障核心业务，适当对非关键虚拟机进行资源调配。以 VMware 的 ESXi 解决方案所采用的技术模式为典型代表，虽然目前并非所有虚拟化供应商都具备这些功能，但随着行业的持续发展与技术的不断迭代，这些特性极有可能在未来的产品版本中得以广泛应用。

1. 资源设置

每一个虚拟机都配备了三个关键设置，用于精准影响其所能获取的 CPU 与内存资源数量，这些设置构成了虚拟化资源管理的基础。

（1）份额（Share）　份额是用于在多个虚拟机之间进行资源分配优先级比较的重要参数。它通过量化的方式，直观地反映出不同虚拟机在资源竞争中的相对地位。例如，当虚拟机 A 的 CPU 份额设定为虚拟机 B 的一半时，在资源分配过程中，虚拟机 A 所能使用的 CPU 资源量也仅为虚拟机 B 的一半。特别是在 CPU 资源出现紧张争用的情况下，拥有更高份额的虚拟机将优先获得更多的预定 CPU 时间，以此保障其关键业务的稳定运行。

（2）预留（Reservation）　预留机制的存在，是为了确保虚拟机在任何情况下都能拥有一定数量的最低资源保障。这一设置对于运行关键业务的虚拟机至关重要，即便在整个虚拟化主机的资源极度匮乏时，只要预留资源能够得到满足，虚拟机就能正常运行。反之，如果虚拟化主机无法提供满足预留要求的资源，虚拟机将无法正常通电启动。此时，系统会自动尝试将该虚拟机迁移到群集中的其他宿主机上，以寻找足够的资源来完成启动过程，如图 7-38 所示。

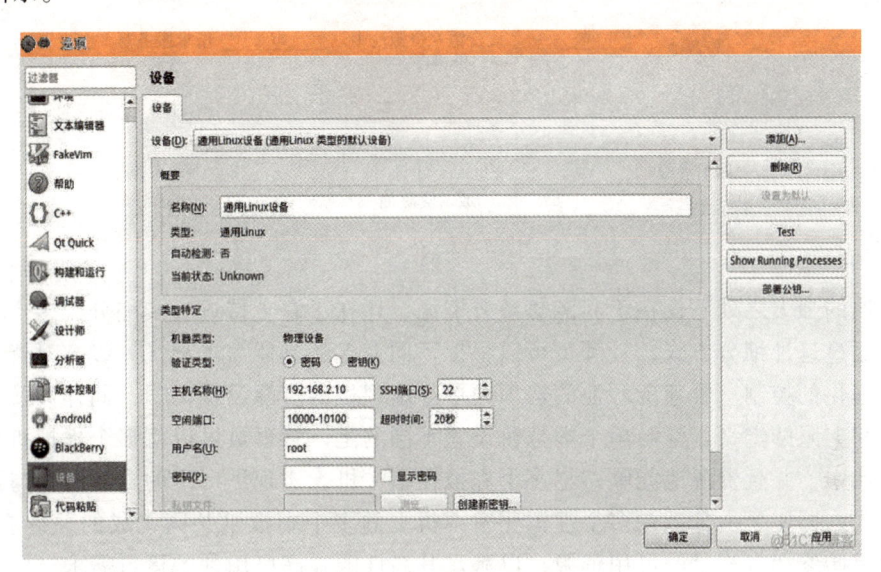

图 7-38 虚拟机资源设置

（3）上限（Limit） 上限设置明确了可以分配给虚拟机的最大资源量。在实际应用中，由于虚拟机在初始配置时所设定的内存量或处理器数量，通常已经在一定程度上限制了其资源获取的上限，因此该选项在大多数情况下较少被手动调整使用。

在单个虚拟化主机的环境中，Hypervisor 扮演着资源分配"指挥官"的角色，它依据上述资源设置，对内存和 CPU 资源的分配进行精准的优先级排序。当系统资源充足，不存在资源争用时，所有虚拟机都能如愿以偿地获取到它们所请求的全部资源，此时整个虚拟化环境处于理想的高效运行状态。然而，当虚拟机请求的资源总量超过了物理主机所能提供的资源上限时，Hypervisor 便会严格按照资源设置规则，对有限的资源进行合理分配。通过这种方式，确保承载关键应用程序的虚拟机能够获得足够的资源，维持其稳定的性能表现，而那些相对不太关键的应用程序，虽然性能可能会有所下降，但这种下降幅度在可接受范围内，不至于对整体业务流程造成严重影响。

2. 资源池技术

对于单个虚拟化主机而言，简单的资源设置模式足以满足其基本的资源管理需求。但在更为复杂的虚拟化集群环境中，资源池技术则成为实现高效资源管理的核心工具。

资源池，形象地说，就像是一个庞大的资源"蓄水池"，它能够将多个物理主机的 CPU 周期和内存资源进行有机聚合，然后根据实际需求，在虚拟机、虚拟机组或者其他逻辑实体（如不同的业务部门）之间进行灵活共享。这种资源的集中管理与分配模式，极大地提升了资源的利用率和管理效率。资源池既可以应用于单个虚拟化宿主机，对其内部资源进行更精细的划分与管理；也能够扩展到集群中的多个主机，实现跨主机的资源协同调配，具体架构如图 7-39 所示。

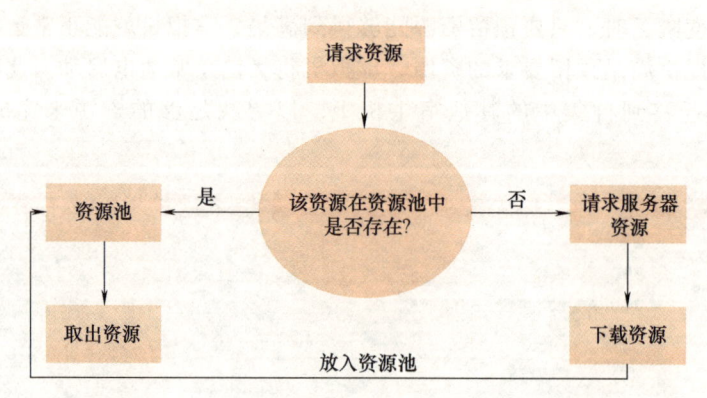

图 7-39 资源池

资源池的强大之处不仅在于其能够整合资源，还在于它支持进一步细分为多个较小的子资源池。通过这种细分方式，管理员可以根据不同业务的具体需求和优先级，对资源分配进行更加精细化的控制。管理资源池的选项与单个虚拟机的资源设置类似，同样涉及对资源份额、预留和上限的定义。但与单个虚拟机设置不同的是，管理员可以将多个虚拟机分配到同一个资源池中，并且资源池能够跨越多个虚拟化宿主机，实现更广泛的资源整合与调配。通过这种方式，即使是由分散在多个虚拟化宿主机上的多个虚拟机共同组成的关键应用程序，也能够确保始终拥有充足的可用资源，以满足其高性能、高可用性的运行需求。

3. 实时迁移技术

在虚拟环境中，实时迁移技术是提升应用程序性能、保障业务连续性的关键技术之一。

在传统的物理服务器架构中，当应用程序的资源需求超出服务器现有资源承载能力时，通常需要将应用程序暂时脱机，以便进行硬件升级，如添加额外的内存、CPU 等资源，或者直接用配置更高的服务器进行替换。这种方式不仅操作复杂，而且会导致业务中断，给企业带来不必要的损失。而在虚拟化环境下，虚拟机展现出了独特的灵活性。得益于操作系统的热添加功能，在相同的资源需求增长情况下，为虚拟机添加资源时只需极短的停机时间，甚至在某些先进的虚拟化技术支持下，可以实现完全无须停机。

实时迁移技术在虚拟化环境中的应用场景主要体现在当某个虚拟化服务器上的大部分物理资源已经被多个虚拟机占用，而其中某个虚拟机由于业务突发增长等原因，需要请求更多的资源时。此时，系统可以通过实时迁移技术，将一个或多个相对资源需求较低的虚拟机迁移到群集中的其他虚拟化宿主机上，从而为急需资源的虚拟机释放出足够的物理资源。当资源需求得到满足，并且该虚拟化宿主机上的整体资源需求量回落至正常水平时，之前迁移出去的虚拟机又可以被迁移回原主机。当然，实现这一过程的前提是群集中的其他宿主机上有足够的可用资源来接收迁移过来的虚拟机。

为了进一步提升虚拟化基础架构的管理效率，减轻管理员的工作负担，现代虚拟化基础架构解决方案普遍集成了自动化负载均衡功能。从资源利用率的全局视角出发，当集群中的资源分配出现不平衡时，系统能够自动检测到这种失衡状态，并根据预设的策略，将虚拟机从资源紧张的虚拟化宿主机自动迁移到资源相对充裕的宿主机上。通过这种自动化的资源动态调配机制，实现了整个集群中可用资源的均衡分配和最优利用，确保了虚拟化环境的高效、稳定运行。

7.5.2 在虚拟化环境中部署应用程序

1. 虚拟化环境下应用程序部署的关键要点

在当今数字化转型的浪潮中，企业越发依赖高效稳定的应用程序来支撑业务运转。当将应用程序迁移至虚拟化环境时，精准把握其资源需求并定期监测资源使用状况，是确保应用程序稳定运行的核心要素。只有深入了解应用程序在不同负载下对 CPU、内存、存储等资源的需求，才能在虚拟化环境中进行合理的资源规划与配置。仅仅知晓需求还不够，定期测量资源使用情况，能够及时发现资源瓶颈或浪费，为动态调整资源分配提供数据依据。

值得注意的是，应用程序在物理环境中的基础条件会对其在虚拟化环境中的表现产生重要影响。如果一个应用程序在物理环境中架构设计存在缺陷，例如代码逻辑混乱、模块耦合度过高，即便迁移到虚拟化环境，也难以从根本上提升性能。同样，若应用程序本身资源匮乏，在虚拟化环境下，资源争用的问题会更加突出，导致应用程序响应迟缓甚至无法正常运行。因此，为虚拟机分配充足的资源，避免资源争用，是保障应用程序正常运行的关键举措。

2. 应用程序的三层架构

许多现代化应用程序都采用了经典的三层架构，这种架构模式如同搭建一座稳固的大厦，每一层都承担着独特而关键的职责，如图 7-40 所示。

（1）数据库服务器层 它就像是应用程序的"数据宝库"，负责存储和管理驱动整个应用程序运行的各类关键信息。常见的数据库软件如 Oracle、微软 SQL Server 及开源的 MySQL 等，都在这一层发挥着核心作用。由于需要频繁处理海量数据的读写操作，数据库服务器通常需要高性能的硬件配置，包括多个高性能处理器，以快速响应复杂的数据查询请求；同时，还需要大量的内存来缓存

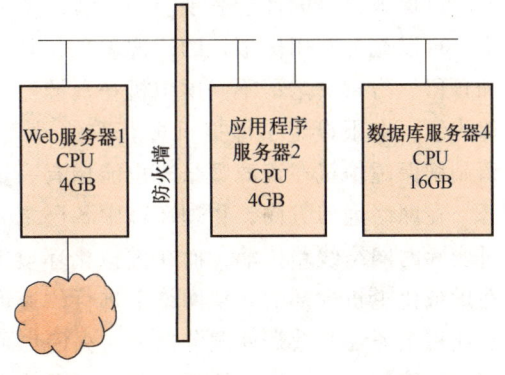

图 7-40 应用程序的三层架构（物理）

数据库信息，减少磁盘 I/O 操作，提升数据读取速度，对存储 I/O 吞吐能力也有着极高的要求。

（2）应用程序服务器层 它是应用程序的"业务大脑"，负责运行应用程序代码，实现复杂的业务逻辑和流程控制。在 Java 生态系统中，IBM Websphere、Oracle（BEA）WebLogic 以及开源的 Tomcat 都是常见的应用程序服务器。在微软的技术栈中，.NET Framework 与 C# 则是构建应用程序服务器的重要工具。这一层主要专注于业务逻辑的处理，所以对 CPU 资源的需求较为突出，而与存储的交互相对较少，内存资源需求处于平均水平。

（3）Web 服务器层 它充当着用户与应用程序之间的"桥梁"，负责将应用程序的界面以 HTML 页面的形式呈现给用户。像 Microsoft IS 和开源的 Apache HTTP 服务器都是广泛使用的 Web 服务器。Web 服务器的性能直接影响用户体验，由于需要频繁响应用户的页面请求，所以对内存的依赖程度较高，一般通过缓存页面来缩短响应时间。一旦出现从磁盘交换数据的情况，就会显著增加响应时间的延迟，导致用户等待时间过长，甚至可能引发用户

重新加载页面，影响用户满意度。

3. 三层架构在不同环境中的部署差异

在传统的物理环境中，三层架构的每一层都依托独立的服务器硬件运行，资源分配界限清晰明确。当用户访问网站时，整个交互流程如同一场有条不紊的接力赛。Web 服务器首先接收用户的请求，将精心设计的 HTML 页面展示给用户。当用户在页面上进行操作，比如更新账户信息或添加商品到购物车时，这些操作信息会被迅速传递到应用程序服务器。应用程序服务器根据预设的业务逻辑进行处理，然后向数据库服务器请求所需的数据，如用户的联系人信息或商品的库存状态。数据库服务器在接收到请求后，快速检索并返回相应的数据。应用程序服务器再将这些数据进行处理和封装，通过 Web 服务器以 HTML 页面的形式呈现给用户。

而在虚拟化环境中，情况则有所不同。如图 7-41 所示，应用程序的三层架构有一种可能的部署方式，即所有层都运行在同一虚拟化主机上，这种部署方式在小型网站中较为常见。在这种情况下，虚拟化主机需要具备足够强大的计算能力，为整个应用程序提供充足的 CPU 和内存资源。同时，每个虚拟机都要从主机的资源配置中合理获取足够的资源，以保证自身的性能表现。为了实现资源的优化共享，可以充分利用虚拟机的资源参数，如份额、上限和预留。份额决定了不同虚拟机在资源竞争时的相对优先级；上限设定了虚拟机可获取的最大资源量；预留则确保虚拟机在资源紧张时也能拥有一定的基础资源。在网络通信方面，物理环境中各层之间的通信通过实际的网络线路传输，而在虚拟化环境中，通信则在虚拟化主机内部的虚拟网络上进行，速度更快，延迟更低。此外，用于隔离 Web 服务器与应用服务器和数据库服务器的防火墙也可以作为虚拟网络的一部分，即使这些服务器在物理上位于同一主机，也能通过防火墙有效地抵御外部威胁，保障应用程序的安全运行。

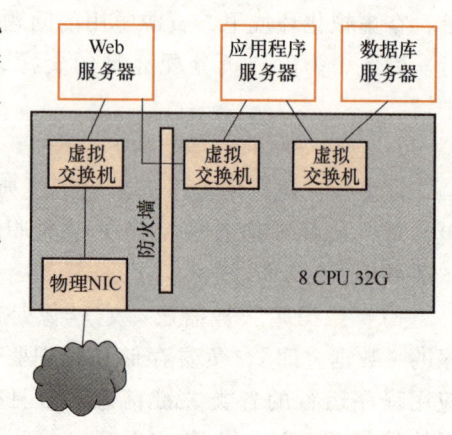

图 7-41 应用程序的三层架构（虚拟）

4. 虚拟化环境中三层架构部署模型的灵活调整与显著优势

随着业务的发展和用户量的增长，应用程序的性能需求也在不断变化。在虚拟化环境中，三层架构的部署模型展现出了极高的灵活性和可扩展性。对于需要支持大量用户并发访问的应用程序，通常会运行 Web 服务器和应用程序服务器层的多个副本。在传统的物理部署中，为了满足这种高并发的需求，可能需要部署数十台刀片服务器，成本高昂且部署周期长。而在虚拟化环境中，负载平衡器发挥着关键作用，它位于客户端与 Web 层、Web 层与应用层之间，通过智能的流量管理和故障重新定向机制，实现了三层架构的高可用性与弹性扩展。当某台 Web 服务器或应用程序服务器出现故障时，负载平衡器能够迅速将流量重新定向到其他正常运行的服务器上，确保服务的连续性。

当负载增加，需要新增 Web 服务器或应用程序服务器时，虚拟化环境的优势就更加明显。管理员可以从现有的虚拟机模板中快速克隆出新的虚拟机，然后将其部署到虚拟化环境中，这些新的虚拟机能够立即投入使用，大大缩短了服务器的部署时间。当一个主机上运行着许多克隆虚拟机，且这些虚拟机都运行相同操作系统和应用程序时，页面共享技术能够极大地节约内存资源。在虚拟化集群中，如果发生资源争用的情况，系统可以自动将虚拟机迁移到资源相对充裕的主机上，从而实现对全部物理资源的最佳利用。实时迁移技术还使得在对物理主机进行维护时，无须关闭应用程序，避免了因维护导致的服务中断。此外，如果某台服务器发生故障，其他虚拟化主机上的 Web 服务器和应用程序服务器的副本能够迅速接管服务，保障应用程序的正常可用。同时，高可用性功能还可以将出现故障的虚拟机恢复到群集中的其他位置，进一步提升了应用程序的可靠性和稳定性。

7.5.3　虚拟 Appliance 设备和 vApp

1. 虚拟 Appliance 设备

（1）设计理念与独特优势　虚拟 Appliance 设备，作为一种极具创新性的技术解决方案，彻底颠覆了传统的应用部署模式。它是一种预先构建好的虚拟机，内部集成了部署应用程序所需的全部要素，堪称一个高度集成的"应用程序部署神器"。

其操作系统通常采用开源部署的形式，或者是专门开发的瘦操作系统，也就是我们常说的 JeOS（Just Enough Operating System 的缩写，发音如同"juice"）。这种操作系统设计理念极为精妙，它只保留了应用程序运行所必需的核心内容，去除了一切不必要的冗余部分。这一设计带来了诸多显著优势，其中最为突出的便是无须像传统基于操作系统的安装方式那样，频繁地进行补丁更新和日常维护操作。当有新版本的虚拟 Appliance 设备推出时，用户只需直接替换整个虚拟机即可，大大缩短了部署新版本所需的时间和精力，显著提高了应用程序的更新效率。

（2）部署流程　在实际部署过程中，虚拟 Appliance 设备展现出了无与伦比的便捷性。大多数情况下，用户只需轻松下载虚拟 Appliance 设备，然后将虚拟机解包到虚拟化宿主机上，启动虚拟机，再进行一些简单的配置步骤，就能将该虚拟机成功连接到所需使用的网络和存储环境中。整个过程操作简单、快捷，无须复杂的技术知识和繁琐的操作流程，即使是技术水平相对较低的用户也能轻松上手。

虚拟 Appliance 设备通常采用 OVF（Open Virtualization Format，开放虚拟化格式）格式进行交付。这种格式具有广泛的兼容性和通用性，能够确保虚拟 Appliance 设备在任何主流的 Hypervisor 解决方案中都能实现快速、稳定的部署，极大地拓展了其应用范围和适用场景。

（3）获取渠道　如今，软件应用程序提供商纷纷敏锐地捕捉到了虚拟 Appliance 设备的巨大潜力和市场需求，开始积极地以这种创新形式提供解决方案。与传统的应用部署方式相比，用户通过虚拟 Appliance 设备获取和部署解决方案变得前所未有的简单和高效，大大降低了应用程序的部署门槛和成本。

除了软件应用程序提供商，用户还可以通过互联网搜索，从数千个其他软件供应商处下载虚拟 Appliance 设备。例如，知名的数据库软件提供商 Oracle，虽然其提供的虚拟 Appliance 设备采用了专用格式，但也有许多其他供应商选择使用 OVF 格式，以方便用户在不同的虚拟化环境中进行部署。随着虚拟化技术的广泛应用，虚拟化环境中的反病毒和安全模型也发生了深刻的变化。为了更好地适应这一变化，像趋势科技这样的专业安全软件供应商，也开始以虚拟 Appliance 设备的形式提供解决方案，为虚拟化环境提供更加全面、高效的安全防护。此外，还有大量的开源工具，如 StressLinux（http://www.stresslinux.org/）和

Apache CouchDB（https://couchdb.apache.org/），也纷纷以虚拟 Appliance 设备的形式面向用户开放下载，进一步丰富了用户的选择，推动了开源技术在虚拟化领域的应用和发展。

2. vApp

（1）vApp 的定义与构成　vApp，即虚拟应用程序，是在虚拟 Appliance 设备基础上的进一步创新和发展，代表了一种更高级的应用程序封装与管理理念。它的核心思想是将包含应用程序的一个或多个虚拟机巧妙地打包到一个容器中，形成一个高度集成、自包含的应用程序单元。这个容器中可能包含前文所描述的构成三层应用程序的多个虚拟机，通过这种方式，实现了应用程序各个组件之间的紧密协作和高效运行。

（2）存储特性　和虚拟 Appliance 设备一样，vApp 同样采用 OVF 格式进行存储。这种统一的格式不仅确保了 vApp 在不同虚拟化环境中的良好兼容性和可移植性，还使得 vApp 的存储和管理更加规范、高效。此外，vApp 还具备一项独特的优势，它能够详细地记录和包含有关应用程序的网络、可用性和安全需求等关键信息。这些信息就像是 vApp 的"智能标签"，为应用程序的部署、运行和管理提供了全方位的指导和支持。

（3）部署优势　在虚拟环境中进行部署时，vApp 展现出了令人惊叹的智能化部署能力。vApp 打包的应用程序可以在集群中实现自动化的配置部署，无需管理员的手动干预和协助，就能自动提供所需级别的可用性、安全性以及正确的网络配置。这一过程就如同货轮在港口装卸货物一样，当货轮靠港时，船上的集装箱可以快速、高效地卸载并运往不同的目的地。港口工人只需通过特定的技术读取每个集装箱上的条形码，就能获取到所有关于库存、报关、所有权和运输路线的详细信息。同样，vApp 就像是一个带有详细信息的"数字化集装箱"，在部署过程中，它所携带的部署信息能够被虚拟化环境自动识别和解析，从而实现应用程序的快速、准确部署，大大提高了应用程序的部署效率和质量，降低了管理成本和风险。

【实践】

虚拟化网络功能（NFV）在物联网中的创新实践

虚拟化技术在物联网中的实际应用案例之一是虚拟化网络功能（NFV）。NFV 是一种将网络功能转换为软件的技术，它可以在物联网中被用于管理和控制物联网设备之间的通信。通过将网络功能虚拟化，NFV 可以提供更高效、更灵活、更可靠的网络服务，从而提高物联网设备的性能和可靠性。例如，在智能家居中，NFV 可以被用于虚拟化路由器、防火墙、负载均衡器等网络功能，从而实现更高效的家庭网络管理。此外，NFV 还可以用于虚拟化车载网关、智能城市网络、工业物联网等场景中，从而提高物联网的安全性、稳定性和可靠性。

中国移动对于 NFV 的应用较为成熟，其硬件加速整体架构当前主要覆盖数据通路加速（OvS）、转发面网元加速（UPF）和边缘业务加速（AR/VR/AI App）三类场景，与 NFV 传统三层一域架构类似，该架构分为异构硬件层、虚拟层、应用层三层及加速硬件管理编排域。图 7-42 所示为中国移动 NFV 硬件加速整体架构。

由插入 OvS 网卡、FPGA 智能网卡或 GPU 加速卡的通用 COTS 服务器构成异构计算硬件

第7章 虚拟化技术

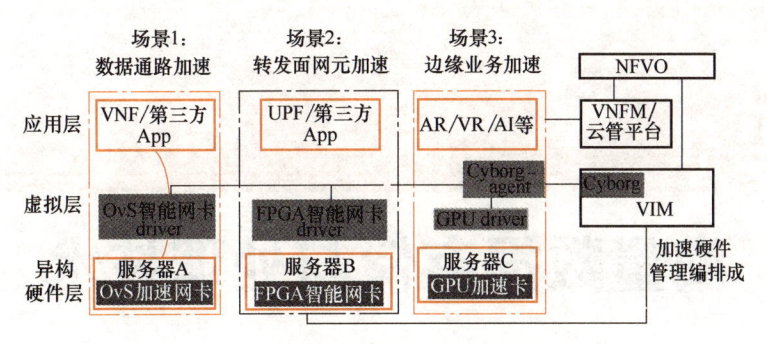

图 7-42 中国移动 NFV 硬件加速整体架构

资源池,为虚拟层提供基础异构计算算力;虚拟层主要实现加速硬件的虚拟化,依靠 OpenStack Cyborg 组件管理硬件和软件加速资源,实现列出、识别、发现和上报加速器,以及挂载、卸载加速器实例的功能;应用层基于特定的业务需求,部署在特定的异构计算服务器上(当前 OvS 服务器可支持网络加速,GPU 服务器支持边缘计算 AI、AR/VR、云游戏等应用,FPGA 服务器支持 UPF 或其他应用的加速)。

思 考 题

1. 从某个软件库中下载一个虚拟 Appliance 设备并启动它,试分析该过程是否比以前创建虚拟机并安装操作系统更简单。

2. 向 Linux 虚拟机添加第二个处理器,并重新运行 DaCapo h2 基准测试,判断有没有性能变化,以及 CPU 占用率是否仍为 100%?如果 CPU 占用率仍为 100%,那么该基准测试说明了什么?CPU 是单 vCPU 测试中的瓶颈,是否还有另一个瓶颈?测试对物理主机上的资源有何影响?

3. 假设你所在公司的数据中心最近遭受了停电故障,两天无法使用企业应用程序。你被要求制订策略,以便在发生另一次故障时快速继续运营。试想一下,你会推荐什么类型的可用性方案(高可用/灾难恢复/容错)?其原因是什么?

4. 假设你要为对日常运营至关重要的应用程序提供可用性,而任何停机时间都可能给公司造成每小时成千上万美元的损失。那么,你会推荐什么类型的可用性方案(高可用/灾难恢复/容错)?其原因是什么?

5. 添加具有桥接连接类型的第二个网络适配器,重新启动虚拟机后,请确保第二个虚拟适配器可用,并具有一个 IP 地址。若从主机 ping 它们,会有何结果?

第 8 章

海量数据存储与处理技术

8.1 物联网数据处理技术

8.1.1 物联网数据的特点

要研究物联网应用层数据处理技术,首先要了解物联网数据的特点,物联网数据具有海量性、多态性、动态性和关联性等特点。

1. 海量性

如果无线传感器网络中有 1000 个节点,每个传感器每一分钟输出的数据是 1KB,那么每一天产生的数据量将达到 1.4GB。对于实时性要求高的智能电网、桥梁安全监控、水库安全监控、机场安全监控、智能交通应用,每天产生的数据量可以达到 TB 级别(1TB = 1024GB)。例如,当车辆通过拥有不停车收费(ETC)系统的收费站时,ETC 系统自动完成所经过车辆的登记、建档、收费的整个过程,在不停车的情况下收集、传递、处理该车的各种信息,包括车型、车牌号、车辆的颜色、银行账号、车主姓名等,这些信息是 24h 不间断实时采集的,将产生大量的数据。越来越多的物联网应用系统建立后,物联网节点的数量将极速增加,而它们所产生的数据一定是海量的,因此物联网数据的一个重要特征是海量性。

2. 多态性

可以通过一些示例来认识物联网数据的多态性特征。当一个物体通过一个传感器节点的作用区域时,传感器节点可以通过感知物体所产生的压力、振动、声音、音频、方位来区分目标是人、坦克或直升机。例如,专业户外运动品牌零售店运用 RFID 系统,可以识别出不同品种的商品——运动服、运动器材、鞋类等,同一品种不同用途的商品——不同功能的篮球鞋、羽毛球鞋、登山鞋、足球鞋等,以及同一类型商品的不同价格等信息。在精准农业生态环境监控系统中,物联网通过分布在田间或大棚内的多种传感器,动态感测与跟踪控制作物的长势,对其进行最佳管理;在禽蛋畜牧业中,能识别跟踪每头牲畜的成长防疫情况;在农产品加工生产中,能实现从田间和饲养棚场到采摘、储藏、保鲜、加工、分级、运输,再跟踪到店铺零售,甚至消费者餐桌上的全程数据,确保食品生产管理的可溯源化,极大提高了公共卫生与食品安全水平。因此,物联网数据的一个重要特征是多态性。

3. 动态性

物联网数据的动态性很容易理解。不同时间、不同传感器测量的数值可能会变化,以同一个交通路口为例，每个晚上和白天、上下班的高峰时段、晴天与雨雪天气，通过此路口的汽车与行人流量的数据都会有很大差异。由此可见，互联网数据的另一个特征就是动态性。

4. 关联性

物联网中的数据之间不可能是独立的，一定存在关联性。

以当前巨大的汽车数量为例，其为我国的城市交通管理带来了巨大的挑战。全国很多城市的交通状况不断恶化，因为交通拥堵和管理问题，有 15 个城市每天损失近 10 亿元财富。利用物联网的快速发展，行驶中的汽车与道路设施服务商互联网等形成信息交互，实现车与路、车与车、车与人之间的相互关联，这样每辆汽车都成为物联网中的一个节点，可以动态实时地掌握道路利用情况、各种车辆的驾驶行驶状况，由此实现对道路资源的合理分配与利用、监管车辆的驾驶行驶状态、有效缓解交通拥堵、减少车辆尾气污染、及时发现和排除车辆安全隐患、优化车辆行驶路线等。通过对交通车辆及时、透明化的管理，在整体层面上实现更智能、更安全的驾驶。

无线传感器网络节点需要完成环境感知、数据传输、协同工作任务。无线传感器网络大量的节点在一段时间内会产生大量的数据，但是采集数据不是组建物联网的根本目的，如果不能从大量数据中提取有用的信息，那么采集的数据量越大，信息"垃圾"就越多。因此需要根据不同的物联网应用需求，深入研究物联网数据处理技术。

8.1.2 物联网数据处理的关键技术

面对物联网数据具有海量性、多态性、动态性和关联性的特点，对物联网数据处理的关键技术有海量数据存储技术、数据查询搜索技术，以及数据挖掘、知识发现、智能决策与控制技术，前两者分别将在 8.2 节详细介绍，这里对后两者做一简要介绍。

1. 数据查询搜索

物联网环境中的感知数据具有实时性、周期性和不确定性等特点。从查询感知数据的方法和角度来看，当前的处理方法主要有快照查询、连续查询、基于事件的查询、基于生命周期的查询和基于准确度的查询。在互联网环境中，Web 搜索引擎已经成为网民查询各类信息的主要手段。传统的搜索引擎通过搜索算法，在服务器、计算机上抓取人工生成的信息。但在物联网环境中，由于各种感知手段获取的信息与传统的互联网信息共存，搜索引擎需要与各种智能的和非智能的物理对象密切结合，主动识别物理对象，获取有用的信息，这对于传统的搜索引擎技术是一个挑战。

2. 数据挖掘、知识发现、智能决策与控制

物联网通过覆盖全球的传感器、RFID 标签技术实时获取海量的感知数据不是目的，只有从海量数据中通过汇聚、整合与智能处理，获取有价值的知识，为不同行业的应用提供智能服务才是真正需要的结果。物联网的价值体现在对于海量感知信息的智能数据处理、数据挖掘与智能决策水平上，数据挖掘、知识发现、智能决策与控制为物联网智能服务提供了技术支持。

8.2 海量数据存储技术

8.2.1 海量数据存储需求

物联网的海量数据，除了包括传感器节点、RFID 节点及其他各种智能终端设备实时产生的数据，各种物理对象在参与物联网事物处理的过程中也会产生大量的数据。例如，无线传感器网络可与田间服务器、智能灰尘等结合，在农业大棚作业、气象预报与防灾上有广泛的应用，通过对温度、湿度、二氧化碳、通光量、土壤含水率、土壤养分等进行动态监测，以及定时或根据感测信号做出逻辑判断，控制通风设备、加热系统、灯光与光照系统、加湿机、灌溉设备、警报器等运行，并发送监控短信、现场图像与视频给远程管理者。远程管理者通过使用数据挖掘与分析工具，调用相关模型与算法，利用计算能力很强的超级计算机对获取的数据进行分析、汇总与计算，根据数据地域、时间、对象的不同来提供决策支持与服务，因此物联网海量数据的存储需要数据库、数据仓库、网络存储、数据中心与云存储技术的支持。

1. 数据库技术

数据库技术是计算机科学技术中发展最快、应用最广泛的一种。此技术经过几十年的发展，应用已遍布各个领域，成为 21 世纪信息化社会的核心技术之一。同时，物联网的数据存储与管理需要使用数据库技术，物联网的海量数据存储与管理也会促进数据库技术的发展。

早期的数据管理通过文件系统实现，用户可以通过操作系统按文件名对文件进行搜索、读取、写入和处理等操作。但用这种方式编写应用程序很不方便，也不能使数据独立于程序，文件结构的变更还将导致应用程序必须做出相应的修改。针对文件系统的不足，人们提出了数据库系统的概念，数据库系统是由数据库和数据库管理软件组成的。大量互相关联的数据存储在数据库中，由数据库管理软件进行统一管理。

由于所采用的数据模型不同，数据库管理系统可分为多种类型，如面向对象数据库、分布式数据库、多媒体数据库、并行数据库、演绎数据库、主动数据库、工程数据库、时态数据库、工作流数据库、模糊数据库、数据仓库等，形成了许多数据库技术新的分支和新的应用。随着数据库技术的发展，数据库用户界面变得更加简单、功能更加强大、更加智能，未来的数据库技术将会与人工智能技术交叉融合。

当数据挖掘应用于零售业企业的关系数据库时，可以通过搜索趋势或数据模式，分析顾客数据。根据顾客收入、年龄、信用信息，预测新顾客的信用风险；通过比较不同年份、相同季节某一类商品的销售量，发现销售规律，指导促销策略的制定，以提高销售业绩。

2. 数据仓库技术

假设有一家成功的零售业企业，它的分公司分布于全国各地，每家分公司都有自己的销售数据库。当公司总经理希望了解当年第四季度每一种商品和每家分公司的销售业绩时，如果每家分公司的数据分别存放在天津、哈尔滨、广州、成都等地的数据库之中，立即汇总分散在多家分公司的数据是困难的。如果总公司有一个数据仓库，那么完成这个任务就容易得多。

利用数据仓库，可以从多个数据源收集数据，并按统一的格式存储，数据仓库软件可以完成数据的收集、整理、集成、装入与定期更新。为了便于分析、决策，可以将数据仓库的数据按主题（如客户、商品、供应商与销售额）来组织。数据可以从历史的角度进行汇总后存储，以便于高层管理者进行查询、分析与数据挖掘。分公司的数据库存有每一种商品销售的细节数据。

8.2.2 数据存储分类

1. 数据存储模式分类

物联网整体是由若干局域感知网络构成的，感知网络之间基于互联网、卫星等手段实现互连互通。从网络构成角度划分，物联网数据存储模式主要分为网内存储和网外存储两类，如图 8-1 所示。

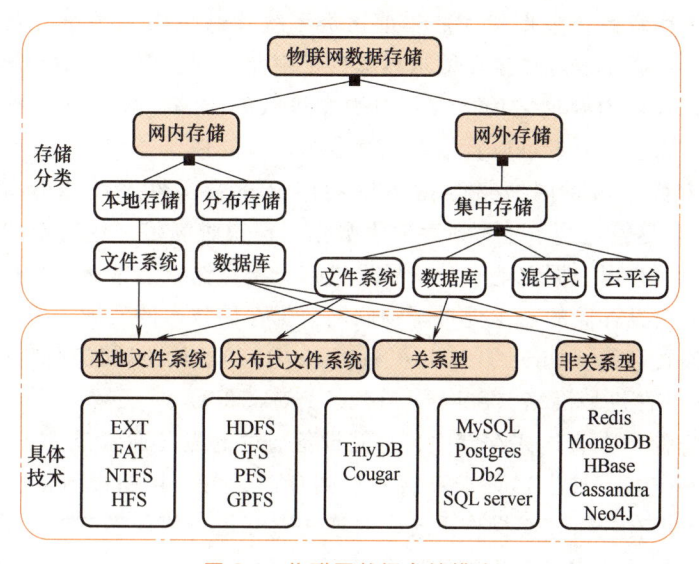

图 8-1 物联网数据存储模式

（1）**网内存储** 利用感知网络自身的存储能力记录感知数据。通常感知设备都具备一定的存储空间，以 WSN 为例，除电源、传感单元、处理器等部件外，还配备了存储单元，可以保存一定量的数据。网内存储又可分为以下两类：

1）本地存储。感知数据生成后就地存储于产生它的感知节点中。

2）分布存储。感知数据分布存储于感知网络的某些或全部节点中，通过分布式机制实现对数据的访问和存储。

（2）**网外存储** 感知数据由各个节点产生后，由专门的节点负责数据存储和集成，并借助网络等设施与感知网络外部建立通信，最终以人工收集、自动推送或定期询问等方式发送至网络外的存储系统集中存储，查询处理可以在网外存储系统中直接完成，无须与感知网络建立通信。如果需要把查询结果返回到感知终端，则要建立网络连接。

不同存储模式的工作重点有所差别，对于网内存储，既需要关注对感知数据的网内处理与存储以实现高效节能，也需要实现快速、可靠的信息收集与统计，有效减少扫描时延并确保鲁棒性，并在具有不确定性的实时数据流基础上提供可靠的事件查询结果。另外，由于网内存储的设备容量往往有限，在紧急情况下可以有选择性地对重要的数据信息优先存储和传输。对于网外存储，需要关注大规模数据下的分片存储与查询优化处理，兼容多源异构数据的存储与表达，提供多级时间、空间粒度下对于复杂事件的查询支持，并在多用户、多任务、高并发情况下保持较高的性能。

2. 物联网大数据的传输和存储技术

针对物联网大数据的特点和数据存储、处理的挑战，目前没有公认的统一解决方案，主要工作是综合利用现有云计算平台和大数据处理技术，进行合理的组合和改进，实现针对特定物联网系统的大数据处理。

通过数据压缩可以有效减少网络数据传输量，提高存储效率，因此数据压缩技术获得了广泛关注。例如，在大型火电厂信息化建设过程中，海量的过程数据被保存，文献《智能电厂实施过程中的大数据应用研究——以火力发电厂为例》研究了基于二维提升小波的火电厂周期性数据压缩算法。在输电线路状态监测系统中，为了发现绝缘子放电等异常情况，泄漏电流的采样频率较高，数据量大。目前该类系统普遍采用无线通信方式，网络带宽有限，因此需要进行数据压缩。数据压缩虽然减少了存储空间，但是压缩和解压缩会造成大量CPU资源的耗费。在数据处理之前，需要对数据进行解压缩，导致计算效率降低。因此可采用轻量级的压缩算法，或者可以直接对压缩数据进行处理。

在数据存储方面，物联网海量数据可以利用分布式文件系统来存储，如 Hadoop 的 HDFS 等存储系统。尽管这些系统可以存储大数据，但很难满足一些特定的实时性要求，因此必须对系统中的大数据根据性能和分析要求进行分类存储，通常需要采用多级存储系统。

物联网对海量信息存储的需求促进了物联网数据存储技术的发展。网络数据存储技术大致分为三种：直连式存储（Direct Attached Storage，DAS）、网络附加存储（Network Attached Storage，NAS）和存储区域网络（Storage Area Network，SAN）。

(1) 直连式存储　在直连式存储中，存储设备通过电缆（通常是 SCSI 接口电缆）直接连到服务器，I/O（输入/输出）请求直接发送到存储设备。存储设备依赖于服务器，本身是硬件的堆叠，不带有任何存储操作系统。直连式存储是一种直接与主机系统相连接的存储设备，DAS 是计算机系统中最常用的数据存储方法。

磁盘阵列（Redundant Arrays of Inexpensive Disks，RAID）是直连式存储中可用的方式，有"价格便宜且多余的磁盘阵列"之意（图 8-2）。其原理是利用数组方式来做磁盘组，配合数据分散排列的设计，提升数据的安全性。磁盘阵列主要是针对硬盘在容量及速度上无法跟上 CPU 及内存的发展所提出的改善方法。

磁盘阵列采用很多便宜、容量较小、稳定性较高、速度较低的磁盘组成一个大型磁盘组，利用个别磁盘提供数据所产生的加成效果来提升整个磁盘系统的效能。在存储数据时，利用此项技术将数据切割成许多区段，分别存放在各个硬盘上。磁盘阵列还能利用同位检查（Parity Check）的概念，在数组中任意一个硬盘出现故障时，确保仍可读出数据，并在数据重构时，将故障硬盘内的数据计算后重新置入新硬盘中。

图 8-2　磁盘阵列

磁盘阵列的主流结构是作为独立系统在主机外直连或通过网络与主机相连。磁盘阵列有多个端口可以被不同主机或不同端口连接，主机连接阵列的不同端口可提升传输速度。使用 RAID 可以达到单个磁盘驱动器几倍或几十倍，甚至上百倍的速率。

磁盘阵列采用一个硬盘控制器来控制多个硬盘的相互连接，使多个硬盘的读写同步，减少错误，从而增加效率和可靠度，常用的等级有 1、3、5 级等。

(2) 网络附加存储（NAS）　网络附加存储（Network Attached Storage，NAS）按字面含义就是连接到网络上，具备资料存储功能的装置，又称为网络存储器或者网络磁盘阵列。

在 NAS 结构中，存储系统不再通过 I/O 总线附属于某个特定的服务器或客户机上，而是直接通过网络接口与网络相连，并由用户通过网络访问。

NAS 是一种专业的网络文件存储及文件备份设备，它基于局域网（LAN），按照 TCP/IP 协议进行通信，并以文件的 I/O（输入/输出）方式进行数据传输。在 LAN 环境中，NAS 完全可以实现异构平台之间的数据级共享，如 NT、UNIX 等平台的共享。

一个 NAS 系统包括处理器、文件服务管理模块和多个硬盘驱动器（用于数据存储）。NAS 可以应用于任何网络环境中，主服务器和客户端可以非常方便地在 NAS 上存取任意格式的文件。典型 NAS 的网络结构如图 8-3 所示。

（3）存储区域网络（SAN）　存储区域网络（Storage Area Network，SAN）是一种通过光纤集线器、光纤路由器、光纤通道交换机等连接设备将磁盘阵列、磁带等存储设备与相关服务器连接的高

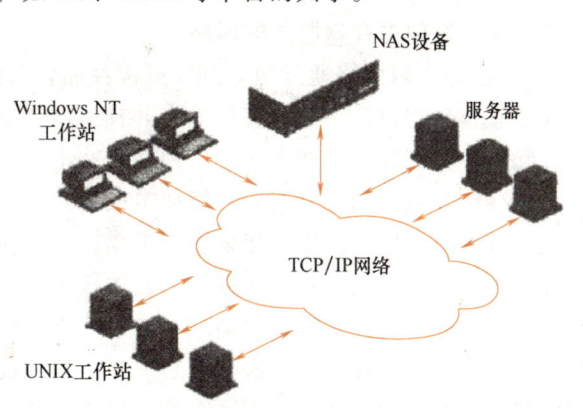

图 8-3　典型 NAS 的网络结构

速专用子网，如图 8-4 所示。SAN 是指存储设备相互连接且与一台服务器或一个服务器群相连的网络。

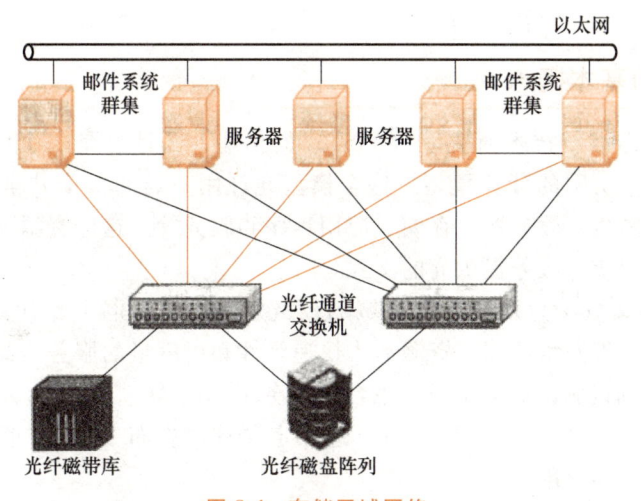

图 8-4　存储区域网络

简单地说，SAN 实际上是一种存储设备池，即一个由磁盘阵列、磁带及光纤设备构成的子网，其存储空间可由以太网主网上的每个系统共享。

SAN 由三个基本组件构成：接口（如 SCSI、光纤通道、ESCON 等）、连接设备（交换设备、网关、路由器、集线器等）和通信控制协议（如 IP 和 SCSI 等）。这三个组件再加上附加的存储设备和独立的 SAN 服务器，即可构成一个 SAN 系统。

SAN 提供一个专用的、可靠性高的基于光通道的存储网络，并允许独立增加它们的存储容量，也使得管理及集中控制更加简化。此外，光纤接口提供了 10km 的连接长度，使得物理上分离的远距离存储变得更容易。

从具体功能上讲，上述三种网络存储技术分别适用于不同的应用环境。

1）直连式存储通过缆线直接将存储系统与服务器或工作站相连，一般包括多个硬盘驱动器，与主机总线适配器通过电缆或光纤相连，在存储设备和主机总线适配器之间不存在其他网络设备，实现了计算机内存储到存储子系统的跨越。

2）网络附加存储是文件级的计算机数据存储架构，计算机连接到一个仅为其他设备提供基于文件级数据存储服务的网络。

3）存储区域网络通过网络方式连接存储设备和应用服务器，它由服务器、存储设备和 SAN 连接设备组成，特点是存储共享并支持服务器从 SAN 直接启动。

除上述存储技术之外，还有一种存储技术——云存储，它是在云计算的基础上发展而来的。云存储是通过集群应用、网络技术或分布式文件系统等功能，将网络中大量不同类型的存储设备通过应用软件集合起来协同工作，共同对外提供数据存储和业务访问的存储系统。云存储承担底层的数据收集、存储和处理任务，对上层提供云平台、云服务等业务。

云存储通常由具有完备数据中心的第三方提供，企业用户和个人用户将数据托管给第三方。与传统存储设备相比，云存储是一个由网络设备、存储设备、服务器、应用软件、公用访问接口、接入网和客户端程序等部分组成的复杂系统，各部分以存储设备为核心，通过应用软件对外提供数据存储和业务访问服务。

8.3　云计算与物联网

8.3.1　云计算的基本概念

根据美国国家标准与技术研究院（NIST）的描述，云计算是一个用于实现无处不在、方便、按需通过网络访问的计算模型。这个模型允许用户访问一个共享的可配置计算资源池，这些资源包括网络、服务器、存储、应用程序和服务等。这些资源可以快速地提供和释放，只需最少的管理或与服务提供商的交互。

NIST 的这一定义被认为是云计算领域的权威定义。它强调了云计算的几个关键特性，如按需自助服务、宽带网络访问、资源池、快速弹性和可度量的服务。此外，云计算还包括三种服务模型（基础设施即服务 IaaS、平台即服务 PaaS、软件即服务 SaaS）和四种部署模型（私有云、社区云、公有云、混合云）。这一定义首次发布于 2011 年，并在信息技术领域得到了广泛的认可和应用。

伯克利云计算白皮书将云计算定义为包括互联网上各种服务形式的应用及数据中心中提供这些服务的软硬件设施。数据中心的软硬件设施即所谓的云，通过量入为出的方式提供给公众的云称为公共云，如 Amazon S3（Simple Storage Service）和 Microsoft Azure 等；不对公众开放的组织内部数据中心的云称为私有云。NIST 定义云计算是一种资源利用模式，能以方便、友好、按需访问的方式通过网络访问可配置的计算机资源池（如网络、服务器、存储、应用程序和服务），并且在这种模式中，可以快速供应并以最小的管理代价提供服务。云计算采用计算机集群构成数据中心，并以服务的形式交付给用户，使得用户可以像使用水、用电一样按需购买云计算资源。

2007 年起，斯坦福大学等多所美国高校便开始和谷歌、IBM 合作，研究云计算关键技术。近年来，随着以 Eucalyptus 为代表的开源云计算平台的出现，进一步加快了云计算服务的研究和普及。

与此同时，各国政府纷纷将云计算列为国家战略，投入了相当大的财力和物力用于云计算的部署。例如，美国政府利用云计算技术建立联邦政府网站，以降低政府信息化运行成本；英国政府建立了国家级云计算平台（G-Cloud），超过 2/3 的英国企业开始使用云计算服务。我国的许多城市纷纷开展云计算服务试点示范工作与发展规划，电信、石油、电力、交通运输等行业也启动了相应的云计算应用计划。

阿里云创立于 2009 年，是我国的云计算平台，服务范围覆盖全球 200 多个国家和地区。阿里云致力于为企业、政府等组织机构，提供安全、可靠的计算和数据处理能力，让计算成为普惠科技和公共服务，为万物互联的数据技术世界提供源源不断的新能源。在电商购物节、春运购票等极富挑战的应用场景中，阿里云保持了良好的运行纪录。此外，阿里云还在金融、交通、医疗、气象等领域输出一站式的大数据解决方案。

8.3.2　云计算模式与特征

云计算是一种方便的使用方式和服务模式，通过互联网按需访问资源池模型（如网络、服务器、存储、应用程序和服务），可以快速和最少的管理工作为用户提供服务。云计算既是并行计算（Parallel Computing）、分布式计算（Distributed Computing）和网格计算（Grid Computing）等技术的发展，也是虚拟化（Virtualization）、效用计算（Utility Computing）的商业计算模型，它由三种服务模式、四种部署模式和五种基本特征组成。

(1) 云计算的三种服务模式　云计算的服务层次可分为将基础设施作为服务层、将平台作为服务层及将软件作为服务层，市场进入条件也从高到低。目前有越来越多的厂商可以提供不同层次的云计算服务，部分厂商还可以同时提供设备、平台、软件等多层次的云计算服务。

1) 基础设施即服务（Infrastructure as a Service，IaaS）。把厂商由多台服务器组成的"云端"基础设施，作为计量服务提供给客户。IaaS 将内存、I/O 设备、存储和计算能力整合成一个虚拟的资源池，为整个业界提供所需的存储资源和虚拟化服务器等服务。这是一种托管型硬件的模式，由用户付费使用厂商的硬件设施，典型代表包括亚马逊网络服务（Amazon Web Services，AWS）的弹性计算云 EC2 和简单存储服务 S3、IBM 蓝云等。

2) 平台即服务（Platform as a Service，PaaS）。把开发环境作为一种服务来提供。PaaS 是一种分布式平台服务，由厂商提供开发环境、服务器平台、硬件资源等服务给客户，客户在其平台基础上订制开发自己的应用程序并通过其服务器和互联网传递给其他客户。提供给客户的是，将客户用供应商提供的开发语言和工具（如 Java，Python，Net）创建的应用程序部署到云计算基础设施上，其核心技术是分布式并行计算。实际上 PasS 是指将软件研发的平台作为一种服务，以 SaaS 的模式提交给用户。作为其典型代表之一 Google App Engine (GAE) 只允许使用 Python 和 Java 语言，这个由谷歌推出的 PaaS（平台即服务）产品，目前仅支持 Python 和 Java 这两种编程语言进行应用的开发。也就是说，开发者只能在这两种语言中选择一种来编写，并在 GAE 平台上部署他们的应用程序。

3) 软件即服务（Software as a Service，SaaS）。服务提供商将应用软件统一部署在自己的服务器上，客户根据需求通过互联网向厂商订购应用软件服务，服务提供商根据客户所订软件的数量、时间的长短等因素收费,并通过浏览器向客户提供软件的模式。客户无须购买软件,而是租用服务提供商运行在云计算基础设施上的应用程序,也不需要管理或控制底层的云计算基础设施,包括网络、服务器、操作系统、存储,甚至单个应用程序的功能。该软件系统的各个模块可以由客户自行设定、配置、组装,以达到自身需求。客户只需拥有能够接入互联网的终端,即可随时随地使用软件。SaaS 的典型代表包括 Salesforce 公司提供的在线客户关系管理(Client Relationship Management,CRM)服务、Zoho Office 及 Webex。

(2) 云计算的四种部署模式

1)私有云(Private Cloud)。私有云是指企业或组织内部使用的云计算环境,其基础设施可以由企业自己管理,也可以由第三方管理,但仅对企业内部开放。云基础设施是为一个客户单独使用而构建的,因而要提供对数据、安全性和服务质量最有效的控制。私有云可部署在企业数据中心,也可部署在一个主机托管场所,它由一个单一的组织拥有或租用。私有云可提供公共云所具有的许多功能。与传统数据中心相比,私有云的主要不同点是云数据中心可以支持动态灵活的基础设施,降低 IT 架构的复杂度,使各种 IT 资源得以整合、标准化,并且可以通过自动化部署提供策略驱动的服务水平管理,使 IT 资源更加容易满足业务需求变化。相对于公共云而言,私有云的用户完全拥有云中心的整个设施,如中间件、服务器、网络和磁盘阵列等,可以控制应用程序及其运行位置,并决定允许哪些用户使用云计算服务。由于私有云的服务对象是企业内部员工,可以减少公共云中必须考虑的诸多限制,如带宽、安全和法律法规的遵从性等问题。更重要的是,通过用户范围控制和网络限制等手段,私有云可以提供更多的安全和私密等专属性保证。

2)社区云(Community Cloud)。社区云是一种云计算模式,它由多个组织共享,这些组织有着共同的需求(如任务、安全要求、策略和合规性问题)。其特点是,成本和运营由参与组织者共同承担,拥有更专用的服务,安全性较高。基础设施被一些组织共享,并为一个有共同关注点的社区服务(如任务、安全要求、政策和准则等)。这种模式建立在处于一个特定小组的多个目标相似的公司之间,他们共享一套基础设施,最终产生的成本由他们共同承担,因此成本节约效果并不明显。社区云的成员都可以登入云中获取信息和使用应用程序,其他人和机构则无法租赁和使用云端计算资源。参与社区云的单位组织具有共同的要求,如云服务模式、安全级别等。具备业务相关性或者隶属关系的单位组织建设社区的可能性更大,因为这样能降低各自的费用和共享信息。

3)公共云(Public Cloud)。当云计算按其服务方式提供给公众用户时,就是公共云,公共云是由第三方(供应商)提供的云计算服务,尝试为用户提供无后顾之忧的各种 IT 资源,无论是软件、应用程序基础结构,还是物理基础结构,云提供商都负责安装、管理、部署和维护。最终用户只需为其使用的资源付费,不存在利用率低这一问题。但是这要付出一些代价,因为这些资源通常根据"配置惯例"提供,即根据适应最常见的使用情形这一思想提供,如果资源由用户直接控制,则配置选项一般是这些资源的一个较小子集。公共云通常在远离用户建筑物的地方托管,并且通过提供一种向企业基础设施实施的灵活甚至临时的扩展,提供一种降低用户风险和成本的方法。

4)混合云(Hybrid Cloud)。基础设施由两种或两种以上的云(私有云、社区云或公共云)组成,每种云仍然保持独立,但用标准或专有的技术进行组合,具有数据和应用程序的可移植性(如可以用来处理突发负载)。混合云有助于提供按需和外部供应方面的扩展。

当公司需要公共云同时兼有私有云服务时，选择混合云比较合适。从这个意义上说，企业、机构可以先列出服务目标和需求，然后相应地从公共云或私有云中获取。结构完好的混合云可以为安全、至关重要的流程（如接受客户资金支付）及辅助业务流程（如员工工资单流程）等提供服务，其主要缺点是难以有效创建和管理。私有和公共服务组件之间的交互和部署会带来较多的网络及安全方面的问题，导致设计和实施的复杂性和难度增加。由于混合云是云计算中一种相对新颖的体系结构，相关模式的最佳实践和工具还需进一步研究。

（3）云计算的五种基本特征

1）按需自助式服务（On-Demand Self-Service）。用户可以根据需要自动获取，如服务器、网络、存储等，而无须与提供商进行人工交互。这意味着用户可以快速配置和管理工作负载，提高了灵活性和效率。

2）广泛的网络访问（Broad Network Access）。通过互联网提供自助式服务，用户不需要部署相关复杂硬件设施和应用软件，也不需要了解所使用资源的物理位置和配置等信息，而是可以直接通过互联网或企业内部网透明访问，获取云中的计算资源。高性能计算能力可以通过网络访问。

3）资源池（Resource Pooling）。供应商的计算资源汇集在一起，通过使用多租户模式将不同的物理和虚拟资源动态分配给多个用户，并根据用户的需求重新分配资源。每个用户分配得到专门独立的资源，通常不需要任何控制或知道所提供资源的确切位置，就可以使用一个更高级别抽象的云计算资源。

4）快速弹性使用（Rapid Elasticity）。云服务能够快速扩展或缩减资源，以适应工作负载的变化，这种能力可以是自动的。这意味着用户可以根据需求迅速增加资源以处理高峰负载，并在需求减少时释放资源，从而优化成本和性能。

5）可度量的服务（Measured Service）。云服务系统可以根据服务类型提供相应的计量方式，云自动控制系统通过利用一些适当的抽象服务（如存储、处理、带宽和活动用户账户）的计量能力来优化资源利用率，也可以监测、控制和管理资源使用过程，同时为供应者和服务消费者之间提供透明服务。

8.3.3 云计算与物联网的关系

云计算是物联网发展的基石，可从两方面推动物联网的实现。

首先，云计算是实现物联网的核心，运用云计算模式使物联网中以兆计算的各类物品的实时动态管理和智能分析变得可能。物联网通过将射频识别、传感、纳米等技术充分运用于各行业之中，将各种物体充分连接，并通过无线网络将采集的各种实时动态信息传送至计算机处理中心进行汇总、分析和处理。建设物联网的三个基石如下：

1）传感器等元器件。
2）传输的通道，如电信网。
3）高效的、动态的、可以大规模扩展的技术资源处理能力。

其中第三个基石正是通过云计算模式帮助实现的。

其次，云计算促进物联网和互联网的智能融合，从而构建智慧地球。物联网和互联网的融合，除了需要更高层次的整合，还需要"更透彻的感知、更安全的互联互通、更深入的智能化"。这同样需要依靠高效的、动态的、可以大规模扩展的技术资源处理能力，而这也是云计算模式所擅长的。此外，云计算的创新型服务交付模式简化了服务的交付，加强物联网和互联网之间及其内部的互联互通，可以实现新商业模式的快速创新，促进物联网和互联网的智能融合。

之所以把物联网和云计算放在一起，是因为物联网和云计算的关系非常密切。在物联网的四个组成部分，即感应识别、网络传输、管理服务和综合应用中，第二个及第三个都会利用云计算，特别是第三个，因为这里有海量的数据存储和计算的要求，使用云计算可能是更省钱的一种方式。

8.3.4　云计算和物联网的结合方式

云计算与物联网各自具备很多优势，如果把云计算与物联网结合起来并应用于物联网中，就可以看出，云计算相当于一个人的大脑，而物联网就是其眼睛、鼻子、耳朵和四肢等。云计算与物联网的结合方式可以分为以下三种：

（1）单中心+多终端　单中心、多终端是指一种网络架构模式，其中有一个中心节点（通常是服务器或数据中心）与多个终端设备（如个人计算机、智能手机、平板计算机、物联网设备等）相连。在这种模式下，中心节点负责处理、存储和分发数据，而终端设备则用于访问和交互这些数据。

这种方式的应用非常多，如小区及家庭的监控、对某一高速路段的监测、幼儿园安全监管及某些公共设施的保护等。其主要应用云中心，可提供海量存储和统一界面、分级管理等功能，从而对日常生活提供较好的帮助。此类云中心多为私有云。

（2）多中心+大量终端　对于很多区域跨度大的企业、单位而言，多中心+大量终端的方式较适合。譬如，一个跨多地区或者多国家的企业，因其分公司或分厂较多，要对其各公司或工厂的生产流程进行监控，并对相关的产品进行质量跟踪等。

同理，当有些数据或者信息需要及时甚至实时共享给各个终端的使用者时，也可采取这种方式。PC作为用户的主要交互设备，用于访问多中心网络中的资源和服务，如云计算应用、存储服务和在线软件。用户可以在PC上进行数据处理，然后将数据存储在云中心或从云中心检索数据。实施云计算建设，构建动态资源管理的多中心容灾系统，可以实现业务部署灵活、系统服务质量提升、市场支撑便捷、投资极大节省的目标。例如，假设某个地震中心探测到某地和某地会在10min后有地震，通过这种途径，就能在十几秒内将探测情况的信息发出，从而尽量避免不必要的损失。中国联通的"互联云"就是基于此想法提出的。这个模式的前提是云中心必须包含公共云和私有云，并且它们之间的互联没有障碍。这样对于某些机密的事信，如企业机密等，可以较好地保密而又不影响信息的传递与传播。

（3）信息、应用分层处理+海量终端　这种方式可以针对用户范围广、信息及数据种类多、安全性要求高等特征来打造。当前客户对各种海量数据的处理需求越来越多，因而可以根据客户需求及云中心的分布进行合理的分配。

针对需要大量数据传送，但是安全性要求不高的对象，如视频数据、游戏数据等，可以采取本地云中心处理或存储。针对计算要求高而数据量不大的对象，可以放在专门负责高端运算的云中心里。针对数据安全要求非常高的对象，可以放在具有灾备中心的云中心里。

信息应用分层处理+海量终端的方式根据应用模式和场景，对各种信息、数据进行分类处理，并选择相关的途径给相应的终端。

8.3.5 云计算在物联网中的应用

构建智慧地球，将物联网和互联网进行融合，并不能简单地将实物与互联网进行连接，而是需要进行更高层次的整合、更透彻的感知、更全面的互联互通，以及更深入的智能化。

可以通过以下三种可能的情况来研究云计算技术在物联网中的应用。

第一种情况：现代农业需要环境控制系统，涉及微气候监测与控制领域，由感测系统、环境控制、设备与控制模型三要素组成。原始数据来自感测系统收集的环境参数，根据微气候侦测系统，可知作物温度范围、湿度范围、光照度及土壤成分等，为作物生长及环境参数拟定控制模型，通过环境控制设备执行。但是出于成本或其他原因，应用系统的拥有者不打算购买大型计算机、服务器与专用软件，因此希望出现一类能够满足其计算与存储需求的机构，以便于用户按需租用计算资源。能够按需为用户提供计算资源的机构就是云计算服务提供商。

第二种情况：随着物联网应用的深入，用户终端设备开始从计算机向各种家用电器、智能手机等移动终端设备方向发展，但是智能手机的计算资源与存储资源十分有限。随着基于智能手机等移动终端设备的物联网服务的不断增加，提供新的物联网服务的系统无须在硬件设施上投入资源，只要按需租用云计算服务提供商的计算与存储资源，就可以快速组建应用系统，提供物联网服务，满足各种移动终端设备访问物联网应用系统的需求。例如，"海尔U+大脑"作为一套家用人工智能系统，能通过对用户的了解，自主决策，帮助用户管控家电、智能家居设备，提供个性化服务。该系统通过大数据平台对用户习惯的分析，经过推理、决策、执行，主动为用户提供服务，采用语音、图像识别等自然交互技术，能像人一样与用户对话，帮助用户操控家电等设备。由此它能听、能看、会说、能思考、有情感，可为用户带来新的智慧体验。

第三种情况：随着物联网应用范围的扩大，各种公共事业部门或个人需要存储的信息量不断增长，因而需要通过物联网将部门或个人的信息存储或备份到一个安全的地方，云计算服务提供商能够协助完成这项工作。如果物联网的应用规模达到一定程度，也可以考虑组建部门、企业专用的私有云平台。以物联网技术在医疗领域的应用为例，其涉及常规身体状况监测、健康饮食管控、特定体况监测、运动助理及其他医护辅助等方面，服务对象包括从中老年到婴幼儿及残障人士的所有群体，具体应用为对象远程、常态监控和多项生理参数动态采集、储存、分析与交换等，形成远程监测与远程医疗医学学科。物联网技术将医护资源从医院和专业护理机构延伸到社区、家庭及办公场所，整合成覆盖社会的护理保健网络。

云计算是一种"胖服务器/瘦客户机"的计算模式。在这种模式中，系统对用户端的设备要求很低。用户使用一台普通的个人计算机或者智能手机等移动终端设备，就能够完成用户所需的计算与存储任务。对于云计算用户来说，他们只需提出服务需求，无须了解云端的具体细节。组建任何一种物联网应用系统，无须购置大量的服务器建立专用的服务器集群，而是按照要求租用云计算平台提供的计算与存储资源，即可快速部署应用系统。由此可知，云计算将会在物联网中得到广泛应用。

8.4 普适计算与物联网

1991 年，美国 Xerox PAPC 实验室的 Mark Weiser 正式提出了普适计算（Pervasive Computing 或 Ubiquitous Computing）的概念。理解普适计算概念需要注意以下问题：

1）普适计算的重要特征是"无处不在"与"不可见"。"无处不在"是指随时随地访问信息的能力。"不可见"是指在物理环境中提供多个传感器、嵌入式设备、移动设备及其他任何一种有计算能力的设备，以便在用户不觉察的情况下进行计算、通信，提供各种服务，最大限度地减少用户的介入。

2）普适计算体现信息空间与物理空间的融合。普适计算是一种建立在分布式计算、通信网络、移动计算、嵌入式系统、传感器等技术基础上的新型计算模式，它反映出人类对于信息服务需求的提高，具有随时随地享受计算资源、信息资源与信息服务的能力，以实现人类生活的物理空间与计算机提供的信息空间的融合。

3）普适计算的核心是"以人为本"，而非以计算机为本。普适计算强调把计算机嵌入环境与日常工具中，让计算机本身从人们的视线中"消失"，从而将人们的注意力拉回到要完成的任务上。人类活动是普适计算空间中实现信息空间与物理空间融合的纽带，而实现普适计算的关键是"智能"。

4）普适计算的重点在于提供面向用户的、统一的、自适应的网络服务。普适计算的网络环境包括互联网、移动网络、电话网、电视网和各种无线网络。普适计算的设备包括计算机、手机、传感器、汽车、家电等能够联网的设备。普适计算的服务内容包括计算、管理、控制、信息浏览等。

在普适计算模式中，人与计算机的关系将发生重大变革，变成一对多、一对数十甚至数百。同时，计算机也将不再局限于桌面，而将嵌入人们的工作、生活空间中，变为手持或可穿戴的设备，甚至与日常生活中使用的各种器具融合在一起。

在物联网中，由于物品的种类不计其数，属性千差万别，感知、传递、处理信息的过程也因物、因地、因目的而异，并且每个环节都充斥了大量的计算。因此，物联网须先解决计算方法和原理问题，而普适计算能够在间歇性连接和计算资源相对有限的情况下处理事务和数据，从而解决物联网计算的难题。可以说，普适计算和云计算是物联网最重要的两种计算模式，普适计算侧重于分散，而云计算侧重于集中；普适计算注重嵌入式系统，而云计算注重数据中心。物联网通过普适计算延伸了互联网的范围，使各种嵌入式设备接入网络，通过传感器、RFID 技术感知物体的存在及其性状变化，并将捕获的信息通过网络传递到应用系统。

8.4.1 普适计算技术的特征

普适计算下信息空间与物理空间的融合需要两个过程，即绑定和交互，如图 8-5 所示。

信息空间中的对象与物理空间中物体的绑定使物体成为访问信息空间中服务的直接入口。实现绑定的途径有两种，其中一种是直接在物体表面或内部嵌入一定的感知、计算、通信能力，使其同时具有物理空间和信息空间中的用途。普适计算就像将计算机嵌入汽车里，实时在车内进行计算分析，从而反馈给乘客更安全、舒适与人性化的乘车体验。事实上，如今拥有此般能力的汽车非常多，嵌入式的智能应用已经开始成为家庭轿车的主流配置，它可以让计算机主动提供帮助，无须人为特意关注。另一种途径是为每个物体添加可以被计算机自动识别的标签，如条码、NFC 或 RFID 标签。这种融合体现在以下两方面：一方面，物理空间中的物体将与信息空间中的对象互相关联，如一张挂在墙上的油画将同时带有一个 URL，指向与这幅油画相关的 Web 站点；在操作物理空间中的物体时，可以同时透明地改变相关联信息空间中对象的状态，反之亦然。另一方面，是基于现有的 Web 网络技术的普适计算环境，通过在物理世界中的所有物体上附着一个有 URL 信息的条形码来建立物体与其在 Web 上的表示之间的对应关系，从而建立数字化的过程。

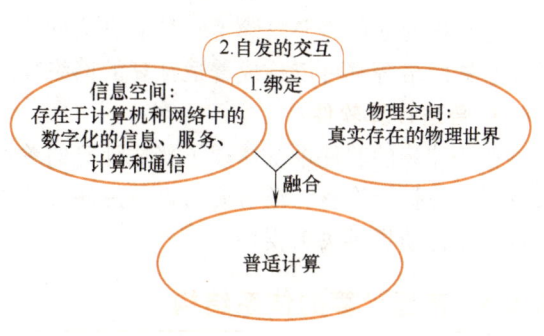

图 8-5　普适计算下信息空间与物理空间的融合

清华大学从人机系统对无处不在计算开展了工作，着重研究人和计算机一起工作的方式和技术，从人机系统的层次研究人机交互。交互与媒体集成研究所对普适计算展开了研究，比较知名的有 Smart Class 项目，该项目将普适计算和远程教育相结合，建立智能远程教室。在这种教室中，教师的操作包括调用课件、在电子黑板上做注释、与远方的学生交流等。系统能根据对教师动作的理解，在不同的场景下向远方的学生转发相应的视频镜头或电子黑板内容，并自动记录教学的内容。信息空间和物理空间之间无须人为干预，即其中任一空间状态的改变可以引起另一空间状态的改变。

在信息空间和物理空间的交互过程中，普适计算还要具备间断连接与轻量计算两个特征。间断连接是服务器能不时地与用户保持联系，用户必须能够存取服务器信息，在中断联系的情况下，仍可以处理这些信息。因此，企业计算中心的数据和应用服务器能否与用户保持有效的联系就成为一个十分关键的因素。由于部分数据要存储在普适计算设备上，普适计算中的数据库就成为一个关键的软件基础部件。

轻量计算就是在计算资源相对有限的设备上进行计算。普适计算面对大量的嵌入式设备，这些设备不仅要感知和控制外部环境，还要彼此协同合作；既要主动为用户"出谋划策"，又要"隐身不见"；既要提供极高的智能处理，又不能运行复杂的算法。

8.4.2　普适计算的系统组成

普适计算的系统组成主要包括普适计算设备、普适计算网络和普适计算软件三部分。

1. 普适计算设备

普适计算设备可以包含不同类型的设备。典型的普适计算设备是部署在环境周围的各种嵌入式智能设备，一方面自动感测和处理周围环境的信息，另一方面建立隐式人机交互通道，通过自然方式，如语音、手势等自动识别人的意图，并根据判断结果做出相应的行动。智能手机、摄像机、智能家电目前都可以作为普适计算设备。

2. 普适计算网络

普适计算网络是一种泛在网络，能够支持异构网络和多种设备的自动互联，提供人与物、物与物的通信服务。除了常见的电信网、互联网和电视网、RFID 网络、GPS 网络和无线传感器网络等都可以构成普适计算的网络环境。

3. 普适计算软件

普适计算的软件系统体现了普适计算的关键所在——智能。普适计算软件不仅需要管理大量联网的智能设备，还需要对设备感测到的人、物信息进行智能处理，以便为人员和设备的进一步行动提供决策支持。

8.4.3 普适计算的体系结构

普适计算还没有统一的体系结构标准，人们定义了多种层次参考模型。下面介绍其中一种体系结构。

1. 物理层和操作系统层

物理层（Hardware，H/W）是普适计算操作的硬件平台，主要解决计算硬件基础问题。该层主要包括一些硬件组件，如微处理器、存储器、无线/有线网络接口及传感器等。

操作系统层（Embedded Real Time Operating System，EOS/RTOS）包括传统的嵌入式实时操作系统，主要解决计算调度，负责报文的接收与发送，管理设备内部各任务的并发执行，使其在规定的时间约束下完成。

2. 移动计算层

移动计算层（Mobile/Nomadic Computing，MC/NC）是对嵌入式实时操作系统的首次扩充，主要解决计算的不间断无线移动问题。人们可借助各种移动终端实现旅程中的信息互动。移动计算主要包括通信、计算和移动，彼此间可相互转化。例如，通信系统的容量可通过计算处理（信源压缩、信道编码、缓存、预取）得到提高，移动性可给计算和通信带来新的应用，但也带来了许多问题。在移动计算中，最大的问题就是如何面对无线移动环境带来的挑战。在无线移动环境中，信号会受到各种干扰和衰落的影响。多径效应和移动性会导致信号的时延扩散和频率扩散。此外，有限的频带资源和较大的传输时延也是需要考虑的问题。因此要支持计算的移动性，就要在系统的各个层面增加对移动性的支持。

3. 互操作计算层

互操作计算层（Interoperable Computing）解决的是服务的协同互操作问题，共有四层：脚本引擎层、协议栈层、接口层和管理层。

脚本引擎层主要包括对象脚本执行引擎，它是互操作计算的基础，所有对象的脚本都由该引擎解释执行。在普适计算设备中，由于受到资源的严格限制，实现多个脚本执行引擎较困难。若一个普适计算网络中的对象是由不同脚本描述的，则设备需要实现多个脚本执行引擎，并要确保一个脚本引擎管理器进行各个脚本执行引擎的管理和调度。

协议栈层是互操作计算的软件核心。设备通过相应的数据结构、语法和通信协议向其他设备请求或者提供所需服务。

接口层主要是操作系统的网络栈为上层应用程序提供了一层封装，它将下层协议栈中服务功能抽象化，并提供了一套方便的编程接口。

管理层包括服务请求代理、服务提供代理、服务调度管理器和本地服务管理器，它们主要负责服务的请求、提供、调度和管理。

4. 情感计算层

传统的人机交互多借助于被动式的中介手段（如键盘、鼠标等），无法理解和适应人的情绪或心境。没有这种情感能力，就很难指望计算机具有类似人的智能，也很难期望人机交互真正做到和谐与自然。相关研究表明，由于人类相互之间的沟通与交流是自然而富有感情的，在人机交互过程中，人们也很自然地期望计算机具有情感和自然和谐的交互能力。情感计算（Emotion/Affective Computing）与智能交互就是要赋予计算机类似人的观察、理解和生成各种情感特征的能力，最终能像人一样进行自然、亲切的智能交互。该层解决的是多模态输入与识别的问题。

5. 上下文感知计算层

人机间不断的蕴涵式交互，需要设备能感知当前情景中与交互任务相关的上下文，并能据此做出判断，形成决策，自动提供相应服务。

在普适计算中，上下文是指可用于表征实体状态的信息，包括计算上下文、用户上下文、物理上下文和上下文的历史等。

上下文感知计算（Context-Aware Computing）是指利用上下文的信息自动为用户提供适合当前情景（包括任务、位置、时间、用户的身份等）的服务。上下文感知应用则指应用的行为能与用户的上下文联系在一起。上下文感知计算层解决应用所处情景的识别问题，研究课题包括上下文的表示、综合、查询、分布机制及相应的编程模型。

6. API 与应用

经过对低层各功能的封装，应用程序可以利用 API 向用户提供传统计算模式下无法实现的新型服务，如移动会议（Mobile Meeting）、灵感捕捉（Notion Capture 或 Experience Capture）和普遍交互（Universal Interaction）等。

8.5 人工智能与物联网

物联网从物物相连开始，最终要达到智慧感知世界的目的，而人工智能就是实现智慧物联网最终目标的技术。

人工智能（Artificial Intelligence，AI）是计算机科学、控制论、信息论、神经生理学、心理学、语言学等多种学科高度发展、紧密结合、互相渗透所形成的一门交叉学科，其诞生的时间可追溯到 20 世纪 50 年代中期。人工智能研究的目标是使计算机能够学会运用知识，像人类一样完成高度智能的工作，研究内容包括机器人、语言识别、图像识别、自然语言处理和专家系统等。

目前，人工智能技术的研究与应用主要集中在以下四方面。

1. 自然语言理解

语音理解是用口语语音输入，使计算机"听懂"人类的语言，并用文字或语音合成方式输出应答。由于需要理解自然语言及对上下文背景知识进行处理，并要根据这些知识进行一定的推理，实现功能较强的语音理解系统仍是一项比较艰巨的任务。当前在人工智能研究中，有关理解有限范围的自然语言对话和用自然语言表达的小段文章或故事方面的软件，已经取得了较大进展。

2. 数据库的智能检索

将人工智能技术与数据库技术结合起来，建立演绎推理机制。智能信息检索系统应具有以下功能：能理解自然语言，允许用自然语言提出各种询问；具有推理能力，能根据存储的事实，演绎所需的答案；拥有一定的常识性知识，以补充学科范围内的专业知识，并根据这些常识，演绎更一般询问的一些答案。

3. 专家系统

专家系统的开发和研究是人工智能研究中面向实际应用的课题，备受重视，已经开发的系统涉及医疗、地质、气象、交通、教育、军事等领域。当前专家系统主要采用基于规则的演绎技术，开发专家系统的关键问题是知识表示、应用和获取技术，困难在于许多领域中专家的知识往往是琐碎的、不精确的或不确定的。此外，针对专家系统开发工具的研制也在快速发展，这对扩大专家系统应用范围，加快专家系统的开发过程起到了积极的作用。

4. 感知问题

视觉与听觉都是感知问题。计算机对摄像机输入的视频信息及送话器输入的声音信息处理的最有效方法应该是基于"理解"能力，使计算机具有视觉和听觉。机器视觉的前沿研究领域包括实时并行处理、主动式定性视觉、动态和时变视觉、三维景物的建模与识别、实时图像压缩传输和复原、多光谱和彩色图像的处理与解释等。机器视觉已在机器人装配、卫星图像处理、工业过程监控、飞行器跟踪和制导及电视实况转播等领域获得极为广泛的应用。

未来，人工智能将与物联网紧密结合、相互促进、共同发展。物联网为人工智能提供海量数据进行深度学习，进一步提升其智能水平，人工智能则将极大提升物联网的应用水平。

> 【实践】

新疆油田物联网+建设

2023年4月13日，全国企业管理创新大会在南京召开，发布第二十八届、二十九届全国企业管理现代化创新成果，新疆油田公司《赋能荒漠油田高效生产的物联网建设与应用管理》获得第二十九届全国企业管理现代化创新成果二等奖，这是新疆油田公司首次获得国家级管理现代化创新奖项，为新疆油田持续深入开展现代化大油气田数智化转型提供了经验总结与成功分享。

新疆油田公司按照集团公司数智化转型要求，以智能油田为目标，深入开展新疆油田油气生产物联网技术体系研究和现场应用建设，初步勾勒了未来油气生产全新图景：在古尔班通古特戈壁荒漠，借助物联网技术，将新疆油田三万多口油气水井的实时生产数据和控制指令汇集到生产指挥中心（图8-6），实现生产状态实时掌握，生产设备集中操控。

经过几年的大规模建设，目前新疆油田油气生产井物联网覆盖率达85%，站物联网覆盖率达89%，重构了"无人值守、监控指挥、按需巡检"的油气生产管理新模式，管理方式由"人工判断+经验分析"向"自动报警+智能分析"转变，生产指挥效率提高35%，异常处理由"实时警报、事后处置"向"事前预警、事中控制"转变，故障处置效率提高75%。

图 8-6　新疆油田公司生产指挥中心

1. 由技术追随者到标准的制定者

回首过去，新疆油田公司（以下简称新疆油田）的油气生产物联网建设之路并不平坦，经历了从全面领先到技术追赶的不平凡历程。

20 世纪 90 年代，新疆油田率先启动油田的数字化建设，是石油系统油田建设的先行者，也是油气生产建设的典范和榜样，还是落实工业化和信息化深度融合的典范。

从 2000 年开始，兄弟油田也相继开展数字化建设，并取得了卓有成效的数字油田建设成果。2013 年，新疆油田开启油气生产物联网系统建设项目，进一步推动各油田物联网的研究与应用。新疆油田作为物联网项目主要编制单位之一，在风城 1 号稠油处理站和采油二厂，积极开展项目建设，边研究边总结，取得了较好的建设效果和经济效益。

在建设过程中，科研人员针对物联网建设中出现的问题，大胆提出更加科学的技术路线和优化方案，反复论证和实验，克服了一个又一个前行的难题，攻破了一个又一个技术瓶颈，油气生产物联网建设的目标和轮廓越发清晰。新疆油田积累了丰富的物联网+建设经验，汇集成物联网建设的一系列规范和要求。

2017 年，新疆油田应用新的技术成果开展红山油田的油气生产物联网建设项目，2018 年，新疆油田持续进行了建设、验证、完善和提升新一代油气生产物联网技术体系的工作。2019 年，新疆油田第一个物联网推广项目——百口泉采油厂、陆梁油田作业区、风城油田作业区开工建设，拉开了新疆油田大规模物联网建设的序幕。到 2023 年年末，新疆油田实现物联网全覆盖，真正达到"全面感知、自动操控"的目标，为新型油田管理区建设提供基础支撑。

2. 趟出一条低成本物联网建设的新路子

新疆油田在开展物联网示范工程建设过程中面临建设成本高、维护难度大的问题。对于如何克服这些难题，以及能否建立低成本物联网工程，新疆油田通过积极探索，开展科技攻关及适应性研究，最终趟出了一条低成本物联网建设和应用的新路子。

2018 年，新疆油田以设立物联网技术应用实验室为契机，着手开展新型无源无线传感技术、低功耗油气生产物联网技术及自主控制技术研究，充分发挥实验室的作用，对高低温、沙尘等恶劣环境下的仪表设备检定等进行适应性测试，对物联网建设涉及的设备及其厂商进行统一规范性评估和管理，验证进场设备性能、规格、通信等指标满足物联网建设需求，确保入场设备的合规性与可靠性，保障物联网建设质量和标准化。

新疆油田油气生产物联网系统从设计、试点到投运，都围绕"两低四新"（低成本、低功耗；新架构、新技术、新产品、新平台）开展技术创新。

新疆油田油井区域覆盖范围广，采用传统无线传输方式开展物联网建设与设备采购的成本较高，这是制约新疆油田物联网全面覆盖的重要原因。新疆油田在网络接入方式上统筹考虑当地地形地貌、天气环境、带宽需求、投入成本、供配电等因素，开始研究低功耗网络传输技术，低功耗新型数据传输技术架构把无线仪表直接与网关连接，采用星形组网结构，减少改变中间部分链路，大大降低前期实施的工作量和后期维护成本。其中，单井仪表及施工造价从过去的 2.5 万元降低到 1 万元左右，降幅 60%，后期运维成本和难度同步降低；结合太阳能技术，现场无线仪表电池寿命从原来的 1~2 年延长到 3~5 年。

为了实现数据采集的自动化和准确性，新疆油田持续不断技术创新，形成物联网系统建设可推广的五个关键成果——"一体化数字电控箱"、非侵入管夹式一体化温度变送器、边缘计算、低冲次位移采集示功仪、声表面波传感技术的应用，并申请新疆油田公司所属新型仪表专利 7 项，成果成功运用于物联网建设中，降低了物资采购费用和后期维护资金，确保低成本物联网建设架构在新疆油田的有效应用。

"两低四新"新型物联网技术较传统物联网系统的建设成本降低 40%~60%，同时缩短建设周期，降低后期运维难度，形成油气生产物联网建设低成本、广覆盖的新模式。低成本物联网建设，充分激发了科研人员的潜力，开展广泛的国产化替代研究，研制出适合新疆油田发展的新产品，走出一条适合新疆油田的低功耗、低成本物联网建设新路子，为今后更好地开展基于物联网的衍生应用打下了基础，拓宽了思路。

3. 重构生产管理模式，助力油气生产高质量发展

近年来，新疆油田公司通过大规模油气生产物联网建设与应用管理，建成了油气生产产业链的物联网，取得了组织扁平化、人员精简化、生产智能化、安全可视化、节能低碳化的效果，形成了新型油田生产管理模式，构建起"监控中心（移动指挥）—现场班组"的两级扁平化架构，生产运行转变为"无人值守、远程监控、按需巡检"，逐步凸显"一少（现场值守岗位少）、一专（专业化运维管理）、两集中（监控工作集中、运维工作集中）"的新型管理特点。生产现场向"无人化、少人化"转变，降低操作员工 60% 的劳动强度，提高劳动生产效率 40%。生产向智能化、可视化转变，数字化、智能化建设与生产管理信息系统深度融合，业务工作实现"笔尖"到"指尖"的数字化管理模式转型，油田精细管理水平进一步提升，持续提高生产时率 10%，管理方式由"人工判断+经验分析"向"自动预警+智能分析"转变，生产指挥效率提高 35%；异常处理由"事后处置"向"事前预防、事中控制"转变，故障处置效率提高 75%，生产应急事件下降 30% 以上。连续多年实现绿色清洁生产，无重大污染事故。

在生产规模、投资规模增大的情况下，新疆油田公司通过物联网建设与应用，有力支撑了桶油操作成本连续五年保持下降态势。2021 年，新疆油田采油二厂、风城油田作业区原油产量突破 450 万 t，百口泉采油厂原油产量突破 200 万 t，吉木萨尔页岩油年产量突破 40 万 t。油田生产由人工巡检转变为电子巡检后，替代了现场 54% 的人工劳动活动，劳动强度

持续下降，降低了操作员工 60% 的劳动强度；采用远程集中监控模式，将现场操作的部分员工撤回市区，促进员工的工作和生活平衡，员工幸福感明显提升。

雄关漫道真如铁，而今迈步从头越。2023 年，新疆油田物联网技术团队已经全身心投入到 APC 先进控制、生产预警预测、智能巡检机器人和国产工业控制系统 OTS 运维仿真实验室的研究与建设中，为进一步夯实物联网建设与深化应用，实现了降本增效。

思 考 题

1. 物联网数据的特点是什么？
2. 海量数据存储需要哪些技术支持？
3. 网络数据存储技术分为哪三种？
4. 云计算的三种服务模式是什么？
5. 云计算与物联网结合的方式有哪些？
6. 数据融合的分类方法有几种？
7. 普适计算的内涵是什么？
8. 普适计算与云计算的区别是什么？

第 9 章

物联网安全技术

物联网安全就是保护互联网设备及其连接的网络免受在线威胁和破坏，这是通过跨设备识别、监控和解决潜在安全漏洞来实现的。简而言之，物联网安全是保证物联网系统安全的做法。

物联网不只局限于计算机或智能手机，几乎任何有开关的东西都有连接互联网的潜力，从而成为物联网的一部分。构成物联网的"物"的庞大数量和多样性意味着它包含了大量用户数据。所有这些数据都可能被网络犯罪分子窃取或入侵，连接的设备越多，网络犯罪分子危害安全的机会就越多。

物联网安全漏洞的后果可能极具破坏性，这是因为物联网会同时影响虚拟系统和物理系统。例如，对于一辆连接互联网的智能汽车，网络犯罪分子可以入侵它以禁用某些安全功能。随着物联网在工业中变得越来越普遍，网络攻击可能会引发一系列潜在的破坏性后果。同样，在医疗保健领域，设备可能会暴露敏感的患者数据，甚至危及患者安全。在智能家居中，被侵入的设备可能允许网络犯罪分子监控人们的家。

物联网安全与传统网络安全的区别主要体现在以下两方面：

1) 已有的对传感器网（感知层）、互联网（传输层）、移动网（传输层）、云计算（处理层）等的一些安全解决方案在物联网环境中可能不适用，其原因有三，一是物联网所对应的传感器网的数量和终端物体的规模是单个传感器网无法比拟的；二是物联网所连接的终端物体的处理能力有很大差异；三是物联网处理的数据量远超现在的互联网和移动网。

2) 即使分别保证感知层、传输层和处理层的安全，也不能保证物联网的安全，其原因依旧有三，一是物联网是融几层于一体的大系统，许多安全问题来源于系统整合；二是物联网的数据共享对安全性提出了更高的要求；三是物联网的应用将对安全提出新要求，如隐私保护不属于任何一层的安全需求，却是许多物联网应用的安全需求。

9.1 物联网的安全架构

物联网安全是整个物联网体系的核心技术，也是当前物联网发展过程中面临的关键问题。因此，物联网在自身发展过程中首先需要通过自身的安全技术体系，系统解决安全问题。物联网融合了传感器网络、移动通信网络和互联网，这些网络面临的安全问题，物联网也不能避免。此外，由于物联网是一个由多种网络融合而成的易构网络，物联网不仅存在异构网络的认证、访问控制、信息存储和信息管理等安全问题，其设备还具有数量庞大、复杂多元、缺乏有效监控、节点资源有限、结构动态离散等特点，导致其安全问题比其他网络更加复杂。从保护要素的角度来看，物联网的保护要素仍然是可用性、机密性、可鉴别性与可控性，由此可以形成一个物联网安全体系。物联网体系结构如图9-1所示。

由于物联网的体系结构分为三层，物联网的安全结构也应分为三层。

感知层安全技术研究涉及访问控制机制、信任机制、数据加密、入侵检测与容侵容错机制等。感知层安全注重加强对传感网机密性的安全控制、节点认证及入侵检测，在底层信息传输环节进行安全防护。感知层安全技术结构较复杂，在保证安全防护力度的同时需要保证物联网设备的计算能力、通信能力和存储能力不受影响。

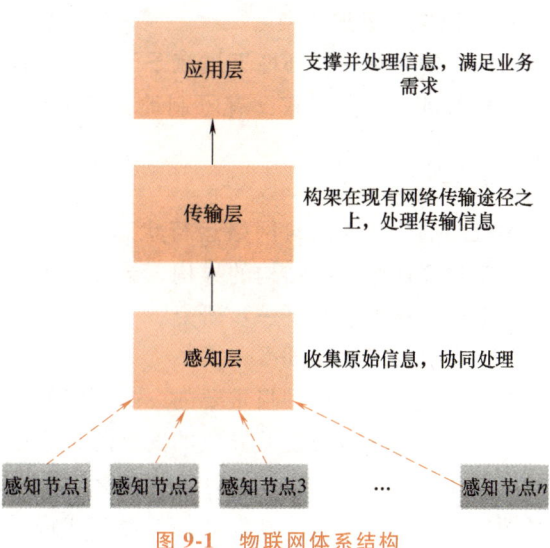

图 9-1 物联网体系结构

网络层安全技术研究涉及防火墙技术、加密技术、虚拟网络技术、病毒防护技术、入侵检测技术、访问控制技术、流量控制等。网络层安全用于保障通信安全，在通信层对数据包进行高强度处理，提供数据源地址验证、无连接数据完整性、数据机密性和有限业务流加密等安全服务。

应用层安全技术研究涉及数字签名、数字证书、内容审计、访问控制、数据备份与恢复、病毒防治、数据隐藏、业务持续性规划技术及隐私保护。应用层安全的设计重点为提升海量数据信息处理和业务控制策略的安全性和可靠性，保证各类业务及业务支撑平台的安全。

9.1.1 物联网面临的安全风险

物联网与互联网面临的安全风险有很多不同之处，主要体现在以下几方面：

1. 加密机制实施难度大

密码编码学是保障信息安全的基础。在传统 IP 网络中，加密应用通常有两种形式，即点到点加密和端到端加密。从当前学术界公认的物联网基础架构来看，不论是点到点加密，还是端到端加密，在实现方面都有困难，因为在感知层的节点上要运行一个加密/解密程序不仅需要存储开销、高速的 CPU，还要消耗节点的能量。因此，在物联网中实现加密机制原则上有可能，但是在技术实施上难度大。

2. 认证机制难以统一

传统的认证是区分不同层次的，网络层的认证只负责网络层的身份鉴别，应用层的认证只负责应用层的身份鉴别，两者独立存在。但是在物联网中，机器在大多数情况下，都拥有专门用途和管理需求，业务应用与网络通信紧紧绑在一起，因此就面临感知层、网络层和应用层三者能否统一认证的问题。

251

3. 访问控制更加复杂

访问控制在物联网环境下被赋予了新的内涵，从 TCP/IP 网络中主要给人进行访问授权变成给机器进行访问授权，有限制地分配、交互共享数据，在机器与机器之间将变得更加复杂。

4. 网络管理难以准确实施

物联网的管理涉及对网络运行状态进行定量和定性的评价、实时监测和预警等监控技术。由于物联网中网络结构的异构、寻址技术未统一、网络拓扑不稳定等原因，物联网管理的有关理论和技术有待进一步研究。

5. 网络边界难以划分

在传统安全防护中，很重要的一个原则就是基于边界的安全隔离和访问控制，并且强调针对不同的安全区域设置差异化的安全防护策略，在很大程度上依赖各区域之间明确清晰的边界。而在物联网中，存储和计算资源高度整合，无线网络应用普遍，安全设备的部署边界已经消失，这也意味着安全设备的部署方式将不再像传统的安全建设模型一样。

6. 设备难以统一管理

在物联网中，设备大小不一、存储和处理能力不一致导致管理和安全信息的传递与处理难以统一；设备可能无人值守、丢失、处于运动状态，连接可能时断时续、可信度差，种种因素增加了设备管理的复杂度。

综上所述，可知物联网面临的威胁多种多样、复杂多变，因此需要趋利避害，未雨绸缪，充分认识物联网面临的安全形势的严峻性，尽早研究保障物联网安全的标准规范，制定物联网安全发展的法律、政策，通过法律、行政、经济等手段，使我国物联网真正发展成为一个开放、安全、可信任的网络。

9.1.2　物联网系统安全架构的组成

1. 感知层的安全架构

在网络内部，需要有效的密钥管理机制，用于保障传感网内部通信的安全。网络内部的安全路由、连通性解决方案等都可以相对独立地使用。由于网络类型的多样性，很难统一要求有哪些安全服务，但机密性和认证性都是必需的。机密性需要在通信时建立一个临时会话密钥，而认证性可以通过对称密码或非对称密码方案来解决。使用对称密码的认证方案需要预置节点间的共享密钥，其效率较高，消耗网络节点的资源较少，因而被许多网络采用；使用非对称密码方案的传感网一般具有较好的计算和通信能力，并且对安全性要求更高。在认证的基础上完成密钥协商是建立会话密钥的必要步骤，安全路由和入侵检测等也是网络应具有的性能。

由于物联网环境中遭受外部攻击的可能性增大，用于独立传感网的传统安全解决方案需要提升安全等级后才能使用，也就是说其对安全的要求更高，这只是量的要求，没有质的变化。相应地，网络的安全需求所涉及的密码技术包括轻量级密码算法、轻量级密码协议、可设定安全等级的密码技术等。

2. 网络层的安全架构

网络层的安全架构可分为端到端机密性和节点到节点机密性。对于端到端机密性而言，需要建立诸如端到端认证机制、端到端密钥协商机制、密钥管理机制和机密性算法选取机制等安全机制。在这些安全机制中，根据需求可以增加数据完整性服务。对于节点到节点机密性而言，需要节点间的认证和密钥协商协议，这类协议重点考虑效率因素。机密性算法的选取和数据完整性服务则可以根据需求选取或省略。考虑到跨网络架构的安全需求，需要建立不同网络环境的认证衔接机制。另外，根据应用层的不同需求，网络传输模式可能分为单播通信、组播通信和广播通信，针对不同类型的通信模式，应该有相应的认证机制和机密性保护机制。简言之，网络层的安全架构主要包括以下几方面：

1）节点认证、数据机密性、完整性、数据流机密性、DDoS 攻击的检测与预防。

2）移动网中 AKA（Authentication and Key Agreement，认证与密钥协商）机制的一致性或兼容性、跨域认证和跨网络认证（基于 IMSI（International Mobile Subscriber Identity，国际移动用户识别码））。

3）相应的密码技术，包括密钥管理（密钥基础设施和密钥协商）、端对端加密和节点对节点加密、密码算法和协议等。

4）组播和广播通信的认证性、机密性和完整性安全机制。

3. 应用层的安全架构

基于物联网综合应用层的安全挑战和安全需求，需要用到下列安全机制：

1）有效的数据库访问控制和内容筛选机制。
2）不同场景的隐私信息保护技术。
3）叛逆追踪和其他信息泄露追踪机制。
4）有效的计算机取证技术。
5）安全的计算机数据销毁技术。
6）安全的电子产品和软件的知识产权保护技术。
7）可靠的认证机制和密钥管理方案。
8）高强度数据机密性和完整性服务。
9）可靠的密钥管理机制，包括密钥基础设施和对称密钥的有机结合机制。
10）可靠的高智能处理手段。
11）入侵检测和病毒检测。
12）恶意指令分析和预防、访问控制及灾难恢复机制。
13）保密日志跟踪和行为分析、恶意行为模型的建立。
14）密文查询、秘密数据挖掘、安全多方计算、安全云计算技术等。
15）移动设备文件（包括秘密文件）的可备份和恢复。
16）移动设备识别、定位和追踪机制。

针对这些安全机制，需要发展相关的密码技术，包括访问控制、匿名签名、匿名认证、密文验证（包括同态加密）、门限密码、叛逆追踪、数字水印、指纹技术等。

9.2 物联网的安全威胁

1. 感知层安全

感知层主要用于采集物理世界中发生的物理事件和信息，包括各种物理量、标识、音频、视频等，感知层在物联网中的作用类似于人的感觉器官对人体系统的作用，主要用来感知外界环境的温度、湿度、压强、光照度、气压、受力情况等信息，以识别物体和感知物理相关信息。

如果感知节点所感知的信息未采取安全防护或者安全防护的强度不够，则可能被第三方非法获取，甚至可能造成很大的危害。由于安全防护措施的成本或者使用便利性等因素，某些感知节点可能不会或者采取很简单的信息安全防护措施，这将导致大量的信息被公开传输，或许在意想不到的时候引起严重后果。感知层普遍的安全威胁是某些普通节点被攻击者控制之后，其与关键节点交互的所有信息都将被攻击者获取。攻击者的目的除了窃取信息，还可能通过其控制的感知节点发出错误的信息，从而影响系统的正常运行。感知层安全措施必须能够判断和阻断恶意节点，并且需要在阻断恶意节点后，保证感知层的连通性。

物联网感知层的任务是实现智能感知外界信息功能，包括信息采集、捕获和物体识别。该层的典型设备包括 RFID 装置、各类传感器（如红外、超声波、温度、湿度、速度等）、图像捕捉装置（摄像头）、全球定位系统（GPS）、激光扫描仪等，其涉及的关键技术包括传感器、RFID、自组织网络、短距离无线通信、低功耗路由等。

(1) 传感技术及其联网安全 感知层可能遇到的安全挑战包括下列情况：

1）网关节点被对手控制——安全性全部丢失。

2）普通节点被对手控制（对手掌握节点密钥）。

3）普通节点被对手捕获（由于没有得到节点密钥，没有被控制）。

4）节点（普通节点或网关节点）受到来自于网络的拒绝服务（Denial of Service，DoS）攻击。

5）接入物联网的超大量节点的标识、识别、认证和控制问题。

对手捕获网关节点不等于控制该节点，一个网关节点实际被对手控制的可能性很小，因为需要掌握该节点的密钥（与内部节点通信的密钥或与远程信息处理平台共享的密钥），而这是很困难的。如果对手掌握了一个网关节点与内部节点的共享密钥，则可以控制网关节点，并由此获得通过该网关节点传出的所有信息；反之，对手就不能篡改发送的信息，只能阻止部分或全部信息的发送，但容易被远程信息处理平台觉察。因此，若能识别一个被对手控制的传感网，即可降低甚至避免由对手控制的节点传来的虚假信息所造成的损失。

网络接入互联网或其他类型网络所带来的问题不只是如何对抗外来攻击的问题，更重要的是如何与外部设备相互认证，而认证过程又需要特别考虑传感网资源的有限性，因此认证机制需要的计算和通信代价都要尽可能小。此外，对于外部互联网来说，其所连接的不同网络的数量可能是一个庞大的数字，如何区分这些网络及其内部节点，并有效地识别它们，是安全机制能够建立的前提。

针对上述挑战，感知层的安全需求可以归结为以下五点：

1）机密性。多数网络内部不需要认证和密钥管理，如统一部署的共享一个密钥的传感网。

2）密钥协商。部分内部节点进行数据传输前需要预先协商会话密钥。

3）节点认证。个别网络（特别是在数据共享时）需要节点认证，以确保非法节点不被接入。

4）信誉评估。一些重要网络需要对可能被对手控制的节点行为进行评估，以降低对手入侵后的危害（某种程度上相当于入侵检测）。

5）安全路由。几乎所有网络内部都需要不同的安全路由技术。

目前，传感器网络安全技术主要包括基本安全框架、密钥分配、安全路由、入侵检测和加密技术等。安全框架主要有 SPIN（包含 SNEP 和 uTESLA 两个安全协议）、Tiny Sec、参数化跳频、LISP、LEAP 协议等。传感器网络的密钥分配主要倾向于采用随机预分配模型的密钥分配方案。安全路由技术常采用的方法是加入容侵策略。入侵检测技术常作为信息安全的第二道防线，其主要包括被动监听检测和主动检测两类。除了上述安全保护技术，由于物联网节点资源受限，并且是高密度冗余撒布，不可能在每个节点上运行一个全功能的入侵检测系统（IDS）。因此，对于如何在传感网中合理分布 IDS，有待于进一步研究。

（2）RFID 相关安全问题　如果说传感技术是用来标识物体的动态属性，那么物联网中采用 RFID 标签就是对物体静态属性的标识，即构成物体感知的前提。RFID 是一种非接触式的自动识别技术，通过射频信号自动识别目标对象并获取相关数据，识别工作无须人工干预。RFID 也是一种简单的无线系统，用于控制、检测和跟踪物体。人们在互联网中可能无法辨别对方的身份，但是在物联网应用高度发展的时代，RFID 被贴在很多货物上，甚至会被嵌入一些特殊人员（如患者、被监控人员）的体内。由于传感器与光学摄像设备无处不在，人们日常的一些信息可能会被记录在数据库中，如去过什么地方、给谁打过电话、网上购物与信用卡记录等，通过"挖掘"这些信息，可能会涉及个人隐私的安全问题。因此，RFID 相关安全问题的研究就显得极为重要。采用 RFID 技术的网络通常涉及以下安全问题：

1）标签本身的访问缺陷。任何用户（授权或未授权的）都可以通过合法的读写器读取 RFID 标签，而标签的可重写性使得标签中数据的安全性、有效性和完整性都得不到保证。

2）通信链路的安全。当电子标签向读写器传送数据，或者读写器从电子标签上查询数据时，数据通过无线电波在空中传播。在这个通信过程中，数据容易受到攻击，即所谓的通信链路安全问题，通常包括以下三方面：

① 非法读写器截获数据。非法读写器能中途截取标签传输的数据。

② 第三方堵塞数据。非法用户可以利用某种方式去堵塞数据和读写器之间的正常传输。

③ 伪造标签发送数据。伪造的标签向读写器提供无用信息或者错误数据，从而可以有效地欺骗 RFID 系统接收、处理并执行错误的电子标签数据。

3）移动 RFID 的安全。移动 RFID 主要存在假冒和非授权服务访问问题。目前，实现 RFID 安全性机制所采用的方法主要有物理方法、密码机制及二者结合的方法。

应如何设计 RFID 电子标签在应用中的安全机制？首先需要探讨存储型 RFID 电子标签在应用中的安全设计。存储型 RFID 电子标签主要通过快速读取 ID 号来达到识别的目的，应用于动物识别、跟踪追溯等方面。这种应用对于标签存储数据的要求则不高，多是应用唯一序列号的自动识别功能。

如果部分容量稍大的存储型 RFID 电子标签想在芯片内存储数据，只需对数据做加密后写入芯片，这样信息的安全性主要由应用系统密钥体系的安全性来决定，与存储型 RFID 本身没有太大关系。

逻辑加密型的 RFID 电子标签应用极其广泛，其中还可能涉及小额消费功能，因此其安全设计是极其重要的。逻辑加密型的 RFID 电子标签内部存储区一般按块分布，并有密钥控制位设置每个数据块的安全属性。控制逻辑加密认证的流程要求所有环节都必须成功完成。只有在所有环节都成功的情况下，验证才会被视为成功，如果任何一个环节失败，则整个验证过程将视为失败。这种验证方式可以说是非常安全的，破解强度也是非常大的。

(3) 无线传感器网络安全　无线传感器网络作为计算、通信和传感器三项技术相结合的产物，是一种新的信息获取和处理技术。微制造技术、通信技术及电池技术的改进，促使微型传感器具有感应、无线通信及处理信息的能力。此类传感器不但能够感应及侦测环境的目标物及改变，也可以处理收集到的数据，并将处理后的资料以无线传输的方式发送到数据收集中心或基地台。这些微型传感器通常由传感部件、数据处理部件和通信部件组成，随机分布在集成有传感器、数据处理单元和通信模块的微小节点上，通过自组织的方式构成网络。借助于节点内置的形式多样的传感器，测量周边环境中的热、红外、声呐、雷达和地震波信号，从而探测包括温度、湿度、噪声、光强度、压力、土壤成分，以及移动物体的大小、速度和方向等众多用户感兴趣的物质现象。在通信方式上，虽然可以采用有线、无线、红外和光等形式，但认为短距离的无线低功率通信技术更适合传感器网络使用，一般称为无线传感器网络。

由于传感器网络自身的一些特性，其在各个协议层都容易遭受各种形式的攻击。下面着重分析网络传输底层易遭受的攻击形式。

1) 物理层的攻击和防御。物理层中的主要安全问题是如何建立有效的数据加密机制。由于传感器节点的限制，其有限的计算能力和存储空间使基于公钥的密码体制难以应用于无线传感器网络。为了节省传感器网络的能量开销并提供整体性能，应尽量采用轻量级的对称加密算法。

通过在多种嵌入式平台构架上分别测试 RC4、RC5 和 IDEA 等 5 种常用的对称加密算法的计算开销，证明在无线传感器平台上性能最佳的对称加密算法是 RC4，而不是目前传感器网络中所使用的 RC5。

由于对称加密算法的局限性，不能方便地进行数字签名和身份认证，给无线传感器网络安全机制的设计带来了极大的困难，因此高效的公钥算法是无线传感器网络安全亟待解决的问题。

2) 链路层的攻击和防御。数据链路层或介质访问控制层为邻居节点提供了可靠的通信通道，在 MAC 层协议中，节点通过监测邻居节点是否发送数据来确定自身能否访问通信信道。但是这种载波监听方式容易遭到拒绝服务（DoS）攻击。在某些 MAC 层协议中，使用载波监听的方法与相邻节点协调使用信道。当发生信道冲突时，节点使用二进制指数倒退算法来确定重新发送数据的时机，攻击者只需要产生一个字节的冲突就可以破坏整个数据包的发送，因为部分数据的冲突就会导致接收者对数据包的"校验和"不匹配，进而导致接收者发送数据冲突的应答控制信息 ACK，使发送节点根据二进制指数倒退算法重新选择发送时机。如此反复冲突，节点会不断倒退，从而导致信道阻塞。恶意节点有计划地重复占用信道比长期阻塞信道花费的能量更少，并且相对于节点载波监听的开销，攻击者所消耗的能量也非常小，对于能量有限的节点，这种攻击能很快耗尽节点的能量。由此可知，载波冲突是一种有效的 DoS 攻击方法。

虽然纠错码提供了消息容错的机制，但是纠错码只能处理信道偶然错误，而一个恶意节点可以破坏比纠错码所能恢复的错误更多的信息。纠错码本身也会产生额外的处理和通信开销。

解决方法就是对 MAC 协议的准入控制进行限速，使网络自动忽略过多请求，从而不必对于每个请求都应答，节省了通信开销。但是采用时分多路算法的 MAC 协议系统的开销通常较大，不利于传感器节点节省能量。

3) 网络层的攻击和防御。通常在无线传感器网络中，大量的传感器节点密集分布在一个区域里，消息可能需要经过若干节点才能到达目的地，并且由于传感器网络的动态性，没有固定的基础结构，因而每个节点都需要具有路由的功能。于是每个节点都是潜在的路由节点，更容易受到攻击。由于无线传感器网络遭受的主要攻击种类较多，下面只进行简单的介绍。

虚假路由信息：通过欺骗、更改和重发路由信息，攻击者可以创建路由环，吸引或者拒绝网络信息流通量，延长或者缩短路由路径，形成虚假的错误消息，分割网络，增加端到端的时延。

选择性转发：节点收到数据包后，有选择地转发或者根本不转发收到的数据包，导致数据包不能到达目的地。

污水池（Sinkhole）攻击：攻击者通过声称自己电源充足、性能可靠且高效，使泄密节点在路由算法上对周围节点具有特别的吸引力，以吸引周围的节点选择它作为路由路径中的节点，从而诱导该区域几乎所有的数据流通过此泄密节点。

女巫（Sybil）攻击：在这种攻击中，单个节点以多种身份出现在网络中的其他节点面前，以期有更高概率被其他节点选作路由路径中的节点，随后和其他攻击方法结合使用，以达到攻击的目的。这种攻击降低了具有容错功能的路由方案的容错效果，并对路由协议产生重大威胁。

蠕虫洞（Wormholes）攻击：攻击者通过低延时链路将某个网络分区中的消息发往网络的另一分区重放。常见的形式是两个恶意节点相互串通，合谋进行攻击。

泛洪（Hello）攻击：很多路由协议需要传感器节点定时发送 Hello 包，以声明自己是其他节点的邻居节点，而收到该 Hello 报文的节点会假定自身处于发送者正常的无线传输范围内。事实上，该节点离恶意节点距离较远，以普通的发射功率传输的数据包根本到不了目的地。网络层路由协议为整个无线传感器网络提供了关键的路由服务，若受到攻击后果非常严重。

安全是系统可用的前提，需要在保证通信安全的前提下，降低系统开销，研究可行的安全算法。由于无线传感器网络受到的安全威胁和移动 Ad hoc（自组织无线网络）不同，现有的网络安全机制无法应用于此领域，需要开发专门协议。对此，目前主要存在两种思路，其中一种思路是从维护路由安全的角度出发，寻找尽可能安全的路由以保证网络安全。如果路由协议被破坏导致传送的消息被篡改，那么对于应用层上的数据包来说就没有任何安全性可言。一种方法是"有安全意识的路由"（SAR），其思路是找出真实值和节点之间的关系，并利用这些真实值来生成安全的路由。该方法解决了两个问题，即如何保证数据在安全路径中传送和路由协议中的信息安全性。在这种模型中，当节点的安全等级达不到要求时，就会自动从路由选择中退出以保证整个网络的路由安全，可以通过多径路由算法改善系统的稳健性，数据包通过路由选择算法在多径路径中向前传送，在接收端内通过前向纠错技术得到重建。

另一种思路是把着重点放在安全协议方面，在此领域也出现了大量的研究成果。假定传感器网络的任务是为高级政要人员提供安全保护，提供一个安全解决方案将为解决这类安全问题带来一个合适的模型。在具体的技术实现上，先假定基站总是正常工作的，并且总是安全的，满足必要的计算速度、存储器容量要求，基站功率满足加密和路由的要求；通信模式是点到点，通过端到端的加密保证了数据传输的安全性；射频层总是正常工作的。基于以上前提，典型的安全问题可以归结为以下四项：

① 目信息被非法用户截获。
② 一个节点遭破坏。
③ 识别伪节点。
④ 如何向已有传感器网络添加合法的节点。

此方案不采用任何路由机制，每个节点和基站分享一个唯一的 64 位密匙和一个公共密匙，发送端会对数据进行加密，接收端在收到数据后，根据数据中的地址，选择相应的密匙对数据进行解密。

2. 网络层安全

网络层是在现有的通信网和因特网的基础上建立起来的，其关键技术既包括现有的通信技术，也包括终端技术。网络层不仅能使用户随时随地获得服务，更重要的是通过有线与无线的结合，以及移动通信技术和各种网络技术的协同，为用户提供智能选择接入网络的模式。

物联网网络层的网络环境与当前的互联网网络环境一样，也存在安全挑战，而由于其中涉及大量异构网络的互联互通，跨网络安全域的安全认证等方面的问题会更加严重。网络层很可能面临非侵权节点非法接入的问题，如果网络层不采取网络接入措施，很可能被非法接入，其结果可能是网络层负担加重或者传输错误信息。互联网或者下一代网络将是物联网网络层的核心载体，互联网遇到的各种攻击仍然存在，甚至更多，因而需要有更好的安全防护措施和抗毁容灾机制。物联网终端设备的防护能力也有很大差别，传统互联网安全方案难以满足需求，也很难采用通用的安全方案解决所有问题，必须针对具体需求设计多种安全方案。

物联网网络层主要实现信息的转发和传送，它将感知层获取的信息传送到远端，为数据在远端进行智能处理和分析决策提供强有力的支持。考虑到物联网本身具有专业性的特征，其基础网络可以是互联网，也可以是具体的某个行业网络。物联网的网络层按功能可以大致分为接入层和核心层，因此物联网的网络层安全主要体现在以下两方面：

（1）来自物联网本身的架构、接入方式和各种设备的安全问题 物联网的接入层将采用诸如移动互联网、有线网、WiFi、WiMAX 等无线接入技术。接入层的异构性使得如何为终端提供移动性管理以保证异构网络间节点漫游和服务的无缝移动成为研究的重点，其中安全问题的解决将得益于切换技术和位置管理技术的进一步研究。另外，由于物联网接入方式将主要依靠移动通信网络，移动网络中移动站与固定网络端之间的所有通信都是通过无线接口来传输的，但是无线接口是开放的，任何使用无线设备的个体均可以通过窃听无线信道来获得其中传输的信息，甚至可以修改、插入、删除或重传无线接口中传输的消息，从而达到假冒移动用户身份以欺骗网络端的目的。因此，移动通信网络存在无线窃听、身份假冒和数据篡改等不安全的因素。

（2）进行数据传输的网络相关安全问题 物联网的网络核心层主要依赖于传统网络技术，其面临的最大问题是现有的网络地址空间短缺，正在推进的 IPv6 技术有望提供解决方法。IPv6 采纳 IPSec 协议，在 IP 层上对数据包进行高强度的安全处理，提供数据源地址验证、无连接数据完整性、数据机密性、抗重播和有限业务流加密等安全服务。然而，任何技术都不是完美的，实际上 IPv4 网络环境中的大部分安全风险在 IPv6 网络环境中仍将存在，并且某些安全风险会随着 IPv6 新特性的引入而变得更加严重。首先，分布式拒绝服务（DDoS）攻击等异常流量攻击仍然猖獗，甚至更为严重，主要包括 TCP-flood、UDP-flood 等 DDoS 攻击，以及 IPv6 协议本身机制的缺陷所引起的攻击；其次，针对域名服务器（DNS）的攻击仍将继续存在，并且在 IPv6 网络中提供域名服务的 DNS 更容易成为黑客攻击的目标；最后，IPv6 协议作为网络层的协议，仅对网络层安全有影响，其他（包括物理层、数据链路层、传输层、应用层等）各层的安全风险在 IPv6 网络中仍将保持不变。此外，采用 IPv6 替换 IPv4 协议需要一段时间，向 IPv6 过渡只能采用逐步演进的方法，为解决两者间互通所采取的各种措施都将带来新的安全风险。

3. 应用层安全

应用层包括各种业务或者服务所需的应用处理系统。这些系统利用感知的信息来处理、分析、执行不同的业务，并把处理的信息反馈以进行更新，为终端使用者提供服务，使得整个物联网的每个环节更加连续和智能。

物联网应用是信息技术与行业专业技术紧密结合的产物。物联网应用层充分体现了物联网智能处理的特点，其涉及业务管理、中间件、数据挖掘等技术。物联网应用层涉及方方面面的应用，智能化是其重要特征。智能化应用能够很好地处理海量数据，满足使用需求，但是智能化应用一旦被攻击者利用，将造成更严重的后果。

应用层的安全挑战和安全需求主要来自于下述几方面：

① 如何根据不同访问权限对同一数据库内容进行筛选；② 如何提供用户隐私信息保护，同时又能正确认证；③ 如何解决信息泄露追踪问题；④ 如何进行计算机取证；⑤ 如何销毁计算机数据；⑥ 如何保护电子产品和软件的知识产权。

物联网需要根据不同应用需求对共享数据分配不同的访问权限，并且不同权限访问同一数据可能得到不同结果。例如，道路交通监控视频数据在用于城市规划时只需要很低的分辨率，因为城市规划需要的是交通堵塞的大致情况；当用于交通管制时就需要清晰一些，因为需要知道交通实际情况，以便能及时发现哪里发生了交通事故，以及交通事故的基本情况等；当用于公安侦查时，可能需要更清晰的图像，以便能准确识别重要信息。因此，如何以安全方式处理信息是实际应用中的一项挑战。

考虑到物联网涉及多领域多行业，广域范围的海量数据信息处理和业务控制策略将在安全性和可靠性方面面临巨大挑战，尤其是业务控制和管理、中间件及隐私保护等安全问题。

(1) 业务控制和管理 由于物联网设备是先部署后联网，而物联网节点又无人值守，如何对物联网设备远程签约，以及如何对业务信息进行配置成为难题。另外，庞大且多样化的物联网需要一个强大而统一的安全管理平台，否则单独的平台会被各式各样的物联网应用所淹没，但这样将使如何对物联网设备的日志等安全信息进行管理成为新的问题，并且可能割裂网络与业务平台之间的信任关系，导致新一轮安全问题的产生。传统的认证是区分不同层次的，网络层的认证负责网络层的身份鉴别，业务层的认证负责业务层的身份鉴别，两者独立存在。但在大多数情况下，物联网设备都拥有专门的用途，因此其业务应用与网络通信紧紧地绑在一起，很难独立存在。

(2) 中间件 如果把物联网系统和人体做比较，感知层相当于人体的四肢，传输层相当于人的身体和内脏，那么应用层就类似人的大脑，软件和中间件则是物联网系统的灵魂和中枢神经。目前，使用最多的中间件系统包括 CORBA、DCOM、J2EE/EJB，以及被视为下一代分布式系统核心技术的 Web Services。

在物联网中，中间件处于物联网的集成服务器端和感知层、传输层的嵌入式设备中。服务器端中间件称为物联网业务基础中间件，一般都是基于传统的中间件（应用服务器、ESB/MQ 等），加入设备连接和图形化组态展示模块构建的；嵌入式中间件是一些支持不同通信协议的模块和运行环境。中间件的特点是固化了很多通用功能，但在具体应用中多半需要二次开发来实现个性化的行业业务需求，因此所有物联网中间件都要提供快速开发（RAD）工具。

(3) 隐私保护　在物联网发展过程中，大量的数据涉及个体隐私问题（如个人出行路线、消费习惯、个体位置信息、健康状况、企业产品信息等），因此隐私保护是必须考虑的一个问题。如何设计不同场景、不同等级的隐私保护技术将是物联网安全技术研究的热点。当前隐私保护方法主要有两个发展方向：一是对等计算（P2P），通过直接交换共享计算机资源和服务；二是语义 Web，通过规范定义和组织信息内容，使之具有语义信息，能被计算机理解，从而实现与人的相互沟通。需要隐私保护的应用至少包括以下几种：

1）移动用户既需要知道（或被合法知道）其位置信息，又不愿意非法用户获取该信息。

2）用户既需要证明自己合法使用某种业务，又不想让他人知道自己在使用某种业务，如在线游戏。

3）病人急救时需要及时获得该病人的电子病历信息，又要保护该病历信息不被非法获取，包括病历数据管理员。事实上，电子病历数据库的管理人员可能有机会获得电子病历的内容，但隐私保护采用某种管理和技术手段使病历内容与病人身份信息在电子病历数据库中无关联。

4）许多业务需要匿名性，如网络投票。在很多情况下，用户信息是认证过程的必需信息，如何对这些信息提供隐私保护是一个具有挑战性的问题，但又是必须解决的问题。例如，医疗病历的管理系统需要病人的相关信息来获取正确的病历数据，但要避免该病历数据跟病人的身份信息相关联。在应用过程中，主治医生知道病人的病历数据，尽管这会对隐私信息的保护带来一定的困难，但可以通过密码技术手段掌握医生泄露病人病历信息的证据。

9.3　物联网安全关键技术

1. 密钥管理技术

密钥管理技术是物联网安全技术最基础的部分，对物联网信息和隐私安全的保护均有至关重要的作用。物联网密钥在管理过程中，需要将物联网自身的管理体系进行统一，形成密钥统一管理的系统，以确保能够及时解决各种网络问题，并对密钥的管理做合理的分配。当前物联网密钥管理系统存在以下问题：①尚未构建统一的密钥管理系统，不符合物联网的体系架构；②传感器网络密钥管理问题有待解决，包括密钥的更新、分配等问题。在密钥管理系统实施的过程中，按照当前的技术体系，主要有集中式管理和分布式管理两种管理类型。物联网密钥的集中式管理，主要通过与互联网中心进行结合来对密钥进行科学分配，提高物联网密钥的管理能力和管理效率。同时，在这种管理方式中，也可以做到传感器网络与密钥中心的交互，从而对密钥的管理能力进行优化。

在物联网密钥的分布式管理过程中，主要是在充分考虑传感器运行过程中各种要求的基础上，通过移动通信网络解决相应的问题，从而形成密钥管理的网络化结构。当前分布式物联网密钥在管理的过程中，也充分地结合了无线传感器技术，实现有线网络资源下的无线网络形式，并对传感器的节点进行有效分配，提高密钥管理的安全性。

目前，物联网密钥管理分配中心的分配方式主要包括三种，即分配中心分配方式、预分配分配方式及分组分簇分配方式，如图 9-2 所示。

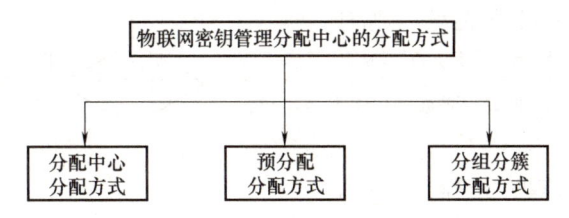

图 9-2 物联网密钥管理分配中心的分配方式

其中，无线传感器网络的密匙管理系统的设计在很大程度上受到其自身特征的限制，因此在设计需求上与有线网络和传统的资源不受限制的无线网络有所不同，特别需要充分考虑无线传感器网络传感节点的限制和网络组网与路由的特征。它的安全需求主要体现在以下五方面。

（1）**密匙生成或更新算法的安全性** 利用该算法生成的密匙应具备一定的安全强度，不能被网络攻击者轻易破解，或者花很小的代价破解，即加密后要保证数据包的机密性。

（2）**前向私密性** 对于中途退出传感器网络或者被俘房的恶意节点，在周期性的密匙更新或者撤销后无法再利用先前所获知的密匙信息生成合法的密匙继续参与网络通信，即无法参与报文解密或者生成有效的可认证的报文。

（3）**后向私密性和可扩展性** 新加入传感器网络的合法节点可利用新分发或者周期性更新的密匙参与网络的正常通信，即进行报文的加解密和认证行为等，并且能够保障网络是可扩展的，即允许大量新节点的加入。

（4）**抗同谋攻击** 在传感器网络中，若干节点被俘房后，其所掌握的密匙信息可能会造成网络局部范围的泄密，但不应对整个网络的运行造成破坏性或损毁性的后果。即密匙系统要能够抗同谋攻击。

（5）**源端认证性和新鲜性** 源端认证要求发送方身份的可认证性和消息的可认证性，即任何一个网络数据包都能通过认证和追踪找到其发送源，并且是不可否认的。新鲜性则保证合法的节点在一定的延迟许可内能收到所需的信息，新鲜性除了和密匙管理方案紧密相关，与传感器网络的时间同步技术和路由算法也有很大的关联。

2. 安全路由协议

安全路由协议是物联网安全管理中的核心技术之一，主要通过多种网络跨越来实现信息传输过程中各个节点的安全性。在信息传输过程中，发报节点 M 对信宿节点 A 进行信息传输，如果信息缓存过程中缺少与 A 相对应的路由，物联网信息中心就会通过广播形式进行路由的发现与匹配，以形成路由的安全传输。

在广播过程中，路由传输过程中的发报节点的标识为 IDM，信宿节点的标识为 IDA，在广播中会形成分组的序列号 SEQ，以此来匹配出发报节点在经过路由传输过程中的最低信任度要求 Tmin。之后，结合 SEQ，询问 Route List（路由列表）是否处理过该消息，如果处理过该消息，则经过 TTL（Time To Live，生存时间）询问该消息是否失效，如果没有失效，则对 TTL 进行修改，并经过物联网中心广播进行安全路由的寻找，详细过程如图 9-3 所示。

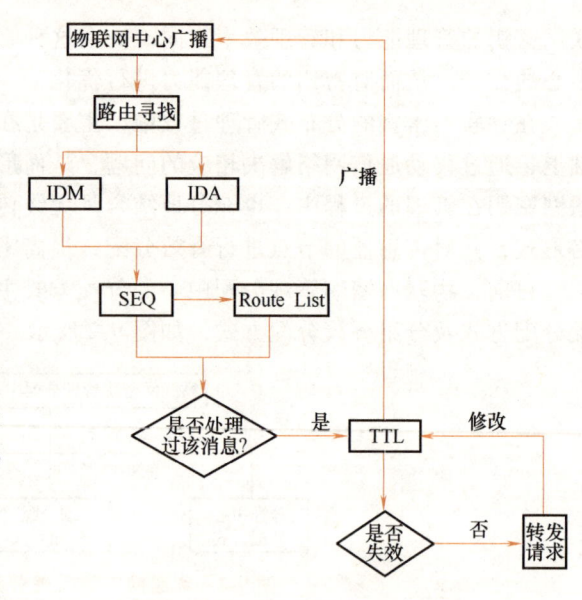

图 9-3 安全路由协议的发现过程

物联网安全路由协议在运作过程中，一般会结合攻击性与防御性的特点，进行自身的分类，对路由信息欺骗进行主动防御与攻击，保障信息数据通过路由进行安全传输，以此来推动路由协议的层次化。

无线传感器网络路由协议常受到以下攻击：虚假路由信息攻击、选择性转发攻击、污水池攻击、女巫攻击、虫洞攻击、泛洪攻击、确认攻击等。表 9-1 列出了一些针对路由协议的安全威胁，表 9-2 则给出抗击这些攻击可以采用的方法。针对无线传感器网络中数据传送的特点，目前已提出许多较为有效的路由技术。

表 9-1 路由协议的安全威胁

路由协议	安全威胁（攻击类型）
TinyOS 信标	虚假路由信息、选择性转发、污水池、女巫、虫洞、泛洪
定向扩散	虚假路由信息、选择性转发、污水池、女巫、虫洞、泛洪
地理位置路由	虚假路由信息、选择性转发、女巫
最低成本转发	虚假路由信息、选择性转发、污水池、女巫、虫洞、泛洪
谣传路由	虚假路由信息、选择性转发、污水池、女巫、虫洞
能量节约的拓扑维护（SPAN、CAF、CEC、AFECA）	虚假路由信息、女巫、泛洪
聚簇路由协议（LEACH、TEEN）	选择性转发、泛洪

表 9-2 传感器网络攻击的解决方法

攻击类型	解决方法
外部攻击和链路层安全	链路层加密和认证
女巫	身份验证
泛洪	双向链路认证
虫洞和污水池	很难防御，必须在设计路由协议时考虑，如基于地理位置路由等
选择性转发	多径路由技术
认证广播和泛洪	广播认证

3. 抗毁性技术

抗毁性技术是指物联网安全管理过程中，能够根据自身的鲁棒性（选择攻击或者选择故障回避）进行设备的选择，以确定最安全与最佳的传输路径。相比于互联网设备，物联网设备所面临的攻击危险通常较大，导致物联网设备运行过程中的鲁棒性面临重要的挑战。因此，物联网设备要能够通过自身的抗毁性技术对设备的故障进行分析，并及时对外界攻击进行回应，以此来保障自身运作的安全性。

工业无线传感器网络规模较大，并且在区域内常采用簇结构模型，每个传感器节点具有数据传输周期性。工业无线传感器网络的数据传输原理：具有环境感知和数据采集能力的簇内成员节点（如工业环境中的各类温度、湿度传感器，生产制造设备上的红外传感器和重力传感器，生产原料上的终端识别码，物流运输设备上的传感器和定位装置，以及工人携带的移动智能设备）安装在工业环境中的各类生产要素内；簇头节点负责管理无线传感器网络簇内的成员节点，收集它们采集的数据，以单跳或多跳传输方式转发给汇聚节点；汇聚节点主要负责收集全网的环境数据，通过网关节点与无线网络、有线网络、互联网等其他网络相连，把采集的数据传输到相应的应用服务器进行自动化分析或人工管理。由于工业无线传感器网络传输的数据常涵盖声音、图像和视频等大体量异构数据，而传感器网络的链路带宽非常有限，常因为传输内容超大、网络负载过多而导致链路阻塞，甚至节点失效。该问题的发生会导致网络负载重分配的连续多次运行，出现多次重分配下的节点级联失效，严重影响网络拓扑的正常演化。针对网络级联失效的问题，学者展开了研究，建立了多种模型，如AC-blackout（a cascading failure blackout）模型等，但这些模型对以数据为中心的无线传感器网络研究较少。因此《工业无线传感器网络抗毁性关键技术研究》一文在拓扑演化的基础上，考虑真实情形下的工业无线传感器网络普遍存在的分簇结构，引入负载-容量模型和负载分配策略，结合中继负载与感知负载的概念，建立了参数可调的分簇级联失效模型，对工业无线分簇传感器网络进行级联失效分析，通过理论推导与仿真分析相结合的方式，验证了分簇级联失效模型对分簇网络级联失效抗毁性能的影响，在此基础上，基于节点容量扩充方式，提出一种网络级联失效抗毁性能提升方法，用于解决分簇网络级联失效抗毁性优化难题。

4. 身份管理技术

身份管理技术也是物联网安全运行的必要保障。该技术需要对物联网设备、用户和服务之间的关系进行梳理，以为后续的身份管理认证、身份与服务授权、网络行为审计等安全过程的开展提供保障。在物联网运行过程中，会根据具体的场景提供相应解决方案的认证与管理，在认证与管理过程中，对于可信性较低的设备或者不可信的设备进行新的授权管理方式的设置，引导用户在新的授权管理方式中进行认证与管理。同时，在身份认证过程中，允许各个域场景之间的跨越式访问。在物联网用户与设备身份的信任管理过程中，要能够通过网络行为审计的方式保证每一个网络行为都能够在实体设备或者用户数据中进行存储，通过数据的记录与分析来保证管理的安全性。

在身份认证中，保密性和及时性是密钥交换的两个重要问题。为了防止假冒和会话密钥的泄密，用户标识和会话密钥等重要信息必须以秘文的形式传送，这就需要事前准备好能用于这一目的的主密钥或公钥。在最坏的情况下，攻击者可以利用重放攻击威胁会话密钥，或者成功假冒另一方，因此，及时性可以保证用户身份的可信度。

常用的身份认证方法有用户名/密码方式、IC卡认证方式、动态口令方式、生物特征认证方式及USB密钥认证方式等。

此外，个人特征则具有终生不变的特点，如DNA、视网膜、虹膜、指纹等，也可以作为常用的身份认证方法。

（1）手书签字验证 机器自动识别手书签字。机器识别的任务有两个：一是签字的文字含义；二是手书的字迹风格，后者对于身份验证尤为重要。识别可从已有的手迹和签字的动力学过程中的个人动作特征出发来实现。前者为静态识别，后者为动态识别。静态验证根据字迹的比例、倾斜角度、整个签字布局及字母形态等，动态验证根据实时签字过程进行证实。这要测量和分析书写时的节奏、笔画顺序、轻重、断点次数、环、拐点、斜率、速度、加速度等个人特征。

（2）指纹验证 指纹验证早就用于契约签证和侦察破案。由于没有两个人（包括孪生儿）的皮肤纹路图样完全相同，并且其形状不随时间而变化，提取指纹作为永久记录存档又极为方便，指纹验证成为身份验证准确而可靠的手段。每个指头的纹路可分为两类，即环状和涡状；每类根据其细节和分叉等分成50~200个不同的图样，通常由专家来进行鉴别。近年来，许多国家都在研究计算机自动识别指纹图样。

（3）语音验证 每个人说话的声音各有特点，人对于语音的识别能力是很强的，即使是在强干扰下，也能分辨出某个熟人的话音，在军事和商业通信中常靠听对方的语音实现个人身份验证。美国AT&T公司为拨号电话系统开发了语音密码系统VPS（Voice Password System），以及用于ATM系统中的智能卡语音验证系统，它们都是以语音分析技术为基础的。

（4）视网膜图样验证 人的视网膜血管的图样（视网膜脉络）具有良好的个人特征，这种视网膜血管图样的识别系统已在研制中。其基本方法是利用光学和电子仪器将视网膜血管图样记录下来，一个视网膜血管的图样可压缩为小于35B的数字信息。可根据对图样的结点和分支的检测结果进行分类识别，被识别人必须合作允许采样。相关研究表明，识别验证的效果相当好。如果注册人数小于200万时，其Ⅰ型和Ⅱ型错误率都为0，所需时间为秒级，在要求可靠性高的场合可以发挥作用，已在军事和银行系统中采用。目前的问题是其成本比较高。

（5）虹膜图样验证 虹膜作为巩膜的延长部分，是眼球角膜和晶体之间的环形薄膜，其图样具有个人特征，可以提供比指纹更为细致的信息。由于其可以在35~40cm的距离采样，比采集视网膜图样更方便，易为人所接受。存储一个虹膜图样需要256B的空间，所需的计算时间为100ms。其Ⅰ型和Ⅱ型的错误率都为1/133000，可用于安全入口、接入控制、信用卡、POS、ATM（自动支付系统）、护照等的身份认证。

（6）脸形验证 Harmon等设计了一种从照片识别人脸轮廓的验证系统，其对100个"好"对象识别结果的正确率达到100%，但对"差"对象的识别要困难得多，要求更细致的试验。该系统对于不加选择的对象集合的身份验证几乎能完全正确，可作为司法部门的有力辅助工具。目前有多家公司从事脸形自动验证新产品的研制和生产，这些公司利用图像识别、神经网络和红外扫描探测人脸的"热点"进行采样、处理和提取图样信息。现在已有能存入 5000 个脸形，每秒可识别 20 个人的系统，将来会有可存入 100 万个脸形的系统，但识别检索所需的时间将延长到 2min。Visionics 公司的面部识别产品 Facelt 已用于网络环境中，其软件开发工具（SDK）可以加入信息系统的软件系统中，作为金融、接入控制、电话会议、安全监视、护照管理、社会福利发放等系统的应用软件。

（7）身份证实系统　选择和设计实用身份证实系统是不容易的。Mitre 公司曾为美国空军电子系统部评价过基地设施安全系统规划，分析比较了语音、手书签字和指纹三种身份证实系统的性能。相关结果表明选择评价这类系统的复杂性，需要从很多方面进行研究。要考虑 3 个方面问题：一是作为安全设备的系统强度；二是用户的可接受性；三是系统的成本。

5. 入侵检测与容侵容错技术

容侵是指网络面对恶意入侵的情况仍然能够正常运行。无线传感器网络的安全隐患在于网络部署区域的开放特性及无线电网络的广播特性，攻击者往往利用这两种特性，通过阻碍网络中节点的正常工作，破坏整个传感器网络的运行，降低网络的可用性。无人值守的恶劣环境导致无线传感器网络缺少传统网络中物理上的安全，传感器节点很容易被攻击者俘获、毁坏。

现阶段无线传感器网络的容侵技术主要集中于网络的拓扑容侵、安全路由容侵及数据传输过程中的容侵机制。

无线传感器网络可用性的另一个要求是网络的容错性。一般意义上的容错性是指系统在故障存在时不会失效，仍然能够正常工作的特性。无线传感器网络的容错性指的是当部分节点或链路失效后，网络能够进行传输数据的恢复或者网络结构自愈，从而尽可能减小节点或链路失效对无线传感器网络功能的影响。由于传感器节点在能量、存储空间、计算能力和通信带宽等方面都受限，并且常工作在恶劣的环境中，网络中的传感器节点经常会出现失效的情况。因此，容错性成为无线传感器网络中一个重要的设计因素，容错技术也是无线传感器网络研究的一个重要领域。目前，相关领域的研究主要集中在以下三方面：

1) 网络拓扑中的容错。通过为无线传感器网络设计合理的拓扑结构，保证网络在出现断裂的情况下仍能正常进行通信。

2) 网络覆盖中的容错。在无线传感器网络的部署阶段，主要研究在部分节点、链路失效的情况下，如何事先部署或事后移动、补充传感器节点，从而保证对监测区域的覆盖和保持网络节点之间的连通。

3) 数据检测中的容错机制。主要研究在恶劣的网络环境中，当一些特定事件发生时，处于事件发生区域的节点如何能够正确获取数据。

根据无线传感器网络中不同的入侵情况，可以设计出不同的容侵机制，如无线传感器网络中的拓扑容侵、路由容侵和数据传输容侵等机制。

物联网的数据是一个双向流动的信息流，一是从感知端采集物理世界的各种信息，经过数据处理，存储于网络的数据库中；二是根据用户的需求，进行数据的挖掘、决策和控制，实现与物理世界中任何互连物体的互动。在数据采集处理中可了解相关的隐私性等安全问题，而决策控制又将涉及另一个安全问题，如可靠性等。物联网中对物体的控制将是重要的组成部分，需要进行更深入的研究。

【实践】

零信任架构在医疗物联网安全建设中的应用

医疗物联网是物联网技术在医疗行业的重要应用。医疗物联网模糊了传统的网络边界，通过可穿戴设备、传感器和专业工具等智能医疗设备，实时感知环境信息（包括人和物理环境等），或将数据传输给用户，并在网络中完成数据加密、数据传输和数据分析等，从而协助人们完成医疗物联网平台数据采集和数据分析等工作。但大量支持物联网技术的智能医疗设备数量激增，容易受到未经授权访问和其他恶意活动的攻击；物联网技术的异构性和设备的动态管理特点，使得医疗物联网系统容易受到不同动态环境攻击者的数据窃取和篡改。从某种意义上讲，基于物联网的医疗行业应用放大了安全边界，带来了访问控制和数据资源的安全风险。因此，加强医疗物联网的身份管理和边界防护，提高医疗物联网平台、用户、设备等资产的身份认证和访问控制安全能力，保护医疗物联网环境下的应用和数据资源安全，是当前亟待解决的问题。

随着数字化转型的不断深入，以信任为核心的安全理念迎来发展机遇，零信任机制成为一种有前景的解决方法，可有效应对行业数字化转型过程中医疗物联网系统的各种隐私、安全和认证挑战。医疗物联网与零信任机制的融合，能够打破网络边界位置和信任间的默认关系，解决在不可信环境中可能出现的智能医疗设备身份可信和业务数据动态管理问题，提升医疗物联网对基础网络层和数据中心层的安全管控力度，隐藏被攻击区域，减少攻击面，最大限度地保证资源被可信访问。

本例中提出了零信任-医疗物联网融生安全框架，并解决以下问题：

1）医疗物联网边界模糊带来的安全性问题。随着移动办公、万物互联等技术的广泛采用，医疗物联网的网络边界越来越模糊，安全防护边界逐步被打破，已无法清晰定义安全的网络。工作方式移动化、数据资源集中化、资源访问云化等，进一步导致业务数据的访问超出传统的物理边界，增加危险暴露面。

2）医疗物联网传统安全架构缺陷问题。医疗物联网仍然按照传统网络安全架构将网络划分为内部网络和外部网络。内部网络受信任，外部网络则不受信任，整体安全防护通过静态配置实现。在受信任区域，大量的移动用户和设备接入导致业务暴露面扩大，一旦被渗透，受信任区域所有数据资产无法进行有效隔离和防护；内部网络部署的大量设备缺少信息共享和安全联动，受信任区域实质上处于割裂状态下的静态安全防护。在不受信任区域，随着数据资源集中，价值增加，存在大量绕过或攻破网络访问权限的内部横向攻击破坏行为；以高级可持续威胁（APT）为代表的高级攻击层出不穷，大型组织甚至国家的攻击者可以利用大量的漏洞"武器"，对重要目标进行攻击，这类攻击往往防不胜防。

中国信息通信研究院将医疗物联网定义为 Internet of Medical Things（IoMT），是指面向医疗机构全方位的运营和管理，将传感器、近距离通信、互联网、云计算、大数据、人工智能等物联网相关技术与医学健康领域技术相融合，实现医疗健康服务智能化的综合系统。IoMT 通过结合广域网、局域网、无线网络等网络领域，使得物联网技术广泛应用于医院信息系统，如人体传感技术、医疗装备定位、移动医疗技术等，已形成基于医疗信息平台的具有创新应用模式、系统高度集成、数据资源高度整合的医院管理应用生态链。

IoMT 架构一般沿用通用物联网的感知、网络、应用三层体系,结合大数据、云计算等医疗实际环境,把管理和业务平台建设独立出来,形成了 IoMT 的感知层、网络层、平台层和应用层四层体系架构,如图 9-4 所示。

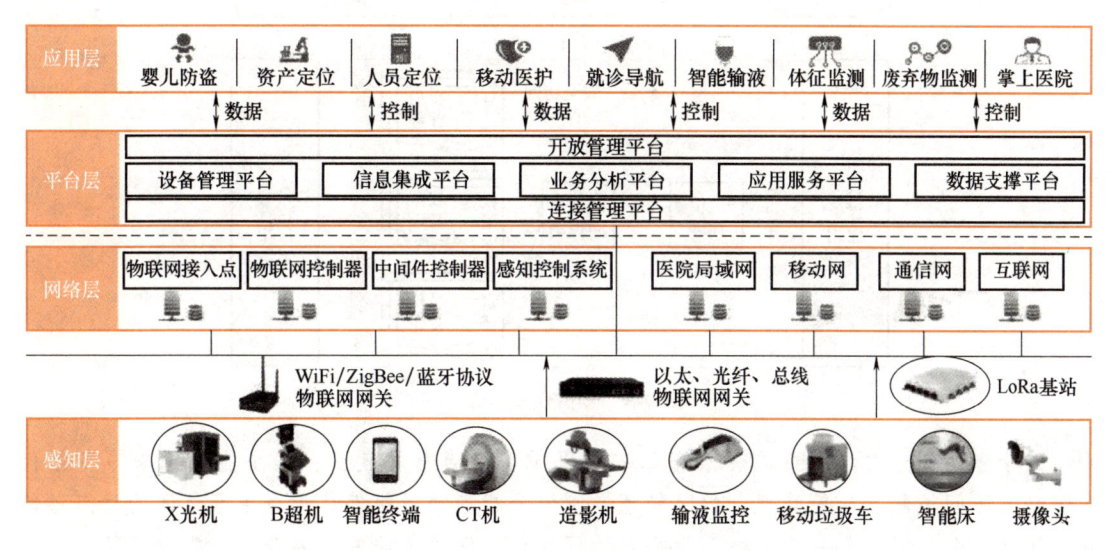

图 9-4 医疗物联网架构

感知层主要通过医疗健康感知设备和信息采集设备,对 IoMT 中的医患人员设备节点进行感知识别,并利用多种生理信号采集方式,协同完成对医疗信息的采集和数据传输。

网络层实现物联组网和控制,利用以太网技术、移动通信技术、机器通信(M2M)技术等,以无线或者有线的通信方式,将感知层采集的数据信息进行实时、无障碍、高可靠的传送。

平台层主要通过设备管理平台、信息集成平台、业务分析平台、应用服务平台、数据支撑平台等,实现终端设备和资产的"管理、控制、运营"一体化,向下通过连接管理平台连接感知层,向上通过开放管理平台提供面向医疗应用服务的开发能力和统一接口管理。

应用层面向医院业务管理、个人健康管理、网络运营管控、辅助决策支撑等提供具体的业务应用,如婴儿防盗、资产定位、人员定位、移动医护、就诊导航、智能输液、体征监测、废弃物监测、掌上医院等。

1. 零信任架构和关键技术

零信任是一种建立安全战略的理念、方法和框架,代表当前正在演进的网络安全最佳实践,力求通过新的去中心化安全架构,应用更细粒度的规则来解决网络中特定数据的安全威胁。2020 年 8 月,美国国家标准与技术研究院(NIST)发布的《零信任架构》指出传统安全架构基于边界安全的问题,并将零信任架构确定为一种包含身份、凭证、访问控制、操作、互联基础设施等所有网络要素的端对端安全体系方案。经过多年发展,数字化时代网络安全威胁比以往任何时候都更加复杂和险恶,安全架构的薄弱环节正是身份安全基础设施的缺失。建设以身份为基石的零信任网络安全体系,成为覆盖云环境、大数据中心、微服务、万物互联等众多场景的新一代安全解决方案。

2. 零信任安全架构

零信任架构的本质是以身份为中心，根据受限资源访问需求，在访问主体和访问客体之间，实现临时、动态、可信的安全访问体系，如图 9-5 所示。

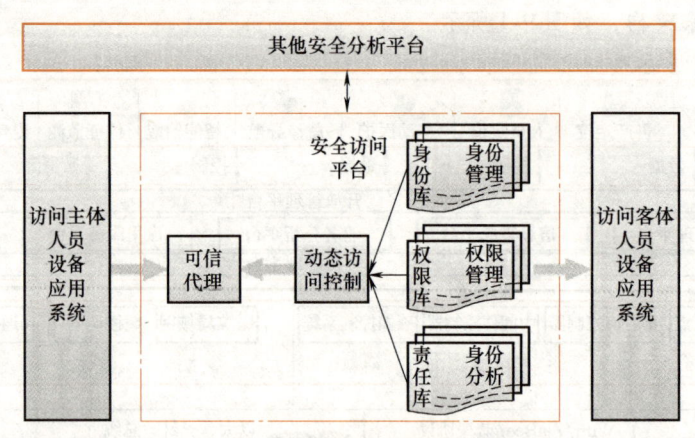

图 9-5　零信任安全架构

基于零信任建立的网络以受限资源安全保护需求为出发点，将安全能力抽象为可信代理、动态访问控制、身份管理、权限管理及身份分析等功能组件，形成主客体间的动态可信安全访问平台，同时与其他安全分析平台协同联动，保障主体对客体业务、数据访问的安全可信闭环。

3. 零信任关键技术

零信任关键技术包括身份管理、终端环境感知、主体行为分析、信任推断、动态访问控制等。

（1）身份管理　身份管理分为认证和授权两类组件，可为零信任体系提供身份认证服务和安全授权服务。身份管理可以将用户身份和访问权限做到细粒度对应，确定用户最小访问权限。对主客体的身份认证可以为业务系统提供统一的身份认证服务，支持多种常用认证协议，建立多权限模型，从而满足不同业务场景需求。

（2）终端环境感知　终端环境感知需要针对业务终端进行统一管理和分组，查看所有终端的状态，对终端的操作系统版本、核心进程号、指定文件、木马、蠕虫、病毒等指定监测因子进行持续监控与检查，并针对终端进行安全策略集中下发等操作，从而为零信任体系提供终端风险状态的判定。

（3）主体行为分析　主体行为分析是指对主体的日常访问行为进行持续审计和监控，构建行为模型和综合评分机制，以形成主体行为访问基线，对主体访问偏离基线的程度进行上报，从而为零信任体系提供主体行为偏离度的判定。

（4）信任推断　信任判断是指综合多种判定因子，实现基于身份、权限、主客体安全等级模型的关联；建立主体访问客体的信任模型，为动态访问模块提供可信访问的判断依据；实时接收、统计终端环境风险的评估数据，判断当前用户风险状态。

（5）动态访问控制　动态访问控制与信任推断联动，将网络安全等级与业务安全策略进行自动匹配，将最小权限下发到相应的策略执行点。主体行为分析系统提供的风险评估等级，可以提供多因子认证方式的访问控制策略和执行，实现动态决策授权。基于访问主体和访问客体安全属性的风险评估结果可以进行动态决策。

4. 基于零信任架构的医疗物联网融生安全框架

（1）零信任-医疗物联网融合解决思路　结合 IoMT 架构和安全风险，融合零信任架构和技术，以身份为中心，建立访问主体（合法设备、合法用户等）、运行环境（通信网络和计算环境）、访问客体（业务应用及数据资源）之间的安全可信关系，能够持续验证主体的访问权限信任度。基于设备代理/网关部署隐藏互联访问交互，可以实现对医疗终端到业务系统的主体访问、应用访问、访问控制三个阶段的持续动态评估，从而能够确保访问主体安全可信和业务访问动态安全，达到零信任和医疗物联网融合共生安全的效果。零信任-医疗物联网融合解决思路如图 9-6 所示。

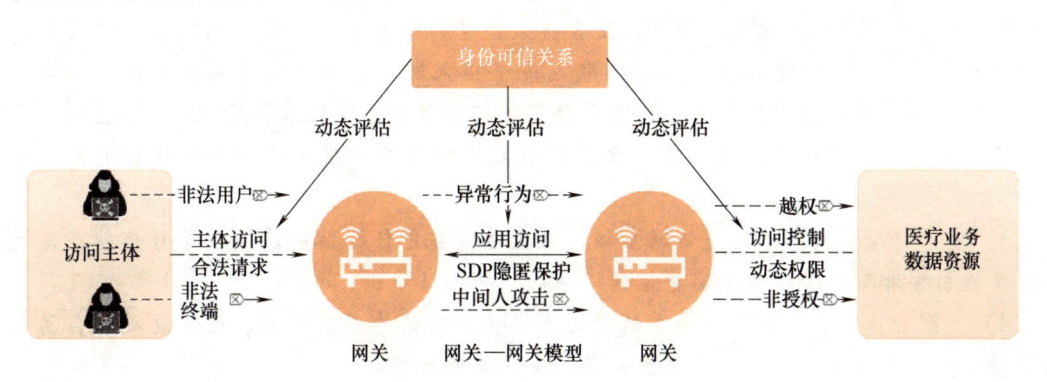

图 9-6　零信任-医疗物联网融合解决思路
SDP—软件定义边界

（2）零信任-医疗物联网融生安全框架　按照零信任-医疗物联网融合解决思路，设计零信任-医疗物联网融生安全框架，如图 9-7 所示。

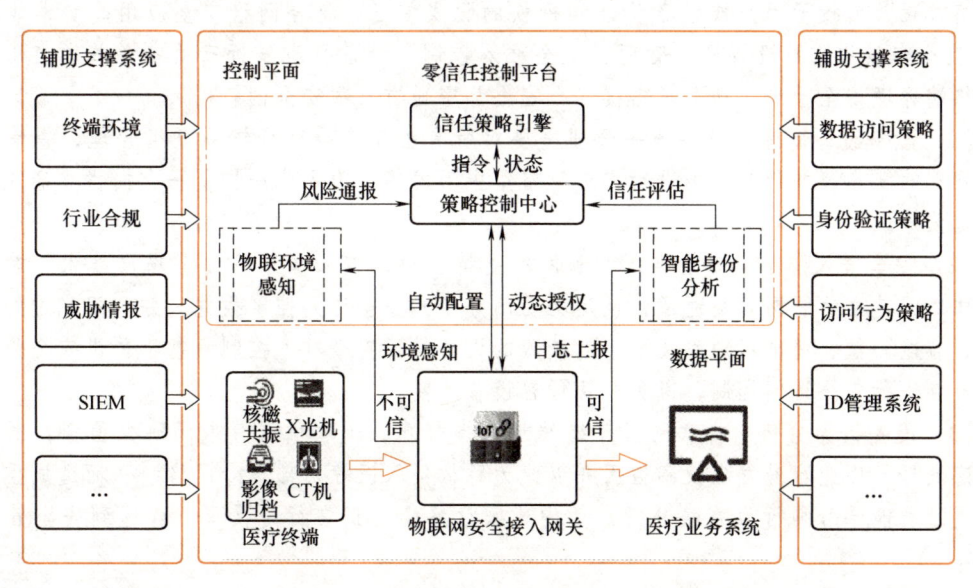

图 9-7　零信任-医疗物联网融生安全框架
SIEM—安全信息和事件管理

零信任-医疗物联网融生安全框架包括零信任控制平台、物联网安全接入网关、医疗终端、医疗业务系统、辅助支撑系统五部分，分别部署于医疗物联网的控制平面和数据平面。

1）零信任控制平台。零信任控制平台是整个框架的"大脑"和中心控制点，包括信任策略引擎、策略控制中心、物联环境感知、智能身份分析等组件。该平台负责医疗终端身份验证方的通信，统一协调身份验证和授权分发，定义和评估相应的访问策略，动态调整医疗终端的接入权限。零信任控制平台通过策略控制中心对用户和设备建立或断开资源链接，进行自动配置和动态授权；通过信任策略引擎为给定的主体授予访问权限，对策略控制中心下达信任指令和收集评估状态；通过物联环境感知识别环境和设备，进行风险通报；通过智能身份分析实现访问控制的日志上报和持续评估。

2）物联网安全接入网关。物联网安全接入网关是确保业务安全访问的第一道关口，也是动态访问控制能力的策略执行点。物联网安全接入网关主要负责监测主客体间的访问连接，建立安全传输通道，从零信任控制平台接收控制信息，并只接受经过零信任控制平台确认的医疗终端的用户访问连接请求，保证只有经过授权的主机才能访问受保护的医疗业务系统。

3）医疗终端。医疗终端是访问主体，在主体实施信任评估前均处于不可信状态，通过信任策略引擎和策略控制中心实施信任评估。

4）医疗业务系统。医疗业务系统是访问客体，初始的资源隔离、策略发现和自动化配置使得医疗业务系统始终处于受保护资源的资源访问状态。

5）辅助支撑系统。除上述核心组件外，还需要引入辅助支撑系统，包括数据访问、身份验证、访问能力、ID管理、威胁情报、终端环境、行业合规、安全事件等。这样能够为零信任控制平台的策略生成及安全态势提供决策依据，从而达到安全联动的效果。

5. 零信任-医疗物联网融生安全框架的应用

基于零信任-医疗物联网融生安全框架的网络安全体系建设模糊了传统基于边界的物理或网络位置，而授予用户或设备认证和授权的隐式信任，符合网络安全应用趋势，能够在IoMT安全建设中支持设备统一管理、安全准入控制、设备行为分析三项安全基本应用，并实现终端环境安全检测、动态可信接入、安全加密通道三项安全创新应用。

（1）设备统一管理 设备统一管理需要对所有医疗终端进行统一分组管理，查看所有医疗终端的状态，并针对终端进行安全策略集中下发等，为零信任控制平台提供终端风险状态判定依据。

（2）安全准入控制 安全准入控制网络支持在边缘接入层采用安全隔离技术，对不同主客体之间建立物联网安全通道，设定必要的分布式安全访问控制措施，并利用先进的设备指纹、智能画像、精准识别等技术，对接入的设备进行安全准入控制，基于预设安全策略对接入节点进行安全访问控制，避免非法仿冒设备入侵。

（3）设备行为分析 物联网医疗终端形态多样化，地理位置分散，缺少值守，通常携带敏感数据，因此容易发生设备盗用并以此为跳板侵入医疗内部核心网络，从而造成重大损失。通过智能学习和行为关联分析，可构建医疗终端的正常行为模型，以达到安全管控的目标。

（4）终端环境安全检测（创新点） IoMT终端环境安全检测包括对感知层网关自身环境的检测、文件感知、容器感知、通信感知、状态感知、设备感知等，主要从终端环境出发，划分不同的终端安全等级，用于安全探测物联感知终端设备连接状态，监控设备数据传输安全，对终端实施细致的控制策略。

（5）动态可信接入（创新点） 动态可信接入可以融合零信任技术和 IoMT 接入的安全管控能力，将原有的静态防御改为动态防御，全面、动态、持续感知医疗终端和网关进程，能够实时度量和控制资源访问行为，实现双向身份鉴别机制，支撑与业务的紧密结合，从而保证人员和医疗设备接入时身份的可信任。

（6）安全加密通道（创新点） 安全加密通道可以将零信任主客体间的动态可信安全访问能力赋能到 IoMT 中，建立医疗终端和医疗业务系统间的安全可信连接，改变传统的"先连接后认证"方式，向基于零信任的"先认证后连接"方式转变，实现对 IoMT 专用传输通道的安全加密，从而保障数据的传输安全。

思 考 题

1. 物联网安全问题主要存在于哪三个层次中？
2. 举例说明 RFID 存在的安全问题。
3. 物联网安全关键技术有哪些？

第 10 章

物联网技术应用

10.1 物联网产业概述

物联网（Internet of Things）是一种在互联网基础上延伸及扩展到物与物之间并进行信息交换与通信的网络，其通过射频识别、红外感应器、全球定位系统、激光扫描器等传感设备按约定的协议把物品与互联网连接起来进行信息交换和通信，以实现智能化识别、定位、跟踪、监控和管理。随着物联网概念的内涵和外延的不断发展，其将实现海量的设备互联，引领人们进入一个万物感知、万物互联、万物智能的新世界。

自 1999 年美国麻省理工学院 Kevin Ashton 教授首次提出"物联网"概念以来，全球各国加速部署物联网应用，全球物联网市场规模保持高速增长。全球物联网设备于 2008 年首次超过人类数量总和，开始受到人们的极大关注。在谷歌、微软、思科等巨头的推动下，随着 WiFi 技术和无线通信网络（如 4G 网络）等的迅速成熟，物联网技术在 2008—2016 年得到了极大发展。时至今日，在 5G 网络的巨大推动下，物联网在诸如车联网、工业互联网、区块链、人工智能等一系列重要子行业中，均展现出无可替代的作用，其行业重要性也被提升至历史最高位。

根据 IDC 数据显示，2021 年全球物联网市场规模超 5 万亿元人民币，同比增长 11%，预计 2026 年超过 10 万亿元人民币，2021—2026 五年年均增速可达 13%。据 IoT Analytics 报告，2020 年全球物联网连接数量达到 120 亿，首次超过非物联网连接数。据 GSMA 预测，2025 年全球物联网连接数量将达到 250 亿，其中消费物联网终端连接数量为 110 亿，工业物联网终端连接数量为 140 亿。

10.1.1 物联网产业链分类

物联网产业总体分为五层架构，分别为感知层、通信层、平台层、安全层和应用层。感知层是物联网的基础层，通过芯片、传感器、感知类设备等对物理世界的信息进行采集和识别。通信层主要发挥信息传输作用，将感知层采集和识别的信息进一步传输到平台层。平台层主要将来自感知层的数据进行汇总、处理和分析。安全层专注于保护物联网设备及其连接的网络和所产生的数据免受威胁、破坏和窃取。应用层是物联网的顶层，负责将经过处理分析的数据信息应用于具体领域。目前，物联网已实际应用于医疗、安防、交通、物流、工业制造、家居、农业等领域，并有进一步扩展的趋势。

物联网产业在感知层、通信层、平台层、安全层和应用层五个一级产业层面的基础上，共涉及 36 个产业链二级分支，进一步延伸出产业链三级分支和四级产业分支，覆盖产业链上中下游全领域，见表 10-1。

表 10-1 物联网产业链的分类

一级分类	二级分类	三级分类	四级分类
感知层	物联网芯片	通信芯片	—
		控制芯片	微控制器芯片（MCU）
		智能芯片	GPU（图形处理器）
			FPGA（现场可编程序逻辑器件）
			ASIC（专用集成电路）
			类脑芯片
			NPU（嵌入式神经网络处理器）
	传感器	物理传感器	—
		化学传感器	—
		生物传感器	—
		智能传感器	视觉智能
		MEMS 传感器	—
	感知类设备	摄像设备	—
		激光雷达	—
		微波雷达	—
		毫米波雷达	—
		超声波雷达	—
	射频识别	—	—
	高精度定位	北斗定位	—
通信层	无线通信	蓝牙	—
		WiFi	—
		ZigBee	—
		NB-IoT	—
		NFC	—
		IPv6 技术	—
		5G	—
	卫星物联网	—	—
	量子通信	—	—
	网络传输设备	交换机	—
		路由器	—
		网关	—
	网络规划维护	网络功能虚拟化（NFV）	—
		软件定义网络（SDN）	—

（续）

一级分类	二级分类	三级分类	四级分类
平台层	云平台	—	—
	大数据	—	—
	边缘计算	—	—
	AI 算法	人工智能生成内容（AIGC）	—
	视频算法	—	—
	物联网操作系统	—	—
	区块链	—	—
	数字孪生	—	—
安全层	终端安全	终端防病毒	—
		恶意软件防护	—
		隐私保护	—
		接入认证	—
		加密算法	—
		密钥管理	—
	网络安全	安全/防病毒网关	—
		入侵检测/主动防御	—
		链路安全	—
	平台安全	身份鉴别与访问控制	—
		态势感知	—
		数据安全	—
		平台鲁棒性	—
	安全管理	安全通信协议	—
		安全认证	—
		安全日志管理	—
应用层	智慧医疗	—	—
	智慧农业	—	—
	智慧安防	—	—
	智慧物流	—	—
	智能家居	—	—
	智慧工业	—	—
	智慧交通	—	—
	智能网联汽车	—	—
	智慧能源	—	—
	智慧建筑	—	—
	智慧环保	—	—
	智慧城市	—	—
	智能仪器仪表	—	—
	智能穿戴设备	—	—

10.1.2 物联网产业市场规模及发展趋势

物联网市场快速发展，体量巨大。从行业发展时间横轴来看，物联网行业目前处于快速发展的初级阶段。物联网是万物互联、智慧城市、工业物联网、智慧医疗、智慧教育、车联网等的关键实现手段。受制于通信网络带宽的瓶颈，物联网自诞生以来经历过快速膨胀和产业出清，逐渐走出从快热到慢热的曲线发展途径。随着5G时代的加速来临，物联网的关键应用瓶颈被打破，当前正处于互联网时代向物联网时代迈进的行业巨变转折点。物联网成熟度曲线如图10-1所示。

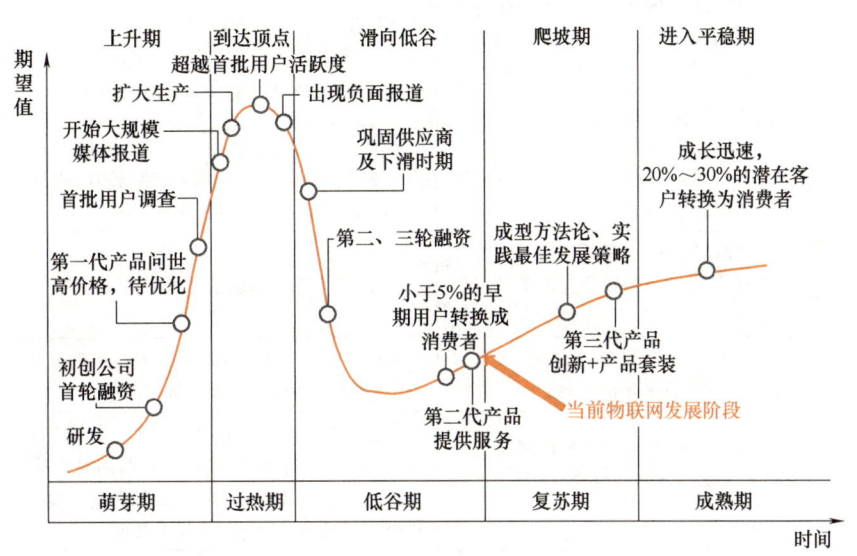

图 10-1 物联网成熟度曲线

从行业垂直领域纵轴来看，物联网正进入垂直行业突破阶段。在历经简单的POS机应用、定点监控、远程采样后，物联网正在向行业纵深推进。一旦借助5G等技术后，物联网会迅速向安防、物流、交通等行业渗透，最终进入智慧城市、智能物联等万物互联阶段。当前物联网行业正处于大规模高速增长的前期，行业正在快速发展。

根据中国产业信息网的数据及预测，2019年全球物联网设备数量已达到107亿台，预计2025年物联网连接数量将达到251亿台，年均复合增长率超过12%。市场规模方面，Statista数据显示，2020年全球物联网市场规模达到2480亿美元，预计到2025年市场规模将超过1.5万亿美元，复合增长率达到44.59%。

10.1.3 物联网进入规模应用期

物联网是"十四五"重点建设任务之一。自2009年"感知中国"战略开启我国物联网发展新纪元以来，国家在"十一五""十二五""十三五""十四五"规划中持续将物联网作为重头戏加快推进。《中华人民共和国国民经济和社会发展第十四个五年规划和2035年远景目标纲要》中的一个亮点就是新增"数字经济核心产业"增加值占GDP的比重指标到2025年达到10%，为此国家出台多项政策鼓励应用物联网、IPv6、新基建等，从而促进生产生活和社会管理方式向智能化、精细化、网络化方向转变，这对提高国民经济和社会生活信息化水平、提升社会管理和公共服务水平、带动相关学科发展和技术创新能力增强、推动产业结构调整和发展方式转变具有重要意义。

国家"十四五"规划发布后，多部委陆续发布各自领域相关的政策文件，信息化、数字化、智能化、绿色节能等关键词贯穿各政策。围绕国家"十四五"规划在数字经济、物联网、IPv6方面的意见，各部委相关分解政策参考见表10-2。

表10-2 "十四五"部委级物联网政策及分析

时间	文件	说明
2022年4月	中央网络安全和信息化委员会办公室（以下简称中央网信办）等三部门印发《深入推进IPv6规模部署和应用2022年工作安排》	到2022年年末，IPv6活跃用户数量达到7亿，物联网IPv6连接数量达到1.8亿，固定网络IPv6流量占比达到13%，移动网络IPv6流量占比达到45%
2021年11月	工业和信息化部（以下简称工信部）发布《关于印发"十四五"信息通信行业发展规划的通知》	推动IPv6与人工智能、云计算、工业互联网、物联网等融合发展，支持在金融、能源、交通、教育、政务等重点行业开展"IPv6"创新技术试点及规模应用
2021年11月	中央网信办等12部委发布《关于开展IPv6技术创新和融合应用试点工作的通知》	确定22个综合试点城市和96个试点项目
2021年9月	国务院常务会议审议通过《"十四五"新型基础设施建设规划》	明确"十四五"时期科学布局和推进建设以信息网络为基础、技术创新为驱动的新型基础设施
2021年9月	工信部等八部委印发《物联网新型基础设施建设三年行动计划（2021—2023年）》	社会治理、行业应用、民生消费三大领域重点推进12个行业的物联网部署；明确提到物联网是以感知技术和网络通信技术为主要手段，同时也明确了围绕短距通信技术、IPv6感知技术等实现创新技术突破
2021年7月	工信部联合中央网信办发布《IPv6流量提升三年专项行动计划（2021—2023年）》	在网络基础设施、应用基础设施、终端、安全等领域和商业互联网应用、工业互联网、智能家居系统平台、"IPv6+"网络技术创新等方面部署，推进各关键环节，实现IPv6流量提升和高质量发展
2021年3月	《中华人民共和国国民经济和社会发展第十四个五年规划和2035年远景目标纲要》	系统布局新型基础设置，加快第五代移动通信、工业互联网、大数据中心等建设

10.2 物联网应用领域

物联网技术是指通过信息内容感应设备，对物与物、人与物之间的信息进行收集、传递和控制等，主要分为传感器技术、RFID技术、嵌入式技术、智能技术和纳米技术。

从物联网的技术架构方面的知识来看，物联网可以分为三个层次，分别为应用层、网络层和感知层。应用层指的是物联网及用户的连接口，它能够和市场需求相结合以实现物联网的智能化运用。网络层作为物联网架构中的关键组成部分，扮演信息"传送"的核心角色。该层位于感知层之上，通过各种通信网络实现数据传输。网络层确保从感知层收集的数据能够有效地传递到更高层次的数据处理或应用层。感知层作为物联网的基础部分，一般由传感器和一些传感器的网关组成，主要作用是识别物体、采集信息，其代表有CO_2浓度传感器、温度传感器、湿度传感器、摄像头、GPS等感知终端。

10.2.1 智慧城市

智慧城市管理是利用物联网、移动网络等技术感知和使用各种信息，整合各种专业数据，建设一个包含行政管理、城市规划、应急指挥、决策支持、社交等综合信息的城市服务、运营管理系统。

智慧城市管理运营体系涉及公安、娱乐、餐饮、消费、土地、环保、城建、交通、水、环卫、规划、城管、林业和园林绿化、质监、食品药物、安监、水电、电信等领域。智慧城市管理运营体系以城市管理要素和事项为核心，以事项为相关行动主体，加强资源整合、信息共享和业务协同，实现政府组织架构和工作流程优化重组，推动管理体制转变，发挥服务优势。

1. 智慧政务应用

"互联网+政务服务"构建智慧型政府，运用互联网、大数据等现代信息技术，加快推进部门间信息共享和业务协同，简化群众办事环节、提升政府行政效能、畅通政务服务渠道，解决群众"办证多、办事难"等问题。

通过政务云、政务数据交换平台及完善的政务信息资源目录体系，确保跨部门的信息共享与资源整合，建立一体化的政务资源体系。

通过整合政府门户网站、呼叫中心等相关政务服务资源，确保政府、企业和公众随时可以通过互联网、电话、移动终端等多种渠道获取一致与整合的政务服务。

2. 智慧物流应用

智慧物流以信息技术为支撑，在物流的运输、仓储、包装、装卸搬运、流通加工、配送、信息服务等环节实现系统感知。其具备全面分析、及时处理及自我调整功能，可实现物流规整智慧、发现智慧、创新智慧和系统智慧的现代综合性物流系统构建。

基于物联网的智慧物流，面对的是形式多样、信息关系异常复杂的各类数据，多元化的数据采集、感知技术为智慧物流提供了基本的技术支撑。

随着物联网的发展，泛在网络将成为信息通信网络的基础设施，在与其他网络融合的基础上，提供给智慧物流可靠的数据传输技术，为人们准确地提供各类信息。

10.2.2 智慧医疗

智慧医疗利用物联网和传感器技术，将患者与医务人员、医疗机构、医疗设备有效连接，使整个医疗过程信息化、智能化。

智慧医疗使从业者能够搜索、分析和引用大量科学证据来支持自己的诊断，并通过网络技术实现远程诊断、远程会诊、临床智能决策、智能处方等功能。此外，它还可以惠及整个医疗生态系统的每个群体，如医学研究人员、药品供应商和保险公司。建立不同医疗机构之间的医疗信息集成平台，整合医院之间的业务流程，共享和交换医疗信息和资源，跨医疗机构实现网上预约和双向转诊，这使得"小病"社区、大病住院的社区居民康复就医模式成为现实，极大地提高了医疗资源的合理配置，真正做到了以患者为中心。

1. 人体物联网

可穿戴传感器设备是人体物联网的基础，实际上属于一类便携式传感器节点，基本组件包括传感器、微处理器、外围电路、无线通信模块及电源模块，其架构如图10-2所示。此类传感器节点通过传感器采集信息，并将获取的信息送往微处理器，得到处理的信息经由无线通信模块发送到外延数据终端进行再次处理，其中最关键的是传感器部分。目前，此类传感器节点可以监测脑电、心电、呼吸频率、姿态、体温及运动加速度等。在已有的研究中还融入了泛在物联网的概念，除可穿戴微机电节点外，一些较为复杂的医疗仪器设备，如超声检查仪、核磁共振仪也被作为医疗物联网的节点端。

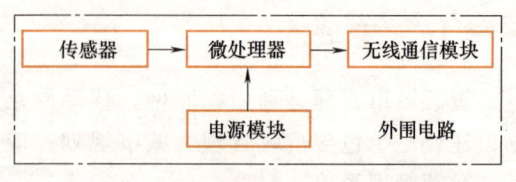

图 10-2 便携式传感器节点组件架构

人体物联网是医疗物联网的下层网络。汇聚节点相当于一个中继路由节点，作为互联网的终端机，可以将人体物联网监测到的数据传送到远程终端。此外，人体物联网也是一个微机电系统，对于非微机电系统如一些大中型医疗设备，可以直接接入互联网传送数据。

2. 智慧医院

物联网作为近年来的新兴技术之一，凭借其高效性、准确性、灵活性、智能性等优势，已在智慧医院中得到广泛应用，同时也成为智慧医院评价体系中的重要考核指标。做好物联网系统在智慧医院中的设计与应用，建设完善的智慧服务信息系统，可以在智慧医疗、智慧护理、智慧患者、智慧管理、智慧后勤、智慧保障等方面发挥物联网技术优势，使之成为改善患者就医体验、开展全生命周期健康管理的有效工具。

（1）**基于专用物联网网络的解决方案**　通过单独建设一套超宽频室内信号分布系统，同时覆盖多种智慧医院物联网应用的工作频谱和通信协议，做到多网合一。该方案最大的优点是简化了网络系统架构，避免了各种应用系统的重复建设，降低了整体运营成本和维护成本，同时采用专用的物联网网络，可保证网络的安全性。但由于需要单独设置一套专用物联网网络，前期投入较高且布线工程量大。

（2）**基于互联网无线 AP+物联网基站的解决方案**　利用院区无线内、外网及物联网基站，搭建基于无线网络的智慧医疗物联网方案。该方案利用综合布线网络搭建物联网系统，优点是布线方式简单、系统接入灵活、建设成本低，但由于很多物联网应用属于后勤管理系统，院区内、外网 WiFi 无法覆盖全部区域（如车库），并且物联网应用的频段种类繁多，因此需要在无 WiFi 网络区域增加独立的物联网基站，同时要求无线 AP 具备多个 IoT 扩展槽以实现多种物联网应用。因此，该方案物联网系统同时利用了院区内网和外网 WiFi，在减少布线成本的同时，降低了物联网数据的安全性，但大量的物联网基站会提高系统故障率，增加管理和维护成本。

（3）**基于物联网摄像机的可视化物联网解决方案**　通过升级传统视频监控系统，将部分摄像机调整为物联网摄像机，结合微基站、定位器等设备，在满足视频监控系统运行的同时，实现智慧医院物联网系统全园区无死角、无盲区覆盖。该方案有效利用了传统监控系统闲置的接入带宽，实现物联网系统搭建，其本质仍然是利用 TCP/IP 协议的传输方式。该方案的优点是能实现物联网系统的全程可视化，并且网络相对独立、安全性较高，但是需要采用专门的物联网摄像机，对摄像机的选择具有一定的约束性，并且在物联网摄像机无法覆盖的区域，需要增设微基站（如病房内）。

10.2.3　智慧交通

智能交通是先进的信息技术、数据通信传输技术、电子传感技术、控制技术和计算机技术在整个地面交通管理系统中的综合有效应用。它可以有效利用现有交通设施，减轻交通负荷和环境污染，保障交通安全，提高运输效率。智能交通的发展依托于物联网技术的发展，随着物联网技术的不断发展，智能交通系统可以越来越完善。智能交通系统的架构包括感知层、传输层和应用层。感知层是物联网实现万物互联、全面感知的关键，低成本、低能耗的模块化传感器成为各个行业的普遍需求。随着 5G 技术等新一代移动通信技术的应用，传输层中的技术变得更加多元化。应用层将经过处理的数据和信息通过人工智能技术和虚拟现实技术呈现给相关人员，可视化的图表和图像更有利于后期运维和管理。

1. 基于 RFID 技术的车流量检测系统

在道路两旁安装 RFID 读写器，在车上安装 RFID 阅读标签。根据两个读写器区间内车辆通过的数量，实时统计某路段的车流量，并记录车辆类型及路况信息，最后将数据传送给交通管理平台，同时提供有关信息给公众参考。当有特殊车辆通过时，路口的 RFID 读写器可以识别车辆上的 RFID 阅读标签，并将车辆信息传送至数据管理平台，通过对路口信号灯的控制实现该车辆的优先通行。

2. 基于传感器技术的智慧道钉系统

道路中的智慧道钉系统包含地磁传感器、蓝牙组网及太阳能充电模块、电池等。该系统通常安装在车道的横截面上，在车道横截面布设蓝牙组成网络，道钉可采集地磁数据并在系统中共享。车道两侧道钉采集的地磁传感器数据经算法计算后，系统可以识别并判断车辆的行驶状态、车辆速度及停留时长等。当智慧道钉系统感知到有车辆经过时，地面设置的 LED 灯可对车辆进行诱导，道钉的蓝牙系统将车辆信息等交通数据传送至附近的蓝牙接收器，进而传送到远端数据管理平台。

3. 基于卫星定位技术的交通信息采集与通信

智能交通领域中常用浮动车来获取道路交通信息。该装置包含车载前端设备、无线通信网络及数据处理中心。车内安装的接收机（如 GPS）可采集车辆运行时间及行车位置等信息，通过无线通信网络上传给数据处理中心，预处理后的数据经算法分析后对交通状况进行预测。

交通设施信息是智能交通管理数据的重要组成部分，交通中的信号灯控制、路况信息、车辆数目等信息均处于动态变化中。传统的交通信息采集技术准确性较差，时效性较低。运用卫星定位技术可以准确采集道路路况、拥挤程度、车流量等信息，为交通管理提供更多准确可靠的数据。

4. 路网联动监控智能

智慧交通综合管控平台采用先进的基于动态数据的交通优化算法，配合机器深度学习，能保证每一个周期的设计配时是基于当前信息下的最佳方案，并且该算法能够计入各路口配时方案间的相互影响，具有统筹思考的理念，它不同于以往技术方案的区域路口调整，而是以降低整个被优化地区的总体延误时间为优化方向，聚力打造整体路网通行最佳。

5. 车辆信息识别智能

智慧交通综合管控平台可自行识别车辆信息（警车、紧急救护车、特殊车辆等），并可根据需求调整不同道路的优先级权重，从而实时优化交通信号灯配时方案，促进道路利用率的提高，保障交通预案顺利进行。

6. 应急容错方案智能

若出现因意外在输入数据时发生缺失的情况，智能交通综合管控平台能够根据历史数据产生次优的配时方案并且同步自我检查，具有很好的容错能力。智能交通信号灯能够利用公路照相机和道路传感器呈现的道路实况进行调整，处理交通流量，使行人行走更快、更安全。通过收集数据及独立于人类指导来做出决定，这样的智能信号灯能够适应流量的随机性，不仅可以缓解交通拥堵，也能减少发动机空转产生的空气污染。

7. 汽车电子标识

汽车电子标识又称为电子车牌，通过 RFID 技术，自动地、非接触地完成车辆的识别与监控，将采集的信息与交管系统连接，实现车辆的监管并解决交通肇事、逃逸等问题。

汽车电子标识技术突破了原有交通信息采集技术的瓶颈，实现车辆交通信息的分类采集、精确化采集、海量采集、动态采集，解决了智能交通应用系统采集源头的关键问题，是构建智慧交通应用系统的基础。汽车电子标识是由国家公安部制定并予以推广，用于全国车辆真实身份识别的一套高科技系统的统称，由公安部交通管理局统一标准、统一推行、统一管理，与汽车车辆号牌并存，法律效力等同于车辆号牌。

8. 高速无感收费

无感支付又称为领卡车牌付，车主提前注册车辆和绑定账户后，只需在入口领卡、出口交卡，无须出示手机，将车牌绑定至支付 App，根据行驶里程，自动通过 App 收取费用，可实时收到通行和缴费信息。

9. 智能公交车

运用先进的 GPS/北斗定位技术、4G/5G 通信技术、地理信息系统技术，结合公交车辆的运行特点，建设公交智能调度系统，对线路、车辆进行规划调度，实现智能排班，提高公交车辆的利用率，同时通过建设完善的视频监控系统，实现对公交车内、站点及站场的监控管理。智能公交是未来公共交通发展的必然模式，对缓解日益严重的交通拥堵问题具有重大意义，我国大部分一线城市都已实现公交智能化。

10.2.4 智慧物流

2009 年，IBM 提出建立面向未来的供应链，它具有先进、互联和智能的特征，可以通过传感器、RFID 标签、执行器、GPS 等设备和系统生成实时信息，扩展了"智能物流"的概念。与智能物流强调构建单纯基于虚拟物流动态信息的互联网管理系统不同，智慧物流更注重了物联网、传感器网络与互联网的深度融合，打造一体化环境，并以此为基础，支撑各类应用服务系统的运行。

智慧物流通过有线及无线的信息网络，使处于物流状态的货物信息得以在网络中实现状态同步，并在网络中通过可靠实时的信息共享，同步企业、用户之间的物流信息，有效地实现了物流产业和其他产业的沟通和融合，逐步形成一体化服务，满足顾客的多元化需求。

在智慧物流体系中，物联网技术通过感知技术自动采集物流信息，同时借助移动互联技术随时把采集的物流信息通过网络传输到数据中心，使物流各环节的信息采集与实时共享，以及管理者对物流各环节运作进行实时调整与动态管控成为可能。

1. 产品的智能可追溯网络系统

目前，基于 RFID 等技术建立的产品智能可追溯网络系统的技术与政策等条件都已经成熟，这些智能产品的可追溯系统在医药、农产品、食品、烟草等行业和领域已有很多成功应用，在货物追踪、识别、查询、信息采集与管理等方面发挥了巨大作用，为保障食品安全、药品安全等提供了坚实的物流支撑。

2. 物流过程的可视化网络系统

物流过程的可视化网络系统基于卫星定位技术、RFID 技术、传感技术等多种技术，在物流活动过程中实时实现车辆定位、运输物品监控、在线调度与配送的可视化。目前，技术比较先进的物流公司或企业大都建立与配备了智能车载物联网系统，可以实现对车辆定位与实时监控等，初步实现物流作业的透明化、可视化管理。

3. 智慧物流中心

全自动化的物流管理运用基于 RFID、传感器、声控、光感、移动计算等先进技术，建立物流中心智能控制、自动化操作网络，实现物流、商流、信息流、资金流的全面管理。目前，有些物流中心已经在货物装卸与堆码中，采用码垛机器人、激光或电磁无人搬运车进行物料搬运，自动化分拣作业、出入库作业也由自动化的堆垛机操作，整个物流作业系统完全实现自动化、智能化。

10.2.5　智慧校园

将教学、科研、管理与校园生活充分融合，将学校教学、科研、管理与校园资源、应用系统融为一体，提高应用交互的清晰度、灵活性和响应性，以实施智能服务和管理的园区模式。智慧校园的三个核心特征：一是为师生提供全面的智能感知环境和综合信息服务平台，按角色提供个性化服务；二是将基于计算机网络的信息服务整合到各学校的应用和服务领域，实现互联协作；三是通过智能感知环境和综合信息服务平台，为学校与外界提供相互沟通、相互感知的接口。

1. 智能消费系统

当前很多学校都在物联网技术的支撑下，构建出"校园一卡通"平台，这也是智慧校园建设中最为显著的成果之一。"校园一卡通"的实现主要运用了物联网技术中的射频技术和数据库技术。"校园一卡通"相当于学生们的 RFID 标签，通过与学校人物身份绑定，可以实现消费过程中人物身份的识别控制，为校园管理工作节约了成本，实现了各种系统应用服务的整合。

当前手机是大学生在校期间必备的生活用品，可以将个人资信的 RFID 标签与手机卡相互绑定，这样学生就可以在食堂、水房、超市、浴池、商店等地方刷卡消费。每次消费完毕后，智能消费系统就会读取学生的消费数据信息，扣除消费金额，并且动态化地在后台进行消费数据信息更新。

2. 智能图书馆系统

智能图书馆技术也是智慧校园建设中不可或缺的重要部分。在信息化时代来临的当下，图书馆服务呈现信息化、智慧化发展趋势。物联网在图书馆中的应用时间相对较早，前期主要借助 RFID 技术进行应用。该技术在图书馆服务中可以实现电子标签服务、文献信息服务，读者信息和图书馆内设备也会纳入图书馆物联网环境中。

在 RFID 技术支撑下，可以实现图书馆自主还书，真正做到"放回即还，拿走即借"。借助对阅读者相关数据信息的收集，即可对图书馆的借阅量进行统计，制定个性化的图书推荐服务。但真正意义上迎来智慧化图书馆服务的阶段，应是物联网技术深入应用于图书馆服务的环节中。在物联网技术不断成熟的当下，智慧校园建设工作正在探索"感知校园的智能图书馆系统"。

3. 后勤智能服务系统

物联网技术深入智慧校园建设的方方面面，其在后勤管理中的应用也较为广泛。当前物联网技术已经应用于学校内部的照明管理、校内交通服务、车辆管理服务等诸多层次中。物联网技术在照明管理工作中的应用，可以按照校园场所内的需求，根据室内光线的实际情况进行亮度调节，添加相应的控制器即可实现投影仪、窗帘导轨、照明设备之间的整合管控，适当调节灯光亮度，实现完善的教学照明设备管理系统。

4. 其他应用

除了上述系统，物联网技术还被积极应用于教学设备控制中。借助电子标签技术对教学仪器进行管控，每台教学仪器内部设置存储设备，将教学仪器运行的各项数据信息进行存储，管理人员在开展设备管理工作时，可以借助阅读器无线读取的方式对设备运行情况进行分析，切实强化了教学设备管理效率。

物联网技术也被运用于学校安防系统中。每个学生持有"校园一卡通"，借助 RFID 标签即可对学生出入校园情况进行充分了解。此外，还可以将安防系统与自动感应技术相结合，动态化地对学校地下室、楼梯、学校各个角落进行监控，通过对不同场所开展温度、湿度控制，第一时间发现潜在的安全隐患。在安全监控系统的配合下，全天候感知学校内部的动向，对人和物的变化进行监控，确保校园安全。

10.2.6　智能家居

智能家居以家庭居住环境为依托，深度融合物联网技术、网络通信技术、安防防范策略、自动控制技术、语音与视频处理技术，实现了与日常生活紧密相关的家居设施的全面集成与智能化管理。智能家居包括家庭自动化、家庭网络、网络家电和信息家电。在功能方面，其包括智能灯光控制、智能家电控制、安防监控系统、智能语音系统、智能视频技术、视觉通信系统、家庭影院等，可以大大提高家庭日常生活的便利性，让家庭环境更加舒适宜人。

1. 智能家居系统的实现

智能家居系统是指通过智能终端、互联网、传感器等技术手段，实现对家居设备的控制和管理。其实现主要分为以下三个步骤：

（1）传感器的安装和联网　智能家居系统依赖于各种传感器，如温度传感器、湿度传感器、光线传感器等，通过这些传感器可以实现对家居环境的监测和控制。传感器需要安装在相应的位置，并通过 WiFi 等联网设备连接互联网。

（2）智能终端的配置　智能终端是智能家居系统的核心，通过智能终端可以对传感器获取的数据进行处理，实现对家居设备的控制和管理。智能终端可以是智能手机、平板电脑、智能音箱等设备，需要配置相应的智能家居软件和硬件设备。

（3）设备的连接和控制　智能家居系统中的各种设备需要连接智能终端，并通过智能家居软件实现对其的控制和管理。家居设备可以包括智能灯具、智能电视、智能门锁等，通过智能终端可以实现对这些设备的远程控制和管理。

2. 基于物联网的智能家居系统架构

物联网智能家居系统根据其特点，可以分为设备层、应用层及增值服务层，架构如图 10-3 所示。

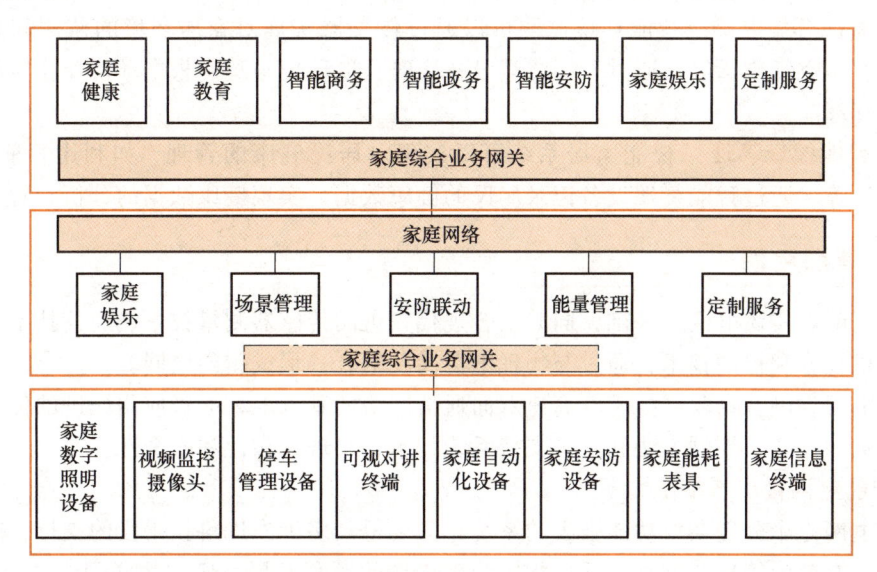

图 10-3　物联网智能家居系统架构

设备层一般由家居系统中的一些电气化设备构成，主要包括家庭数字照明设备、停车管理设备和家庭自动化设备等。

应用层指的是每一个用户智能家居中的智能单元，它具有家庭娱乐、场景管理和安防联动等功能，对用户的家居服务十分全面，能够有效提高用户的生活质量。

增值服务层通常由综合服务器作为接口提供平台，这一平台可由物业管理方或外部专业的服务提供商来运营。该层次的服务旨在通过智能家居系统，为用户拓展并提升一系列附加服务体验。

智能化的家居管理系统能够使用宽带或者是无线网络作为主要的网络路径进入互联网。家庭内部网络可以通过一些快速以太网或是无线局域网来使用 IP 协议等进行连接和信息的交流。智能家居系统的底层网络扮演着连接家庭内部各种子网络（如监控系统、信息管理系统等）的关键角色。这些子网络通过各自的网关接口与物联网实现互联互通，共同构建起一个全面智能化的家居管理系统。

3. 智能家居系统的应用

智能家居系统可以应用于不同的场景，如家庭、酒店、办公室等，并且可以实现以下功能：

（1）**智能照明**　智能照明除了可以实现对家居灯光的控制和管理，即通过智能手机等终端设备随时随地控制灯光的亮度、颜色等，还可以通过传感器实现智能灯光的自动化，根据环境变化自动调整灯光。

（2）**智能安防**　智能安防可以通过智能门锁、智能摄像头等设备实现对家居安全的监控和管理，不仅可以随时随地查看家中情况，还可以通过智能门锁等设备实现对远程开锁和关闭。

（3）智能家电　智能家电可以实现对家居电器的远程控制和管理，如智能电视、智能空调、智能洗衣机等。通过智能终端设备实现远程控制，不仅避免了长时间待在电器旁边的情况，还可以通过传感器实现智能化的控制和管理。

（4）智能环境监测　智能环境监测可以通过传感器实现对家居环境的监测和管理，如温度、湿度、空气质量等。通过智能终端设备实时获取环境信息，根据环境变化实现自动化的控制和管理。

（5）智能健康管理　智能家居系统可以实现对居民健康的管理，如利用智能体重秤、智能血压计等。通过智能终端设备记录居民的健康数据，实现健康数据的分析和管理。

10.2.7　智能电网

智能电网以实体电网为基础，同时结合现代先进的传感器测量技术、通信技术、信息技术、计算机技术和控制技术，通过与物理电网高度融合，形成新的电网。

智能电网在融合物联网技术、高速双向通信网络的基础上，通过应用先进的传感器测量技术及先进的设备、控制方法和决策支持系统技术，实现可靠性和安全性。

1. 智能电网管理与维修

智能电网是十分复杂、功能强大的系统，需要得到多种先进科技手段的支持，因而必须建立准确、有效的管理制度，以保证相应管理工作的顺利开展。应用物联网中的 RFID 技术可以对各种标签进行正确识别，在智能电网的管理与维修中不但可以提高作业效率，也可在一定程度上提高作业准确率。

在智能电网中应用物联网技术，可以让员工随时通过相应装置来查看设备工作状况，如果出现问题，可以第一时间发现并处理，从而为智能电网管理带来便利。在智能电网中应用物联网技术，既可以满足生产、设备维修高水平发展的需求，又可实时采集设备电流、功率等相关信息，并根据实际情况对设备过载、重载情况进行统计和分析。由于物联网的一个特性是在网络连接下实现设备间的远程通信与交互，智能电网工作人员可以利用物联网进行远程通信，实现更加高效、灵活和可靠的电网管理。工作人员可以在最短时间内发现系统故障，并将信息传递给相关部门，让维修人员更好地解决智能电网设备问题，提高智能电网制造及维修效率，从而为电网稳定运行创造有利条件。

2. 智能电网运行调度

智能电网应用范围非常广泛，但其操作十分困难。在智能电网运作过程中，必须进行实时监控与预警。在物联网感知层中，存在大量传感器和终端，这些传感器和终端能收集所需数据，并实时监控电网工作状态。

在智能电网中应用物联网技术，为智能电网的负荷预测与调度优化提供精确的数据支持，从而确保电网的安全运行与高效调度，特别是在智能电网的变电环节中（变电工作涉及设备状态检修、资产全寿命周期管理以及变电站一体化管理等多个复杂方面）。同时，当前变电设备的健康状况及自动化水平尚无法充分满足电力系统建设与自动化发展的需求。因此，在智能电网中应用物联网技术的作用尤为显著。

采用物联网技术，可将关键设备的运行数据通过传感器传输至监控中心，以实时监控、预警设备状况，并通过设备更换、检修、故障预判等，达到设备安全运行的目的。随着变电站的信息化发展，现已全面引进物联网技术，其能针对设备和环境进行有效的检测，做好安全防护，这对智能电网的运行和调度具有重要的支持作用。

3. 智能用电管理

将物联网技术应用于智能电网中，可以最大限度地优化电力系统的能源管理，这些业务的实施有赖于通信信道、主站及智能监控系统。将物联网技术引入智能电网，能实现智能化服务，通过远程监控电量，可以减少能耗、节约能源。通过对电力系统进行智能化管理，可以为电力系统智能化发展提供有力支持，如为分布式电源接入和充电桩建设等方面提供技术支持。

如果在充电设施中安装传感器、无线射频识别设备，就能实时感知电动汽车充电时的状态，保障电动汽车稳定运行，达到智能用电管理的效果。将智能数据采集和通信模块嵌入各类家电，可以使家电智能化、网络化，从而实现对家电的监测、分析和控制。在特定情况下，可以将用户与家电进行高效互联，这是智能住宅的改造方式，用户通过终端可以查看用电量，并对其进行实时监控。

近年来，智能家居作为智能电网中的重要分支，其营销渠道得到了极大扩展。将物联网技术引入智能电网，能监控用户的个人信息，通过收集、分类信息，可以为用户提供优质服务，提升整个电网的服务水平，优化智能电网各阶段运行质量，增强其市场竞争力。

4. 配电网监控

智能电网中存在大量流程和环节，任何一个环节存在问题，都会导致系统运行失效，因此需要对智能配电网进行实时监控。

采用物联网技术，对变电站设备运行状况进行实时监控和故障分析，可优化配电网。在此基础上，通过人工对系统进行诊断，对设备进行维修规划，能在设备出现故障之前，通过曲线图、树状图等直观了解设备运行状况，从而及时排除安全隐患，减少不必要的经济损失，控制维修费用，提高设备经济性和稳定性。

智能电网监控是电力用户了解智能电网运行状态的重要载体。随着智能电网的不断发展，用户和电力系统的联系日益频繁，电力利用率和供电可靠率有所提升。当前，电网内还接入了电动汽车充放电和微网等系统。因此，为了满足日益增长的用电需求，针对不断变化的用电方式，需要针对物联网关键支撑技术做进一步分析和创新。在将来的智能用电领域，物联网技术将有更大的应用价值，有望在智能插座、高级测量、智能仪表、用电服务等方面发挥突出的作用。

5. 售后服务

智能电网的建设目标是建立一流电力服务平台，提高服务品质，赢得用户的认可。目前，随着电力市场化改革工作的不断深入，对电网信息的披露也日趋透明，用户可以通过App查询电网的相关信息，并通过多种途径对供电质量、供电服务等进行评估，对不满意之处进行投诉。因此，在发展智能电网时，需要改善整体服务观念，使用户满意。

随着物联网技术的不断普及，用户也成为电力供应的一方，其既消耗电能，又向电网提供电能，这是一种新型电力销售方式，对电力系统的服务质量提出了更高的要求。利用物联网技术能进一步完善售后服务流程，提高智能电网售后服务质量，为更多用户带来便利服务。

10.2.8 智慧工业

工业物联网涵盖了机器对机器（M2M）和自动化应用的工业通信技术领域，可以让人们更好地理解了工业生产过程,从而实现高效和可持续的生产。工业互联网旨在实现海量工业实体的智能化协作,改变工业生产形态的未来工业基础设施。这需要运用新一代技术理念,对不同种类工业实体乃至整个工业网络进行建模和管控,并对工业和社会资源进行高效整合,从而实现工业实体的智能化发展。

10.2.9 智慧农业

智慧农业基于传统农业的发展,依托移动设备、互联网技术等,对农业生产过程进行智能化控制,以提高农业生产效益。在智慧农业发展中,存在诸多信息技术,除了物联网技术,还包括无线通信技术、3S技术、智能监测技术等。这些技术在智慧农业生产中的具体应用如下:①对农业生产数据信息进行远程监测,并对得到的数据信息进行分析处理;②对农业生产中的病虫灾害问题进行自动预警等。依托于现代化信息技术,智慧农业的生产过程实施精准化管理,促进了传统农业生产模式的转型升级,大大提高了我国农业生产的整体效益。

1. 物联网技术在农业生产中的应用

在智慧农业生产中充分应用物联网技术,能为农业发展奠定坚实的基础。其能对农业园区进行自动化管理和运营,利用无线传感技术动态监测相关环境变化情况,采集土壤、空气、温度、光照和养分等数据信息,并提供施肥、灌溉、松土等优化解决方案,从而为农业生产和管理提供可靠的数据支撑。例如,灌溉是农业生产的关键一环,对农作物生长具有重要的作用。合理的农业灌溉不仅能够保证农作物健康生长,还有助于节约和保护水资源。应用物联网技术控制和管理农业灌溉时,可把相关的传感器安装在田地中,利用传感器对农作物生长所需的温度、湿度、光照等外部环境条件进行监控。同时,还能结合农作物在各个生长阶段的需求,为其控制合理的水肥,自动进行灌溉操作,灌溉的效率与精准性也得到极大的优化提升,可以保证农产品品质,有效节约水资源,保护自然生态环境。

2. 物联网技术在农业监管领域中的应用

随着人们对物质生活质量和食品安全问题越来越重视,开始应用物联网技术对智慧农业进行监管,主要是对农业生态环境进行监管,保证农作物及农产品的生长状况、品质与安全性良好。农产品质量和安全受到环境的影响较大,物联网技术可实现对农业生产过程的生态环境监测,分析评估农田生态环境情况,提供科学的环境改善方案。应用物联网技术能对土壤的养分、结构等信息进行采集、分析和监管,从而帮助农业种植者筛选适合土壤生长的相关作物品种。应用物联网技术也能对大气环境、水环境等因素进行检测,根据所得的参数和指标分析结果,可以及时发现有害物质,如微生物和重金属离子元素等,帮助人们及时做好改善和防护措施,确保农产品安全高效地生产。应用物联网技术还能采集和整合农产品相关长势、产量、品质、规模、植保等信息,提高农作物和农业生产管理的有效性。

3. 物联网技术在农业病虫害防治中的应用

病虫害的发生会极大地危及农作物的生长,做好病虫害防治工作,才能促进农作物丰产和农民增收。物联网技术中的定位系统能利用卫星遥感技术,对农业生产关键数据信息进行精准监测,及时发现农作物病虫害问题,为相关部门开展农业病虫害防治提供参考。物联网技术能够根据监测的病虫害情况,自动进行农药喷施,并且是自动化的精准喷施,不仅能降低病虫害防治成本,还能减少农药用量,使农药利用率提高,降低农作物投入成本和农产品中农药的残留量。物联网技术还能统计分析农作物各生长时期的病虫害数据信息，帮助人们提前制定病虫害防控措施，实现智能化的病虫害防治工作。

4. 物联网技术在农产品销售中的应用

随着电子商务的快速发展，网络在线销售逐渐成为农产品销售的主要渠道。在农村地区，很多农产品的电商平台逐渐建立起来，应用物联网技术可进一步拓展农产品营销渠道，构建产、供、销统一服务平台，为智慧农业发展拓展途径。物联网技术能够将农产品整个生产过程通过电商平台进行展示，确保农产品的质量与安全保证，增强消费者的信任度，也有利于在市场上树立良好的形象。物联网技术运用于智慧农业中，可创建覆盖农产品生产、加工、运输、仓储、销售等不同环节的农产品安全溯源系统。此外，物联网技术还能充分满足消费者的农业生产监控和实景体验，增强其购买欲望。

10.3 典型应用——智能网联汽车

10.3.1 智能网联汽车概述

1. 智能网联汽车定义

智能网联汽车融合了先进的通信技术、传感器技术和先进的控制技术，能够实现车辆与车辆、人类、道路及服务平台间的无缝互联。智能网联汽车能够深度感知车辆运行状况与交通环境，显著提升车辆的智能化程度和交通管理的智能化效能，为用户提供安全、舒适、智能、高效的驾驶感受与交通服务。智能网联汽车是新一轮科技革命的代表性产业，也是世界各工业强国的战略竞争高地，已成为全球汽车产业转型升级的重要战略方向。各国纷纷加快战略部署，通过发布政策顶层规划、制定相关法规、鼓励技术研发、支持道路测试示范及商业化运营等方式，推动产业落地发展。

从狭义上讲，智能网联汽车是指搭载先进的车载传感器、控制器、执行器等装置，融合现代通信与网络技术，实现 V2X 智能信息交换共享，具备复杂的环境感知、智能决策、协同控制和执行等功能，可实现安全、舒适、节能、高效行驶，最终替代人类操作的新一代汽车。从广义上讲，智能网联汽车是以车辆为主体和主要节点，融合现代通信和网络技术，使车辆与外部节点之间实现信息共享和协同控制，以达到车辆安全、有序、高效、节能行驶的新一代多车辆系统。

2. 智能网联汽车与物联网之间的关系

智能网联汽车系统通过安装车载终端设备，实现对车辆所有工作情况和静动态信息的采集、存储及发送。该系统分为三部分：车载终端、云计算处理平台、数据分析平台，根据不同行业对车辆的功能需求，实现对车辆有效的监控管理。车辆运行往往涉及多项开关量、传感器模拟量、CAN 信号数据等，驾驶人在操作车辆过程中，产生的车辆数据不断回发到后台数据库，进而形成海量数据，云计算处理平台负责实现对海量数据的"过滤清洗"，数据分析平台则对数据进行报表式处理，以供管理人员查看。车联网系统广泛采用了多种物联网技术，如 GPS 定位系统、RFID 技术及各类传感器等。这些物联网技术共同协作，能够全面采集车辆及周围环境的数据信息。管理人员通过分析这些数据，可以直观地掌握相关情况。物联网技术可以收集所有数据，管理人员通过数据可以分析具体情况。

10.3.2 智能网联汽车关键技术

1. 车辆系统

车辆系统搭载了先进的车载传感器、控制器、执行器等装置,通过车载单元实现对车辆内部各种传感器、控制单元和通信设备的集成。这些车载单元可以感知车辆的状态和环境信息,并将其传输到云端进行处理和分析。

2018 年,美国汽车工程师学会(SAE)对汽车自动驾驶进行分级修订,见表 10-3。

表 10-3 汽车自动驾驶分级

分级		L0	L1	L2	L3	L4	L5
名称		无自动化	驾驶支持	部分自动化	有条件自动化	高度自动化	安全自动化
描述		驾驶人负责驾驶汽车,在行驶过程中汽车可以发出警告	通过周边环境支持转向盘和加减速中的一项,其余由驾驶人进行操作	通过周边环境支持转向盘和加减速中的多项,其余由驾驶人进行操作	由无人驾驶系统完成驾驶操作,驾驶人根据系统要求提供应答	由无人驾驶系统完成驾驶操作,驾驶人根据系统要求适当提供应答;限定平坦道路和良好环境	由无人驾驶系统完成驾驶操作,驾驶人可以在特定情况下接管;不限定道路和环境
主体	驾驶操作	驾驶人	驾驶人/系统	系统	系统	系统	系统
	周边监控	驾驶人	驾驶人	驾驶人	系统	系统	系统
	支援	驾驶人	驾驶人	驾驶人	系统	系统	系统

自动驾驶系统通常是在 L3~L5 级,随着层级的提高,对系统的要求也会提高。在 L1~L5 级整个阶段中,L1 级、L2 级阶段的自动驾驶系统只作为驾驶人的辅助,但能够持续承担汽车横向或者纵向某一方面的自主控制,完成感知决策、控制、执行这一完整过程。

智能驾驶包括自动驾驶和其他驾驶辅助技术,它们能够在某一环节为驾驶人提供辅助,甚至代替驾驶人,优化驾车体验。

2. 路侧系统

交通路侧控制是对交通系统进程有目标的持续动态干预过程,此过程由控制器主导采集、通信、计算和施效等一系列的信息进程循环实现。

交通信号控制装置向人(出行者、车辆驾驶人)发布通行行为控制指令信息,实现从时间上分离路口冲突的交通流(人流、车流),使道路上的人和车有序通过路口。交通路侧信号控制的目的是减少人-车/车-车通行冲突,提高车辆运行安全性;最大限度地提高交叉口的通行效率,使排队长度和停车延误尽可能小;与其他道路交叉口信号控制系统协作,实现区域道路交通顺畅。

借助各种电子通信技术,路口交通信号控制装置可以联网,形成控制网络,对道路交通整体运行实施更为有效的系统控制。将交叉口的信号灯控制装置联网可实现以下目标:路口交通流量检测信息交换、汇总;控制机的计算能力可进行综合调度,或汇集,或分散使用;道路交通系统模型一致;路口信号灯控制协同等。这使得大到一个城市的道路交通系统的进程与互联互通的交通电子计算机信息系统的计算进程能够融合,从而在多层面上控制道路交通系统运行,使之能够调节交通拥堵等干扰带来的系统运行问题。从信息角度看,以数字电子计算机为核心的路口信号机联网形成了一个信息空间,与交通进程密切关联,以作用于交通系统。图 10-4 所示为一个四层交通进程与信息进程融合结构的大城市道路交通信号系统控制常见模型。不同层次具有不同的系统控制目标、交通与信息的融合方式、融合节奏(检测统计周期、指令发布周期),以及不同计算模型、参数、数据、算法、强度和耗时等。

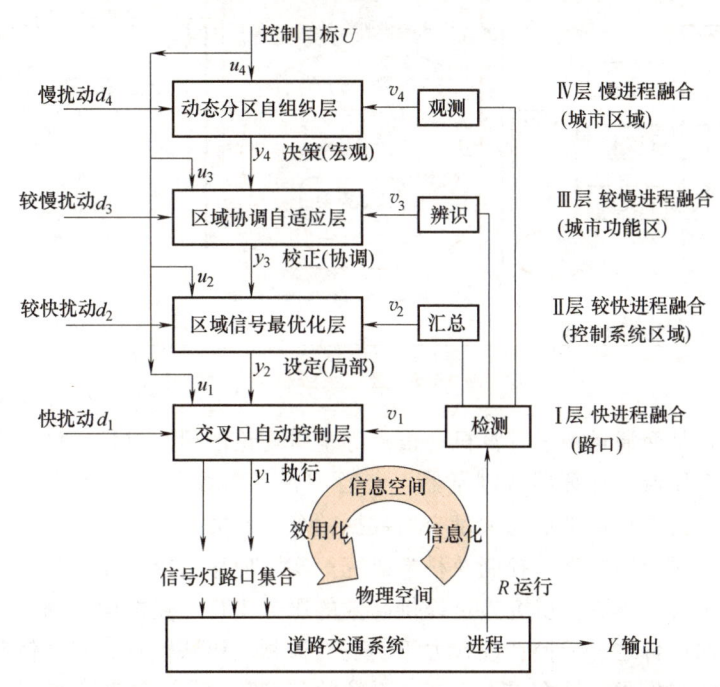

图 10-4 四层交通进程与信息进程融合结构的大城市道路交通信号系统控制常见模型

3. 云控系统

(1) 定义 理论、实验和计算是交通研究的三个主要科学方法。建立云控系统可有效支撑交通科学研究,也可与交通传感网络、交通决策网络、交通控制网络及道路交通系统共同构成智能网联汽车信息物理系统。云控系统是虚拟空间中构造的交通系统,并非独立存在于虚拟空间的封闭系统,"控制"决定了这个系统必须与现实的交通系统连接,并且是动态连接。

计算机网络可将计算机连接在一起,实现互联互通,信息共享;互联网可将全球计算机连接在一起,从而在更大范围内实现信息共享;物联网可将物体及其物理过程信息接入网络,实现万物信息联网共享;更有专业的车联网,可将移动中的机动车信息联网共享。

(2) 框架 把云控系统说成信息形态的道路交通系统,不代表前者是关于道路交通系统的数据库、数据仓库或大数据,计算交通系统的关键在于其能够真实表现道路交通在系统、行为和信息等方面的静态特性及运行动态规律,并能够以多种形式服务于交通学科理论研究、科学实验和数据计算,也能够满足与交通系统运行进程融合计算的需求。图 10-5 所示为云控系统框架。

云控系统以交通模型为核心。围绕道路交通系统、行为、信息建立理论模型、计算模型

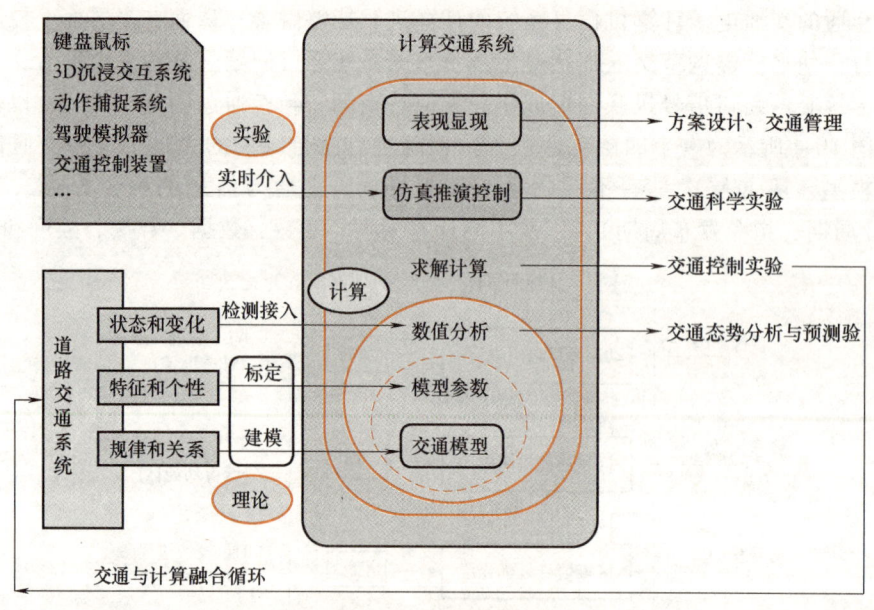

图 10-5 云控系统框架

和数据模型，通常是交通运输、计算机、信息等学科理论的研究过程。没有交通模型，云控系统就会退化成存储器、计算器或浏览器。交通"模型参数"是交通模型适用性的数值设置，调校模型参数的过程通常依靠大量交通数据的分析研究。

云控系统是针对交通管理、控制及科学研究等实际应用需求而设计的综合性平台。它不仅能够为交通管理者、学者及研究人员提供高效的服务支持，还能向控制系统输出多样化的信息控制指令。简而言之，云控系统致力于实现交通领域语法信息、语义信息及语用信息的高水平处理、操作与生成，旨在最大化交通系统的效用价值。

云控系统依托于现代大型网络化计算机系统构建，融合了大数据驱动的交通数据资源和开放的计算软件资源。由于其独特的信息形态，云控系统在过程开放性、接口灵活性以及交通风险场景的模拟与重现能力上，显著超越了真实的道路交通系统。从功能层面来看，云控系统集实时交通控制、交通仿真推演、道路交通数字动态模拟以及深入的交通数据分析等功能于一身。此外，它还支持进程控制界面接入、交通科学实验装置的连接，以及多样化的信息输出形式，展现出高度的功能集成与灵活性。

（3）云控系统与交通虚拟现实 云控系统是一个开放性的系统，多个或群体驾驶人可以共享一个道路环境，同时与包括驾驶人在内的虚拟环境进行交互。该交互系统强调人与虚拟环境之间的感知传递，要求更高的自然感和真实感。

驾驶员在虚拟交通流中会遇到各种不同的交通状况，需要采取不同应对策略。云控系统将所有车辆融合在一起，形成一个多向的关系网络，每辆车都会对其他车辆的行为作出反应，而自己的行为也会影响其他车辆，通过个体间的相互影响，形成合理的交通流，表现出群体交通行为，整个过程也是云控系统的信息控制施效过程。驾驶员在该虚拟系统中根据试验方案完成多种驾驶通行行为，从而完成人与自动驾驶系统之间的交互逻辑研究。根据驾驶员在通行中的动作表现，并以其动作构成、动作配合和动作参数等量化驾驶行为，配合车辆行驶关系等参数，建立通行中的个体驾驶负荷、事故风险等关系模型。

目前，虚拟现实技术已发展成为继数学推理、科学实验之后人类认识自然界客观规律的重要实验技术，并在交通领域逐步推广，如驾驶模拟系统、沉浸式交互系统等，为交通行为研究提供了重要的实验手段。然而，虚拟现实系统在交通领域的发展也面临一些瓶颈：交通系统的运动是由其最重要的构成要素——人来推动的，由于人的行为的复杂性和随机性，计算机人工智能尚未达到实体行为的智能水平，无法完成交通中车-车、人-车等交互实验；在计算机仿真方面，虽然提出了基于 Agt（智能体技术）的智能体仿真技术用于模拟人的行为，但其行为模型仍属于静态，缺乏实际交通系统中人的灵活机变性，对于科学实验而言，其可信性也存疑。

云控系统是在虚拟现实系统的基础上，结合新的物联网、传感网等技术所构造的开放式虚拟道路交通系统。该系统通过地理信息系统、交通检测器、传感单元、车载设备、控制系统、计算机外部设备与各类虚拟现实实验设备与软件的信息融合，可以实现交通系统"真实"再现。在该系统中，交通行为通过行为建模与外部介入相结合，其中外部介入行为由车载设备、驾驶模拟系统、交通参与者动作捕捉系统等提供，体现的是交通参与者直接的行为反应信息，并且可以通过外部设备实现直接的车-车、人-车交互，从而解决了当前虚拟现实系统在交通领域面临的难题。

4. 网络系统

智能网联汽车可以通过车载传感器、控制器和其他设备采集时间数据，从而可以提供更加准确和实时的车辆运行数据和驾驶行为分析，为车辆的驾驶决策和维护提供支持，同时也可以为交通管理者和城市规划者提供更加详细和全面的交通数据，以优化城市交通管理和规划。其所采集的具体数据分类如下：

（1）**传感器数据**　车载传感器可以采集车辆的各种运动参数，如车速、加速度、转向角度、制动状态等。这些数据都包含时间信息，可以记录每秒或每毫秒的变化情况。能用于分析车辆的行驶状况和驾驶行为，并提供相应的驾驶决策支持。

（2）**控制器数据**　车载控制器可以采集车辆的各种控制信息，如发动机转速、油耗、电池电量等。这些数据也包含时间信息，可以记录每秒或每毫秒的变化情况，能用于分析车辆的能耗状况和维护需求，并提供相应的驾驶决策支持。

（3）**其他设备数据**　智能网联汽车信息物理系统还可以通过其他设备采集时间数据。例如，车载摄像头可以记录车辆周围的交通情况和事件信息，这些数据同样包含时间信息，可以用于分析车辆所处位置的交通状况和周围环境信息，并提供相应的驾驶决策支持。

5. 高精地图

（1）**定义**　高精地图是指绝对精度和相对精度均在分米级的高精度、高新鲜度、高丰富度的导航地图，简称 HD Map（High Definition Map）或 HAD Map（Highly Automated Driving Map）。高精地图蕴含丰富信息，包括道路类型、曲率、车道线位置等道路信息，路边基础设施、障碍物、交通标志等环境对象信息，以及交通流量、信号灯等实时动态信息。

在以汽车电动化、智能化、联网化、共享化为特征的汽车产业发展趋势下，自动驾驶汽车成为全球的重要研究热点和汽车产业发展战略方向，并带动智能交通、智慧城市等产业建设。高精地图作为自动驾驶重要的共性基础技术，具备不可替代的作用，能够为汽车构建"长周期记忆"，实现汽车超视感知，有效提高算法效率和安全冗余。

不同地图信息的应用场景和对实时性的要求不同，通过对信息进行分级处理，能有效提高地图的管理、采集效率及应用范围。高精地图可以分为四个基本层级，由低到高依次为静态地图、准静态地图、准动态地图和动态地图。

静态地图包含道路网、车道网及道路设施的几何、属性信息。车道线、车道中心线及曲率、坡度、航向等信息构成了道路和车道模型，帮助自动驾驶汽车进行精确的智能决策与控制执行，如转向、驱动、制动等。

准静态地图包含交通标志牌、路面标志等道路部件信息，可以用于自动驾驶汽车的辅助定位。同时，由于道路受到外界因素（如日常磨损、天气、外界碰撞、人为修改等）的影响会发生变化，诸如道路标线磨损及重涂、交通标志牌移位或变形等信息也体现在准静态地图中，以确保自动驾驶汽车的安全。此外，准动态地图还包含信号灯、道路拥堵、动态标识、施工、交通管制、天气等信息，可以用于自动驾驶汽车的路径规划（全局路径规划和局部路径规划），提升自动驾驶运行安全与效率。

动态地图包含周边车辆、行人、交通事故等实时性较高的信息，可以用于自动驾驶汽车的局部路径规划与决策辅助，提升自动驾驶的安全冗余。

（2）特征与作用　　自动驾驶系统相比车载导航系统提出了更高的要求，如超视觉感知增强、感知系统效率提升、辅助决策信息完善、协助路径规划并提升系统安全冗余等。高精地图是在传统导航电子地图的基础上，依据自动驾驶系统的需求演变发展而来的，二者并非完全独立，具有一定的继承性和衍生性，在保留传统导航地图检索、道路规划、渲染、诱导等功能的基础上，高精地图侧重于地图信息丰富性、精度高、提升计算机器或汽车智能化方向，以及高频更新、标识横纵向定位、坡度曲率节能应用与舒适性提升等。

高精地图可有效弥补传感器的性能边界，提供重要的先验信息，作为车载感知器、RTK（实时动态载波相位差分技术）、GNSS（全球导航卫星系统）等定位信号统一基础坐标系环境，是实现高度自动化驾驶，甚至无人驾驶的必要条件，也是未来车路协同的重要载体。高精地图对自动驾驶汽车的作用主要体现在以下几方面：

1）作为汽车的"长周期记忆"，为车辆的自动驾驶提供道路先验信息。与车载传感器相比，高精地图不受天气环境、障碍物和探测距离等限制，为自动驾驶汽车提供安全冗余。同时，高精地图可以为车辆纵向加减速、横向转向及变道等决策提供先验信息，提高驾驶舒适性并实现智能节能。

2）可预知信号灯、车道线、道路标识牌等交通要素的位置，有助于提高传感器的检测精度和速度，节约计算资源。

3）可作为规划决策的载体，诸如路口信号灯状态、道路交通流量、路网变化情况及车辆传感器信息等数据都可以传送至高精地图服务平台，以实现智能路径规划。

4）未来众包采集，可积累大量的驾驶数据，使驾驶场景数据库更丰富，从而为无人驾驶系统仿真验证、人工智能训练等提供重要基础数据。

（3）采集方法　　在道路信息实时获取方面，尽管利用摄像头、雷达与GPS等来完成采集的方法更容易落地，但在雨、雪、雾天气等极端条件下容易导致传感器失效，构成安全隐患。因此，通常会在常规传感器之外引入高精地图数据，其目的就是借助高精地图在更多的驾驶场景下保证安全，高精地图+高精定位对于保障极端条件下的驾驶安全是传感器的一个有效补充。虽然极端驾驶场景出现频率不高，却是酿成交通事故的高发原因，高精地图可以说是一道重要的安全防线，比传统导航地图更有意义。

高精地图的制作流程、成本、分发方式及呈现的形态等，与传统电子导航地图均有较大的区别。高精地图对数据更新的实时性要求极高，完全依赖于专门的采集车进行高精地图采集，效率低且成本高。高精地图的覆盖范围取决于汽车制造商的需求，地图服务提供商依据汽车制造商的需求进行采集生产。目前，国内地图服务提供商的 HDM 范围仅限于全国的高速和城市快速路等封闭道路，并没有扩展到全部道路，因此，提高高精地图的采集和更新速度成为重要课题。目前，众包可以有效提高高精地图采集效率，但是需要采集公司具有相应的地图采集资质，并依赖于强大的数据处理能力。因此，高精地图宜采用智慧生产线，利用大数据分析、众包数据采集和人工智能等新型制图技术，以满足自主泊车、V2X 及智慧城市等多种场景的地图需求。

6. 安全系统

随着汽车智能化、网联化的发展，驾驶人行为特性逐渐多元化，交通参与者之间的耦合关系进一步增强，在多变的交通环境与出行工况中保障智能网联汽车的安全性至关重要。因此，智能网联汽车安全系统要求通过智能化技术综合利用车载传感、车载定位、电子地图、人-车-路交互等多源融合信息，在确保各电子电气系统正常运行的情况下，对场景中的潜在触发条件进行识别评估与准确响应，对网络攻击进行迅速检测与纵深防御，对可能出现的碰撞进行精准辨识和主动预防，并在不可避免的碰撞事故发生后尽可能地降低驾乘人员、行人和车辆自身遭受危害的程度。

智能网联汽车系统安全包括功能安全、预期功能安全和信息安全等内容，如图 10-6 所示。功能安全是指由于系统、硬件和软件失效而导致的安全问题；信息安全是指由于网络攻击等造成的网络安全问题；不存在因功能不足引起的危害行为而导致不合理的风险被定义为预期功能安全，这是智能网联汽车研发与商业化的最大难题之一。

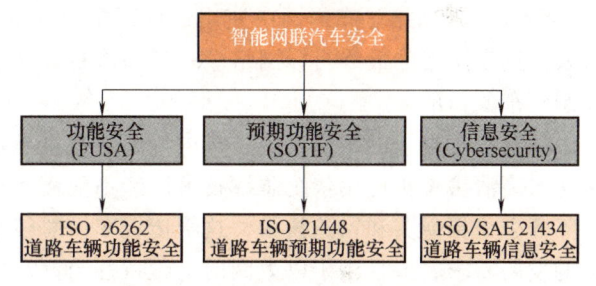

图 10-6 智能网联汽车系统安全组成

（1）信息安全

1）智能网联汽车信息安全概述。随着网络的发展，人们的生产生活逐渐进入物联网时代。物联网是基于互联网、传统电信网等信息承载体，让所有能够被独立寻址的普通物理对象实现互联互通的网络。随着社会飞速发展，交通越来越便捷，汽车行业得以快速发展，这促进了车联网及智能网联汽车的诞生与蓬勃发展。汽车厂商通过便捷的互联网为汽车提供更多便利、新颖的功能，从最初的汽车导航、防盗追踪到现在的自动驾驶、远程升级、智能化交通管理等功能，汽车已逐步接入互联网。近年来，智能网联汽车被认为是物联网体系中最有产业潜力、市场需求最明确的领域之一，是信息化与工业化深度融合的重要方向，具有应用空间广、产业潜力大、社会效益强的特点，对促进汽车和信息通信产业创新发展，构建汽车和交通服务新模式新业态，推动自动驾驶技术创新和应用，提高交通效率和安全水平具有重要意义。国家发展和改革委员会、中央网络安全和信息化委员办公室等 11 部委发布的《智能汽车创新发展战略》中指出，智能汽车已成为全球汽车产业发展的战略方向，发展智能汽车对我国具有重要的战略意义。

汽车在通过互联网获取便捷服务的同时，也要承担网络攻击的安全风险。对于网络安全而言，每一个新的服务和功能都会引入额外的风险和入口点。随着联网车辆和智能移动服务的增长，越来越多的网络欺诈和数据泄露事件给企业和消费者带来危险。黑客可以通过网络入侵汽车，扰乱车内通信网络，甚至通过解析车内网络通信协议来实现远程控制汽车。2015年，Charlie Miller 与 Chris Valasek 成功远程入侵一辆吉普车，并远程控制汽车的空调、刮水器，甚至加速踏板和制动踏板，严重影响了驾乘人员的人身安全，致使该汽车的制造商召回140 万辆汽车。2016 年，百度安全员成功入侵 T-BOX，通过劫持 ARM 和 MCU 单片机之间的串口协议数据，修改传输数据实现汽车控制。在过去的十年间，汽车网络安全事件的数量一直在急剧增加。随着越来越多的联网车辆上路行驶，每一起事故的潜在损害都在上升，汽车网络安全事件将汽车厂商和消费者置于危险之中。

起初作为封闭系统设计的车载网络，在汽车逐步接入互联网的过程中出现不少漏洞，而汽车网络安全直接关系到驾乘人员的人身安全，因此在汽车车载网络被入侵的同时，也刺激着汽车网络安全的迫切发展。近些年，汽车智能化、网联化逐渐加深，汽车网络安全研究也得到很大的重视和发展。车载网络包含 CAN、LIN、FlexRay、MOST、以太网等多种网络，其中获安全研究最多的是 CAN 总线网络和以太网两类。

CAN 总线网络是车内网中使用最广泛的网络，因为其连接车内多个控制单元，容易成为入侵汽车网络的最终目标网络。一旦黑客成功入侵车内的 CAN 网络，就能达到干扰甚至控制汽车的目的。

随着汽车电子的不断发展，车内传感器数量不断上升，对带宽需求也在不断增加，激光雷达、高清摄像头使用传统总线技术已经不能满足需求。特别是未来自动驾驶技术的发展，离不开全景摄像头和雷达技术，这给传统车内总线技术带来了挑战。以太网可以满足汽车电子的发展需求，但是由于以太网的电磁特性与汽车内部的传统总线技术相比有很大劣势，并且传统以太网对实时信息传输的能力较弱，存在延迟和缓冲，其电气特性无法满足智能汽车的需求，直到近几年才取得突破。车载以太网是使用以太网连接车内各个电子部件的一种总线通信方式。传统以太网使用四对非屏蔽双绞线来传输信号，而车载以太网使用一对非屏蔽双绞线来传输信号，同时满足高带宽、高可靠性、强抗干扰能力、低延迟、高同步性的要求。

随着 V2X 等业务与技术的快速发展，车辆逐渐融入互联互通的网络体系，将与大量的外部设备与系统协同。同时，车辆内部网络结构也越来越复杂，呈现多种通信协议并存、高带宽应用越来越多的情况，并且车辆内部零部件表现出多域融合的特性。因此，在零部件软件系统中处于基础地位的车载操作系统将越来越复杂，代码量越来越大，面临的网络安全风险将更加突出。

综上所述，针对智能网联汽车的网络安全威胁可以从 CAN 总线网络、车载以太网及车载操作系统三个层面展开研究，构建多层次成体系的网络安全监控能力。相关研究表明，在网络的安全监控技术中，常用的手段有网络入侵检测和网络入侵防御技术，这些技术可以应用于智能网联汽车的网络中。

2）智能网联汽车信息安全检测技术。入侵检测技术源于安全审计技术，通过对系统的活动、用户的行为进行监控，检测试图绕过保护机制的行为、用户身份的跃进及外部入侵等。入侵检测技术的模型由 Dorothy Denning 提出，目前的检测技术均是基于该模型进行扩展的。由此可见，入侵检测是通过对审计记录、网络数据包、应用程序记录或者系统中的其他信息进行收集来识别攻击和威胁的。

根据不同的分析方式和技术，入侵检测技术通常分为特征检测（误用检测）和异常检测。

① 特征检测（Signature-based Detection）也称作误用检测（Misuse Detection），它假设入侵活动可以用某种模式来表示，通过检测主体活动是否符合这些模式来判断其是否为入侵活动。因此，特征检测主要是实现对已知攻击类型的检测，其技术难点在于如何设计模式能够清楚地区分入侵活动和正常活动。

② 异常检测（Anomaly-based Detection）对主体正常工作模型进行特征提取和建模后，通过检测主动活动与正常工作模型是否相同来判断其是否为正常活动。这种检测方式有很高的兼容性，可以检测出未知的攻击，其缺点主要是容易存在漏报或误报。异常检测的技术难点在于如何建立正常工作模型和设计统计算法，从而避免把正常的操作视为"入侵"，以及忽略真正的"入侵"行为。

根据使用数据源不同，又可以将入侵检测进一步细分为基于主机的入侵检测和基于网络的入侵检测。基于主机的入侵检测主要使用操作系统的审计、跟踪日志作为数据源；基于网络的入侵检测则使用网络上传输的原始流量作为数据源。

不管是特征检测，还是异常检测，其目的都在于将入侵行为数据和正常数据尽可能正确地分开。当前应用广泛的分类算法都可以用于入侵检测中，以将数据区分为正常数据和异常数据。

① 基于统计分析的入侵检测方法。针对异常检测，该方法首先会初始化一份系统档案。在系统运行过程中，异常检测器不断对当前的系统状态和初始的系统档案进行对比，如果偏离超过阈值，就认为是入侵。在一些系统中，当前的系统状态会更新到初始的系统档案中，这样可以让入侵检测系统自适应地学习用户的行为模式。该方法的缺点在于需要依赖大量的已知数据，并且统计分析对于事件发生先后顺序的不敏感也使得系统丢失了事件之间的关联信息。该方法的误报与漏报率均严重依赖于阈值的设定。

② 基于预定义规则的入侵检测方法。将有关入侵的知识转化为规则库，以专家系统为例，其规则为 if-then 结构，前者为构成入侵的条件（构成入侵的条件可以是入侵行为特征等），后者为发现入侵后采取的响应措施。该方法对已知的攻击或入侵有较高的检测率，但是对于不在预定规则中的情况无法检测。该方法同样不能处理数据的前后相关性，并且规则库需要动态更新，导致维护较为困难，更改规则时还需要考虑对规则库中其他规则的影响。

3）智能网联汽车信息安全威胁分析。智能网联汽车从架构上可分为四个不同的功能区，分别如下：①基本控制功能区，如传感单元、底盘系统等；②扩展功能区，如远程信息处理、信息娱乐管理、车体系统等；③外部接口，如 LTE-V、蓝牙、WiFi 等；④诸如手机、存储器、各种诊断仪表、云服务等外部功能区。每个功能区对于安全的定义和需求都不相同，这就需要定义合理规范的系统架构，对不同功能区进行隔离，并对不同区域间的信息流转进行严格控制，包括接入身份认证和数据加密，保证信息的安全传输，从而达到智能驾驶功能的高可用性、便利性和保护用户隐私信息的目的。根据相关分析研究，智能网联汽车系统面临的攻击主要来自两方面——内部攻击和远程攻击。其中，内部攻击主要由智能网联自身缺陷引起，如总线、网关、ECU 等安全程度不够。未来智能网联汽车面临的信息安全威胁将来自终端、传输通道、云平台三个维度。

① 终端层安全风险。

a. T-BOX 安全风险。T-BOX（Telematics BOX 远程/车载通信模块）是车载智能终端，主要用于车与车联网服务平台之间的通信。T-BOX 的网络安全系数决定了汽车行驶和整个智能交通网络的安全，是车联网发展的核心技术之一。恶意攻击者通过分析固件内部代码能够轻易获取加密方法和密钥，可实现对消息会话内容的破解。T-BOX 的安全风险主要有两类：一是来自固件逆向，攻击者通过逆向分析 T-BOX 固件，获取加密算法和密钥，从而解密通信协议，用于窃听或伪造指令；二是对信息的窃取，攻击者通过 T-BOX 预留调试接口读取内部数据用于攻击分析，或者通过对通信端口的数据抓包来获取用户通信数据。

b. IVI 安全风险。车载信息娱乐系统（In-Vehicle Infotainment，IVI）基于车身总线系统和互联网形成的车载综合信息处理系统，可实现三维导航、实时路况、辅助驾驶、故障检测、车身控制、移动办公、无线通信、在线娱乐等功能。其安全风险在于自带附属功能众多、集成度高的特点，导致攻击面大、风险多，所有接口都可能成为黑客攻击的节点。

c. 终端升级安全风险。智能网联汽车若不及时升级更新，就会因为存在潜在安全漏洞而遭受各方面（如 4G、USB、SD 卡、OBD 等渠道）的恶意攻击，导致车主个人隐私泄露、车载软件及数据被窃取或车辆控制系统遭受恶意攻击等安全问题。为具有联网功能的设备以按需、易扩展的方式获取系统升级包，并通过空中下载技术（OTA）进行云端升级，完成系统修复和优化的功能，已成为车联网进行自身安全防护能力提升的必备功能。OTA 安全风险：在升级过程中修改升级包控制系统；在升级传输过程中因升级包被劫持而遭到中间人攻击；在升级过程中因云端服务器被攻击而使 OTA 成为恶意软件源头。此外，OTA 升级包还存在被提取控制系统、获取设备超级管理权限（root 设备）等隐患。

d. 车载 OS 安全风险。车载计算机系统常采用嵌入式 Linux、QNX、Android 等系统作为操作系统，其代码内容庞大且存在不同程度的安全漏洞，加上车联网应用系统复杂多样，某一种特定的安全技术不能完全解决应用系统的所有安全问题，智能终端还存在被入侵、控制的风险。车用操作系统主要面临启动攻击、虚拟化软件层网络安全威胁、开源操作系统的网络安全威胁三类风险。

启动攻击主要涵盖以下几个方面：冷启动攻击，是攻击者利用系统关机后内存中残留的数据来恢复敏感信息；系统镜像若存储在未受保护的 Flash 存储器中，则易于被篡改或替换，甚至可能被植入 Rootkit 等恶意软件；此外，攻击者还可能绕过正常的引导流程，改成从不受信任的设备（例如 USB 驱动器或网络）启动系统，从而实施攻击。

虚拟化软件层网络安全威胁主要包括拒绝服务、特权提升和信息泄露，攻击面来自 Hypercall、MMIO（Memory Mapped I/O，内存映射 I/O）和设备仿真、半虚拟化和 side-channels（侧信道攻击）。攻击者可以通过虚拟化逃逸、虚拟机跃迁、虚拟机镜像修改、隐藏通道、资源掠夺、虚拟网络流等虚拟机监视程序（VMM）进行入侵。

开源操作系统的网络安全威胁主要来自内核缺陷、权限机制缺陷和宏内核架构等。

e. 移动终端安全风险。对未受保护的应用程序进行逆向工程分析，可以轻易地揭示出远程服务提供商（TSP）的接口地址、请求参数等敏感信息。智能网联汽车普遍配套移动终端，用于实现与智能汽车、车联网服务平台的交互。目前，针对移动终端的安全分析和网络攻防技术已相对成熟，成为车联网网络攻击事件日益多发的诱因。一方面，移动 App 已成为当前车联网的标配，但由于车联网的移动 App 易于获取，攻击者可以通过对应用进行调试或者反编译来破解通信密钥或者分析通信协议，并借助车联网的远程锁定、开启天窗等远程控制功能来干扰用户的使用；另一方面，移动智能终端系统存在的安全风险也会间接影响车联网的安全，攻击者可以通过 WiFi、蓝牙等无线通信方式直接连接车载娱乐系统，对其进行攻击，并通过渗透攻击智能网联汽车的控制部件。此外，由于移动 App 可能存储车联网云平台的账户、密码等信息，攻击者可由此获取账户、密码，并通过云平台来影响联网汽车的安全。

② 传输通道安全风险。

a. 车载自动诊断系统接口安全风险。车载自动诊断系统（OBD）接口是智能网联汽车外部设备接入 CAN 总线的重要接口，可下发诊断指令与总线进行交互，完成车辆故障诊断、控制指令收发。智能网联汽车内部会有十几到几十个不同的 ECU（电控单元），不同 ECU 控制不同的模块。OBD 接口作为总线上的一个节点，不仅能监听总线上的消息，还能伪造消息（如传感器消息）来欺骗 ECU，从而达到改变汽车行为状态的目的。OBD 接口风险在于攻击者可借助 OBD 接口破解总线控制协议，从而解析 ECU 控制指令，为后续攻击提供帮助。由于 OBD 接口接入的外接设备可能存在攻击代码，接入后容易将安全风险引入汽车总线网络中，对汽车总线控制带来威胁。此外，OBD 接口没有鉴权与认证机制，无法识别恶意消息和攻击报文。

b. 车内无线传感器安全风险。传感器存在通信信息被窃听、被中断、被注入等潜在威胁，甚至通过干扰传感器通信设备还会造成无人驾驶汽车偏行、紧急停车等危险动作。

c. 车内网络传输安全风险。汽车内部相对封闭的网络环境看似安全，但其中存在很多可被攻击的安全缺口，如胎压监测系统、WiFi 及蓝牙等短距离通信设备等。CAN 总线是目前汽车使用最广泛的总线方式，其在数据的机密性、真实性、有效性、完整性和不可否认性等方面存在风险。在机密性方面，每个在 CAN 总线上传输的消息都是以广播方式传送至每个节点的，恶意节点很容易在总线上监听每一帧的内容；在真实性方面，CAN 总线不包括认证发送者的域，任意节点都能发送消息；在有效性方面，由于 CAN 总线的仲裁规则，攻击者可能在总线上进行拒绝服务攻击；在完整性方面，CAN 总线使用循环冗余校验来验证消息是否因为传输错误而被修改，但不足以完全避免攻击者修改正确消息和伪造错误消息；在不可否认性方面，目前没有方法让一个正常的汽车 ECU 来证明是否发出或收到某个消息。

d. 汽车 ECU 安全风险。汽车 ECU 被称为"汽车大脑"，是汽车微机控制器，主要安全风险体现在以下两方面：①ECU 可能存在漏洞，如芯片和固件应用程序可能存在安全漏洞，易受到拒绝服务攻击，从而影响汽车功能的正常响应，同时 ECU 更新程序的漏洞也会导致系统固件被改写；②ECU 部署中存在安全隐患，如 ECU 之间因缺乏隔离而成为黑客攻击的入口。

e. 网络传输安全风险。"车-X"（人、车、路、互联网等）通过 WiFi、移动通信网（2.5G/3G/4G 等）、DSRC（专用短程通信技术）等无线通信手段与其他车辆、交通专网、互联网等进行连接。网络传输安全威胁指的是车联网终端与网络中心的双向数据传输安全威胁。车联网通信网络安全主要包括车载蜂窝通信网络 4G/5G、LTE-V2X 和 802.11p 无线直连通信网络等安全，其风险如下：①资源授权受限，恶意节点可能同时请求占用无线资源，从而导致合法的车辆节点无法进行通信；②通信环境安全威胁，通过控制环境信息，向车辆节点或行人节点发送错误的 V2X 消息，或者通过控制 V2X 实体上的数据处理使 V2X 实体发送错误的 V2X 消息，误导周边的 V2X 实体做出错误的行为，进而可能引发交通事故。此外，无线直连 V2X 通信网络还存在其他的安全隐患。以车际通信为例，不仅涉及无线通信领域的信号窃取、信号干扰等固有问题，也不能忽视恶意行为人与车间通信的安全性影响。

③ 云平台安全威胁。目前大部分车联网数据使用分布式技术进行存储，主要面临的安全威胁包括黑客对数据恶意窃取和修改、敏感数据被非法访问。车联网信息服务平台是提供车辆管理与信息内容服务的云端平台，负责车辆及相关设备信息的汇聚、计算、监控和管理，提供智能交通管控、远程诊断、电子呼叫中心、道路救援等车辆管理服务，以及天气预报、信息资讯等内容服务。其安全风险主要体现在以下方面：①服务平台面临传统的云平台安全问题，在平台层和应用层都可能存在安全漏洞，使得攻击者可以利用 Web 漏洞、数据库漏洞、接口 API 安全注入漏洞等攻击云平台、窃取敏感信息，同时也存在拒绝服务攻击等问题；②车联网管理平台公网暴露问题，当前普遍采用车机编码或固定凭证等认证方式与车辆通信，安全认证机制较弱。

4）智能网联汽车信息安全关键技术。

① 汽车安全技术。目前，主要通过安全加密、异常检测和安全域划分等技术来保证 CAN 总线安全。安全加密通过 CAN 总线加密来避免消息被没有解密密钥的节点读取帧内容，但是足够有效的加密解密算法需要一定的计算能力，非常消耗时间和资源，对于车辆这种实时系统难以直接应用，现有的解决方法是在 ECU 中增加硬件安全模块，使车内以密文通信。异常探测旨在监控 ECU 之间的数据传输来保证其合理性，常见的方案包括使用模块探测，使用二进制污染工具来标注数据，建立一个系统实现每条总线上的每个帧 ID 对应一个 ECU，以及部署使用入侵检测系统等。安全域划分，即为车内所有 CAN 子网设置中心网关，将汽车内网划分为动力、舒适娱乐、故障诊断等不同的安全域，将高危要素集中于独立的"局域安全总线"处，定义清晰的安全域边界，并在边界部署安全措施，通过安全网关来保障动力总线与其他区域的安全通信。

对于 ECU 的安全，主要通过软件和硬件两种方式来提升安全等级。在硬件安全方面，通过增加硬件安全模块，将加密算法、访问控制、完整性检查等功能嵌入 ECU 控制系统，以加强 ECU 的安全性，提升安全级别，具体可包括安全引导、安全调试、安全通信、安全存储、完整性监测、信道防护、硬件快速加密、设备识别、消息认证、执行隔离等功能。在软件安全方面，软件安全防护主要保护 ECU 软件的完整性，保证汽车关键软件不受攻击的影响。

操作系统安全的核心目标是实现操作系统对系统资源调用的监控、保护、提醒，确保涉及安全的系统行为总是处于受控状态下。除收集所选操作系统版本的已知漏洞列表外，还应定期更新漏洞列表，同时确保第一时间发现、解决并更新所有的已知漏洞。为了保证操作系统的健壮性，需要保证操作系统源代码安全，可通过对操作系统源代码静态审计，快速发现代码的潜在缺陷及安全漏洞，并及时修正。此外，还需要加强操作系统的自身升级更新的受控性，以及确保操作系统中所有文件、通信、数据之间交互行为的可控和客观，监控全部应用、进程对所有资源的访问并进行必要的访问控制。

② 移动终端安全技术。车联网移动终端的安全防护，应注重内部加固和外部防御相结合，重点加强 App 防护和数据安全保护。一是关注应用软件安全防护，保证终端应用软件

在运行中的安全，防止黑客入侵，确保终端应用业务流的安全，尽快部署安全加固软件，以有效降低安全更新服务所带来的重大安全风险。二是加强操作系统安全防护，对终端进行各种操作的审计和管控，采取如软件管理、白名单技术等安全机制，进行终端操作系统漏洞检测，以实施终端恶意代码防护；采取恶意代码采集、查杀和防御技术，进行终端操作系统安全加固。三是加强硬件芯片安全防护，采取终端硬件芯片可信技术，确保可信根不被非授权使用；实现终端硬件虚拟化，以降低终端硬件带来的风险，实现容灾备份与快速恢复。

③ 通信网络安全技术。在网络传输安全方面，一是要采取网络加密技术，进行网络协议加密、网络接口层加密，在网络加密结构设计中采取密码体系并选用合适的密钥；二是要建设可信的通信环境，为通信传输安全提供保证，从根本上阻止网络攻击，提高数据传输可信度，并在传输网络中配置防火墙以保证传输信息可信；三是基于分级保护设计和实施相应技术方案，加强内部控制和安全保密管理，采取传输信息安全保护策略。

在通信网络边界安全方面，可采取三类车联网网络边界安全技术。一是分段隔离技术，不同网段（车内网、车车通信、车云通信等）实施边界控制（如白名单，控制数据流向、数据内容等），对车辆控制总线相关的数据进行安全控制和安全监测，对关键网络边界设备进行边界防护，如对中央网关等设备部署入侵检测系统等。二是鉴权认证技术，针对接入车联网的终端设备（接入汽车的外部设备、移动终端设备等），加强鉴权认证，确保设备可信，避免未经认证的设备接入网络。三是车云通信双向认证技术，在车云通信场景中，除了采取安全接入方式，还应针对业务内容，划分不同的安全通信子系统，对关键业务系统采取认证机制，实现车、云的双向认证，确保访问的安全性。

④ 信息服务平台安全技术。当前车联网信息服务平台均采用云计算技术，平台功能逐步强化。对智能网联汽车安全管理的强化措施可包括以下四项：一是设立云端安全检测服务，通过分析云端交互数据及车端日志数据，检测车载终端是否存在异常行为，以及隐私数据是否泄露；二是完善远程OTA更新功能，加强更新校验和签名认证，适配固件更新（FOTA）和软件更新（SOTA），在发现安全漏洞时快速更新系统，大幅度削减召回成本和漏洞的暴露时间；三是建立车联网证书管理机制，用于智能网联汽车和用户身份验证，为用户加密密钥和登录凭证提供安全管理；四是开展威胁情报共享，在整车厂商、信息服务提供商及政府机构之间进行安全信息共享，并进行软件升级和漏洞修复。

（2）功能安全

1）智能网联汽车功能安全概述。真正保障工业系统的安全可靠，不仅需要确定所设计的电气电子安全相关系统是否已安装和具有正确的安全功能，还要确定其执行安全功能的可靠程度，即电气电子安全相关系统的安全性能或者安全完整性等级（Safety Integrity Level，SIL）是否满足需求，这一要求在汽车行业中就是汽车安全完整性等级（Automotive Safety Integrity Level，ASIL）。

功能安全是与受控设备 EUC（End-User Computing，终端用户计算机）和 EUC 控制系统有关的整体安全的组成部分，它取决于电气/电子/可编程序电子安全相关系统、其他技术安全相关系统和外部风险降低设施功能的正确行使。一个安全相关系统可以具有多个安全功能，每一个安全功能针对特定的风险对工业过程进行保护。安全相关系统必须在工业系统出现危险情况时正确执行其所对应的安全功能，这一点对于确保工业过程处于安全状态是非常重要的。安全相关系统的功能安全水平高，意味着该安全相关系统能够正确有效地执行其安全功能的能力强，即能较大程度地减小风险发生的概率。功能安全管理是 IEC 61508 有别于其他功能安全标准的亮点之一。它不仅对整体安全生命周期及硬件和软件安全生命周期的技术活动进行管理，还规定了人员、部门和组织机构在各阶段活动中的责任。功能安全管理涉及安全生命周期各阶段活动，广义上应包括组织和人员的责任、危险和风险评估管理，以及制订计划、人员的能力、人员的培训、文档管理等方面。典型的功能安全管理内容包括功能安全评估、确认、验证、功能安全设计。

2）功能安全相关标准。

欧美各国从 20 世纪 70 年代就开始尝试用系统工程、可靠性等理论方法来研究解决电气、电子安全设备和系统可靠性问题。欧洲国家对功能安全的研究起初主要集中于机械制造业中安全相关控制系统，颁布实施了一系列标准。例如，德国已制定并实施了一系列强制性安全标准，专门针对控制技术测量与控制设备的基本安全考量、可编程序安全系统、过程控制安全设备的具体要求及指南，以及面向安全系统制造商的规范。这些标准旨在确保相关领域的安全性能达到严格的要求。美国对功能安全的研究主要集中于过程工业，如石油化工过程的安全仪表系统。1996 年制定了针对过程工业的安全仪表系统（SIS）应用标准（ISA-S84），并被美国劳工部职业安全与健康管理局（OSHA）、环保署（EPA）立法强制执行。为了促进和规范国际上与安全相关的控制和保护系统的设计、制造及应用，2000 年，国际电工委员会（IEC）先后颁布了功能安全的基础标准（IEC 61508），并针对过程工业、核工业、机械制造业、交通运输等领域发布了系列标准，通过不断更新、完善，逐步形成了功能安全标准和法规体系。

IEC 61508 起初被直接应用于车辆系统。然而，在其应用于公路车辆系统的过程中，遇到了一些关键性的挑战，其中最严重的问题是 IEC 61508 中的功能安全和控制功能被分开独立考虑。IEC 61508 拥有自己的控制系统的"受控设备 EUC"的概念，独立的安全功能被加到对应的地方来满足相关安全等级需求。相反，在传统的车辆系统中，安全功能很少被区分于常规功能。例如，在一个发动机电子控制系统中，需要的功能是产生转矩来响应驾驶人的需求，如果这个转矩不正确，则会引起一个潜在的安全问题，因此需要在发动机电子控制系统中设计相应的安全功能。发动机控制系统不仅具备基本的控制功能，还融入了功能安全性的设计。因此，功能安全标准（ISO 26262）由 IEC 61508 衍生而来，主要定位是汽车行业中特定的器件、电子设备、可编程序器件等专门用于汽车领域与安全相关的部件。ISO 26262 从 2005 年 11 月起正式开始制定，历经六年左右的时间，于 2011 年 11 月正式颁布，成为国际标准。目前，我国也在积极进行相应国标的转化与制定工作。

3）功能安全测试评价相关技术研究。ISO 26262 在对系统做功能安全设计时，前期重要的一个步骤是对系统进行危害分析和风险评估，即识别出系统的危害并对危害的风险等级——ASIL 进行评估。因此，在依据 ISO 26262 对系统开展功能安全测评时，也要先进行 ASIL 的评估，然后需要对功能安全设计进行审核。ISO 26262 中规定 ASIL 分为 A、B、C、D 四个等级，其中 A 是最低的等级，D 是最高的等级。在进行功能安全设计时，针对每种危害确定至少一个安全目标，安全目标是系统最高级别的安全需求，由安全目标导出系统级别的安全需求后，将安全需求分配给硬件和软件。ASIL 决定了对系统安全性的要求，等级越高，对系统的安全性要求越高，为实现安全所付出的代价就越多，这意味着硬件的诊断覆盖率越高，开发流程越严格，相应的开发成本增加，开发周期延长，技术要求严格。

ISO 26262 中提出了在满足安全目标的前提下降低 ASIL 的方法，即 ASIL 分解，这样可以解决上述设计开发中的难点。因此，对功能安全设计进行审核需要审核 ASIL 分解是否合理。

① 安全完整性等级。依据 ISO 26262 进行功能安全测评时，首先需要确定系统危害事件的安全完整性等级。功能故障和驾驶场景的组合叫作危害事件（Hazard Event），危害事件确定后，可以根据 ISO 26262 中的三个关键因子——严重度等级（Severity）、暴露概率等级（Exposure）和可控性等级（Controllability）评估其风险级别，即 ASIL，分别见表 10-4、表 10-5 及表 10-6。其中，严重度是指在可能发生潜在危害的场景中，对一个或多个人员造成伤害程度的预估；暴露概率是指人员暴露在系统失效能够造成危害的场景中的概率；可控性是指通过所涉及人员的及时反应，或可能通过外部措施的支持，避免特定伤害或损伤的能力。

表 10-4　严重度等级

等级	S0	S1	S2	S3
描述	无伤害	轻度和中度伤害	严重和危及生命的伤害（有存活的可能）	危及生命的伤害（存活不确定），致命的伤害

表 10-5　暴露概率等级

等级	E0	E1	E2	E3	E4
描述	不可能	非常低的概率	低概率	中等概率	高概率

表 10-6　可控性等级

等级	C0	C1	C2	C3
描述	原则上可控（一般、易控）	简单可控	正常可控（一般）	难以控制或不可控

② 危害分析与风险评估。依据 ISO 26262 进行功能安全测评时，首先需要审核被测系统的功能，并分析其所有可能的功能故障（Malfunction），可采用的分析方法有故障树分析、失效模式及效应分析、头脑风暴等。若在系统测评的后续阶段发现之前未识别的故障，则需回溯至此阶段，对分析进行必要的更新和补充，以确保所有潜在的安全隐患都被充分考虑和应对。

功能故障只有在特定的驾驶场景中才会造成伤亡事件，以近光灯系统为例，一个典型的功能故障就是灯非预期熄灭，如果在漆黑的夜晚行驶在山路上，这会导致驾驶人看不清道路状况，可能掉入悬崖，造成车毁人亡；如果此功能故障发生在白天，就不会产生任何影响。因此，在进行功能故障分析后，需要进行情景分析，识别与故障相关的驾驶情景，如高速公路超车、车库停车等。分析驾驶情景可以从公路类型（如国道、城市道路、乡村道路等）、路面情况（如湿滑路面、冰雪路面、干燥路面）、车辆状态（如转向、超车、制动、加速等）、环境条件（如风雪交加、夜晚、隧道灯）、交通状况（如拥堵、顺畅等）及人员情况（如乘客、路人等）等方面去考虑。

危害分析与风险评估子阶段包括下述三个步骤：

a. 场景分析和危害识别。场景分析和危害识别的目的是识别出可能会导致危害事件的相关项的潜在非预期行为。场景分析和危害识别活动需要一个关于相关项、相关项功能和界限的清晰定义。它是基于相关项的行为，因此并不一定需要知道相关项的详细设计。

示例：场景分析和危害识别考虑的要素可包括：车辆的使用场景，如高速行驶、城市驾驶、停车、越野；环境条件，如路面摩擦、侧风；合理可预见的驾驶员使用和误用；操作系统之间的相互作用。

b. 危害事件的分类：危害分类方案包括与相关项危害事件相关的严重度、暴露概率以及可控性的确定。严重度代表对一个特定驾驶场景中的潜在伤害的预估，而暴露概率是由相应的场景来确定的，可控性衡量了驾驶员或其他道路交通参与者在所考虑到的运行场景中避免所考虑到的意外类型的难易程度。对于每一个危害，基于相关危害事件的数量，该分类将导出严重度、暴露概率和可控性的一个或多个组合。

c. ASIL 等级确定：确定所需的汽车安全完整性等级。

（3）预期功能安全

1）智能网联汽车预期功能安全概述。预期功能安全在 ISO 21448 中被定义为避免由于以下两类问题引发危害所产生的不合理风险：①车辆级别预期功能的规范不足；②电子电气（E/E）系统要素实现过程中的性能局限。该标准指出恶劣天气、不良道路条件、其他交通参与者的极端行为、驾乘人员对车辆系统合理可预见的误操作等都是场景中的潜在触发条件，而系统的功能不足会被这些特定条件触发从而造成危险。不同于功能安全，预期功能安全研究避免由于功能不足引发危险所产生的不合理风险。根据是否已知和是否会导致危险，可将场景分为四类：已知安全场景、已知危险场景、未知安全场景、未知危险场景。

当前预期功能安全标准草案 ISO/DIS 21448 规定了 SOTIF（预期功能安全）设计开发的基本活动：规范和设计、危害识别与评估、潜在功能不足和触发条件识别与评估、功能改进、验证和确认策略定义、已知危险场景评估、未知危险场景评估、SOTIF 发布标准、运行阶段活动。

通过规范和设计来定义启动后续 SOTIF 活动的信息，并作为反馈循环的一部分在 SOTIF 相关活动每次迭代后进行必要更新。此阶段可包含对车辆、系统、组件等不同层级的功能描述和规范，如预期功能、子功能及其实现所需的系统、子系统和元素、组件等，所安装传感器、控制器、执行器或其他输入和部件的性能目标，预期功能和驾乘人员、道路使用者、环境等的依赖、交互关系，合理可预见误操作，以及潜在性能局限等。此阶段需要提供对系统、子系统及其功能和性能危害识别目标的充分理解，以便执行后续阶段活动。

危害识别与评估主要包含三类活动：危害识别、风险评估和可接受标准制定。危害识别指的是系统识别可能因功能不足而引起的车辆级别危害，其主要基于对功能及可能因功能不足而产生偏差的认知。风险评估的目的是评估给定场景下危险行为所产生的风险，有助于后续制定 SOTIF 相关风险的接受标准。如果风险不能通过功能改进充分降低，则需要制定与危险场景相关的风险可接受标准。

2）预期功能安全研究面临的挑战。在智能驾驶过程中，由机器代替驾驶人，自动驾驶算法可能存在鲁棒性、泛化性、可解释性、逻辑完备性、规则覆盖度等方面的功能不足。具体而言，在含触发条件（包括合理可预见误操作）的场景中，上述功能不足将导致危险行为发生，如果场景中存在可能产生伤害的因素，则将进一步演化为预期功能安全事故，并在可控性不足的情况下导致伤害形成。机器需要预防系统的预期功能或性能限制所引起的潜在危险行为。智能网联汽车预期功能研究面临以下五方面的挑战：

① 预期功能安全场景库研究面临的挑战。场景对预期功能安全来说至关重要，缩小已知和未知的不安全场景是预期功能安全研究的终极目标。预期功能安全的必要条件包括触发条件与功能不足，因而与触发条件密切相关的预期功能安全场景是系统开发、测试评价等工作的前提和基础，如何系统地梳理预期功能安全触发条件，以结构化、规范化的形式构建、描述预期功能安全场景，以及在我国特殊场景中如何提取其特殊的触发条件是当前国内预期功能安全场景库研究面临的挑战之一；在形成场景库的基础上，考虑到实践应用中的海量交通场景，基于预期功能安全场景的复杂度、重复度、危险度等指标的快速计算和评估，筛选或生成预期功能安全典型的交通场景，为高效实现对自动驾驶系统预期功能安全的测试评价，需要能够基于预期功能安全典型场景，自动化地生成预期功能安全测试用例。如何从中高效地筛选出预期功能安全典型的场景则是另一个挑战。

② 算法级预期功能安全研究面临的挑战。根据智能网联汽车的算法组成，可以从感知算法、决策算法、控制算法三个维度来说明算法级预期功能安全研究面临的挑战。

感知算法的功能不足可以分为传感器感知与算法认知两方面。传感器感知性能局限主要来自两方面：在雨、雪、雾、强光等不利环境条件下，能见度范围降低和目标物被遮挡等因素造成感知能力变弱；传感器自身原理限制了其对某些特定目标的检测，如激光雷达扫描到镜面、毫米波雷达探测到特定材质时会出现漏检或误检。算法认知性能局限主要来自深度学习算法的不确定性，其学习过程基于大量标注数据，内部运行过程常被当作"黑盒"，可解释性、可追溯性较弱，在实际应用过程中遇到训练数据分布以外的情况时表现很差，从而引发安全风险。

决策算法主要分为基于规则和基于学习两种。基于规则的算法通常因考虑不够全面而无法覆盖真实驾驶环境中的所有潜在危害场景，包括状态切割划分条件不灵活、行为规则库触发条件易重叠、场景深度遍历不足等问题。基于学习的算法依赖大数据训练，其功能不足包括训练过程不合理导致的算法过拟合或欠拟合，以及样本数量不足、数据质量交叉、网络架构不合理等问题。

控制算法的功能不足主要来源于车辆动力学层面。例如，在大曲率弯道、高侧向风速及低路面摩擦系数等非线性极限工况下，现有的线性车辆动力学模型能力边界有限，不足以表征车辆的动态特性，会产生较大的偏差。

③ 部件级预期功能安全研究面临的挑战，主要源于智能汽车运行所依赖的感知、决策、定位、人机交互以及控制等关键部件。其中，传感器在应对外界环境干扰和自身性能局限时可能性能下降，决策算法需应对复杂多变的交通场景并保持实时性，定位系统可能因干扰导致精度下降，人机交互部件需适应不同用户，而控制部件则受到动力学建模、控制器实时性、执行器精度及能力边界等因素的限制。

④ 整车级预期功能安全研究面临的挑战。智能汽车集成了多模块的复杂交互，单纯的算法和功能级改进不足以充分保障预期功能安全。现有算法和功能级的SOTIF问题难以彻底消除，需要通过优化整车级设计，最小化总体风险；即使算法和功能级任务能正常运行，整车系统设计规范不足仍可能导致车辆危险行为。总之，SOTIF危险源于智能汽车整体的消极表现，因此需要寻求系统解决方案。

⑤ 测试评价预期功能安全研究面临的挑战。近年来，国内外广泛开展了智能网联汽车测试评价实践，并逐渐提高对预期功能安全问题的重视程度，如何对预期功能安全的已知与

未知不安全场景进行测试，是测试评价研究的重中之重。对于高级自动驾驶，由于系统复杂度高、运行范围广、未知场景多、缺少统一成熟的系统架构标准，以及人工智能等新技术广泛应用等多方面原因，该领域的 SOTIF 测试评价实践更多地停留在相对抽象的方法论层面。

10.3.3 智能网联汽车产业典型应用

目前，C-V2X 车联网技术已能为智慧辅助驾驶提供安全支持，融合了 L1（辅助驾驶）和 L2（部分自动驾驶）级别的功能，在具体部署上也支持特定场景的中低速无人驾驶，如矿区、港口、机场物流、园区、智慧公交、短途接驳小巴、自动驾驶出租车等。从中远期来看，它能够支持全场景的无人驾驶。

1. 智能辅助驾驶

在城市道路和高速公路，智能辅助驾驶面向乘用车和营运车辆，赋能车车、车路信息实时共享与交互，实现辅助驾驶安全，提升交通通行效率。

公安部道路交通事故统计年报数据显示，我国交通事故死亡人数居高不下。同时，随着城市人口不断增长，我国机动车保有量不断上升，很多城市在发展中都面临拥堵问题，这严重影响城市的经济与社会发展。

目前，在无锡、长沙等城市道路环境中，关于 C-V2X 的部署不断加速。无锡车联网先导示范区已建成覆盖 $220km^2$ 的车联网服务体系；长沙打造了丰富的封闭测试场景，开展智能网联汽车研发测试、功能场景认证测试等相关服务。

C-V2X 功能为车机导航带来更多有价值的信息显示，可以让车辆、信号灯、交通标识、骑行者和行人的通信设备实现互联，以图像和声音的形式提示车主前方信号灯的状态和倒数计时、限速和危险路段、临时施工等信息。结合算法、信号灯信息和其他道路基础设施信息，可为车主提供最佳行驶速度建议；借助电子路牌等功能，用户可通过车机导航实时知晓前方路况，避免因岔路口分心走错路口，实现安全驾驶。此外，车路信息融合还可以为车辆智能驾驶辅助功能提供超越感知视野的认知能力，避免单车智能存在的感知局限，实现群体运行协同。

在高速公路环境中，车路协同成为智慧高速建设的核心内容，我国多个省市均在探索车路协同在智慧高速中的应用。一些场景不仅能为驾驶人提供来自路侧的感知精准信息，如道路事件状况提示、合分流区安全预警，也能为高速公路运营者提供车道级精准管控、车流量统计、事件快速响应等服务，有效提升了道路行车安全与效率；有些地区甚至实现了基于车路协同的货车编队自动驾驶应用，包括形成编队、道路施工拥堵、道路遗撒（轮胎）、匝道汇入、限速预警、交通事故预警等车路协同自动驾场景。

在车辆搭载方面，围绕乘用车与营运车辆的布局应用也在积极推进中。例如，福特汽车车路协同系统已经落地无锡、长沙、广州，实现的具体功能主要包括绿波车速引导、红绿灯信号同步、闯红灯预警、绿灯起步提醒、道路信息广播、电子路牌信息等，在提升行车安全性和通行效率上发挥了作用。奥迪汽车在无锡举行的 2021 世界物联网博览会上，进行了全球首次公开道路融合 V2X 信号的 L4 自动驾驶演示。基于 V2X 实现的功能包括感知驾驶人视线外的行人及车辆并自动减速，为紧急车辆自动变道让行，以及动态 V2I 交通信号灯功能等。针对营运车辆的安全性提升，不少企业已经在前装（车辆出厂时预装）和后装（车辆出厂后加装）两个板块进行了深入探索和实践，尤其是在利用先进技术和智能设备方面。

2. 特定场景中的低速无人驾驶

（1）**矿区场景**　矿区环境存在道路狭窄、陡峭等特点，考验自动驾驶技术，而单车智能的发展往往存在一定缺陷。由于矿区光照条件差、矿堆遮挡、车型大容易造成驾驶盲区，自动驾驶操作难度增加，生产效率低下，产业规模商业化发展缓慢。装卸环节也是矿区无人化作业的难点场景之一，需要矿车与其他机械设备进行交互，并且对停靠精度的要求非常高。在一些特殊的矿区内，自动驾驶车辆还要满足配矿的要求。此外，在车辆路径调度管理方面，当前产业已经过渡至编组智能化阶段，整个矿区正在向智能化方向迈进，但现有智能化水平依然较低。

在车联网应用环节中，矿用货车搭载OBU（车载单元）、矿区布置RSU（路边单元）与视觉传感器智能标杆，可通过云端对车辆进行统一管理，以实现矿用货车由控制中心管理控制，合理规划每辆车的运输路线，车辆在接收信号指令后，能够以合适的速度按照目标路线运行，根据行驶路线、自身位置、周围环境等信息实现自动驾驶，完成装载、运输、卸载的循环运作流程。通过全要素、全时空多源信息实时感知与智能化决策，矿区自动驾驶水平得以提升，在确保安全和效率的前提下，整体生产经营管理和决策水平也有所提升。

（2）**港口场景**　在港口场景中，自动驾驶实现存在一定挑战。一方面，运输车体较大，在装上集装箱后，车辆尾部或车辆侧面会产生大面积盲区，众多集装箱堆叠所形成的高度差也会对自动驾驶集装箱货车造成遮挡，带来安全隐患，影响运行效率。另一方面，当车辆到达指定位置后，在每次装卸过程中都要考虑准确停在指定位置，误差要求严苛，阻碍自动驾驶的发展。

自动驾驶集装箱货车依托C-V2X技术，可以实现以下功能：①龙门远程控制，通过部署C-V2X网络，基于龙门式起重机上多路高清摄像头在操作过程中的实时回传画面，同时采集起重机主要运行机构、吊具等关键设备运行状态的数据，驾驶人可在中控室远程控制起重机进行作业；②无人水平车运输，实现对港口运输车辆自动路径规划、自动导航、精准定位、自动识别及自动避让等功能，根据港口生产管理系统指令实现岸桥设备与自动驾驶车辆配合装卸作业，实现运输智能调度，提高运输安全性，并使港口自动驾驶集装箱货车车队在智能车管系统和码头操作系统管理下协同作业。

（3）**机场物流**　在面向机场场景中，无人物流车已经在实际的行李运输过程中完美地融入了机场物流体系，实现可观的经济及社会效益。其中，为了解决机场环境中无人物流车安全高效运转问题，现有企业在项目中部署了RSU及云端智能运营管理平台，构成了完整的无人物流车方案。通过与RSU相结合，无人物流车扩展了单车的感知便捷，为车辆安全行驶提供了更加广阔的视野。在云端智能运营管理平台的统筹管理下，无人物流车队可以更加高效的方式进行调度，该平台也会为机场运营管理者提供便捷、全面的无人物流车运维信息，并支持管理者快速决策。

（4）**园区、居民区配送场景**　在一些园区及居民区内，自动驾驶末端配送过程同样面临盲区问题。未来若想规模化运营，需要实现协同调度，在车与路之间的协同中，自动驾驶末端配送小车能够实时获取路面信息，快速上传至云端，进行数据处理，并做出决策，以应对公开道路的复杂状况。在路线选择上，自动驾驶末端配送系统能够与云控平台打通，运营效率也更为高效。目前，一些园区引入了车路协同+自动驾驶的技术解决方案，为自动驾驶汽车更加高效、安全、稳定地运行保驾护航。结合路边部署的摄像头、雷达、RSU、智能交通信号灯等设备，通过协同感知识别算法，实现路侧信息的智能感知和监测，并将相关信息通过 C-V2X 通信传输至车端，使得车端提前感知超视距交通对象与事件，让自动驾驶汽车运行变得更加安全。

（5）智慧公交　在智慧公交应用上，BRT（快速公交系统）智能网联车路协同系统可重点解决当前城市公交场景中的痛点问题。例如，通行效率低，与私家车辆混行等待时间过长；车辆路线和调度配置信息化程度低，载客率低，运营成本高；面向用户的信息服务水平低；乘客在乘车过程中存在上下车的安全问题。C-V2X 的技术优势提供实时车路协同、智能车速策略、安全精准停靠及超视距防碰撞四种应用。

（6）短途接驳小巴　在部分园区、景区等场景中，已经有多家企业开展接驳小巴形态的商业化探索活动。由于直接面向乘客，自动驾驶技术的安全性需要满足更高的要求。目前，面向园区、景区等场景，相关企业正在全面推动智慧出行产业车-路两端的智能化升级及场景应用，从而为市民提供安全、便捷的出行服务。在具体场景应用中，自动驾驶接驳小巴可以在特定站点自动停留接驳乘客，并通过完全自主的导航和驾驶，沿固定线路将乘客点对点地安全送至目的地。借助人脸识别和 3D 环境感知功能，接驳小巴还可以准确识别车内人员数量及车内环境，辅助安全员进行管理。此外，它还能提供多种车载娱乐功能，丰富乘客的乘车体验。

（7）自动驾驶出租车　对于自动驾驶出租车场景应用，在某些示范区建设中已经有多家企业尝试商业化探索。通过 C-V2X 技术，搭载无人驾驶系统的自动驾驶出租车能够应对多种复杂的城市交通场景，准确识别交通信号灯，主动避让行人和障碍物，在拥堵路段始终保持平稳运行，为乘客带来安全、舒适的出行体验。

3. 支持全天候、全场景的自动驾驶

此阶段面临需要与有人驾驶车辆、行人等并存，以及应对我国特殊交通环境等的挑战。因此，更高级的自动驾驶还需要政策法规、交通管理和产业监管等方面的变革才能实现，通过长时间的跨界磨合、联合测试、实践来解决问题，最终达成共识。

目前，智能辅助驾驶与特定场景中的低速无人驾驶已成熟，可率先实现规模化商用。智能辅助驾驶中的城市交通和高速公路交通是车路协同的两类规模应用场景，先从营运车辆切入（包括智能公交、工程车、货车、个人出行的网约车与出租车），加上特定环境（含特定区域和指定道路）下的中低速无人驾驶，丰富应用。目前，在这两类场景中，已经有较多典型的商业落地应用案例。

10.4　物联网领域产业发展面临的挑战

1. 供给端：结构性供给过剩与短缺问题并存

随着物联网产业政策和行业发展，大量资金的投入催生了大量物联网企业和物联网服务平台。然而，物联网行业的表面繁荣仍然以低门槛的平台技术和模式创新为主，企业实际盈利能力和物联网的应用渗透并未显著提升，尤其是与物联网相关的芯片设计能力不足，物联网企业服务 B 端（企业端）的专业化解决方案能力不足。物联网在生产领域的大规模应用，仍需要长期的技术和行业经验积累。

2. 应用端：应用需求、标准碎片化与深度应用不足问题并存

物联网的潜在价值在于在更大范围内实现物与物的连接。目前，物联网的应用涉及多种技术标准、行业标准和多样化的应用需求，任何物联网产品/解决方案都难以实现大规模标准化推广，行业发展破碎化、竞争效率较低。此外，在物联网应用潜力最大的生产领域，虽然物联网平台企业层出不穷，但缺少能够整合技术与行业经验的解决方案提供者，使物联网应用以政府示范项目和巨头型企业战略布局为主，物联网应用落地浮于表面，渗透深度和内生需求不足。

3. 数据与设备安全

物联网设备极具价值，被攻击后可能会对现实世界造成大范围的直接影响，如交通瘫痪、公共设施运转停滞（停水、停电、停气、停供暖）、远程操控、环境污染，甚至人员伤亡。感知层位于物联网整体架构的底层，是最脆弱的部分，在其主要应用的 RFID 与 WSN 技术中，WSN 路由协议存在固有缺陷，运用 RFID 时读写器与电磁波易于被仿制，信息在远程传输途中易被窃取；网络层易受 DoS 攻击、假冒攻击、中间人攻击等攻击；平台层的主要价值为信息处理，当数据量过大无法及时处理时，会增大设备故障概率，从而出现安全漏洞。此外，物联网设备数量众多、类型多样，还会成为黑客控制的僵尸网络的一部分。目前，我国物联网对于信息安全的把控能力，相较于整体物联网的发展而言是相对滞后的，尚未实现可靠稳定传输，阻碍物联网的整体发展节奏。

4. 规模化与定制

应用场景碎片化、网络基础薄弱，制约创业型企业的规模化落地。物联网企业若想在更多垂直行业实现规模化落地应用，必须构建便捷、低成本的物联网应用生态，控制定制项目比例或单项目内定制化比例，以形成规模效益。*IoT Signals* 中的物联网企业调研结果显示，约 1/3 的物联网项目未通过概念验证（POC）阶段，其原因通常是项目规模化成本高。目前，初创企业在打造标杆案例，提高项目模块复用率方面，受到内外部的双重阻碍。

5. 技术基础

我国物联网技术基于传统技术二次开发，难以形成技术壁垒。随着我国政府对物联网产业的重视和支持力度不断加大，以及产学研协同创新的体制机制不断完善，我国在物联网领域的技术研发能力正在逐步提升。但是，仍面临主要核心技术掌握在国外厂商手中的情况，主要体现在以操作系统、数据库为代表的基础软件，以及关键芯片、高端传感器等硬件技术方面。在 RFID 技术方面，国内企业基本具有天线设计及研发能力，优势在于系统集成，但中间件及后台软件部分较为薄弱。在传感器技术方面，传感器成本持续走低，但因核心制造技术滞后，产品品质不足，批量生产工艺的稳定性、可靠性问题仍未得到解决。物联网核心技术架构如图 10-7 所示。

6. 技术应用

物联网底层技术下沉不足，致使应用层智能化渗透速度及深度不足。目前，我国物联网技术积累较为薄弱，技术水平的局限性从很大程度上限制了应用能力。首先，整体底层技术不够下沉，难以支撑平台层的数据孵化，最后反馈至应用层。在芯片方面，大部分芯片存在以下问题：抗网络攻击能力较差，物联网设备安全性欠缺；内部应用处理器未形成统一操作系统，开放性不足；物联网场景需求复杂，产品需要继承多项功能，但因当前芯片集成度不足，往往需要多芯片配合。在应用场景方面，生活领域中除了需要网络通信、传感设备等技

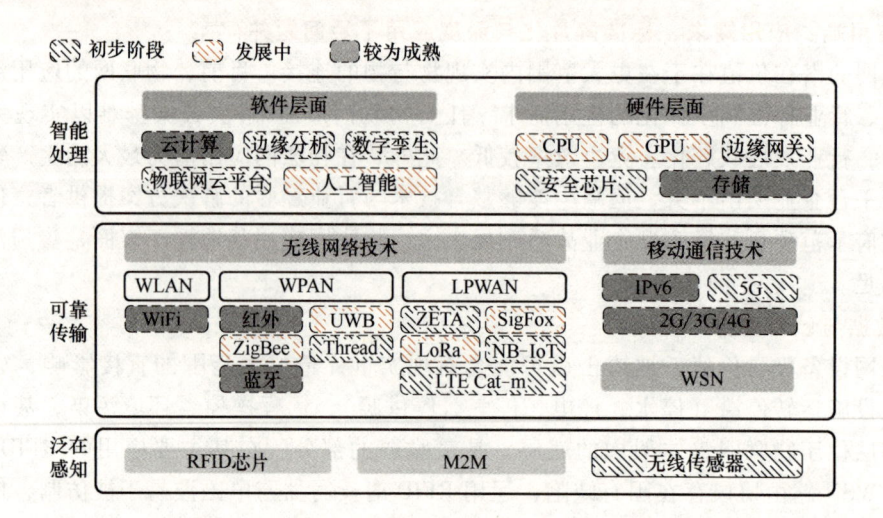

图 10-7 物联网核心技术架构

LPWAN—低功率广域网络　UWB—超宽带　NB-IoT—窄带物联网　SigFox—低功耗广域网技术

术支持，AI 技术的深化程度也决定了场景智能化的天花板。在生产领域方面，因生产设施和环境的特殊性，设备能否同时兼备低功耗及稳定传输成为关键，实时处理分析能力也对 WSN、传感器、边缘计算等技术有较高的要求。在公共领域的物联网应用中，从前端采集到后端分析的整个过程都涉及海量数据的采集、处理与应用，需要依赖于 RFID、5G 等技术的发展。

思 考 题

1. 思考物联网技术在智慧城市交通管理中的应用与挑战，并提出解决方案。
2. 智能网联汽车如何通过物联网技术提升行驶安全性？
3. 分析物联网技术如何支持智能网联汽车实现高效、实时的数据通信？讨论物联网技术在处理和分析大量车辆数据方面的优势和局限性。
4. 探讨物联网技术在港口物流自动化中的应用案例与效益分析。
5. 分析物联网技术在智能家居与智能网联汽车联动中的可能性与前景。

参 考 文 献

[1] 田景熙. 物联网概论［M］. 2版. 南京：东南大学出版社，2017.
[2] 吴功宜，吴英. 物联网技术与应用［M］. 北京：机械工业出版社，2013.
[3] 薛燕红. 物联网技术及应用［M］. 北京：清华大学出版社，2012.
[4] 王佳斌，郑力新. 物联网技术及应用［M］. 北京：清华大学出版社，2019.
[5] 乔海晔. 物联网技术［M］. 北京：电子工业出版社，2018.
[6] 杨恒，魏丫丫，李彬，等. 定位技术［M］. 北京：电子工业出版社，2013.
[7] 陈亚飞. 定位技术：满足仓储经营者不断增长的电商需求［J］. 中国自动识别技术，2021，93（6）：35-36.
[8] 袁国萍，姜勤，潘红英. 医院实时定位系统在医疗管理领域的应用进展［J］. 护理与康复，2022，21（7）：79-82.
[9] 许凯伟. LBS定位服务和功能的研究与实现［D］. 上海：上海交通大学，2008.
[10] 虢纯. 彩色二维码编码技术研究［D］. 西安：西安理工大学，2021.
[11] 周洪波. 地下停车场基于WiFi信号的室内定位方法研究［D］. 北京：华北电力大学，2021.
[12] 代孝俊. 基于RFID室内定位的研究［D］. 成都：成都信息工程大学，2019.
[13] 姚永伦. 基于WiFi位置指纹的室内定位技术研究［D］. 大连：大连理工大学，2022.
[14] 蒋志鑫. 室内无线定位技术研究［D］. 成都：电子科技大学，2021.
[15] 吴剑岚. 物联网系统中图像识别技术的研究［D］. 北京：北京邮电大学，2020.
[16] 李鹏飞，龚夔，汪芳. 纺织基智能可穿戴技术发展及智能服装应用现状分析［J］. 服装设计师，2023，251（2）：91-97.
[17] 夏香姣. 柔性可穿戴传感器的构建及其在健康监测中的应用［D］. 合肥：中国科学技术大学，2022.
[18] 林文浩，陈昱，夏曼，等. MEMS传感器技术发展及应用分析［J］. 电子元器件与信息技术，2021，5（7）：11-12.
[19] 付家才. 传感器与检测技术原理及实践［M］. 北京：中国电力出版社，2008.
[20] 刘传清，刘化君. 无线传感网技术［M］. 北京：电子工业出版社，2015.
[21] 曾红武. 物联网技术及医学应用［M］. 北京：中国铁道出版社有限公司，2020.
[22] 刘伟荣. 物联网与无线传感器网络［M］. 2版. 北京：电子工业出版社，2021.
[23] 陈小平，陈红仙，檀永. 无线传感器网络原理及应用［M］. 南京：东南大学出版社，2017.
[24] 吕艳辉. 无线传感器网络路由与拓扑控制技术［M］. 北京：国防工业出版社，2018.
[25] 雷爽爽. 无线网络可靠拓扑控制技术研究［D］. 成都：电子科技大学，2019.
[26] 吴振锋，蒋飞，刘兴川. 无线传感器网络军事应用［M］. 北京：电子工业出版社，2015.
[27] 胥昊. 基于5G的高铁无线通信关键技术及资源分配算法研究［D］. 北京：中国铁道科学研究院，2022.
[28] 李亚群，王瑞. 物联网在高速铁路灾害监测领域应用现状及前景分析［J］. 铁路计算机应用，2019，28（3）：25-28；50.
[29] 张光河，刘芳华，沈坤花，等. 物联网概论［M］. 北京：人民邮电出版社，2014.
[30] 曹望成，马宝英，徐洪国. 物联网技术应用研究［M］. 北京：新华出版社，2015.
[31] 张元斌，杨月红，曾宝国，等. 物联网通信技术［M］. 成都：西南交通大学出版社，2018.
[32] 张春红，裘晓峰，夏海轮，等. 物联网关键技术及应用［M］. 北京：人民邮电出版社，2017.
[33] 王培麟，姚幼敏，梁同乐，等. 云计算虚拟化技术与应用［M］. 北京：人民邮电出版社，2017.
[34] 韩毅刚. 通信网技术基础［M］. 北京：人民邮电出版社，2017.

[35] 王浩，郑武，谢昊飞，等. 物联网安全技术［M］. 北京：人民邮电出版社，2015.

[36] 刑彦辰，顾鹏鸣，李伟，等. 数据通信与计算机网络［M］. 2版. 北京：人民邮电出版社，2015.

[37] 刘军，阎芳，杨玺. 物联网技术［M］. 2版. 北京：机械工业出版社，2017.

[38] 刘化君，刘传清. 物联网技术［M］. 2版. 北京：电子工业出版社，2015.

[39] 贾坤，黄平，肖铮. 物联网技术及应用教程［M］. 北京：清华大学出版社，2018.

[40] 中国物联网产业知识产权运营中心. 全球物联网产业知识产权发展白皮书：2021—2022［R］. ［S.l.：s.n.］，2023.

[41] 孙康. 面向大型物联网的概率复杂事件处理方法［D］. 长沙：湖南大学，2019.

[42] 蔡永石. 物联网技术在智慧物流中的应用［J］. 无线互联科技，2022，19（17）：33-35.

[43] 陈晶晶. 物联网技术在智慧城市建设中的应用分析［J］. 电信快报，2023（4）：34-37.

[44] 韦浩然，赵思萌，罗旭. 物联网技术应用于医学领域的研究进展［J］. 物联网技术，2022，12（1）：117-122.

[45] 常立强，张龙. 物联网技术在智慧医院中的应用与设计［J］. 智能建筑电气技术，2021，15（2）：5-8.

[46] 许彪，张耀洲. 城市道路智能交通中物联网技术应用探讨［J］. 智能建筑电气技术，2020，14（3）：25-27.

[47] 王博. 物联网技术在智慧校园建设中的应用分析［J］. 科技资讯，2021，19（25）：7-8；11.

[48] 周春雷. 面向智能电网的物联网技术及其应用［J］. 智能建筑与智慧城市，2018（9）：69-70.

[49] 王飞跃，张军，张俊，等. 工业智联网：基本概念、关键技术与核心应用［J］. 自动化学报，2018，44（9）：1606-1617.

[50] 申秀梅. 浅谈物联网技术在智慧农业中的应用［J］. 农业工程技术，2022，42（18）：24-25.

[51] 訾婷，王士龙. 物联网技术在智慧农业中的应用［J］. 农业工程技术，2021，41（36）：18-19.

[52] 中国智能网联汽车产业创新联盟. 智能网联汽车高精地图白皮书：2020.［R］.［S.l.：s.n.］，2021.

[53] 刘法旺，李艳文. 自动驾驶系统功能安全与预期功能安全研究［J］. 工业技术创新，2021，8（3）：62-68.

[54] 罗超. 面向联网汽车车内网络的防御技术研究与实现［D］. 成都：电子科技大学，2020.

[55] 中国智能网联汽车产业创新联盟. 《智能网联汽车信息安全白皮书》［J］. 汽车工程，2017，39（6）：697.

[56] 刘宴兵，王宇航，常光辉. 车联网安全模型及关键技术［J］. 西华师范大学学报（自然科学版），2016，37（1）：44-50；2.

[57] 周伟. 新工科背景下"汽车技术标准与法规"课程教学的思考与探索［J］. 科技风，2022（4）：117-119.

[58] 方来华. 安全系统的功能安全的发展及实施建议［J］. 中国安全生产科学技术，2012，8（9）：85-90.

[59] 王旭阳. 参照ISO 26262的安全低功耗AUTOSAR基础软件模块［D］. 杭州：浙江大学，2013.

[60] 辛强，朱卫兵，胡璟. 基于ISO 26262的新能源汽车电子电器部件功能安全开发简介［J］. 汽车零部件，2021（6）：63-65.

[61] 杨家玥. 功能安全设计为新能源汽车提供保障［J］. 质量与认证，2017（5）：38-40.

[62] 陈山枝. 蜂窝车联网（C-V2X）及其赋能智能网联汽车发展的辩思与建议［J］. 电信科学，2022，38（7）：1-17.

[63] 李东旻. 第二代车路协同技术赋能全场景自动驾驶［J］. 机器人产业，2021（5）：21-25.

[64] 薄明霞，白冰. 5G智慧港口行业应用安全解决方案［J］. 信息安全研究，2021，7（5）：428-435.

[65] 鲍文，周瑞，刘金福. 基于二维提升小波的火电厂周期性数据压缩算法［J］. 中国电机工程学报，2007，（29）：96-101.

[66] 符修文. 工业无线传感器网络抗毁性关键技术研究［D］. 武汉理工大学，2016.